原书第3版

计算理论导引

[美] 迈克尔·西普塞（Michael Sipse
麻省理工学院
段磊 唐常杰 等译
四川大学

Introduction to the Theory of Computation

Third Edition

机械工业出版社
China Machine Press

图书在版编目（CIP）数据

计算理论导引（原书第3版）/（美）西普塞（Sipser, M.）著；段磊等译．—北京：机械工业出版社，2015.6（2024.7重印）
（计算机科学丛书）
书名原文：Introduction to the Theory of Computation, Third Edition

ISBN 978-7-111-49971-8

I. 计…　II. ① 西…　② 段…　III. 计算技术－理论　IV. TP301

中国版本图书馆CIP数据核字（2015）第077899号

北京市版权局著作权合同登记　图字：01-2014-0329号。

本书是计算理论领域的经典著作，以注重思路、深入引导为特色，系统地介绍计算理论的三大主要内容：自动机与语言、可计算性理论和计算复杂性理论。同时，重点讲解了可计算性和计算复杂性理论中的某些高级内容。全书通过启发性的问题、精彩的结果和待解决问题来引导读者挑战此领域中的高层次问题。新版的一大亮点是用一节的篇幅对确定型上下文无关语言进行了直观而不失严谨的介绍。

本书叙述由浅入深、详略得当，重点突出，不拘泥于技术细节，可作为高等院校计算机专业高年级本科生和研究生的教材，也可作为相关专业教师和研究人员的参考书。

出版发行：机械工业出版社（北京市西城区百万庄大街22号　邮政编码：100037）

责任编辑：迟振春　　责任校对：董纪丽

印　　刷：固安县铭成印刷有限公司　　版　　次：2024年7月第1版第10次印刷

开　　本：185mm×260mm　1/16　　印　　张：19.5

书　　号：ISBN 978-7-111-49971-8　　定　　价：69.00元

客服电话：（010）88361066　68326294

译者序

计算机改变并持续改变着世界，如今，计算技术已把人们带进了云（云计算）、物（物联网）、人（社会计算）、海（海量数据、大数据）的新时代。

在变革的时代里，计算机系统也改变着自己，在进步和进化中遵循了一组潜规则——计算理论，这套理论描述和论证了计算机的能与不能，界定了计算能力的极限。

业内人士常评说某人为某问题设计了一个比较快的算法，好到什么程度？用专业术语描述，线性时间内能完成的比较快，多项式时间能完成的次之，不能在多项式时间内完成的就是不现实的。但是，大数据时代的来临修正了这一观念，对于大数据问题，线性时间也嫌太长，因为需要“等它一千年”，人们呼唤亚线性、亚亚线性的算法。

有些问题，人们已经找到快的算法；有些问题，还没有找到快的算法，也许是等一个聪明程序员的出现。但有一类问题，没有找到好算法不是因为人们不够聪明，而是根本就不存在这样的算法。

计算理论将描述算法的本质，揭示计算机算法的能与不能、快与慢以及足够快的近似技巧。从这个角度来看，计算理论是计算机的灵魂，是应用计算机成功解决实际问题的保障。

这本由麻省理工学院名师 Michael Sipser 编撰的名著是计算理论领域的优秀书籍之一，对于非纯理论专业的人士，也许是深浅程度最合适的。自 1996 年第 1 版问世，该书历经近二十年，获得了学术界的公认和教育界的好评。该书具有如下优点：

第一，内容丰富，编排合理，展现了计算机科学研究的广度和深度。该书以理论计算机科学的知识框架为脉络，系统地讲述了自动机与形式语言、可计算性理论和计算复杂性理论等计算理论的重要内容。总体编排上，难度由浅入深、循序渐进，易于学习。

第二，文字清晰，语言生动。作者以引导、举例为叙述手段，对计算理论领域的重要定理、性质等不仅给出证明，而且讲述证明思路，着力让读者在学习理论的同时掌握证明的技巧，彰显了作者在此领域的深厚造诣和娴熟的教学手法。

第三，各章设有练习和问题，并提供了部分习题的解答。通过作答习题，能够锻炼读者的逻辑推导思维，加深读者对关键知识点的理解。

我以切身体会向计算机专业的高年级本科生、硕士生和博士生推荐此书。我在本科阶段第一次接触了该书的第 1 版。差不多 10 年前，在刚开始博士阶段学习时，参与了本书第 2 版的翻译工作。如今，我又引导我的学生学习这本书，并承担了第 3 版的翻译工作。作为多重身份的“过来人”，我有独特的体会。一方面，该书写作规范，研究生可以学习到规范的定义、性质、证明的表述方式，学习该书内容有助于提升计算理论素养，增强学习能力；另一方面，研究生多苦于论文理论深度不够，也不知如何分析问题，认真领会该书讲述的证明思路和解题思路，常会让我们有豁然开朗之感，问题分析能力随之增强，进而提高研究论文的水平。

相较于本书第 2 版，第 3 版的内容更新主要在于增加了关于确定型上下文无关语言的阐述，这使得本书关于自动机理论和语言处理的介绍更为完整。此外，第3版对每章后的习题进行了增补和重新编排。除了对第3版新增和修正内容进行翻译以外，我们还对第2版译文的错误进行了更正。同时，我们尽可能保持新版译文的文风与第2版译文一致。

本书由段磊、唐常杰主译，王文韬、王怡宁、杨皓、王梦洁也付出了艰辛的努力。如同我们在完成本书第2版翻译工作时所言，本书第3版的翻译工作是在先行者们工作的基础上，再次接过接力棒，把接力赛再推进一程。借此机会，向本书第1版译者（北京大学的张立昂教授、王捍贫教授和黄雄老师）表示衷心的感谢，也向本书第2版译者表示衷心的感谢。同时，机械工业出版社的姚蕾、朱劼编辑在翻译过程中给予了我们大力支持，向她们表示衷心的感谢。特别向阅读本书第2版译文并给予我们翻译指正的读者表示衷心的感谢。

由于水平有限，译文难免有错误和不妥之处，恳请读者批评指正。

段　磊

2015年6月于四川大学

第3版前言

本版新增了关于确定型上下文无关语言的一节。我选择这个主题有以下几个原因。首先，它填补了我之前对自动机理论和语言处理之间的明显空白。以前的版本介绍了有穷自动机以及图灵机在确定型和非确定型上的变形，但却只包含了下推自动机的非确定型变形。因此，增加关于确定型下推自动机的讨论正如同找到完成拼图游戏所缺的那块。

其次，确定型上下文无关文法理论是 LR(k) 文法的基础，同时也是自动机理论在编程语言和编译器设计上重要且非平凡应用的基础。这个应用将一些关键概念，包括确定型和非确定型有穷自动机的等价性、上下文无关文法和下推自动机之间的相互转换，汇聚一起得到一个高效且漂亮的语法分析方法。这里我们实现了理论和实践的相互联系。

最后，虽然该主题作为自动机理论一个真实的应用非常重要，但它在现有理论教科书中却没有得到足够重视。我研究 LR(k) 文法多年但一直没有完整理解它们如何工作，也没有看到它们与确定型上下文无关语言理论的完美契合。我写作这一节旨在为理论学者和实践者提供关于这个领域直观而不失严谨的介绍，并由此对该领域做出贡献。需要注意的是：这一节的部分内容非常具有挑战性，因此基础理论课程的教师可考虑将其作为补充读物。之后的章节不依赖于这部分内容。

在撰写本版的过程中，很多人给了我直接或间接的帮助。我很感激两位审阅者 Christos Kapoutsis 和 Cem Say。他们阅读了这一版新内容的初稿，并提供了很有价值的反馈意见。在 Cengage Learning 的一些人协助了本书的出版工作，特别是 Alyssa Pratt 和 Jennifer Feltri-George。Suzanne Huizenga 编辑了文字，ByteGraphics 的 Laura Segel 绘制了新的图片并修改了以前版本中的图片。

感谢我在 MIT 的助教：Victor Chen，Andy Drucker，Michael Forbes，Elena Grigorescu，Brendan Juba，Christos Kapoutsis，Jon Kelner，Swastik Kopparty，Kevin Matulef，Amanda Redlich，Zack Remscrim，Ben Rossman，Shubhangi Saraf，Oren Weimann。他们都给予了我帮助，包括：讨论新的问题并给出解决方法，提出如何让学生理解课程内容的见解。我非常享受与这群有天赋、有热情的年轻人一起工作。

我很高兴收到了来自世界各地的邮件，非常感谢你们的建议、问题和思路。这里有一个相关人员列表，他们的意见对这个版本产生了影响：

Djihed Afifi，Steve Aldrich，Eirik Bakke，Suzanne Balik，Victor Bandur，Paul Beame，Elazar Birnbaum，Goutam Biswas，Rob Bittner，Marina Blanton，Rodney Bliss，Promita Chakraborty，Lewis Collier，Jonathan Deber，Simon Dexter，Matt Diephouse，Peter Dillinger，Peter Drake，Zhidian Du，Peter Fejer，Margaret Fleck，Atsushi Fujioka，Valerio Genovese，Evangelos Georgiadis，Joshua Grochow，Jerry Grossman，Andreas Guelzow，Hjalmtyr Hafsteinsson，Arthur Hall III，Cihat Imamoglu，Chinawat Isradisaikul，Kayla Jacobs，Flemming Jensen，Barbara Kaiser，Matthew Kane，Christos Kapoutsis，Ali Durlov Khan，Edwin Sze Lun Khoo，Yongwook Kim，Akash Kumar，Eleazar Leal, Zsolt Lengvarszky, Cheng-Chung Li, Xiangdong Liang, Vladimir Lifschitz, Ryan Lortie, Jonathan Low, Nancy Lynch, Alexis Maciel, Kevin Matulef, Nelson Max, Hans-Rudolf Metz, Mladen Mikŝa, Sara Miner More, Rajagopal Nagarajan, Marvin Nakayama, Jonas Nyrup, Gregory Roberts, Ryan Romero, Santhosh Samarthyam, Cem Say, Joel Seiferas, John Sieg, Marc Smith, John Steinberger, Nuri Taşdemir, Tamir Tassa, Mark Testa, Jesse Tjang, John Trammell, Hiroki Ueda, Jeroen Vaelen, Kurt L. Van Etten, Guillermo Vázquez, Phanisekhar Botlaguduru Venkata, Benjamin Bing-Yi Wang, Lutz Warnke, David Warren, Thomas Watson, Joseph Wilson, David Wittenberg, Brian Wongchaowart, Kishan Yerubandi, Dai Yi。

最重要的是，我要感谢我的家人——我的妻子 Ina 以及我们的孩子 Rachel 和 Aaron。时光荏苒，岁月如梭，你们的爱就是一切。

Michael Sipser

马萨诸塞州，剑桥

2012 年 4 月

第2版前言

大量读者来的电子邮件反映，第1版没有习题解答是一个缺陷。这一版弥补了这一缺陷。每一章现在都增加了“习题选解”小节，给出了该章的练习和问题中有代表性题目的答案。给出了答案的问题就不能再作为有趣的有挑战性的家庭作业，为弥补这一损失，又添加了若干新问题。教师可以和 www.course.com 上所指定的相应地区的销售代表联系，索取一份教师手册，其中包含了附加的答案。

第2版的国际版是针对国外读者的。尽管涵盖了同样的主题，它和标准第2版还是有所不同，并且不是用来替代标准第2版的。

许多读者更喜欢学习更多的“标准”主题，比如 Myhill-Nerode 定理和 Rice 定理。通过将这些主题展示在给出答案的问题中，我部分地采纳了这些读者的意见。没有将 Myhill-Nerode 定理放到书本主体中是因为我认为，这门课程的目标是初步介绍而非深入研究有穷自动机。有穷自动机在这里的角色是使学生通过研究计算的简单形式模型，为了解复杂模型奠定基础，同时为后续的主题提供方便的例子。当然，一些人希望有更全面的内容，同时另一些人觉得应该略去所有对有穷自动机的引用（或者至少是依赖）。尽管 Rice 定理对于不可判定性的证明是一个有用的“工具”，第2版还是没有将它放到书本主体中，因为一些学生可能只是机械地使用它而没有真正理解其作用。换用归约来证明不可判定性，可以为学习复杂性理论中出现的归约做更好的准备。

我很感谢我的助教 Ilya Baran、Sergi Elizalde、Rui Fan、Jonathan Feldman、Venkatesan Guruswami、Prahladh Harsha、Christos Kapoutsis、Julia Khodor、Adam Klivans、Kevin Matulef、Ioana Popescu、April Rasala、Sofya Raskhodnikova 和 Iuliu Vasilescu，他们帮助我草拟了若干新问题及其答案。Ching Law、Edmond Kayi Lee 和 Zulfikar Ramzan 也为给出答案付出了努力。感谢 Victor Shoup 提出了一个简洁的方法，用于修整在第1版中出现在概率原始算法分析中的缺陷。

感谢 Course Technology 出版社的编辑们的努力，尤其是 Alyssa Pratt 和 Aimee Poirier。多谢 Gerald Eisman、Weizhen Mao、Rupak Majumdar、Chris Umans 和 Christopher Wilson 所做的审校。感谢 Jerry Moore 在编辑上的出色工作，还有 ByteGraphics 的 Laura Segel (lauras@bytegraphics.com) 精彩而又精确的图表再现。

我所收到的电子邮件数量超乎预料。收到来自这么多地方的这么多人的来信绝对是一种快乐。我会尽量回复并向我未曾回复者表示歉意。我在此列出对本书第2版提供了有益的建议的人，同时对所有给我来信的人表示感谢。

Luca Aceto，Arash Afkanpour，Rostom Aghanian，Eric Allender，Karun Bakshi，Brad Ballinger，Ray Bartkus，Louis Barton，Arnold Beckmann，Mihir Bellare，Kevin Trent Bergeson，Matthew Berman，Rajesh Bhatt，Somenath Biswas，Lenore Blum，Mauro A. Bonatti，Paul Bondin，Nicholas Bone，Ian Bratt，Gene Browder，Doug Burke，Sam Buss，Vladimir Bychkovsky，Bruce Carneal，Soma Chaudhuri，Rong-Jaye Chen，

Samir Chopra，Benny Chor，John Clausen，Allison Coates，Anne Condon，Jeffrey Considine，John J. Crashell，Claude Crepeau，Shaun Cutts，Susheel M. Daswani，Geoff Davis，Scott Dexter，Peter Drake，Jeff Edmonds，Yaakov Eisenberg，Kurtcebe Eroglu，Georg Essl，Alexander T. Fader，Farzan Fallah，Faith Fich，Joseph E. Fitzgerald，Perry Fizzano，David Ford，Jeannie Fromer，Kevin Fu，Atsushi Fujioka，Michel Galley，K. Ganesan，Simson Garfinkel，Travis Gebhardt，Peymann Gohari，Ganesh Gopalakrishnan，Steven Greenberg，Larry Griffith，Jerry Grossman，Rudolf de Haan，Michael Halper，Nick Harvey，Mack Hendricks，Laurie Hiyakumoto，Steve Hockema，Michael Hoehle，Shahadat Hossain，Dave Isecke，Ghaith Issa，Raj D. Iyer，Christian Jacobi，Thomas Janzen，Mike D. Jones，Max Kanovitch，Aaron Kaufman，Roger Khazan，Sarfraz Khurshid，Kevin Killourhy，Seungjoo Kim，Victor Kuncak，Kanata Kuroda，Suk Y. Lee，Edward D. Legenski，Li-Wei Lehman，Kong Lei，Zsolt Lengvarszky，Jeffrey Levetin，Baekjun Lim，Karen Livescu，Thomas Lasko，Stephen Louie，TzerHung Low，Wolfgang Maass，Arash Madani，Michael Manapat，Wojciech Marchewka，David M. Martin Jr.，Anders Martinson，Lyle McGeoch，Alberto Medina，Kurt Mehlhorn，Nihar Mehta，Albert R. Meyer，Thomas Minka，Mariya Minkova，Daichi Mizuguchi，G. Allen Morris Ⅲ，Damon Mosk-Aoyama，Xiaolong Mou，Paul Muir，German Muller，Donald Nelson，Gabriel Nivasch，Mary Obelnicki，Kazuo Ohta，Thomas M. Oleson，Jr.，Curtis Oliver，Owen Ozier，Rene Peralta，Alexander Perlis，Holger Petersen，Detlef Plump，Robert Prince，David Pritchard，Bina Reed，Nicholas Riley，Ronald Rivest，Robert Robinson，Christi Rockwell，Phil Rogaway，Max Rozenoer，John Rupf，Teodor Rus，Larry Ruzzo，Brian Sanders，Cem Say，Kim Schioett，Joel Seiferas，Joao Carlos Setubal，Geoff Lee Seyon，Mark Skandera，Bob Sloan，Geoff Smith，Marc L. Smith，Stephen Smith，Alex C. Snoeren，Guy St-Denis，Larry Stockmeyer，Radu Stoleru，David Stucki，Hisham M. Sueyllam，Kenneth Tam，Elizabeth Thompson，Michel Toulouse，Eric Tria，Chittaranjan Tripathy，Dan Trubow，Hiroki Ueda，Giora Unger，Kurt L. Van Etten，Jesir Vargas，Bienvenido Velez-Rivera，Kobus Vos，Alex Vrenios，Sven Waibel，Marc Waldman，Tom Whaley，Anthony Widjaja，Sean Williams，Joseph N. Wilson，Chris Van Wyk，Guangming Xing，Vee Voon Yee，Cheng Yongxi，Neal Young，Timothy Yuen，Kyle Yung，Jinghua Zhang，Lilla Zollei。

当我夜以继日地坐在我的电脑屏幕前时，尤其要感谢我的家人 Ina、Rachel 和 Aaron 的耐心、理解和爱。

Michael Sipser

马萨诸塞州，剑桥

2004 年 12 月

第1版前言

写给学生

欢迎使用本书!

将要开始学习的是重要而又引人入胜的课题：计算理论。它包括计算机硬件、软件以及某些应用的基本数学特性。这一课程试图回答什么是不能计算的，什么是能计算的，可以算多快，要用多少存储，以及采用什么计算模型等。这些问题与工程实践有着紧密的联系，也具有纯理论的一面。

许多同学主动盼望学习这门课程，有些同学可能只是为了完成计算机科学或者计算机工程的学位必需的理论课程学分——他们也许认为理论比较神秘、难学且用处不大。

通过学习，读者会发现理论既不神秘、也不讨厌，是好理解、甚至是有趣的。理论计算机科学有许多迷人而重要的思想，同时它也有许多细小的、有时甚至是乏味的细节，这些细节可能令人感到厌倦。学习任何一门新的课程都是一件艰苦的工作。但是，如果能把它适当地表述出来，学习就会变得容易和更愉快些。本书的一个基本目标是让读者接触到计算理论中真正令人激动的方面，而不陷入单调乏味之中。当然，对理论感兴趣的唯一途径是努力去学习并掌握它。

理论与实践是密切联系的，计算理论为实际工作者提供了在计算机工程中使用的理性工具。要为具体的应用设计一个新的程序设计语言吗？本课程中关于*语法*的内容迟早是会有用的。要进行字符串搜索和模式匹配吗？不要忘了*有穷自动机*和*正则表达式*。遇到了一个看来需要比你能够提供的计算机时间还要多的问题吗？想一想你学过的有关*NP完全性*的内容。各种应用领域，如现代密码协议，都依赖于在这里将要学习的理论原则。

理论是有意义的，它向读者展示了计算机新的、简单的、更加优美的一面，而通常我们把计算机看作一台复杂的机器。最好的计算机设计和应用出自完美的构思。一门理论课程可以提高审美意识，帮助读者建立更加优秀的系统。

理论是实践的指南，学习理论能够扩展你的思维。计算机技术更新很快，专门的技术知识虽然今天有用，但是仅仅在几年内就会变成过时的东西。而能力具有持久的价值，课程应该注重培养思考能力、清楚准确的表达能力、解决问题的能力以及知道问题什么时候还没有解决的能力，理论能够训练这些能力。

除了实际的考虑，几乎每一位使用计算机的人都想了解这个神奇的创造，它的能力，以及它的局限性。为了解答某些基本问题，在过去的30年里，一个全新的数学分支已经确立。这里还有一个重大问题没有解决：如果给定大的自然数，例如有500位，能够在合理的时间内把它分解成素数的乘积吗？即使使用一台超级计算机，现今还没人知道怎样才能在宇宙毁灭之前做完这件事！因子分解问题与现代密码系统中的某些密码有关。去寻找一个快速的因子分解方法吧，也许，读者会因此而一举成名！

写给教师

本书是计算机学科高年级本科生或研究生的计算理论入门教材。它涉及计算理论的数学论述，包括叙述和证明定理的基本技能。作者努力使本书适用于那些缺乏定理证明的基本训练的学生，当然，有较多这种经验的学生会学习得更轻松。

强调清楚和生动是本书叙述的一个特色，本课程对某些低层次的细节强调了直觉和"大的轮廓"。例如，虽然在第0章介绍了证明的归纳法以及其他的数学预备知识，但在后面部分它并不是重点。关于自动机的各种构造方法的正确性，一般不用归纳证明。只要叙述清楚，这些构造方法已经是令人信服的，不需进一步论证。归纳证明反而可能把学生搞糊涂而不是给人以启迪。归纳法是比较复杂的技术，可能还有些神秘。对十分明显的事情用归纳法作反复的说明可能会化简为繁、违反初衷，使学生认为数学证明是一种形式化手法，而不是教给他们懂得什么是有说服力的证据，什么不是有说服力的证据。

本书第二部分和第三部分没有采用伪码描述算法，而用了自然语言描述。书中没有花很多时间去设计图灵机（或任何其他形式模型）的程序。现在的学生都有程序设计的经历，觉得丘奇-图灵论题是不言自明的。因此我不去用很长的篇幅叙述用一个模型模拟另一个模型来说明它们的等价性。

除增加直观性和压缩某些细节外，本书内容组织符合计算理论中的典型标准。理论工作者将发现，素材的选取、术语以及内容的前后顺序都与其他广泛使用的教材一致。只在少数地方，当我发现标准的术语十分模糊或会引起混淆时，才引进了新的术语。例如，引进名词映射可归约性代替多一可归约性。

习题是学习与数学相关的科学必不可少的环节。书中的习题分成两大类，练习用来复习定义和概念。问题需要多动些脑筋。带星号的问题更难一些。本书努力使练习和问题令人感兴趣，并有挑战性。

反馈给作者

互联网为作者与读者之间的交流提供了新的机会。我收到很多电子邮件，对本书的初版提出了建议、赞许和批评，或者指出错误。请继续来函。只要有时间，我尽量亲自给每一个人回信。与本书有关的电子邮箱是

sipserbook@math. mit. edu

另外，还有一个Web站点，包括一张勘误表。可能还有一些其他材料也要加入这个站点用来帮助教师和学生。请告诉我你希望在这里看到什么。这个站点的地址是

http：//www-math. mit. edu/～sipser/book. html

致谢

如果没有众多朋友、同事以及家人的帮助，我将无法完成这本书。

我要感谢帮助我形成科学观和教育风格的各位老师，其中有五位非常突出。尤其是我的论文指导导师Manuel Blum，他以独有的方式激励学生，充分展现了他的激情和关怀。

他是我和许多人的楷模。感谢 Richard Karp 将我领入复杂性理论的大门；John Addison 为我讲授逻辑并布置了那些精彩的家庭作业；Juris Hartmanis 使我了解了计算理论；还有我的父亲，他告诉了我什么是数学、计算机以及教学艺术。

本书源自我在麻省理工学院讲授了 15 年的一门课程的教案和笔记。班上的学生们通过我的讲解做了课程笔记，希望他们原谅我不能将所有人一一列出。我多年的助教 Avrim Blum、Thang Bui、Andrew Chou、Benny Chor、Stavros Cosmadakis、Aditi Dhagat、Wayne Goddard、Parry Husbands、Dina Kravets、Jakov Kučan、Brian O'Neill、Ioana Popescu 以及 Alex Russell 帮助我编辑和充实了这些笔记，并提供了部分家庭作业问题。

大约三年前，Tom Leighton 建议我写一本关于计算理论的教科书。我也曾多次有过这个念头，但正是 Tom 的建议才使我付诸行动。我非常感激和珍视他对于本书写作和其他许多事情的慷慨建议。

我还想感谢 Eric Bach、Peter Beebee、Cris Calude、Marek Chrobak、Anna Chefter、Guang-Ien Cheng、Elias Dahlhaus、Michael Fischer、Steve Fisk、Lance Fortnow、Henry J. Friedman、Jack Fu、Seymour Ginsburg、Oded Goldreich、Brian Grossman、David Harel、Micha Hofri、Dung T. Huynh、Neil Jones、H. Chad Lane、Kevin Lin、Michael Loui、Silvio Micali、Tadao Murata、Christos Papadimitriou、Vaughan Pratt、Daniel Rosenband、Brian Scassellati、Ashish Sharma、Nir Shavit、Alexander Shen、Ilya Shlyakhter、Matt Stallmann、Perry Susskind、Y. C. Tay、Joseph Traub、Osamu Watanabe、Peter Widmayer、David Williamson、Derick Wood 以及 Charles Yang 所提供的意见和建议，以及他们在本书写作过程中提供的帮助。

下述各位为本书的改进提供了意见：Isam M. Abdelhameed、Eric Allender、Shay Artzi、Michelle Atherton、Rolfe Blodgett、AI Briggs、Brian E. Brooks、Jonathan Buss、Jin Yi Cai、Steve Chapel、David Chow、Michael Ehrlich、Yaakov Eisenberg、Farzan Fallah、Shaun Flisakowski、Hjalmtyr Hafsteinsson、C. R. Hale、Maurice Herlihy、Vegard Holmedahl、Sandy Irani、Kevin Jiang、Rhys Price Jones、James M. Jowdy、David M. Martin Jr.、Manrique Mata-Montero、Ryota Matsuura、Thomas Minka、Farooq Mohammed、Tadao Murata、Jason Murray、Hideo Nagahashi、Kazuo Ohta、Constantine Papageorgiou、Joseph Raj、Rick Regan、Rhonda A. Reumann、Michael Rintzler、Arnold L. Rosenberg、Larry Roske、Max Rozenoer、Walter L. Ruzzo、Sanatan Sahgal、Leonard Schulman、Steve Seiden、Joel Seiferas、Ambuj Singh、David J. Stucki、Jayram S. Thathachar、H. Venkateswaran、Tom Whaley、Christopher Van Wyk、Kyle Young 以及 Kyoung Hwan Yun。

Robert Sloan 在他执教的一个班上使用了本书手稿的早期版本，并通过使用经验向我提供了宝贵的意见和想法。Mark Herschberg、Kazuo Ohta 和 Latanya Sweeney 通读了手稿的各部分并提供了广泛的改进建议。Shafi Goldwasser 为我提供了第 10 章的素材。

我得到了 William Baxter 专业的技术支持，他编写了实现内部设计的宏语言包 LATEX。麻省理工学院数学系的 Larry Nolan 保证了所有事务的正常进行。

同 PWS 出版社的人们一起工作创作最终作品是一件很愉快的事。我在此感谢 Michael Sugarman、David Dietz、Elise Kaiser、Monique Calello、Susan Garland 和 Tanja Brull，因为我和他们的接触最为频繁，但我知道还有许多人也为此付出了努力。感谢 Jerry Moore 的审稿、Diane Levy 的封面设计以及 Catherine Hawkes 的版式设计。

感谢美国国家科学基金项目 CCR-9503322 给予的支持。

我的父亲 Kenneth Sipser 和姐姐 Laura Sipser 将书中的图表转换成了电子格式。我的另一位姐姐 Karen Fisch 为我们解决了许多使用电脑的紧急问题，我的母亲 Justine Sipser 用她那慈母的建议帮助我。感谢他们在疯狂的截止时间、糟糕的软件等困难环境下的付出。

最后，是我所爱的妻子 Ina 和我的女儿 Rachel，感谢她们对所有这一切的理解和容忍。

Michael Sipser

马萨诸塞州，剑桥

1996 年 10 月

目 录

第三部分 复杂性理论

绪　论

本章先概述了本书中讲述的计算理论涉及的范围，然后学习或者复习一些后面需要用到的数学知识。

0.1　自动机、可计算性与复杂性

本书重点在计算理论的三个传统的核心领域：自动机、可计算性和复杂性。是什么将这三个领域联系在一起的呢？这就是：

计算机的基本能力和局限性是什么？

要回答这个问题应追溯到20世纪30年代，当时的数理逻辑学家们首先开始探究什么是计算。自那时起，计算机技术的发展显著地增强了人们的计算能力，并且把这个问题从理论王国带到人们关心的现实世界。

对这三个领域（自动机、可计算性和复杂性）中的任一个领域，人们都会对这个问题做出不同的解释，并且对不同的解释会有各不相同的答案。在本章之后，本书就这三个领域中的每个领域分别独立介绍。在此，我们以相反的顺序（复杂性、可计算性、自动机）介绍这些领域，因为这样能够帮助大家更好地理解本书的内容。

0.1.1　计算复杂性理论

现实中，计算的问题是多种多样的，有的容易，有的困难。例如，排序是一个容易的问题，按升序排列一张数字表，即使一台小型计算机也能迅速处理100万个数。相对于时间表问题而言，比如要制定某所大学的课程表，课程表必须满足某些合理的限制（比如不能有两个班在同一时间使用同一教室）。时间表问题似乎比排序问题复杂得多。如果有1000个班需要排课，即使我们使用一台超级计算机，也可能需要花若干世纪的时间才能制定出一份最好的课程表。

那么是什么使得某些问题很难计算，而又使另一些问题容易计算呢？

这就是复杂性理论的核心问题。值得注意的是，尽管在过去的40多年里对该问题进行了深入细致的研究，但是我们至今仍然没有它的答案。接下来，我们将探究这个迷人的问题以及它的一些分支领域。

到目前为止，科研工作者发现了一个根据计算难度给问题分类的完美体系，这是复杂性理论的一个重要成果。它类似于按照化学性质给元素分类的周期表。按照该体系，即使我们还不能证明问题是难计算的，但也能够提出一种给出某些问题是难计算的证据的方法。

当面对一个似乎很难计算的问题时，往往会有若干选择。首先，通过弄清问题困难的根源，我们可能会做某些改动，使问题变得容易解决。其次，我们可能会转而去求问题的一个并不完美的解。在某些情况下，寻找问题的近似最优解会相对容易一些。再者，有些问题仅仅在最坏的情况下是困难的，而在绝大多数情况下是容易的。就应用而言，一个偶尔运行得很慢而通常运行得很快的程序是能够令人满意的。最后也可以选择其他计算类型，如能够加速某些计算任务的随机计算。

受到复杂性理论直接影响的一个应用领域是密码技术，这是一个古老的研究领域。在绝大多数领域中，选择容易计算的问题比选择难计算的问题更可取，因为求解容易问题的代价更小。密码技术与众不同，它特别需要难计算的问题，而不是容易计算的问题。因为在不知密钥或口令时，密码应该是很难破解的。复杂性理论给密码研究人员指出了寻找难计算问题的方向，围绕这些问题他们已经设计出新的创造性的编码。

0.1.2　可计算性理论

在20世纪前半叶，像哥德尔（Kurt Gödel）、图灵（Alan Turing）及丘奇（Alonzo Church）这样的数学家们，发现一些基本问题是不能用计算机解决的。确定一个数学命题是真或是假就是这样一个例子。这项任务是数学家们的工作，因为它属于数学王国的范畴，所以用计算机来解决似乎很自然。但是，没有计算机算法能够完成这项任务。

关于计算机理论模型思想的发展就是这一具有深远意义的研究成果之一，它最终会帮助人们制造出实用的计算机。

可计算性理论与复杂性理论是密切相关的。在复杂性理论中，目标是把问题分成容易计算的和难计算的；而在可计算性理论中，是把问题分成可解的和不可解的。可计算性理论引入了一些在复杂性理论中使用过的概念。

0.1.3　自动机理论

自动机理论阐述了计算的数学模型的定义和性质。这些模型在计算机科学的若干应用领域中起着作用。一个模型是*有穷自动机*模型，它用在文本处理、编译程序以及硬件设计中；另一个模型是*上下文无关文法*模型，它用在程序设计语言和人工智能中。

自动机理论是学习计算理论的非常好的起点。可计算性理论和复杂性理论需要对计算机给出一个准确的定义。自动机理论让我们在介绍与计算机科学的其他非理论领域有关的概念时可以使用计算的形式化定义。

0.2　数学概念和术语

与任何数学科目一样，开始时，我们先讨论一下预计要用到的基本的数学对象、工具和概念。

0.2.1　集合

集合（set）是一组对象，把它看成一个整体。集合可以包含任何类型的对象，包括数、符号甚至其他集合。集合中的对象称为它的**元素**（element）或**成员**（member）。集合可以用几种方式形式化地描述。一种方式是在大括号内列出它的元素。例如，集合

$$\{7,21,57\}$$

包含元素7，21和57。符号$\in$和$\notin$分别表示集合成员和非集合成员。如，$7\in\{7,21,57\}$，$8\notin\{7,21,57\}$。对于A和B这两个集合，如果A的每个成员也是B的成员，则称A为B的**子集**（subset），记作$A\subseteq B$。如果A为B的子集且不等于B，则称A为B的**真子集**（proper subset），记作$A\subsetneq B$。

集合与描述它的元素的排列顺序无关，也不考虑其元素的重复。$\{57,7,7,7,21\}$和

{7,21,57} 表示同一个集合。如果确实要考虑元素出现的次数，则把它称作**多重集合**（multiset）。例如，{7} 和 {7，7} 作为多重集合是不相同的两个集合，而作为集合是同一个集合。**无穷集合**（infinite set）是包含无穷多个元素的集合。不可能列出无穷集合的所有元素，所以有时用记号“…”表示“集合的元素序列将永远继续下去”。因此，我们把**自然数集**（set of natural numbers）$\mathbf{N}$ 写为

$$\{1,2,3,\cdots\}$$

把**整数集**（set of integers）$\mathbf{Z}$ 写为

$$\{\cdots,-2,-1,0,1,2,\cdots\}$$

不含任何元素的集合称作**空集**（empty set），记为$\varnothing$。通常，若集合由唯一一个元素组成，则把它称作**单元素集合**（singleton set）；若集合恰好只包含两个不同元素，则被称作**二元集合**（unordered pair）。

当我们描述由服从某种规则的元素组成的集合时，通常写为 $\{n \mid$ 关于 n 的规则$\}$。例如，$\{n \mid$ 对于某个 $m\in\mathbf{N}$，$n=m^2\}$，它表示由完全平方数组成的集合。

对给定的两个集合 A 和 B，把 A 和 B 中的所有元素合并为一个大集合，这样得到的集合称为 A 和 B 的**并集**（union），记为 $A\cup B$。既在 A 中又在 B 中的所有元素组成的集合称为 A 和 B 的**交集**（intersection），记为 $A\cap B$。所有需要考虑的、但不在 A 中的元素组成的集合称为 A 的**补集**（complement），记为 $\overline{A}$。

数学中通常用形象化的图形来帮助阐明某个概念。对于集合，我们采用所谓的**文氏图**（Venn diagram）来描述。通常把集合表示为圆圈围成的区域。例如，在图 0-1 中，用“以 t 开头”这个图来表示以字母“t”开头的英文单词组成的集合。图中的圆圈表示“以 t 开头”的集合，集合的几个元素表示为圆内的几个点。

类似地，在图 0-2 中的圆圈表示以字母“z”结尾的英文单词组成的集合。

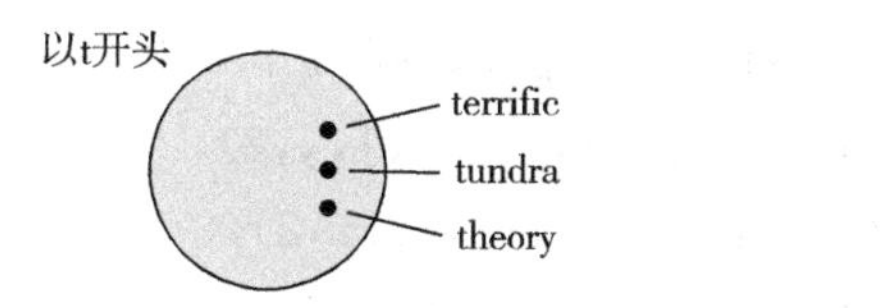

图0-1 以“t”开头的英文单词集合的文氏图

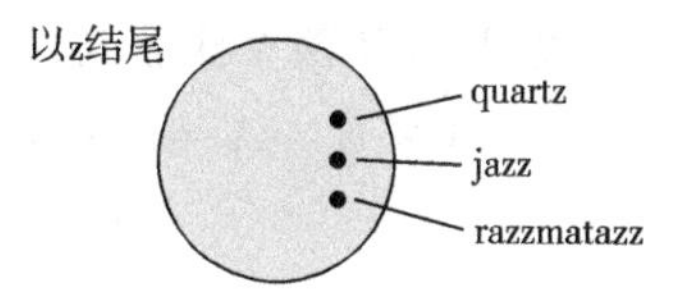

图 0-2 以“z”结尾的英文单词集合的文氏图

如果在同一个文氏图中表示两个以上的集合，为了表明它们具有某些共同的元素，应该把它们画成部分重叠在一起，如图 0-3 所示。例如，单词 topaz 就是在两个集合中。图中还有一个圆圈表示“以 j 开头”的集合，由于没有任何一个单词同时在这两个集合中，所以它和表示“以 t 开头”的圆圈不重叠。

图 0-4 中的两个文氏图描述了集合 A 和 B 的并集和交集。

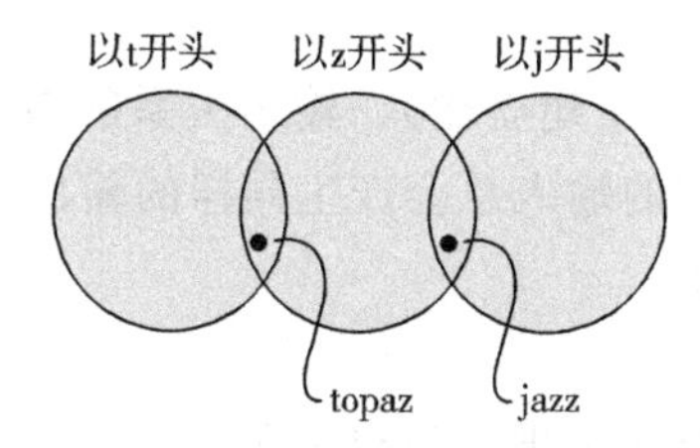

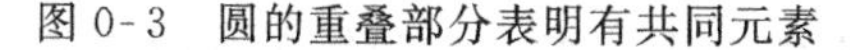

图 0-3 圆的重叠部分表明有共同元素

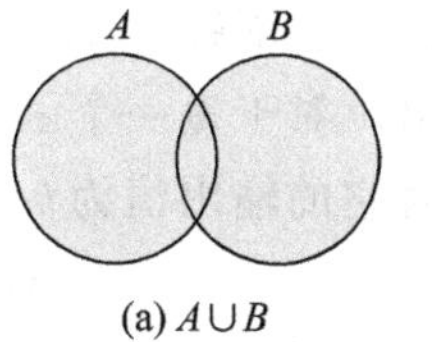

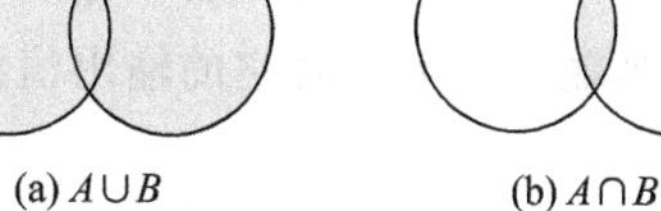

图 0-4 表示并集和交集的文氏图

0.2.2 序列和多元组

序列（sequence）是某些元素或成员按某种顺序排成的一个列表。通常把它写在一对圆括号内指明它为一个序列。例如，序列 7,21,57 可写为

$$(7,21,57)$$

在集合中可不考虑元素的顺序，但在序列中要考虑元素的顺序。因此，(7,21,57) 和 (57,7,21) 是两个不同的序列。类似地，在集合中元素是否重复无关紧要，而在序列中元素是否重复却很重要。例如序列 (7,7,21,57) 与前两个序列都不相同，而集合 {7,21,57} 与 {7,7,21,57} 是相同的集合。

与集合一样，序列也可以是有穷序列或者无穷序列。通常把有穷序列称为**多元组**（tuple）。k 个元素的序列称为 k **元组**（k-tuple）。例如，(7,21,57) 为一个 3 元组。2 元组也称为**有序对**（ordered pair）。

集合与序列可以作为其他集合或序列的元素。例如，A 的**幂集**（power set）为 A 的所有子集的集合。设 A 为集合 $\{0,1\}$，则 A 的幂集为集合 $\{\varnothing,\{0\},\{1\},\{0,1\}\}$。元素为 0 和 1 的所有有序对组成的集合为 $\{(0,0),(0,1),(1,0),(1,1)\}$。

设 A 和 B 为两个集合，A 和 B 的**笛卡儿积**（Cartesian product）或**叉积**（cross product）为这样一个集合，它是第一个元素为 A 的元素、第二个元素为 B 的元素的所有有序对组成的集合，记作 $A\times B$。

例 0.1 设 $A=\{1,2\}$ 和 $B=\{x,y,z\}$，则

$$A\times B=\{(1,x),(1,y),(1,z),(2,x),(2,y),(2,z)\}$$ ■

还可以有 k 个集合 $A_1,A_2,\cdots,A_k$ 的笛卡儿积，记为 $A_1\times A_2\times\cdots\times A_k$。它是由所有 k 元组 $(a_1, a_2, \cdots, a_k)$ 组成的集合，其中 $a_i\in A_i$。

例 0.2 设 A 和 B 两个集合与例 0.1 中的 A、B 相同，则

$$\begin{aligned}A\times B\times A=\{&(1,x,1),(1,x,2),(1,y,1),(1,y,2),\\&(1,z,1),(1,z,2),(2,x,1),(2,x,2),\\&(2,y,1),(2,y,2),(2,z,1),(2,z,2)\}\end{aligned}$$ ■

集合自身的笛卡儿积可采用如下缩写形式：

$$\overbrace{A\times A\times\cdots\times A}^{k}=A^k$$

例 0.3 集合 $\mathbf{N}^2$ 等于 $\mathbf{N}\times\mathbf{N}$。它是由所有自然数的有序对组成的集合，也可以写为 $\{(i, j) \mid i, j\geqslant 1\}$。 ■

0.2.3 函数和关系

对数学而言，函数是核心。**函数**（function）是一个建立输入-输出关系的对象。它得到一个输入，产生一个输出。对于每一个函数，同样的输入总会产生同样的输出。设 f 是一个函数，当输入值为 a 时它的输出值为 b，则记为

$$f(a)=b$$

函数又称为**映射**（mapping），并且，若 $f(a)=b$，则称 f 把 a 映射为 b。

例如，对绝对值函数 abs，取一个数 x 作为它的输入，当 x 大于等于 0 时该函数返回

x；当 x 小于 0 时该函数返回 $-x$。因此，$abs(2)=abs(-2)=2$。加法是函数的另一个例子，记为 add。加法函数的输入是由两个数组成的有序对，输出是这两个数之和。

函数的所有可能的输入组成的集合称为函数的**定义域**（domain）。函数的输出也来自于另一个集合，这个集合称为函数的**值域**（range）。对于函数 f，采用如下方式表述其定义域为 D 和值域为 R：

$$f: D \rightarrow R$$

如果限制在整数范围内，函数 abs 的定义域和值域都为 $\mathbf{Z}$，可以写为 $abs: \mathbf{Z} \rightarrow \mathbf{Z}$。对于整数的加法函数，如果定义域为整数有序对集合 $\mathbf{Z} \times \mathbf{Z}$，而值域为 $\mathbf{Z}$，则可以写为 $add: \mathbf{Z} \times \mathbf{Z} \rightarrow \mathbf{Z}$。注意：函数不必取得指定值域的所有元素。虽然 $-1 \in \mathbf{Z}$，但是函数 abs 绝不会取到值 -1。如果函数取得值域的所有元素，则称它**映上**（onto）到这个值域。

通常可以用几种方法描述一个具体的函数。其中一种方法是采用从指定的输入到输出的计算过程。而另一种方法是用一张表列出所有可能的输入和对应的输出。

例 0.4 考虑函数 $f: \{0,1,2,3,4\} \rightarrow \{0,1,2,3,4\}$。

n	0	1	2	3	4
$f(n)$	1	2	3	4	0

该函数为把它的输入加 1，然后输出再执行模 5 后的计算结果。通常，对于一个数的模 m 的结果就等于该数除以 m 后所得到的余数。例如，钟表表盘上的分针按模 60 计数。当作模运算时，记为 $\mathbf{Z}_m = \{0,1,2,\cdots,m-1\}$。用这个记号，前面提到的函数 f 可以写为 $f: \mathbf{Z}_5 \rightarrow \mathbf{Z}_5$。■

例 0.5 如果函数的定义域为两个集合的笛卡儿积，这时需要使用 2 维表格来描述。在这里有另一个函数 $g: \mathbf{Z}_4 \times \mathbf{Z}_4 \rightarrow \mathbf{Z}_4$。它表示标号为 i 的行和标号为 j 的列的内容是 $g(i,j)$ 的值。

g	0	1	2	3
0	0	1	2	3
1	1	2	3	0
2	2	3	0	1
3	3	0	1	2

函数 g 为模 4 的加法函数。■

当函数 f 的定义域为 $A_1 \times A_2 \times \cdots \times A_k$ 时，f 的输入是 k 元组 $(a_1, a_2, \cdots, a_k)$，称 a_i 为 f 的**自变量**（argument）。k 个自变量的函数称为 k **元函数**（k-ary function），k 称为函数的**元数**（arity）。当 k 等于 1 时，f 有一个自变量，称为**一元函数**（unary function）。当 k 等于 2 时，f 为**二元函数**（binary function）。将某些大家熟悉的二元函数写为特殊的**中缀表示法**（infix notation）的形式，即把函数符号放在它的两个自变量之间，而不采用**前缀表示法**（prefix notation）把函数符号放在最前面。例如，加法函数 add 通常采用中缀表示法把符号"+"放在两个自变量之间，写为 $a+b$。代替采用前缀表示法 $add(a,b)$。

谓词（predicate）或**性质**（property）是一种函数，它的值域为 {TRUE, FALSE}。例如，设 even 为一个谓词，当输入为偶数时该函数的输出为 TRUE；当输入为奇数时该函数的输出为 FALSE。因而，$even(4)$＝TRUE，$even(5)$＝FALSE。

定义域为 A^k 的谓词称为**关系**（relation），或称为 **k 元关系**（k-ary relation），也称为 **A 上的 k 元关系**。通常用的是**二元关系**（binary relation）。当我们书写一个包含二元关系的表达式时，习惯上采用中缀表示法。例如，“小于”是一个关系，通常写成带中缀符号“$<$”的形式。“等于”是大家熟悉的另一个关系，写为带中缀符号“＝”的形式。设 R 是一个二元关系，则命题 aRb 表示 aRb＝TRUE。类似地，设 R 是一个 k 元关系，则命题 $R(a_1,a_2,\cdots,a_k)$ 表示 $R(a_1,a_2,\cdots,a_k)$ ＝TRUE。

例 0.6　在一个叫作剪刀－布－石头的儿童游戏中，两个人同时选择集合｛剪刀，布，石头｝中的任一个元素，并且用手势表示出来。如果两个人的选择是相同的，则游戏重来。如果选择不相同，则按照下述打败关系，确定一个人获胜。

打败	剪刀	布	石头
剪刀	FALSE	TRUE	FALSE
布	FALSE	FALSE	TRUE
石头	TRUE	FALSE	FALSE

根据这张表，剪刀打败布为 TRUE，而布打败剪刀为 FALSE。■

有时用集合代替函数来描述谓词更方便一些。例如，谓词 $P:D\rightarrow\{\text{TRUE},\text{FALSE}\}$ 可以写成 (D,S)，其中 $S=\{a\in D \mid P(a)=\text{TRUE}\}$，或当根据上下文定义域 D 是明显的时候，简单地写成 S。于是，打败关系可以写为如下形式：

$$\{(剪刀,布),(布,石头),(石头,剪刀)\}$$

等价关系（equivalence relation）是一种特殊类型的二元关系，它利用了通过某种特征把两个对象等同起来的想法。如果二元关系 R 满足以下 3 个条件：

1. R 是**自反的**（reflexive），即对每一个 x，xRx。
2. R 是**对称的**（symmetric），即对每一个 x 和 y，xRy 意味着 yRx。
3. R 是**传递的**（transitive），即对每一个 x，y 和 z，xRy 和 yRz 意味着 xRz。

则称 R 为一个等价关系。

例 0.7　定义一个自然数集上的等价关系 $\equiv_7$。对于 i，$j\in\mathbf{N}$，如果 $i-j$ 是 7 的倍数，则说 $i\equiv_7 j$。这是一个等价关系，因为它满足上述的 3 个条件。首先，它是自反的，因为 $i-j=0$ 是 7 的倍数。其次，它是对称的，因为若 $j-i$ 是 7 的倍数，则 $i-j$ 也是 7 的倍数。再者，它是传递的，因为只要 $i-j$ 是 7 的倍数且 $j-k$ 是 7 的倍数，那么 $i-k=(i-j)+(j-k)$ 是两个 7 的倍数之和，从而也是 7 的倍数。■

0.2.4 图

无向图（undirected graph）简称为**图**（graph），是由一个点的集合以及连接其中某些点的线段组成的。这些点称为**结点**（node）或**顶点**（vertex），线段称为**边**（edge），如图 0-5所示。

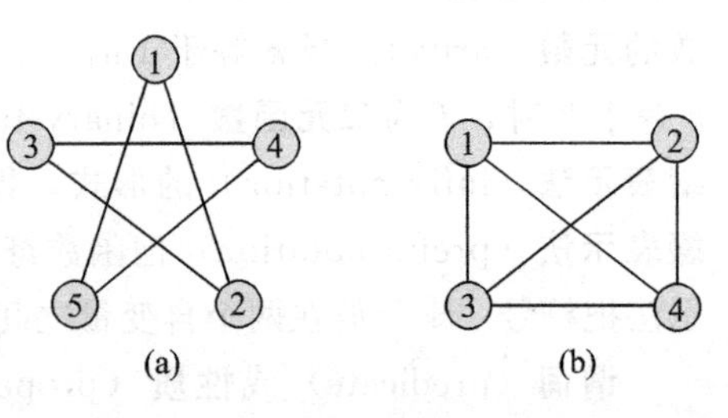

图 0-5　图的例子

顶点的**度**（degree）是以这个顶点为端点的边的数目。在图 0-5（a）中所有顶点的度都为 2。在图 0-5（b）中所有顶点的度都为 3。任何两个顶点之间至多有一条边。在某些情况下，允许图中含有始点和终点相同的边，并称其为**自环**（self-loop）。

设图 G 包含顶点 i 和顶点 j，有序对（i,j）表示连接 i 和 j 的边。在无向图中不考虑 i 和 j 的顺序，因此有序对（i,j）和（j,i）表示同一条边。由于顶点的顺序是无关紧要的，所以有时用二元集合来表示无向边，写为 $\{i,j\}$。如果 G 的顶点集为 V、边集为 E，则记为 $G=(V,E)$。可以用一个图形或更形式化地指定 V 和 E 来描述一个图。例如，图 0-5(a) 中图的形式化描述为

$$(\{1,2,3,4,5\},\{(1,2),(2,3),(3,4),(4,5),(5,1)\})$$

图 0-5（b）中图的形式化描述为

$$(\{1,2,3,4\},\{(1,2),(1,3),(1,4),(2,3),(2,4),(3,4)\})$$

通常可用图表示数据。例如：顶点为城市、边为连接城市的高速公路，或者顶点为人、边为连接他们的友情。有时为了方便，给图的顶点或边作标记，这样的图称作**标定图**（labeled graph）。图 0-6 画出一张图，它的顶点为城市。如果两个城市之间有直达航班，则它们之间有一条边，并且标上直达飞行的最低票价（美元）。

如果图 G 的顶点集为图 H 的顶点集的子集，则称 G 为 H 的**子图**（subgraph）。如图 0-7 所示，G 的边均为 H 在对应顶点上的边。图 0-7 表示图 H 和子图 G。

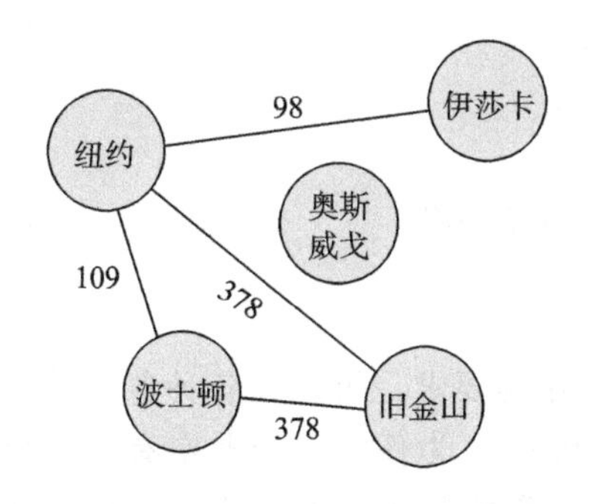

图 0-6 城市之间直达飞行的最低票价

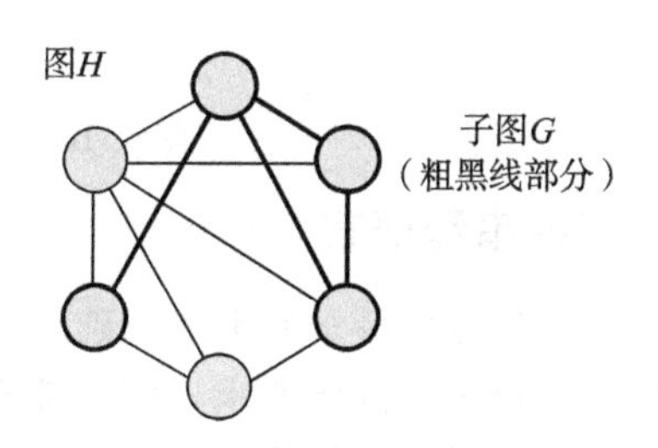

图 0-7 图 G（粗黑线部分）是 H 的子图

图中的**路径**（path）是由边连接的顶点序列。**简单路径**（simple path）是没有顶点重复的路径。如果每一对顶点之间都有一条路径，则称这个图为**连通图**（connected graph）。如果一条路径的起点和终点相同，则称这个图为一个**圈**（cycle）。如果一个圈包含至少 3 个顶点，并且除起点和终点之外没有顶点重复，则称它是一个**简单圈**（simple cycle）。**树**（tree）是连通且没有简单圈的图，如图 0-8 所示。有时专门指定树的一个顶点，把它称为这棵树的**根**（root）。一棵树中度数为 1 的顶点称为这棵树的**树叶**（leaf）。

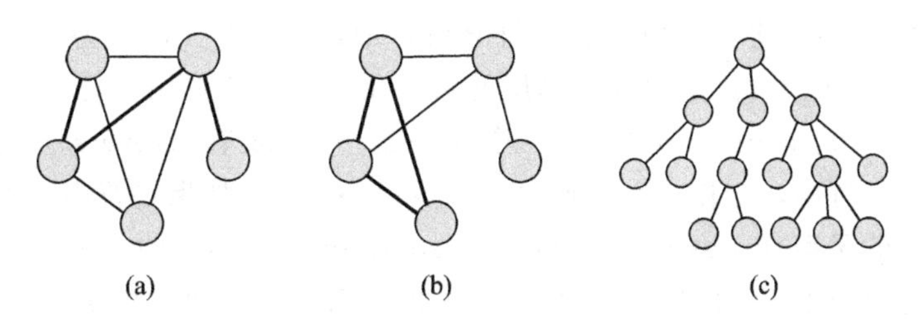

图 0-8 （a）图中的一条路径，（b）图中的一个圈，（c）一棵树

在**有向图**（directed graph）中线段被箭头所替换，如图 0-9 所示。从一个顶点引出的箭头数为这个顶点的**出度**（outdegree），指向一个顶点的箭头数为这个顶点的**入度**（indegree）。

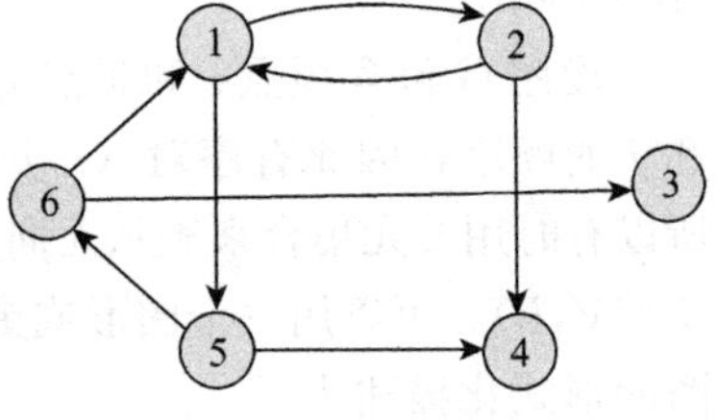

图 0-9 一个有向图

在有向图中，用有序对 (i,j) 表示从 i 到 j 的边。有向图 G 的形式化描述为 (V,E)，其中 V 为顶点集，E 为边集。图 0-9 中表示的有向图的形式化描述为

$$(\{1,2,3,4,5,6\},\{(1,2),(1,5),(2,1),(2,4),(5,4),(5,6),(6,1),(6,3)\})$$

所有箭头的方向都与其前进的方向一致的路径称为**有向路径**（directed path）。如果从每一个顶点到另一个顶点都有一条有向路径，则称这个有向图为**强连通图**（strongly connected graph）。有向图是描述二元关系的便利方式。设 R 为一个二元关系，它的定义域为 $D\times D$，则标定图 $G=(D,E)$ 表示 R，其中 $E=\{(x,y)\mid xRy\}$。

例 0.8 表示例 0.6 中给出的关系的有向图如图 0-10 所示。 ■

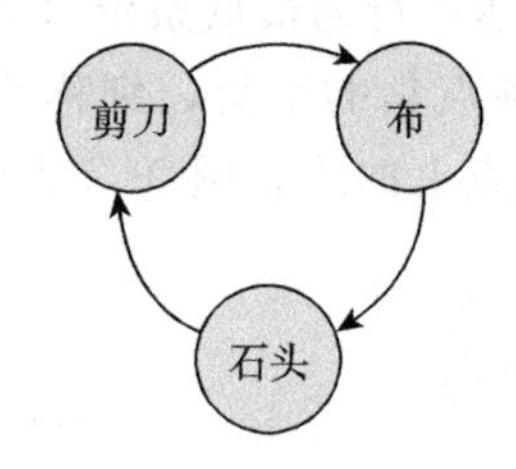

图 0-10 表示打败关系的有向图

0.2.5 字符串和语言

字符串是计算机科学的重要基础之一。根据应用的要求，可以在各种各样的字母表上定义这样的字符串。按照要求，定义**字母表**（alphabet）为任意一个非空有穷集合。字母表的成员为该字母表的**符号**（symbol）。通常用大写希腊字母 Σ 和 Γ 表示字母表和字母表中符号的打印字体。下面是几个字母表的例子。

$$\Sigma_1=\{0,1\}$$
$$\Sigma_2=\{a,b,c,d,e,f,g,h,i,j,k,l,m,n,o,p,q,r,s,t,u,v,w,x,y,z\}$$
$$\Gamma=\{0,1,x,y,z\}$$

字母表上的字符串（string over an alphabet）为该字母表中符号的有穷序列，通常写为一个符号挨着一个符号，不用逗号隔开。设 $\Sigma_1=\{0,1\}$，则 01001 为 Σ_1 上的一个字符串。设 $\Sigma_2=\{a,b,c,\cdots,z\}$ 则 abracadabra 为 Σ_2 上的一个字符串。设 w 为 Σ 上的一个字符串，w 的**长度**（length）等于它所包含的符号数，记作 $|w|$。长度为零的字符串叫作**空串**（empty string），记为 ε。空串起的作用就像 0 在数系中的作用一样。如果 w 的长度为 n，则可以写为 $w=w_1w_2\cdots w_n$，这里每一个 $w_i\in\Sigma$。w 的**反转**（reverse）是按照相反的顺序写 w 所得到的字符串，记作 w^{R}，即 $w^{\mathrm{R}}=w_nw_{n-1}\cdots w_1$。如果字符串 z 连续地出现在 w 中，则称 z 为 w 的**子串**（substring）。例如，cad 为 abracadabra 的子串。

设 x 是长度为 m 的字符串，y 是长度为 n 的字符串，x 和 y 的**连接**（concatenation）是把 y 附加在 x 的后面得到的字符串，记为 xy，即 $xy=x_1\cdots x_my_1\cdots y_n$。可采用上标表示法表示一个字符串自身连接多次，例如 x^k 表示

$$\overbrace{xx\cdots x}^{k}$$

字符串的**字典序**（lexicographic order）和大家熟悉的字典顺序一样。通常，我们采用**字符串顺序**（shortlex order 或 string order），它在字典序基础上将短的字符串排在长的字符串的前面。例如，字母表{0，1}上的所有字符串的字符串顺序为（ε,0,1,00,01,11,000,…）。

字符串 x 是字符串 y 的**前缀**（prefix），如果存在字符串 z 满足 $xz=y$，并且若 $x\neq y$，则 x 称为 y 的**真前缀**（proper prefix）。字符串的集合称为**语言**（language）。如果语言中任何一个成员都不是其他成员的真前缀，那么该语言是**无前缀的**（prefix-free）。

0.2.6 布尔逻辑

布尔逻辑（Boolean logic）是建立在 TRUE 和 FALSE 两个值上的代数系统。这个系统最初是作为纯数学构想提出来的，现在被公认为是数字电子学和计算机设计的基础。值 TRUE 和值 FALSE 被称为**布尔值**（Boolean value），并且经常用值 1 和值 0 表示。在有两种可能的时候使用布尔值，例如一条电路可能处于高电位或低电位，一个命题可能是真或假，对一个问题的回答可能为是或否。

可以用**布尔运算**（Boolean operation）处理布尔值。最简单的布尔运算为**非**（negation）或 **NOT** 运算，用符号“¬”表示。一个布尔值的非为与它相反的值，即 $\neg 0=1$，$\neg 1=0$。**合取**（conjunction）或 **AND** 运算的符号为“∧”。仅当两个布尔值都为 1 时，它们的**合取**为 1。**析取**（disjunction）或 **OR** 运算的符号为“∨”。当两个布尔值中有一个为 1 时，它们的**析取**为 1。下面综合列出上述运算的定义：

$$
\begin{array}{lll}
0\wedge 0=0 & 0\vee 0=0 & \neg 0=1 \\
0\wedge 1=0 & 0\vee 1=1 & \neg 1=0 \\
1\wedge 0=0 & 1\vee 0=1 & \\
1\wedge 1=1 & 1\vee 1=1 &
\end{array}
$$

使用布尔运算可以把简单的命题组合成更复杂的布尔表达式，就像使用算术运算＋和×构造复杂的算术表达式一样。例如，设 P 是表示命题“现在天气晴朗”的真假值的布尔值，Q 是表示命题“今天是星期一”的真假值的布尔值，那么可以用 $P\wedge Q$ 表示命题“现在天气晴朗并且今天是星期一”的真假值。对于 $P\vee Q$，与此类似，只需把“并且”换成“或者”。值 P 和 Q 称为该运算的**运算对象**（operand）。

偶尔会用到另外几个布尔运算。**异或**（exclusive or）运算（或者 **XOR** 运算）的符号为“⊕”，当它的两个运算对象中一个为 1、另一个为 0 时其值为 1。**等值**（equality）运算的符号是“↔”，当它的两个运算对象取值相同时其值为 1。最后，**蕴涵**（implication）运算的符号是“→”，并且当它的第一个运算对象为 1、第二个运算对象为 0 时其值为 0；否则为 1。下面综合列出这些定义：

$$
\begin{array}{lll}
0\oplus 0=0 & 0\leftrightarrow 0=1 & 0\rightarrow 0=1 \\
0\oplus 1=1 & 0\leftrightarrow 1=0 & 0\rightarrow 1=1 \\
1\oplus 0=1 & 1\leftrightarrow 0=0 & 1\rightarrow 0=0 \\
1\oplus 1=0 & 1\leftrightarrow 1=1 & 1\rightarrow 1=1
\end{array}
$$

可以给出这些运算之间的各种关系。实际上，能用 AND 与 NOT 运算来表示所有的布尔运算，如下面的式子所示。每一行的两个表达式是等价的。每一行用它上面的运算及AND、NOT表示左边一列的运算。

$$
\begin{array}{ll}
P \vee Q & \neg(\neg P \wedge \neg Q) \\
P \rightarrow Q & \neg P \vee Q \\
P \leftrightarrow Q & (P \rightarrow Q) \wedge (Q \rightarrow P) \\
P \oplus Q & \neg(P \leftrightarrow Q)
\end{array}
$$

有关 **AND** 与 **OR** 的**分配律**（distributive law）在处理布尔表达式时会有用。它很像有关加法与乘法的分配律 $a\times(b+c)=(a\times b)+(a\times c)$。布尔分配律有以下两种形式：

- $P\wedge(Q\vee R)$等于$(P\wedge Q)\vee(P\wedge R)$
- $P\vee(Q\wedge R)$等于$(P\vee Q)\wedge(P\vee R)$

0.2.7 数学名词汇总

字母表 符号对象的有穷集合。

自变量 函数的输入。

二元关系 定义域为有序对集合的关系。

布尔运算 布尔值的运算。

布尔值 值TRUE或值FALSE，常用1或0表示。

笛卡儿积 对多个集合的运算，用分别来自这些集合的元素的所有多元组构成一个集合。

补 对一个集合的运算，用不在这个集合中的所有元素构成一个集合。

连接 把多个字符串连接在一起的运算。

合取 布尔运算AND。

连通图 每一对顶点都有路径相连的图。

圈 起止在同一个顶点的路径。

有向图 顶点和连接某些顶点的箭头构成的集合。

析取 布尔运算OR。

定义域 函数所有可能的输入构成的集合。

边 图中的一条线段。

元素 集合中的一个对象。

空集 没有任何元素的集合。

空串 长度为零的字符串。

等价关系 自反、对称和传递的二元关系。

函数 把输入转变成输出的运算。

图 顶点和连接某些顶点的线段构成的集合。

交 对多个集合的运算，用这几个集合的共同元素构成一个集合。

k元组 一列k个对象。

语言 字符串的集合。

成员 集合中的一个对象。

结点 图中的一个点。

有序对 一对有序的元素。

路径	图中用边连接起来的顶点序列。
谓词	以 {TRUE，FALSE} 为值域的函数。
性质	一个谓词。
值域	一个集合，函数的输出都取自这个集合。
关系	一个谓词，最典型地，其定义域为 k 元组集合。
序列	排列成一列的对象。
集合	一组对象。
简单路径	顶点不重复的路径。
单元素集合	只有一个成员的集合。
字符串	取自一个字母表的一列有穷个符号。
符号	字母表的一个成员。
树	不含简单圈的连通图。
并	对多个集合的运算，把这几个集合中的所有元素合并成一个集合。
二元集合	含有两个成员的集合。
顶点	图中的一个点。

0.3 定义、定理和证明

定理和证明是数学的精髓，而定义是数学的灵魂。这三部分是包括本科目在内的每个数学科目的核心。

定义（definition）描述了我们使用的对象和概念。定义可能是简单的，如本章已给出的集合的定义；也可能是复杂的，如密码系统中对安全的定义。任何数学定义都必须是精确的。当定义一个对象时，必须弄清楚什么构成这个对象、什么不构成这个对象。

在定义各种对象和概念之后，通常要给出关于它们的**数学命题**（mathematical statement）。典型情况下，一个命题描述某个对象具有某种性质。命题可能为真，也可能为假，但和定义一样必须是精确的。它的含义不能有任何模棱两可的地方。

证明（proof）是一种逻辑论证，它使人们确信一个命题为真。在数学中，一个论证必须无懈可击的，也就是说，论证要使人绝对信服。它和我们在日常生活中或在法律上使用的证据这一概念有很大的区别。在谋杀案审判中要求存在“没有任何合理疑点”的证据。重要的证据可能迫使陪审团接受疑犯无罪或有罪的辩护。但是，这种证据在数学证明中不起作用。数学家需要没有任何疑点的证明。

定理（theorem）是被证明为真的数学命题。通常只对特别感兴趣的命题使用这个词。有时，有兴趣证明某些命题只是因为它们有助于证明另一个更有意义的命题，这样的命题称为**引理**（lemma）。有时，一个定理或其证明可以使我们容易得出另外一些有关的命题为真的结论，这些命题称为这个定理的**推论**（corollary）。

寻找证明

给出数学证明是确定一个数学命题为真或假的唯一方法。可是，找到数学证明并不总是容易的事情。不可能把它简化为一组简单的规则或过程。在本书中，我们要求给出各种命题的证明。请不要气馁！因为虽然没有任何人有制造证明的诀窍，但是我们可以利用一些有用的普遍性策略。

首先，要仔细地看清楚要证明的命题。是否理解命题的所有记号？先用自己的语言把命题重写一遍。把它拆开并且分别考虑每一部分。

有时候由若干部分组成的命题的各个部分并不都是明显的。这种命题经常出现的一种形式是“P 的充分必要条件是 Q”，其中 P 和 Q 为两个数学命题。这种写法是对一个由两部分组成的命题的缩写。第一部分是“P 仅当 Q”，它的意思为：若 P 为真，则 Q 为真，写成 $P\Rightarrow Q$。第二部分是“P 当 Q”，它的意思为：若 Q 为真，则 P 为真，写成 $P\Leftarrow Q$。第一部分是原命题的**向前方向**（forward direction），第二部分是**反方向**（reverse direction）。把“P 的充分必要条件是 Q”写成 $P\Leftrightarrow Q$。要证明这种形式的命题，必须证明这两个方向中的每一种情况。通常情况下，这两个方向中一个比另一个容易证明。

这种命题的另一种类型是陈述两个相等的集合 A 和 B。它的第一部分说明 A 是 B 的子集，第二部分说明 B 是 A 的子集。所以，证明 $A=B$ 的通用方法：证明 A 的每一个元素也为 B 的元素，以及 B 的每一个元素也为 A 的元素。

其次，当想证明一个命题或它的一部分时，要尽可能证明它为什么应该为真。在证明之前，先举一些例子对完成证明会很有帮助。例如，如果命题称某种类型的所有对象都有一种特定的性质，那么取几个这种类型的对象并且观察它们确实具有这种性质。这样做之后，再试试找一个不具有这种性质的对象，这样的对象称为**反例**（counterexample）。如果命题确实为真，就不可能找到反例。当试图找反例时看看在什么地方遇到了困难，这能够帮助我们理解该命题为什么为真。

例 0.9　假设要证明命题：对于每一个图 G，G 中所有顶点度数之和为偶数。

首先，画几个图，观察这个命题的实际情况。图 0-11 是两个例子。

然后，去找反例，即顶点度数之和为奇数的图。发现每增加一条边，度数之和增加 2。见图 0-12。

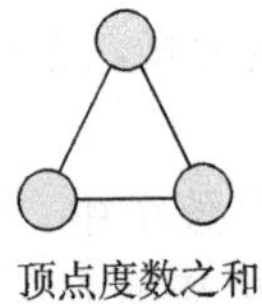

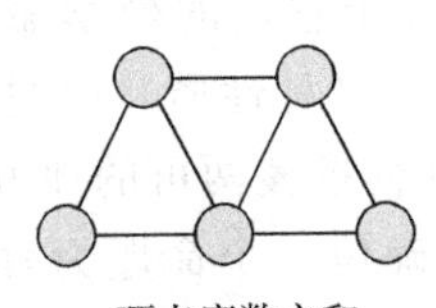

图 0-11　两个例子

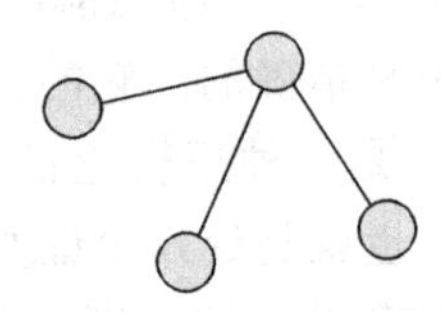

图 0-12　每次增加一条边，和增加 2

现在，你能开始看出命题为什么为真和怎样证明它了吧？ ■

如果仍然不能直接证明这个命题，那么试试证明容易一点的事情，即去证明这个命题的一种特殊情况。例如，如果要证明对于每一个 $k>0$，某个性质为真，先去证明对于 $k=1$ 它为真。如果成功了，再去证明对于 $k=2$ 等等它为真，直到能够证明更一般的情况。如果一种特殊情况是难证明的，那么去试试证明另一个不同的特殊情况，或者还可能是这个特殊情况的特殊情况。

最后，当确信已经找到证明的时候，必须将它严格地书写出来。一个写得很好的证明是一系列的形式化描述，其中每一条语句都由前面的语句经过简单的推理得到。仔细书写证明非常重要，这样既能够让读者理解它，又能够保证它正确无误。

以下是关于构造证明的几点建议：

- **要有耐心**。寻找证明需要时间。如果没有马上看出怎么着手证明，也不必烦恼。

为了找到一个合适的证明，研究人员有时要工作数周甚至数年。

- **回头做**。看一遍要证明的命题，考虑一会儿，然后放下它，过一小段时间之后再回到这个问题上来。让你内心的潜意识和直觉有机会起作用。
- **条例清晰**。当对要证明的命题进行直觉分析时，请使用简单明了的图形或文字描述，也可以两者同时使用。当你正在深入研究这个命题时，杂乱无章会妨碍深入研究。此外，把一个结果写给别人看，清晰的表述有助于别人理解。
- **表达简洁**。简洁有助于表达高层次的思想而不丧失细节。好的数学表示法有利于简明地表达思想。但是，在写证明的时候必须充分地写出你的推理，让读者能够容易理解所证明的东西。

为了说明具体的做法，让我们以证明德·摩根律之一为例。

定理 0.10 *对于任意两个集合 A 和 B，$\overline{A \cup B}=\overline{A} \cap \overline{B}$。*

首先，要搞清楚这个定理的意思。如果不知道符号∪、∩或上横线的意思，请复习前面（0.2.1 节）的内容。

为了证明这个定理，必须证明两个集合$\overline{A \cup B}$与$\overline{A} \cap \overline{B}$相等。前面讲过，可以通过证明一个集合的每一个元素也是另一个集合的元素和反之亦真来证明两个集合是相等的。在看下面的证明之前，请先考虑几个例子，自己试试去证明它。

证明 这个定理称两个集合$\overline{A \cup B}$与$\overline{A} \cap \overline{B}$相等。通常证明如下，通过说明一个集合的每一个元素也是另一个集合的元素并且反之亦真来证明这个断言。

假设 x 是$\overline{A \cup B}$的一个元素，那么，由集合的补集的定义可知，x 不在集合 $A \cup B$ 中。故由两个集合的并集的定义可知，x 不在集合 A 中且 x 不在集合 B 中。亦即，x 在集合 $\overline{A}$ 中且 x 在集合 $\overline{B}$ 中。因此，根据两个集合的交集的定义，x 在集合 $\overline{A} \cap \overline{B}$ 中。

反之亦然，假设 x 在集合 $\overline{A} \cap \overline{B}$ 中，那么，x 既在集合 $\overline{A}$ 中、又在集合 $\overline{B}$ 中。因此，x 就不在集合 A 中且 x 不在集合 B 中，亦即不在这两个集合的并集中。所以，x 在这两个集合的并集的补集中，即是说，x 在集合$\overline{A \cup B}$中。该定理的证明完毕。 ■

现在证明例 0.9 中的命题。

定理 0.11 *在任意一个图 G 中，G 的所有顶点度数之和为偶数。*

证明 G 中对每一条边连接两个顶点，每一条边对连接它的每一个顶点贡献的度数是 1。故每一条边对所有顶点贡献的度数之和为 2。所以，如果 G 包含 e 条边，则 G 的所有顶点度数之和等于 $2e$，这是一个偶数。 ■

0.4 证明的类型

在数学证明中通常会出现多种类型的论证。我们在这里描述几种在计算理论中常用的类型。因为一个证明可以分成若干不同部分，每一部分也是一个证明，所以请注意，一个证明可以包含一种以上的论证类型。

0.4.1 构造性证明

许多定理声明存在一种特定类型的对象。通过说明如何构造这样的对象是证明这种定理的一种方法，这种方法就是**构造性证明**（proof by construction）。

现采用构造性证明方法证明以下定理。我们定义：如果图中每一个顶点的度数都为 k，

则称这个图是 **k 正则的**（k-regular）。

定理 0.12　对于每一个大于 2 的偶数 n，存在一个有 n 个顶点的 3 正则图。

证明　设 n 是大于 2 的偶数。现构造有 n 个顶点的图 $G=(V,E)$，G 的顶点集为 $V=\{0,1,\cdots,n-1\}$，边集为

$$E=\{\{i,i+1\} \mid 0\leqslant i\leqslant n-2\}\cup\{\{n-1,0\}\}\cup\{\{i,i+n/2\} \mid 0\leqslant i\leqslant n/2-1\}$$

现在沿着一个圆的圆周顺序画出这个图的所有顶点。E 等号右边的上一行描述的边连接圆周上相邻的一对顶点，下一行描述的边连接一个顶点与它对面的顶点。这个想象的图清楚地表明 G 的每一个顶点的度数为 3。故按照上面的定义，证得该命题为真。■

0.4.2　反证法

另一种常用的证明定理的论证方法是，假设这个定理为假，然后证明这个假设会导致一个明显的错误结论，故而相矛盾。在现实生活中经常使用这种类型的推理。现举例如下。

例 0.13　当杰克看见吉尔（女）刚从外面进来时，发现她全身衣服是干的，因此他推理现在没有下雨，他对现在没有下雨的“证明”是这样推理的：如果现在外面在下雨（假设命题为假），吉尔身上的衣服应该是湿的（一个明显的错误结论）。所以得出推论：现在外面一定没有下雨。■

下面我们采用反证法证明命题：2 的平方根为无理数。如果一个数是一个分式 m/n，其中 m 和 n 是整数，则这个数是**有理数**（rational number）。换言之，一个有理数是整数 m 和 n 的比值。例如 2/3 显然是一个有理数。如果一个数不是有理数，则它为**无理数**（irrational number）。

定理 0.14　$\sqrt{2}$是无理数。

证明　为了得到矛盾的结论，假设$\sqrt{2}$是有理数。于是

$$\sqrt{2}=\frac{m}{n}$$

此处 m 和 n 都是整数。如果 m 和 n 都能被同一个大于 1 的最大整数除尽，则用那个整数除它们，不会改变分式的值。故，m 和 n 不可能均为偶数。

现用 n 乘等式的两边，得到

$$n\sqrt{2}=m$$

再对两边同时平方，得到

$$2n^2=m^2$$

由于 m^2 是整数 n^2 的 2 倍，故 m^2 是偶数。所以 m 也是偶数，因为已知奇数的平方总是奇数。因而，对于某个整数 k，$m=2k$，于是，我们用 $2k$ 代替 m 带入上式，得到

$$2n^2=(2k)^2=4k^2$$

对等式两边同时除以 2，得到

$$n^2=2k^2$$

而这个结果表明 n^2 是偶数，从而 n 是偶数。于是，m 和 n 都是偶数。但是，前面已经化简 m 和 n，使它们不会都是偶数，故相矛盾。所以，$\sqrt{2}$为无理数。■

0.4.3 归纳法

归纳法是证明无穷集合的所有元素具有某种特定性质的高级方法。例如，我们可以采用归纳法证明，一个算术表达式对于它的变量的每一组赋值都能够计算出它想要得到的值，或证明一个程序在每一步或对所有的输入都能够得到正确的结果。

为了描述如何使用归纳法，我们把无穷集合取为自然数集 $\mathbf{N}=\{1,2,3,\cdots\}$，而把该性质称为 $\mathcal{P}$。现在要证明对于每个自然数 k，$\mathcal{P}(k)$ 为真。换言之，即要证明 $\mathcal{P}(1)$ 为真，以及 $\mathcal{P}(2)$，$\mathcal{P}(3)$，$\mathcal{P}(4)$ 等等均为真。

每一个归纳证明均由两部分组成：**归纳基础**（basis）和**归纳步骤**（induction step）。每部分自身为一个单独的证明。归纳基础证明 $\mathcal{P}(1)$ 为真。而归纳步骤证明：对于每一个 $i\geqslant 1$，如果 $\mathcal{P}(i)$ 为真，则 $\mathcal{P}(i+1)$ 也为真。

只要我们完成了这两部分的证明，就能得到命题的结果：即对于每一个 i，$\mathcal{P}(i)$ 为真。为什么呢？第一步，证明 $\mathcal{P}(1)$ 为真，因为归纳基础已经单独证明它了。第二步，通过归纳步骤证明：如果 $\mathcal{P}(1)$ 为真则 $\mathcal{P}(2)$ 为真，而前面已经证明了 $\mathcal{P}(1)$ 为真，所以 $\mathcal{P}(2)$ 也为真。第三步，再通过归纳步骤证明：如果 $\mathcal{P}(2)$ 为真则 $\mathcal{P}(3)$ 为真，而前面也已经证明了 $\mathcal{P}(2)$ 为真，所以 $\mathcal{P}(3)$ 也为真。将这种过程对所有的自然数继续证明下去，会发现 $\mathcal{P}(4)$ 为真，$\mathcal{P}(5)$ 为真，等等。

一旦理解了这种证明的思路，就能够很快理解这种证法的变种或推广。例如，归纳基础不必一定从 1 开始，也可以从任意的值 b 开始。这样归纳法证明对于每一个 $k\geqslant b$，$\mathcal{P}(k)$ 均为真。

在归纳步骤的证明中，对假设 $\mathcal{P}(i)$ 为真称为**归纳假设**（induction hypothesis）。假设对于每一个 $j\leqslant i$，$\mathcal{P}(j)$ 为真是一种更强的归纳假设，有时这种更强的归纳假设在证明中很有用。现在对归纳证明照样进行下去，因为当想要证明 $\mathcal{P}(i+1)$ 为真时，我们已经证明对于每一个 $j\leqslant i$，$\mathcal{P}(j)$ 为真。

理解这种证明方法后，现将归纳证明的格式书写如下：

归纳基础 证明 $\mathcal{P}(1)$ 为真。

⋮

归纳步骤 对于每一个 $i\geqslant 1$，假设 $\mathcal{P}(i)$ 为真，并且利用这个假设去进一步证明 $\mathcal{P}(i+1)$ 为真。

⋮

现在采用归纳法来证明房产抵押贷款的月付款计算公式的正确性。很多人借钱买房子并且在若干年内应偿还这笔贷款。如果要求在 30 年内还清贷款，典型的方法是，在还贷条款中规定每个月支付固定偿还款额，其中应包括利息以及部分原贷款金额。计算月付款钱数的公式看起来神秘，其实十分简单。但它关系到大多数人的日常生活，因此你一定对它感兴趣。我们用归纳法来证明这个公式的正确性，这对归纳法是个很好的说明。

首先，给出几个变量的名称及其含义。设 P 为贷款原始数额，称为本金。$I>0$ 为贷款的年利率，$I=0.06$ 表示年利率为 6%，Y 为月付款数。为简便起见，用 I 定义另一个变量 M，它表示月倍增系数。因为有利息的缘故，所以贷款的余额每个月按照比率 M 会发生变化。因为月利率是年利率的 1/12，所以 $M=1+I/12$，并且逐月付利息（按月复利）。

每个月还款有两部分。第一部分是，由于有利息，贷款的余额在按照月倍增系数 M

增加。第二部分是，由于每月付款，贷款余额又在不断地减少。设 P_t 为在 t 个月后未偿清的贷款余额，那么，$P_0=P$ 为贷款的原始数额，则 $P_1=MP_0-Y$ 为一个月后的贷款余额，$P_2=MP_1-Y$ 为两个月后的贷款余额，等等，依此类推。现在形式化描述定理，给出 P_t 的计算公式，并且通过对 t 的归纳来证明公式的正确性。

定理 0.15 对于每一个 $t\geqslant 0$，

$$P_t=PM^t-Y\left(\frac{M^t-1}{M-1}\right)$$

证明 **归纳基础** 证明当 $t=0$ 时公式成立。如果 $t=0$，则公式为

$$P_0=PM^0-Y\left(\frac{M^0-1}{M-1}\right)$$

这里 $M^0=1$。因而可以简化等式的右端，得到

$$P_0=P$$

根据上面对 P_0 的定义，这是正确的。因此，证明了第一步归纳基础成立。

归纳步骤 对于每一个 $k\geqslant 0$，假设当 $t=k$ 时公式成立，现要证当 $t=k+1$ 时公式也成立。由归纳假设指出

$$P_k=PM^k-Y\left(\frac{M^k-1}{M-1}\right)$$

现在要证明

$$P_{k+1}=PM^{k+1}-Y\left(\frac{M^{k+1}-1}{M-1}\right)$$

证明如下：首先，由从 P_k 到 P_{k+1} 的定义，得到

$$P_{k+1}=P_kM-Y$$

因此，使用归纳假设可计算 P_k，得

$$P_{k+1}=\left[PM^k-Y\left(\frac{M^k-1}{M-1}\right)\right]M-Y$$

把 M 乘进去并且改写 Y，得到

$$P_{k+1}=PM^{k+1}-Y\left(\frac{M^{k+1}-M}{M-1}\right)-Y\left(\frac{M-1}{M-1}\right)=PM^{k+1}-Y\left(\frac{M^{k+1}-1}{M-1}\right)$$

于是，当 $t=k+1$ 时公式也成立，这就证明了定理。 ■

请参看练习 0.14，试试采用这个公式计算实际的抵押付款。

练习

0.1 考察下列集合的形式化描述，先理解它们包括什么样的元素，写一段简短文字描述每一个集合。

a. $\{1,3,5,7,\cdots\}$。

b. $\{\cdots,-4,-2,0,2,4,\cdots\}$。

c. $\{n \mid$ 对 $\mathbf{N}$ 中的某一个 $m, n=2m\}$。

d. $\{n \mid$ 对 $\mathbf{N}$ 中的某一个 $m, n=2m$，并且对 $\mathbf{N}$ 中的某个 $k, n=3k\}$。

e. $\{w \mid w$ 是 0,1 字符串，且 w 等于 w 的反转$\}$。

f. $\{n \mid n$ 是一个整数，且 $n=n+1\}$。

0.2 试写出下列集合的形式化描述。

a. 由 1、10 和 100 组成的集合。

b. 由所有大于 5 的整数组成的集合。

c. 由所有小于 5 的自然数组成的集合。

d. 由字符串 aba 组成的集合。

e. 由空串组成的集合。

f. 空的集合。

0.3 设 A 为集合 $\{x,y,z\}$，B 为集合 $\{x,y\}$。

a. A 是 B 的子集吗？

b. B 是 A 的子集吗？

c. $A \cup B$ 等于什么？

d. $A \cap B$ 等于什么？

e. $A \times B$ 等于什么？

f. B 的幂集等于什么？

0.4 设 A 有 a 个元素，B 有 b 个元素，问 $A \times B$ 中有多少个元素？说明理由。

0.5 设 C 是包含 c 个元素的集合，试问 C 的幂集中有多少个元素？说明理由。

0.6 设 X 为集合 $\{1,2,3,4,5\}$，Y 为集合 $\{6,7,8,9,10\}$。一元函数 $f:X \to Y$ 和二元函数 $g:X \times Y \to Y$ 如下表所示：

n	$f(n)$
1	6
2	7
3	6
4	7
5	6

g	6	7	8	9	10
1	10	10	10	10	10
2	7	8	9	10	6
3	7	7	8	8	9
4	9	8	7	6	10
5	6	6	6	6	6

a. $f(2)$ 的值等于什么？

b. f 的值域和定义域是什么？

c. $g(2,10)$ 的值等于什么？

d. g 的值域和定义域是什么？

e. $g(4,f(4))$ 的值等于什么？

0.7 对下列每一小题，给出一个满足指定条件的关系。

a. 自反的和对称的，但不是传递的。

b. 自反的和传递的，但不是对称的。

c. 对称的和传递的，但不是自反的。

0.8 考虑无向图 $G=(V,E)$，其中顶点集 $V=\{1,2,3,4\}$，边集 $E=\{\{1,2\},\{2,3\},\{1,3\},\{2,4\},\{1,4\}\}$。画出图 G。各顶点的度数是多少？试在图中标出一条从顶点 3 到顶点 4 的路径。

0.9 试写出下述图的形式化描述。

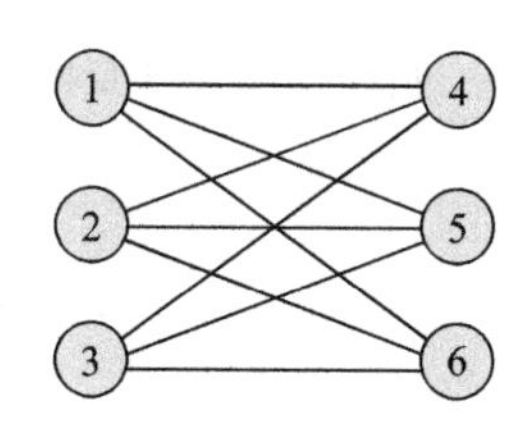

问题

0.10 试证明每个包含两个或两个以上结点的图应包含有相等度数的两个结点。

0.11 请找出下述证明中的错误，它证明所有马的颜色相同。

断言　在任意一个包含 h 匹马的集合中，所有马的颜色相同。

证明　对 h 作归纳证明。

归纳基础　对于 $h=1$，在任何只有一匹马的集合中，显然所有马的颜色相同。

归纳步骤　对于 $k \geq 1$。假设命题对于 $h=k$ 为真，要证明命题对于 $h=k+1$ 也为真。

令 H 为任意一个有 $k+1$ 匹马的集合，现在要证明这个集合中所有马的颜色相同。

从这个集合中牵走一匹马，得到集合 H_1，H_1 中恰好有 k 匹马。根据归纳假设，H_1 中所有马的颜色相同。现在把牵走的马重新牵回来，再牵走另外一匹马得到集合 H_2。根据同样的道理，H_2 中所有马的颜色也应相同。因此，H 中所有马的颜色一定相同。

0.12 设 $S(n)=1+2+\cdots+n$ 是前 n 个自然数之和，$C(n)=1^3+2^3+\cdots+n^3$ 是前 n 个立方数之和。试通过对 n 的归纳证明如下等式，从而得到对每一个 n 有 $C(n)=S^2(n)$ 这一有趣的结论。

a. $S(n)=\frac{1}{2}n(n+1)$。

b. $C(n)=\frac{1}{4}(n^4+2n^3+n^2)=\frac{1}{4}n^2(n+1)^2$。

0.13 请找出下述证明 2=1 中的错误。

提示：考虑方程 $a=b$。两边同乘以 a，得到 $a^2=ab$。两边同时减去 b^2. 得到 $a^2-b^2=ab-b^2$。对每一边做因式分解，得 $(a+b)(a-b)=b(a-b)$。用 $(a-b)$ 除每一边，得 $a+b=b$。最后，令 a 和 b 等于 1，得证 2=1。

A**0.14** 利用定理 0.15 试推导出用本金 P、利率 I 和付款次数 t 计算抵押贷款的月付款额的公式。假设在付 t 次款之后，贷款余额减少为 0。对于 30 年的抵押贷款，假设原贷款额为 10 万美元，年利率为 5%，用 360 个月偿清，试用公式计算每个月的还款额。

A***0.15** Ramsey **定理**。设 G 是一个图，G 中的**团**（clique）为任意两个顶点都有边相连的子图。**反团**（anti-clique）又叫作**独立集**（independent set），它为任意两个顶点都没有边相连的子图。试证明：所有 n 个顶点的图都包含一个顶点数不少于 $\frac{1}{2}\log_2 n$ 的团或反团。

习题选解

0.14 令 $P_t=0$ 并解出 Y，以得到公式：$Y=PM^t(M-1)/(M^t-1)$。由于 $P=\$100\ 000$，$I=0.05$，$t=360$，可以得到 $M=1+(0.05)/12$，经过计算得到每月应还款为 $Y\approx\$536.82$。

0.15 将空间划分成两类顶点集 A 和 B。然后扫描整个图，如果顶点 x 的度数大于空间中剩余顶点数目的一半，则把 x 加到 A 中，否则将其加到 B 中。如果 x 加到 A 中，则不再考虑所有不与其相连的顶点；如果 x 加到 B 中，则不再考虑所有与其相连的顶点。重复这个步骤，直到处理完所有顶点。由于每一步最多丢弃一半的顶点，因此至少需要经过 $\log_2 n$ 步过程才会终止。由于每步只在 A 或 B 中添加一个顶点，所以在过程结束后 A 或 B 中至少含有 $\frac{1}{2}\log_2 n$ 个顶点。其中，A 中包含的顶点属于团，B 中包含的顶点属于反团。

第一部分

Introduction to the Theory of Computation, 3e

自动机与语言

正则语言

计算理论的第一个问题是：什么是计算机？这或许是一个很简单的问题，任何人都知道我用来打字的这个东西就是一台计算机。但是这些现实的计算机相当复杂，很难直接对它们建立一个易于处理的数学理论，因此采用称为**计算模型**（computational model）的理想计算机来描述。同科学中的其他模型一样，一个计算模型准确地刻画了某些特征，同时忽略一些特征。因此，针对关注的特性，我们采用几个不同的计算模型。本书从最简单的模型开始，它称为**有穷状态机**（finite state machine）或**有穷自动机**⊖（finite automaton）。

1.1 有穷自动机

有穷自动机是描述能力和资源极其有限的计算机的模型。一台存储如此少的计算机能做些什么呢？回答是：能做很多有用的事情！由于这样的计算机存在于各种各样的机电设备的核心部位，因此事实上，我们随时都在和它们打交道。

如图1-1所示，自动门控制器就是这类设备的一个例子。在商场的入口和出口常常看见，当控制器检测到有人正在靠近时，自动门就会打开。自动门的前面有一个缓冲区，用来检测是否有人想进来。在门的后面有另一个缓冲区，使得控制器把门打开足够长的时间让人走进来并且不让门在打开的时候碰到站在它后面的人。

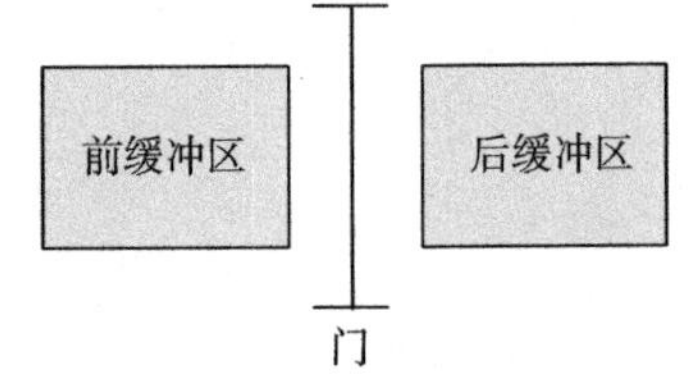

图1-1 从上向下看自动门

控制器有两个状态：OPEN和CLOSED，分别表示门的开和关，它处于两个状态之一。如图1-2所示，有4种可能的输入：FRONT（表示门前面的缓冲区内有人）、REAR（表示门后面的缓冲区内有人）、BOTH（表示前后缓冲区内都有人）和NEITHER（表示前后缓冲区内都没有人）。

控制器根据它接收的输入从一个状态转移到另一个状态。当它处于CLOSED状态且接收到输入NEITHER或REAR时，它仍处于CLOSED状态。而且，如果接收到输入BOTH，它也停留在CLOSED状态，因为打开门有撞倒在后缓冲区里的人的危险。但是，如果输入FRONT来到，它便转移到OPEN状态。在OPEN状态，如果接收到输入FRONT，REAR或BOTH，它保持在OPEN状态不动。如果输入NEITHER来到，它返回到CLOSED状态。

例如，控制器可能开始时处于CLOSED状态并且接收到下述一系列的输入信号：FRONT，REAR，NEITHER，FRONT，BOTH，NEITHER，REAR，NEITHER。那么，它会经过下述状态：CLOSED（开始），OPEN，OPEN，CLOSED，OPEN，OPEN，CLOSED，CLOSED，CLOSED。

用有穷自动机理论来处理自动门控制器是很好的方法。可以采用如图1-2和图1-3所

⊖ 在一些文献中也被译为“有限状态机”或者“有限自动机”。——译者注

示的标准表示方法。控制器是一台存储器只有一位的计算机，能够记录控制器所处的状态。另外一些公用设备的控制器具有容量稍微大一点的存储器。在电梯的控制器中，状态可能表示电梯所在的楼层，而输入可能是从按钮接收到的信号。这台计算机可能需要若干位存储器来记住这些信息。各种家电设备，例如洗碗机和电子恒温器以及部分电子表和计算器的控制器也都是只有有限存储的计算机的例子。设计这种装置需要知道有关有穷自动机的方法和术语。

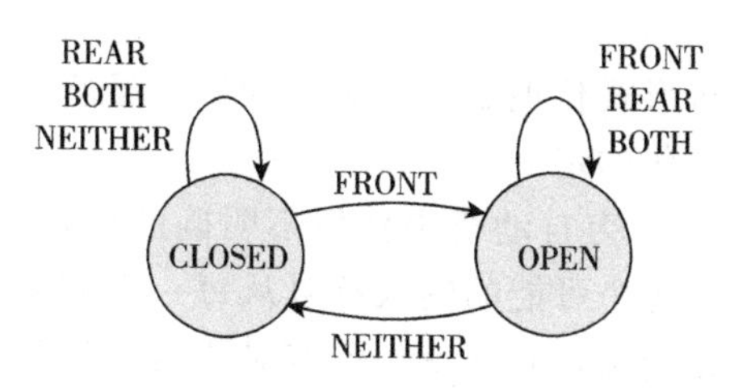

图 1-2　自动门控制器的状态图

		输入信号		
		NEITHER	FRONT	REAR	BOTH
状态	CLOSED	CLOSED	OPEN	CLOSED	CLOSED
	OPEN	CLOSED	OPEN	OPEN	OPEN

图 1-3　自动门控制器的状态转移表

有穷自动机和与之对应的**马尔科夫链**（Markov chain）常用于识别数据中的模式。这类方法常用在语音处理和光学字符识别中。马尔科夫链甚至已经被用来对金融市场中价格的变动进行建模和预测。

下面从数学的角度考察有穷自动机。将给出有穷自动机的精确定义、用来描述和处理有穷自动机的术语以及描述它们的能力及其限制的理论结果。除了让我们更明确地理解什么是有穷自动机和它们能做什么、不能做什么之外，这些理论开发工作还能使我们在一个相对简单的环境中了解数学定义、定理和证明，并且逐渐变得更加得心应手。

在叙述有穷自动机的数学理论的初期，只做抽象的描述，不涉及任何具体的应用。图 1-4 描述了一个有穷自动机，它被称为 M_1。

图 1-4 被称为 M_1 的**状态图**（state diagram）。它有 3 个状态，记作 q_1，q_2 和 q_3。**起始状态**（start state）q_1 用一个指向它的无出发点的箭头表示，**接受状态**（accept state）q_2 带有双圈。从一个状态指向另一个状态的箭头称为**转移**（transition）。

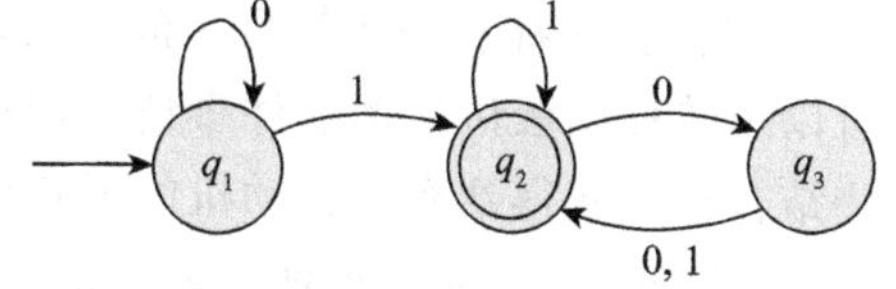

图 1-4　一台有 3 个状态的有穷自动机 M_1

当这个自动机接收到输入字符串，例如 1101 时，它处理这个字符串并且产生一个输出。输出是**接受**或**拒绝**。为简化描述过程，这里将只考虑是非型的输出。处理从 M_1 的起始状态开始。自动机从左至右一个接一个地接收输入字符串的所有符号。读到一个符号之后，M_1 沿着标有该符号的转移从一个状态移动到另一个状态。当读到最后一个符号时，M_1 产生它的输出。如果 M_1 现在处于一个接受状态，则输出为接受；否则输出为拒绝。

例如，把输入字符串 1101 提供给图 1-4 中的有穷自动机 M_1，处理步骤如下：

1. 开始时处于状态 q_1。
2. 读到 1，沿着转移从 q_1 到 q_2。
3. 读到 1，沿着转移从 q_2 到 q_2。
4. 读到 0，沿着转移从 q_2 到 q_3。
5. 读到 1，沿着转移从 q_3 到 q_2。
6. 输出接受，因为在输入字符串的末端 M_1 处于接受状态 q_2。

用这台机器对各式各样的输入字符串进行试验，得知它接受字符串 1、01、11 和 0101010101。事实上，M_1 接受以 1 结尾的任何 0、1 串，因为只要读到 1 它就到达接受状态 q_2。此外，它还接受字符串 100、0100、110000 和 0101000000，以及在最后一个 1 的后面有偶数个 0 的任何 0、1 串。它拒绝其他的 0、1 串，例如 0，10，101000。试试描述由 M_1 接受的所有字符串组成的语言，稍后我们将做这件事情。

1.1.1　有穷自动机的形式化定义

上一小节用状态图介绍了有穷自动机，这一小节将形式化地定义有穷自动机。虽然状态图易于直观地理解，但基于下述两条理由还需要形式化的定义。

首先，形式化定义是精确的。它能消除有关在一台有穷自动机中任何不明确的疑点。如果不清楚有穷自动机是否可以没有接受状态，或者对各个可能的输入符号从每一个状态是否一定恰好引出一个转移，那么可以查阅它的形式化定义，并且得到证实对这两个问题的回答是肯定的。其次，形式化定义提供了一种表示方法，好的表示方法有助于思考并清楚地表达出你的思想。

形式化定义的语言多少有点神秘，与法律文件的语言有一些相似之处。两者都必须是精确的，每一个细节必须给予清楚的说明。

一台有穷自动机有若干部分。它有一个状态集和根据输入符号从一个状态到另一个状态的规则。它有一个输入字母表，指明所有允许的输入符号。它还有一个起始状态和一个接受状态集。形式化定义把一台有穷自动机描述成一张含以下 5 部分的表：状态集、输入字母表、动作规则、起始状态以及接受状态集。用数学语言表达，5 个元素的表经常称为 5 元组。因此，定义有穷自动机是由这 5 部分组成的 5 元组。

用**转移函数**（transition function）定义动作规则，常记作 δ。如果有穷自动机有从状态 x 到状态 y 标有输入符号 1 的箭头，这表示当它处于状态 x 时读到 1，则转移到状态 y。可以用转移函数讲清楚这件事情，记作 $\delta(x,1)=y$。这个记号是一种数学简写方式。把这些结合在一起得到有穷自动机的形式化定义。

定义 1.1　**有穷自动机**是一个 5 元组 (Q,Σ,δ,q_0,F)，其中

1. Q 是一个有穷集合，称为**状态集**。
2. Σ 是一个有穷集合，称为**字母表**。
3. δ：$Q\times\Sigma\to Q$ 是**转移函数**[㊀]。
4. $q_0\in Q$ 是**起始状态**。
5. $F\subseteq Q$ 是**接受状态集**[㊁]。

上述形式化定义精确地描述了有穷自动机。例如，回到先前提出的那个问题：是否允许没有接受状态？可以看到，如果令 F 等于空集 $\varnothing$ 就没有接受状态，因此对这个问题的回答是肯定的。此外，转移函数 δ 对一个状态和一个输入符号的每一种可能的组合恰好指定了下一个状态。这就对第二个问题做出肯定的回答，表明对各个可能的输入符号从每一个状态恰好引出一个转移箭头。

通过指定定义 1.1 中列出的 5 部分，可以用这个形式化定义的记号描述各个具体的有穷

㊀ 如果不清楚 δ：$Q\times\Sigma\to Q$ 的含义，请参阅 0.2.3 节。

㊁ 接受状态有时也称作**终结状态**（final state）。

自动机。例如，回到图1-4描述的有穷自动机M_1。为便于描述在这里将其重画，如图1-5所示。

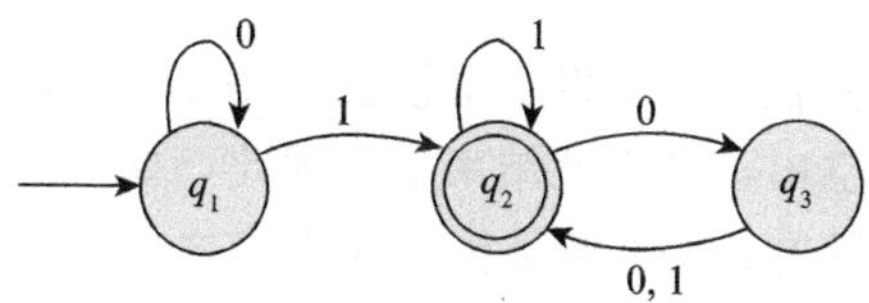

图1-5 有穷自动机M_1

可以把M_1形式地写成$M_1=(Q,\Sigma,\delta,q_1,F)$，其中

1. $Q=\{q_1,q_2,q_3\}$。
2. $\Sigma=\{0,1\}$。
3. δ描述为

	0	1
q_1	q_1	q_2
q_2	q_3	q_2
q_3	q_2	q_2

4. q_1是起始状态。
5. $F=\{q_2\}$。

若A是机器M接受的全部字符串集，则称A是**机器M的语言**，记作$L(M)=A$。又称M**识别**A**或**M**接受**A。由于在说机器接受字符串和机器接受语言时接受一词有不同的含义，所以我们倾向于对语言使用识别二字以避免混淆。

一台机器可能接受若干字符串，但是它永远只能识别一个语言。如果机器不接受任何字符串，那么它仍然识别一个语言，即空语言$\varnothing$。

在上面的例子中，令

$$A=\{w \mid w\text{至少含有一个1并且在最后的1后面有偶数个0}\}$$

那么，$L(M_1)=A$，或者等价地说，M_1识别A。

1.1.2 有穷自动机举例

例1.2 图1-6是有穷自动机M_2的状态图。

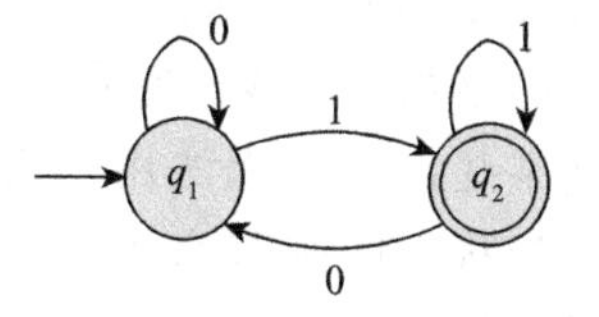

图1-6 2-状态有穷自动机M_2的状态图

采用形式化描述，$M_2=(\{q_1,q_2\},\{0,1\},\delta,q_1,\{q_2\})$。转移函数$\delta$为

	0	1
q_1	q_1	q_2
q_2	q_1	q_2

注意，M_2的状态图和M_2的形式化描述包含相同的信息，仅仅是形式不同。如果需要，总可以由其中的一个得到另一个。

了解一台机器的常用方法是用几个样本输入串做测试。当做这些“试验”观察机器如何工作的时候，通常，它的运行方式会变得十分清楚。对于样本串1101，M_2从它的起始状态q_1开始，首先读到第一个1后转移到状态q_2，然后在读到1，0和1后进入到状态q_2，q_1和q_2。这个字符串被接受，因为状态q_2是接受状态。而字符串110使M_2停留在状态q_1，所以它被拒绝。再试几个例子之后，可以看出M_2接受所有以1结束的字符串。于是，$L(M_2)=\{w \mid w\text{以1结束}\}$。 ■

例1.3 考虑有穷自动机M_3，见图1-7。

除接受状态的位置之外，机器 M_3 与 M_2 一样。照例，M_3 接受所有读完之后停留在接受状态的字符串。注意，因为起始状态同时也是接受状态，所以 M_3 接受空串 ε，只要机器一开始读空串，处理就结束了。因此，如果起始状态是接受状态，则 ε 被接受。除空串之外，这台机器接受任何以 0 结束的字符串。从而，

$$L(M_3)=\{w \mid w \text{ 是空串 } \varepsilon \text{ 或以 0 结束}\}$$ ■

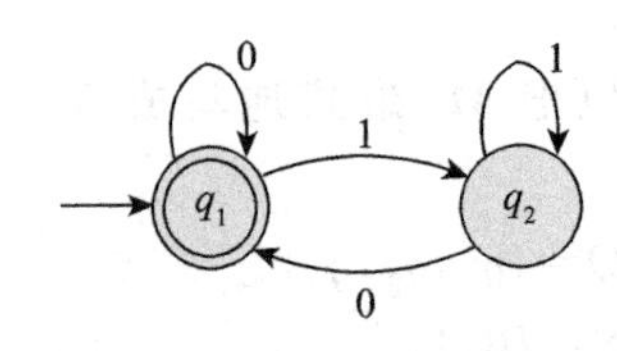

图 1-7　2-状态有穷自动机 M_3 的状态图

例 1.4　图 1-8 给出一台 5-状态机器 M_4。

机器 M_4 有两个接受状态 q_1 和 r_1，在字母表 $\Sigma=\{a,b\}$ 上运行。试验表明它接受字符串 a，b，aa，bb 和 bab，但是不接受字符串 ab，ba 和 bbba。这台机器从状态 s 开始，在读入输入字符串的第一个符号之后它或者向左进入 q 状态，或者向右进入 r 状态。不论是哪种情况，它都不可能返回到起始状态（这与前几个例子是不同的），因为它没有办法从任何其他状态回到状态 s。如果输入字符串的第一个符号是 a，那么它向左走并且当输入串以 a 结束时接受。类似地，如果第一个符号是 b，那么它向右走并且当输入串以 b 结束时接受。所以，M_4 接受开头和结尾都是 a 或者开头和结尾都是 b 的所有字符串。亦即，M_4 接受开头和结尾符号相同的所有字符串。■

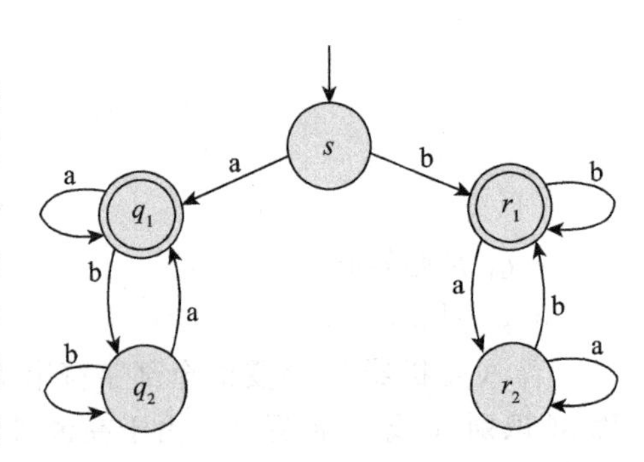

图 1-8　有穷自动机 M_4

例 1.5　图 1-9 给出 3-状态机器 M_5，它的输入字母表有 4 个符号，$\Sigma=\{\langle\text{RESET}\rangle, 0,1,2\}$。把〈RESET〉看作一个符号。

机器 M_5 以模 3 的方式记录它在输入字符串中读到的数字之和。每次读到符号〈RESET〉，它将计数重新置 0。如果和模 3 等于 0，亦即，和是 3 的倍数，则 M_5 接受。■

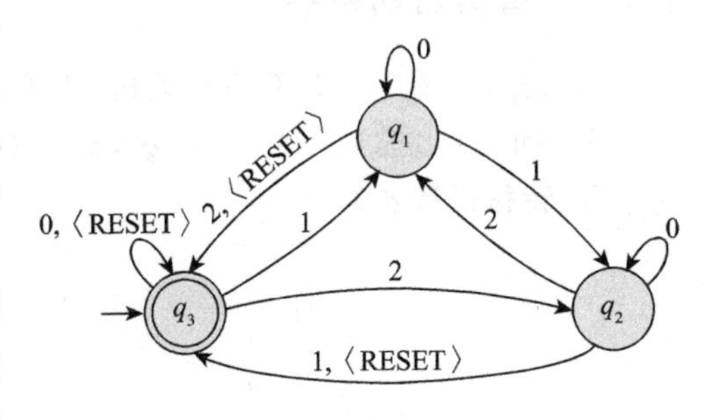

图 1-9　有穷自动机 M_5

在某些情况下无法用状态图来描述有穷自动机。当状态图画起来太大，或者像在下个例子中描述依赖于有穷自动机的某个未具体指定的参数时就有可能这样。在这些情况下，将采用形式化描述来说明机器。

例 1.6　考虑例 1.5 的推广，使用与例 1.5 相同的 4 个符号的字母表 Σ。对每一个 $i\geqslant 1$，设 A_i 是所有这种字符串的语言，其中数字之和是 i 的倍数，当碰到符号〈RESET〉时，和被重新置 0。对于每一个 A_i，给出识别它的有穷自动机 B_i。形式地描述机器 B_i 如下：$B_i=(Q_i,\Sigma,\delta_i,q_0,\{q_0\})$，这里 Q_i 是 i 个状态的集合 $\{q_0,q_1,q_2,\cdots,q_{i-1}\}$，设计转移函数 δ_i 使得对每一个 j，若 B_i 处于 q_j 时，此时的和模 i 等于 j。对每一个 q_j，令

$$\delta_i(q_j,0)=q_j$$

$$\delta_i(q_j,1)=q_k\text{，这里 } k=j+1 \bmod i$$

$$\delta_i(q_j,2)=q_k\text{，这里 } k=j+2 \bmod i$$

$$\delta_i(q_j, \langle\text{RESET}\rangle) = q_0$$ ■

1.1.3 计算的形式化定义

至此已用状态图非形式化地描述了有穷自动机，同时又用5元组作为形式化定义描述了它。非形式化描述易于在初期掌握，而形式化定义是把概念完全搞清楚的好方法。形式化定义能够清除在非形式化描述中可能出现的任何二义性。下面对有穷自动机的计算也这样做。由于已经有了关于有穷自动机计算方式的非形式的想法，现在就把它数学地形式化。

设$M=(Q,\Sigma,\delta,q_0,F)$是一台有穷自动机，$w=w_1w_2\cdots w_n$是一个字符串并且其中任一$w_i$是字母表$\Sigma$的成员。如果存在$Q$中的状态序列$r_0,r_1,\cdots,r_n$，满足下述条件：

1. $r_0=q_0$
2. $\delta(r_i,w_{i+1})=r_{i+1}, i=0,\cdots,n-1$
3. $r_n \in F$

则M**接受**w。

条件1说机器从起始状态开始。条件2说机器按照转移函数从一个状态到一个状态。条件3说如果机器结束在接受状态，则接受它的输入。如果$A=\{w \mid M\text{接受}w\}$，则称M**识别语言**A。

定义1.7 如果一个语言被一台有穷自动机识别，则称它是**正则语言**（regular language）。

例1.8 以例1.5中的机器M_5为例，令w是字符串

$$10\langle\text{RESET}\rangle22\langle\text{RESET}\rangle012$$

由于当M_5对w计算时进入的状态序列为

$$q_0, q_1, q_1, q_0, q_2, q_1, q_0, q_0, q_1, q_0$$

它满足上述3个条件，根据计算的形式化定义，M_5接受w。M_5的语言是

$$L(M_5)=\{w \mid \text{除}\langle\text{RESET}\rangle\text{将计数重新置0之外}, w\text{中所有符号之和模3等于0}\}$$

因为M_5识别该语言，所以它是正则语言。 ■

1.1.4 设计有穷自动机

不论是自动机还是艺术品，设计都是一个创作过程，因此不可能把它归结为一个简单的处方或公式。然而，可以找到一种特殊的做法，在设计各种类型的自动机时都是有帮助的。设计者把自己放在所要设计的机器的位置上，考虑一下如何去实现机器的任务。把自己假想成机器是一种心理上的技巧，有助于设计者把全部思维投入到设计过程中。

用上面描述的“读者即自动机”方法设计有穷自动机。假设有某个语言，要设计一台识别它的有穷自动机。假定设计者自己就是这台有穷自动机，接到一个输入字符串并且要确定它是不是这台自动机所识别的语言的成员。设计者一个接一个地读这个字符串的符号。在读到每一个符号之后设计者必须确定到现在为止所看到的字符串是否在这个语言中。理由是设计者和机器一样不知道字符串什么时候结束，因此必须随时准备好答案。

首先，为了能做出这样的判断，必须估算出当读一个字符串时需要记住它的哪些东西。为什么不直接记住所看到的全部东西呢？记住当前设计者是一台有穷自动机，这种类

型的机器只有有穷个状态，这意味着只有一个有穷的存储器。想象某个输入极长，比如说有从地球到月球那么长，因此设计者不可能记住所有的事情。设计者有一个有穷的存储器，比如说是一张纸，它只有有限的存储能力。幸运的是，对许多语言不需要记住整个输入，只需要记住某些关键的信息，那些信息恰好是关键的并且与所考虑的具体语言有关。

例如，假设字母表是 {0,1}，所考虑的语言由所有含有奇数个 1 的字符串组成。目标是构造一台有穷自动机 E_1 以识别这个语言。设想设计者就是这台自动机，开始一个符号接一个符号地得到一个 0、1 输入串。为了确定 1 的个数是否为奇数，需要记住至此所看到的整个字符串吗？当然不需要。只需简单地记住至此所看到的 1 的个数是偶数还是奇数，并且在读新的符号时保持与这个信息的联系。如果读到 1，就把答案从偶数变成奇数或者从奇数变成偶数。如果读到 0，则答案保持不变。

但是这些怎样帮助设计者设计 E_1 呢？一旦确定了要记住的有关读过的字符串的必要信息，就把这些信息列成一份可能性的有限清单。在这个实例中，可能性有：

1. 到此为止是偶数。

2. 到此为止是奇数。

然后，给每一种可能性设计一个状态。这些就是 E_1 的全部状态，如图 1-10 所示。

然后，通过观察如何根据读到的符号从一种可能性到另一种可能性来设计转移。因此，如果状态 q_{even} 表示偶数可能性、状态 q_{odd} 表示奇数可能性，这样可以给出所有的转移，读到 1 改变状态，读到 0 保持状态不变，如图 1-11 所示。

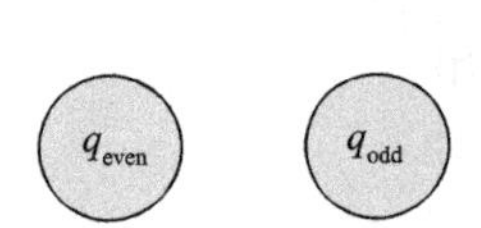

图 1-10　状态 q_{even} 和状态 q_{odd}

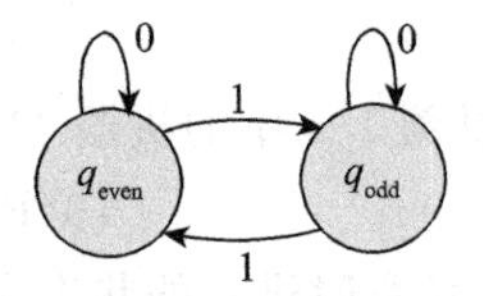

图 1-11　说明如何重新安置可能性的转移

接下来，把起始状态设置为对应于到现在为止还没有看到与任何符号（空串 ε）相关联的可能性的状态。在这个例子中，起始状态是状态 q_{even}，因为 0 是偶数。最后，把接受状态设置为这样一些状态，它们都对应于自动机打算要接受输入字符串的可能性。令 q_{odd} 为接受状态，因为当看到奇数个 1 时就打算要接受。这些添加的内容在图 1-12 中给出。

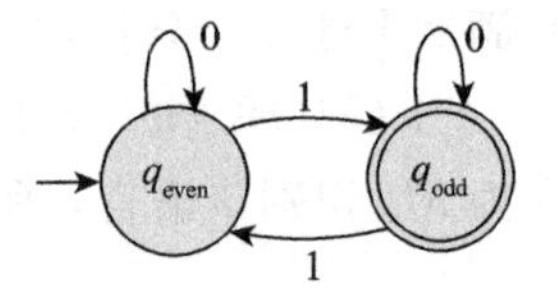

图 1-12　增加起始状态和接受状态

例 1.9　本例说明如何设计有穷自动机 E_2，使其能识别含有 001 作为子串的所有字符串组成的正则语言。例如，0010，1001，001 和 11111110011111 都在这个语言中，而 11 和 0000 则不在这个语言中。如果设计者是 E_2，他会怎样识别这个语言呢？当符号一个接一个地到来时，他开始可能要跳过所有的 1。如果得到一个 0，那么注意到，他此时可能刚刚看见所要寻找的模式 001 中的第一个符号。如果接着看见一个 1，由于 0 的个数不够，所以返回去跳过 1。但是，如果接着看见一个 0，则应该记住已经看见模式的两个符号。现在只需要继续扫描直到看见一个 1 为止。如果找到 1，那么记住已经成功地找到模式 001，并且继续读完输入字符串。

因此，有 4 种可能性：

1. 刚才没有看见模式的任何符号。

2. 刚才看见一个 0。

3. 刚才看见 00。

4. 已经看见整个模式 001。

用状态 q，q_0，q_{00} 和 q_{001} 分别表示这 4 种可能性。通过下述观察可以给出所有的转移：在 q 读到 1 时仍停在 q 而读到 0 时转移到 q_0；在 q_0 读到 1 时返回到 q 而读到 0 时转移到 q_{00}；在 q_{00} 读到 1 时转移到 q_{001} 而读到 0 时仍停留在 q_{00}；最后，在 q_{001} 读到 0 或 1 时都停留在 q_{001}。起始状态是 q，唯一的接受状态是 q_{001}，如图 1-13 所示。

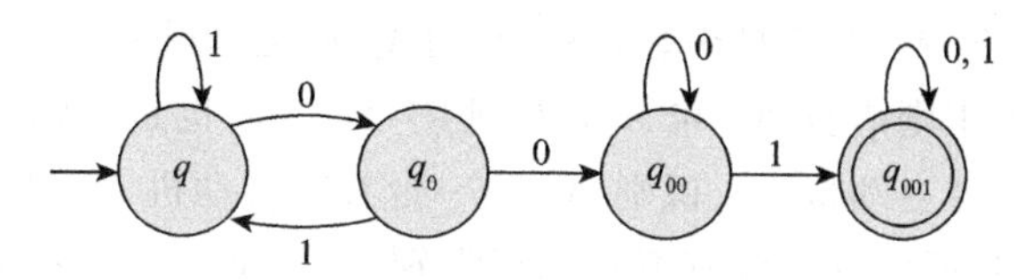

图 1-13　接受含有 001 的字符串 ■

1.1.5　正则运算

在前两个小节中我们介绍并定义了有穷自动机和正则语言，现在开始考察它们的性质。这些工作有助于开发一个工具箱，它提供在设计识别特定语言的有穷自动机时需要的技术。工具箱还包括证明某些其他语言不是正则语言（即，超出了有穷自动机的能力）的方法。

在算术中，基本对象是数，工具是处理数的运算，如＋和×。在计算理论中，对象是语言，工具包括为处理语言专门设计的运算。定义语言的三种运算，称为**正则运算**(regular operation)，并且使用这些运算来研究正则语言的性质。

定义 1.10　设 A 和 B 是两个语言，定义正则运算**并**（union）、**连接**（concatenation）和**星号**（star）如下：

- **并**：$A\cup B=\{x|x\in A$ 或 $x\in B\}$
- **连接**：$A\circ B=\{xy|x\in A$ 且 $y\in B\}$
- **星号**：$A^*=\{x_1x_2\cdots x_k|k\geqslant 0$ 且每一个 $x_i\in A\}$

大家对并运算已经很熟悉，它把 A 和 B 中的所有字符串合并在一个语言中。

连接运算有点小花招。它以所有可能的方式，把 A 中的一个字符串接在 B 中的一个字符串的前面，得到新的语言中的全部字符串。

星号运算与前两个运算有点不同，因为它作用于一个语言而不是两个语言。亦即，星号运算是**一元运算**（unary operation）而不是**二元运算**（binary operation）。它把 A 中的任意个字符串连接在一起得到新语言中的一个字符串。因为“任意个”包括 0 个在内，所以不管 A 是什么，空串 ε 总是 A^* 的一个成员。

例 1.11　设字母表 Σ 是标准的 26 个字母 $\{a,b,\cdots,z\}$。又设 $A=\{\text{good},\text{bad}\}$，$B=\{\text{boy},\text{girl}\}$，则

$$A\cup B=\{\text{good},\ \text{bad},\ \text{boy},\ \text{girl}\},$$

$$A\circ B=\{\text{goodboy},\ \text{goodgirl},\ \text{badboy},\ \text{badgirl}\},$$

$$A^*=\{\varepsilon,\ \text{good},\ \text{bad},\ \text{goodgood},\ \text{goodbad},\ \text{badgood},\ \text{badbad},\ \text{goodgoodgood},\ \text{goodgoodbad},\ \text{goodbadgood},\ \text{goodbadbad},\ \cdots\}$$ ■

设 $\mathbf{N}=\{1,2,3,\cdots\}$ 是自然数集。说 $\mathbf{N}$ 在乘法运算下封闭的意思是，对 $\mathbf{N}$ 中任意的 x 和 y，乘积 $x\times y$ 也在 $\mathbf{N}$ 中。相反地，$\mathbf{N}$ 在除法下不是封闭的，因为 1 和 2 在 $\mathbf{N}$ 中，而 1/2 不在 $\mathbf{N}$ 中。一般说来，如果把某种运算应用于一个对象集合的成员得到的对象仍在这个集合中，则称这个对象集合在该运算下**封闭**。下面证明正则语言类在三种正则运算下封闭。在 1.3 节将会看到这些封闭性对于处理正则语言和了解有穷自动机的能力是有用的工具。首先，从证明并运算开始。

定理 1.12　正则语言类在并运算下封闭。

换言之，如果 A_1 和 A_2 是正则语言，则 $A_1\cup A_2$ 也是正则语言。

证明思路　有两个正则语言 A_1 和 A_2，要证明 $A_1\cup A_2$ 也是正则的。由于 A_1 和 A_2 是正则的，所以有一台有穷自动机 M_1 识别 A_1 和一台有穷自动机 M_2 识别 A_2。为了证明 $A_1\cup A_2$ 是正则的，因而要证明有一台有穷自动机识别 $A_1\cup A_2$，把它称为 M。

这是一个构造性证明。利用 M_1 和 M_2 构造 M。为了识别并语言 $A_1\cup A_2$，机器 M 必须恰好在 M_1 或 M_2 接受的时候接受它的输入串。M 模拟 M_1 和 M_2 并且当这两个模拟中有一个接受时，M 接受。

机器 M 怎样模拟 M_1 和 M_2 呢？它可能是先在输入上模拟 M_1，然后再在输入上模拟 M_2。但是，在这里必须小心！一旦输入中的符号被读过且用于模拟 M_1，就不可能为了模拟 M_2 “把输入带重新绕回去”。因而需要用另外的方法。

设计者可以设想自己就是 M。当输入符号一个接一个地来到时，同时模拟 M_1 和 M_2，但只能经过输入串一次。但是，能够用有穷的存储同时记住两个模拟吗？需要记住的全部内容是，当每一台机器读到输入字符串的这个地方时，它会处在什么状态。因此需要记住一对状态。可能会有多少对状态？如果 M_1 有 k_1 个状态，M_2 有 k_2 个状态，那么一共有 $k_1\times k_2$ 对状态，其中一个状态来自 M_1，另一个状态来自 M_2。这个数目将是 M 的状态数，M_1 和 M_2 的一对状态是 M 的一个状态。M 的转移从一对状态到一对状态，同时修改 M_1 和 M_2 当前的状态。当 M_1 或 M_2 的状态是接受状态时，这对状态是 M 的接受状态。

证明　设 M_1 识别 A_1，M_2 识别 A_2，其中

$$M_1=(Q_1,\Sigma,\delta_1,q_1,F_1),M_2=(Q_2,\Sigma,\delta_2,q_2,F_2)$$

构造识别 $A_1\cup A_2$ 的 M，这里 $M=(Q,\Sigma,\delta,q_0,F)$。

1. $Q=\{(r_1,r_2)\mid r_1\in Q_1$ 且 $r_2\in Q_2\}$。集合 Q 是 Q_1 与 Q_2 的**笛卡儿积**，记作 $Q_1\times Q_2$。它是第一个元素取自 Q_1、第二个元素取自 Q_2 的所有的状态有序对组成的集合。

2. 字母表 Σ，与 M_1、M_2 的字母表相同。在这个定理以及随后所有类似的定理中，为简单起见，假设 M_1 和 M_2 有相同的输入字母表 Σ。如果它们有不相同的字母表 Σ_1 和 Σ_2，定理仍然成立。不过要修改证明，令 $\Sigma=\Sigma_1\cup\Sigma_2$。

3. 转移函数 δ 定义如下：对每一对 $(r_1,r_2)\in Q$ 和每一个 $a\in\Sigma$，令

$$\delta((r_1,r_2),a)=(\delta_1(r_1,a),\delta_2(r_2,a))$$

于是，δ 取 M 的一个状态（它实际上是取自 M_1 和 M_2 的一对状态）和一个输入符号，返回 M 的下一个状态。

4. q_0 是有序对 (q_1, q_2)。

5. F 等于有一个元素是 M_1 或 M_2 的接受状态的有序对组成的集合。它可以写成

$$F=\{(r_1,r_2)\mid r_1\in F_1 \text{ 或 } r_2\in F_2\}$$

这个表达式与 $F=(F_1\times Q_2)\cup(Q_1\times F_2)$ 相同。(注意:它与 $F=F_1\times F_2$ 不同。这个表达式能给我们提供什么呢?)[⊖]

至此,构造识别 $A_1\cup A_2$ 的有穷自动机 M 的工作已经完成。这个构造相当简单,因而根据在证明思路中描述的策略,它的正确性是显然的。更复杂的构造要求增加证明正确性的讨论。通常采用归纳法形式地证明这类构造的正确性。作为一个例子,请看定理 1.28 的证明。本课程中大多数这类构造都相当简单,因而不需要形式化的正确性证明。 ■

刚才证明了两个正则语言的并集是正则的,因而证明正则语言类在并运算下封闭。接下来转到连接运算,并且试着证明正则语言类在该运算下也封闭。

定理 1.13 *正则语言类在连接运算下封闭。*

换言之,如果 A_1 和 A_2 是正则语言,则 $A_1\circ A_2$ 也是正则语言。

为了证明这个定理,让我们按照关于并运算下封闭的证明线索试一试。和前面一样,从假设有穷自动机 M_1 和 M_2 分别识别正则语言 A_1 和 A_2 开始。但是,现在设计的有穷自动机 M 不是当 M_1 或 M_2 接受输入时它才接受输入,而应该是当它的输入可以被分成两段,M_1 接受第一段且 M_2 接受第二段时,M 才接受输入。问题是 M 不知道在什么地方把它的输入分开(即在什么地方第一段结束和第二段开始)。为了解决这个问题,引入所谓非确定性的新技术。

1.2 非确定性

非确定性是一个有用的概念,已经对计算理论产生了巨大的影响。至今在我们的讨论中,计算的每一步都按照唯一的方式跟在前一步的后面。当机器处于给定的状态并读入下一个输入符号时,可以知道机器的下一个状态是什么——它是确定的。因此,称这是**确定型计算**(deterministic computation)。在**非确定型**(nondeterministic)机器中,在任何一点,下一个状态可能存在若干个选择。

非确定性是确定性的推广,因此每一台确定型有穷自动机自动地是一台非确定型有穷自动机。如图 1-14 所示,非确定型有穷自动机可能有一些另外的特征。

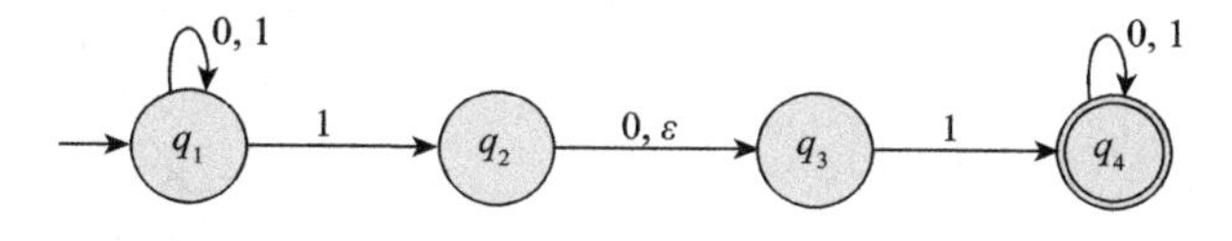

图 1-14 非确定型有穷自动机 N_1

确定型有穷自动机(简称 DFA)与非确定型有穷自动机(简称 NFA)之间的区别是显而易见的。第一,DFA 的每一个状态对于字母表中的每一个符号总是恰好有一个转移箭头射出。图 1-14 中给出的非确定型自动机违背了这条规则。状态 q_1 对于 0 有一个射出的箭头,而对于 1 有两个射出的箭头;q_2 对于 0 有一个箭头,而对于 1 没有箭头。在 NFA 中,一个状态对于字母表中的每一个符号可能有 0 个、1 个或多个射出的箭头。

第二,在 DFA 中,转移箭头上的标号是取自字母表的符号。NFA N_1 有一个带有标

⊖ 这个表达式把 M 的接受状态定义为两个元素都是接受状态的有序对。在这种情况下,M 接受一个字符串仅当 M_1 和 M_2 都接受这个字符串,因此产生的语言是交集,而不是并集。事实上,这个结果证明正则语言类在交运算下封闭。

号 ε 的箭头。一般地说，NFA 的箭头可以标记字母表中的符号或 ε。从一个状态可能射出 0 个、1 个或多个带有标号 ε 的箭头。

NFA 如何进行计算？假设一台 NFA 正在对一个输入串运行，它能以多种行进方式到达一个状态。例如，NFA N_1 处于状态 q_1，下一个输入符号是 1。在读入这个符号后，机器把自己复制成多个备份，并且并行地执行所有的可能性。机器的每一个备份采用一种可能的方式进行，并且像前面一样继续下去。如果随后又有多种选择，机器将再次分裂。对于机器的一个备份，如果下一个输入符号不出现在它所处的状态射出的任何箭头上，则机器的这个备份及其相关联的计算分支一块死掉。最后，如果机器的某一个备份在输入的末端处在接受状态，则这台 NFA 接受输入字符串。

如果遇到一个状态，在射出的箭头上标有 ε，发生的情况类似。不用读任何输入，机器分裂成多个备份，每一个标记 ε 的射出箭头有一个备份跟踪，还有一个备份停留在当前状态。然后机器和前面一样非确定性地运行。

可以把非确定性看作是若干独立的“过程”或“线程”，即能同时运行的一类并行计算。当 NFA 分头跟踪若干选择时，这对应于一个过程“分叉”成若干子过程，各个子过程分别地进行。如果这些子过程中至少有一个接受，那么整个计算接受。

另一种方法是把非确定型计算看作一棵可能性的树。树根对应计算的开始，树中的每一个分支点对应计算中机器有多种选择的点。如果计算分支中至少有一个结束在接受状态，则机器接受，如图 1-15 所示。

考虑图 1-14 给出的 NFA N_1 的运行。图 1-16 描绘了 N_1 关于输入 010110 的计算。

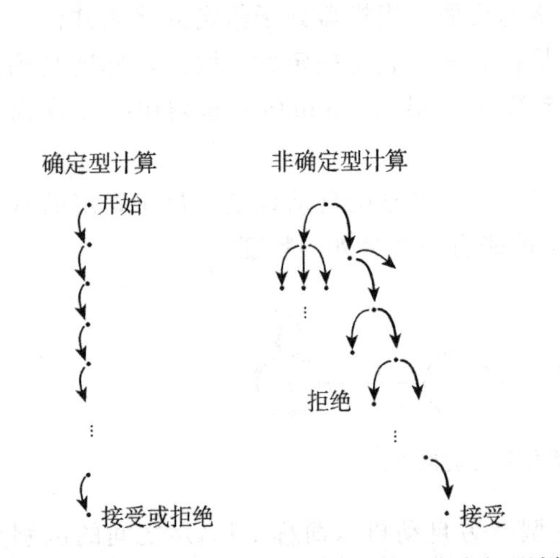

图1-15　有一个接受分支的确定型计算和非确定型计算

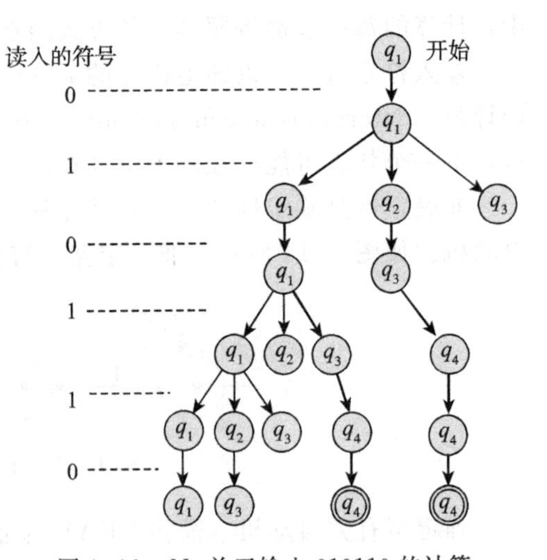

图 1-16　N_1 关于输入 010110 的计算

对于输入 010110，从起始状态 q_1 开始，读第一个符号 0。对于 0，从 q_1 出发只有一个地方能去，即回到 q_1，所以保持不动。接着读第二个符号 1。对于 1，q_1 有两种选择：或者停留在 q_1，或者移到 q_2。对非确定型，机器分裂成两个，分头跟踪每一种选择。为了记住可能处于哪些状态，在机器的每一个可能的状态上放一个手指。因此现在把手指放在状态 q_1 和 q_2 上。有一个 ε 箭头离开状态 q_2，故机器再次分裂：一个手指留在 q_2，另一个手指移到 q_3。现在，在 q_1，q_2 和 q_3 上都有手指。

当读第三个符号 0 时，返回来看每一个手指。q_1 上的手指保持不动，q_2 上的手指移

到 q_3，并且把原来在 q_3 上的手指拿掉。原来在 q_3 上的手指没有 0 箭头能沿着走，这对应一个完全“死掉”的过程。此时，在状态 q_1 和 q_3 上有手指。

当读第四个符号 1 时，在 q_1 上的手指分裂成在状态 q_1 和状态 q_2 上的手指，然后在 q_2 上的手指进一步分裂出一个手指沿着 ε 箭头到达 q_3，而在 q_3 上的手指移动到 q_4。现在在四个状态上都有手指。

和读第四个符号一样，当读第五个符号 1 时，在 q_1 和 q_3 上的手指变成在状态 q_1，q_2，q_3 和 q_4 上的手指。在状态 q_2 上的手指被移开，在 q_4 上的手指留在 q_4 上不动。现在在 q_4 上有两个手指，所以移开一个，因为在此刻只需要记住 q_4 是一个可能的状态，而不需要记住有多少理由使它成为可能的状态。

当读第六个也是最后一个符号 0 时，在 q_1 上的手指原地不动，在 q_2 上的手指移到 q_3 上，移开原来在 q_3 上的手指，在 q_4 上的手指留在原地不动。现在已经到达字符串的末端，如果有某只手指在一个接受状态上，则接受该字符串。现在，在状态 q_1、q_3 和 q_4 上都有手指，由于 q_4 是一个接受状态，所以 N_1 接受这个字符串。

N_1 对输入 010 做些什么？开始时把一个手指放在 q_1 上。读 0 之后仍然只在 q_1 上有一个手指，而在读 1 之后在 q_1、q_2 和 q_3 上有手指（不要忘记 ε 箭头）。在读第三个符号 0 之后，移开 q_3 上的手指，把 q_2 上的手指移到 q_3 上，保留 q_1 上的手指不动。此时已经在输入串的末端，由于在接受状态上没有手指，所以 N_1 拒绝这个输入。

继续以这种方式试验，可以发现 N_1 接受所有含 101 或 11 作为子串的字符串。

非确定型有穷自动机在若干方面都是有用的。正如我们将要证明的那样，每一台 NFA 都可以转换成一台等价的 DFA，而构造 NFA 有时比直接构造 DFA 容易。一台 NFA 可能比与它等价的 DFA 小很多，或者它的功能更易于理解。由于有穷自动机特别容易理解，有穷自动机的非确定性也是对能力更强的计算模型的非确定性的一个很好的引入。现在来看几个 NFA 的例子。

例 1.14 设 A 是 $\{0,1\}$ 上倒数第三个符号为 1 的所有字符串组成的语言（例如，000100 在 A 中，而 0011 不在 A 中）。图 1-17 所示的 4-状态 NFA N_2 识别 A。

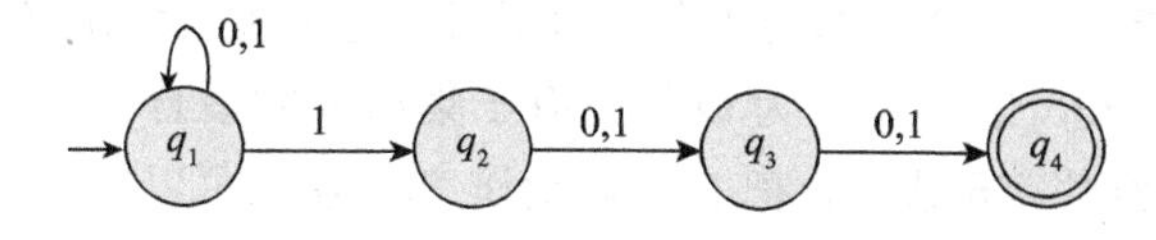

图 1-17 识别 A 的 NFA N_2

观察这台 NFA 的计算的一个好方法是让它停在起始状态 q_1，直到它“猜想”它正好位于倒数第三的位置上。这时，如果输入符号是 1，那么它移到分支状态 q_2，并且使用 q_3 和 q_4 “验证”它的猜想是否正确。

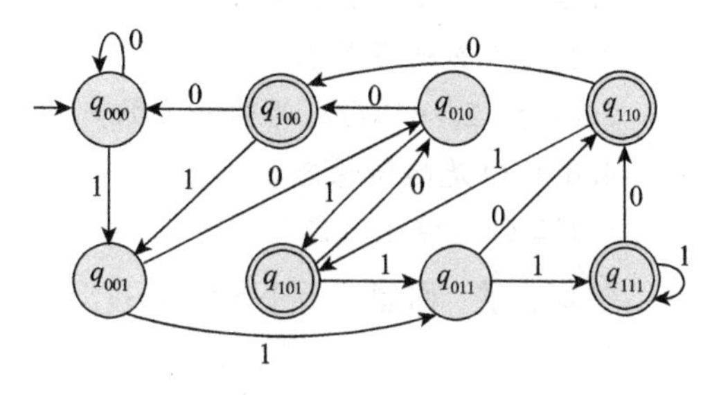

图 1-18 一台识别 A 的 DFA

正如前面讲过的，每一台 NFA 都可以转换成一台等价的 DFA，不过有时那台 DFA 的状态可能会多很多。关于语言 A 的最小 DFA 含有 8 个状态。而且可能发现，通过考察图 1-18 中的 DFA，更容易理解 NFA 的功能。

假设在图 1-17 的机器 N_2 中，在从 q_2 到 q_3 和从 q_3 到 q_4 的箭头上的标号中添加 ε。亦即，这两个箭头的标号是 0、1、ε，而不仅仅是 0、1。在做了这样的改动之后，N_2 能识别什么样的语言呢？试试修改图 1-18 中的 DFA，使它也能识别这个语言。■

例 1.15　考虑图 1-19 中的 NFA N_3，它的输入字母表 {0} 由一个符号组成。只含一个符号的字母表称为**一元字母表**（unary alphabet）。

这台机器说明了有 ε 箭头的方便之处。它接受所有形如 0^k 的字符串，其中 k 是 2 或 3 的倍数（注意上标表示重复，不是数值的指数）。例如，N_3 接受字符串 ε,00,000,0000 或 000000，而不接受 0 和 00000。

考虑该机器的运行方式：开始时猜想是要验证 2 的倍数还是 3 的倍数，从而分支到上面的循环或下面的循环，然后验证猜想是否正确。当然，可以用一台没有 ε 箭头的机器，甚至是一台完全没有任何非确定性的机器代替这台机器。但是，对于该语言这台机器是最容易理解的。■

图 1-19　NFA N_3

例 1.16　图 1-20 给出了 NFA 的另一个例子。运行这台机器，将会看到它接受字符串 ε，a，baba 和 baa，而不接受字符串 b，bb 和 babba。在后面我们会用这台机器阐明把 NFA 转换成 DFA 的过程。■

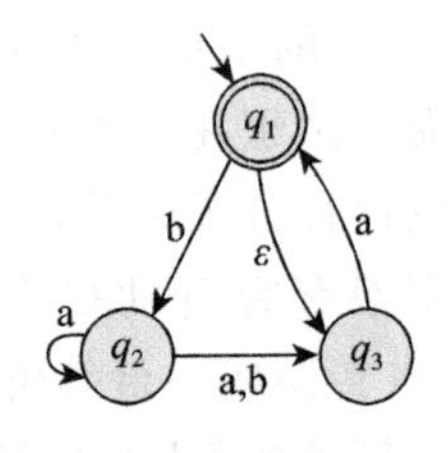

图 1-20　NFA N_4

1.2.1　非确定型有穷自动机的形式化定义

非确定型有穷自动机的形式化定义和确定型有穷自动机的形式化定义类似，它们都有状态集、输入字母表、转移函数、起始状态以及接受状态集。然而，它们在本质上是不同的——转移函数的类型不同。在 DFA 中，转移函数取一个状态和一个输入符号，产生下一个状态。在 NFA 中，转移函数取一个状态和一个输入符号或者空串，产生可能的下一个状态的集合。为了书写这个形式化定义，需要引入某个额外的符号，对任意的集合 Q，记 $\mathcal{P}(Q)$ 为 Q 的所有子集组成的集合。这里称 $\mathcal{P}(Q)$ 是 Q 的**幂集**（power set）。对任意的字母表 Σ，把 $\Sigma\cup\{\varepsilon\}$记作 Σ_ε。现在可以容易地写出 NFA 中这种类型的转移函数的形式化定义，它是 $\delta:Q\times\Sigma_\varepsilon\rightarrow\mathcal{P}(Q)$。下面给出 NFA 的形式化定义。

定义 1.17　**非确定型有穷自动机**是一个 5 元组 (Q,Σ,δ,q_0,F)，其中

1. Q 是有穷的状态集；
2. Σ 是有穷的字母表；
3. $\delta:Q\times\Sigma_\varepsilon\rightarrow\mathcal{P}(Q)$ 是转移函数；
4. $q_0\in Q$ 是起始状态；
5. $F\subseteq Q$ 是接受状态集。

例 1.18　回想一下 NFA N_1：

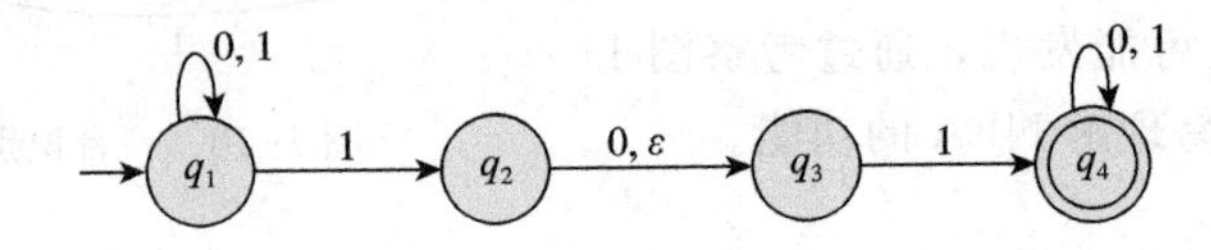

N_1 的形式化描述是 (Q,Σ,δ,q_1,F)，其中

1. $Q=\{q_1,q_2,q_3,q_4\}$，
2. $\Sigma=\{0,1\}$，
3. δ 由下表给出：

	0	1	ε
q_1	$\{q_1\}$	$\{q_1,q_2\}$	$\varnothing$
q_2	$\{q_3\}$	$\varnothing$	$\{q_3\}$
q_3	$\varnothing$	$\{q_4\}$	$\varnothing$
q_4	$\{q_4\}$	$\{q_4\}$	$\varnothing$

4. q_1 是起始状态，
5. $F=\{q_4\}$。 ■

NFA 计算的形式化定义也和 DFA 计算的形式化定义类似。设 $N=(Q,\Sigma,\delta,q_0,F)$ 是一台 NFA，w 是字母表 Σ 上的一个字符串。如果能把 w 写成 $w=y_1y_2\cdots y_m$，这里每一个 y_i 是 Σ_ε 的一个成员，并且存在 Q 中的状态序列 $r_0,r_1,\cdots,r_m$ 满足下述 3 个条件：

1. $r_0=q_0$
2. $r_{i+1}\in\delta(r_i, y_{i+1})$，$i=0, 1, \cdots, m-1$
3. $r_m\in F$

则称 N **接受** w。

条件 1 说机器从起始状态开始。条件 2 说状态 r_{i+1} 是当 N 在状态 r_i 读到 y_{i+1} 时允许的下一个状态。注意到 $\delta(r_i,y_{i+1})$ 是允许的下一个状态的集合，所以 r_{i+1} 是这个集合的一个成员。最后，条件 3 说如果最后的状态是一个接受状态，则机器接受它的输入。

1.2.2 NFA 与 DFA 的等价性

确定型和非确定型有穷自动机识别相同的语言类。这个等价性既出人意料、又是有用的。说它出人意料是因为 NFA 好像比 DFA 的能力强，因此猜想 NFA 能够识别更多的语言。说它是有用的是因为对于给定的语言，描述识别这个语言的 NFA 有时比描述识别这个语言的 DFA 要容易些。

如果两台机器识别同样的语言，则称它们是**等价**的。

定理 1.19 *每一台非确定型有穷自动机都等价于某一台确定型有穷自动机。*

证明思路 设一个语言被一台 NFA 识别，那么必须证明还存在一台 DFA 也识别这个语言。基本想法是把 NFA 转换成模拟它的 DFA。

回想设计有穷自动机的“读者即自动机”策略。如果设计者是一台 DFA，会怎样模拟这台 NFA 呢？在处理输入串的过程中，需要记住什么？在 NFA 的几个例子中，在输入的给定点把手指放在每一个可能处在活动的状态上，用这种方式记住各个计算分支。按照 NFA 的运行方式移动、增加和移开手指。需要记住的全部信息是放着手指的状态的集合。

设 k 是 NFA 的状态数，则它有 2^k 个状态子集。每一个子集对应模拟这台 NFA 的 DFA 必须记住的一种可能性，所以这台 DFA 将会有 2^k 个状态。还需要给出这台 DFA 的起始状态和接受状态以及它的转移函数。引入一些形式化记号会使讨论变得容易些。

证明　设 $N=(Q,\Sigma,\delta,q_0,F)$ 是识别语言 A 的 NFA，要构造一台 DFA M 识别 A。在给出完整的构造之前，先考虑比较容易的情况，假设 N 没有 ε 箭头，以后再把 ε 箭头考虑进来。

构造一台识别语言 A 的 DFA $M=(Q',\Sigma,\delta',q_0',F')$。

1. $Q'=\mathcal{P}(Q)$。

M 的每一个状态是 N 的状态的一个集合。$\mathcal{P}(Q)$ 是 Q 的所有子集组成的集合。

2. 对于 $R\in Q'$ 和 $a\in\Sigma$，令 $\delta'(R,a)=\{q\in Q\mid 存在\ r\in R, 使得\ q\in\delta(r,a)\}$。如果 R 是 M 的一个状态，则它是 N 的状态的一个集合。当 M 在状态 R 读符号 a 时，$\delta'(R,a)$ 给出 a 把 R 中的状态带到什么地方。由于每一个状态可以转移到一个状态集合，所以取所有这些集合的并。这个表达式可以用另一种方式写成 $\delta'(R,a)=\bigcup\limits_{r\in R}\delta(r,a)$，记号 $\bigcup\limits_{r\in R}\delta(r,a)$ 的含义是：对 R 中的所有元素 r 集合 $\delta(r,a)$ 的并集。

3. $q_0'=\{q_0\}$。

M 开始时所在的状态对应于只含 N 的起始状态的集合。

4. $F'=\{R\in Q'\mid R\ 包含\ N\ 的一个接受状态\}$

如果此时在 N 的可能状态中有一个接受状态，那么机器 M 接受。

现在考虑 ε 箭头，为此再引入一位记号。对于 M 的任意一个状态 R，定义 $E(R)$ 为从 R 的成员出发只沿着 ε 箭头可以达到的状态集合，包括 R 本身的所有成员在内。形式地，对于 $R\subseteq Q$，令

$$E(R)=\{q\mid 从\ R\ 出发沿着\ 0\ 个或多个\ \varepsilon\ 箭头可以到达\ q\}$$

然后修改 M 的转移函数，使得在每一步之后，在沿着 ε 箭头可以达到的所有状态上也放上手指。用 $E(\delta(r,a))$ 代替 $\delta(r,a)$ 能产生这个效果。于是

$$\delta'(R,a)=\{q\in Q\mid 存在\ r\in R, 使得\ q\in E(\delta(r,a))\}$$

此外还需要修改 M 的起始状态，使得开始时把手指移到从 N 的起始状态出发沿着 ε 箭头可以到达的所有状态上。将 q'_0 改成 $E(\{q_0\})$ 能产生这个效果。这样就完成了模拟 NFA N 的 DFA M 的构造。

M 的构造显然是正确的。在计算的每一步，M 进入的状态明显地对应于 N 此时可能处于的状态子集。证毕。■

定理 1.19 说明每一台 NFA 都能够被转换成一台与其等价的 DFA。于是，非确定型有穷自动机给出另一种刻画正则语言的方式。这一事实陈述为定理 1.19 的一个推论。

推论 1.20　一个语言是正则的，当且仅当有一台非确定型有穷自动机识别它。

“当且仅当”的一个方向是说，如果有一台 NFA 能识别这个语言，则它是正则的。定理 1.19 表明，任何一台 NFA 都能够被转换成一台等价的 DFA，因此如果有一台 NFA 识别这个语言，那么也有一台 DFA 识别它，从而这个语言是正则的。另一个方向是说，仅当有一台 NFA 识别这个语言时该语言才是正则的。即，如果一个语言是正则的，则一定有一台 NFA 识别它，这显然成立，因为每一个正则语言都有一台识别它的 DFA，而任一台 DFA 也是一台 NFA。

例 1.21　用例 1.16 中的机器 N_4 来说明定理 1.19 给出的把 NFA 转换成 DFA 的过程。为了描述清楚，把 N_4 的状态重新记作 $\{1,2,3\}$。于是，在形式化描述 $N_4=(Q,\{\mathrm{a},\mathrm{b}\},\delta,1,\{1\})$ 中，状态集 Q 为 $\{1,2,3\}$，如图 1-21 所示。

要构造与 N_4 等价的 DFA D，首先确定 D 的状态。N_4 有 3 个状态 $\{1,2,3\}$，所以 D 有 8 个状态，每一个状态对应于 N_4 的一个状态子集。把 D 的每一个状态记作它所对应的 N_4 的状态子集。于是，D 的状态集为

$$\{\varnothing,\{1\},\{2\},\{3\},\{1,2\},\{1,3\},\{2,3\},\{1,2,3\}\}$$

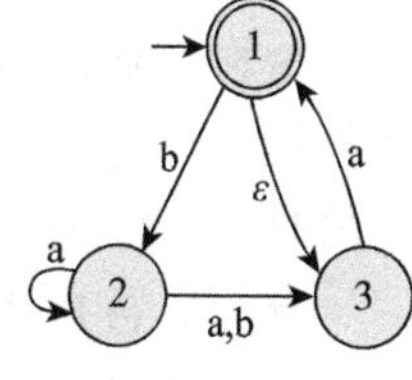

图 1-21 NFA N_4

其次，确定 D 的起始状态和接受状态。起始状态是 $E(\{1\})$，它等于从 1 出发沿着 ε 箭头能够到达的所有状态加上 1 本身。有一个 ε 箭头从 1 到 3，故 $E(\{1\})=\{1,3\}$。新的接受状态集是所有包含 N_4 接受状态的状态子集，即 $\{\{1\},\{1,2\},\{1,3\},\{1,2,3\}\}$。

最后，确定 D 的转移函数。D 的任一个状态遇到输入 a 时转到一个地方，遇到输入 b 时转到一个地方。用几个例子说明安置 D 的转移箭头的过程。

由于在 N_4 中，状态 2 遇到输入 a 时转到 2 和 3，并且从 2 或 3 不能沿着 ε 箭头走得更远，所以在 D 中，状态 $\{2\}$ 遇到输入 a 转到 $\{2,3\}$。在 N_4 中，状态 2 遇到输入 b 时只能转到状态 3，并且不能从 3 沿着 ε 箭头走得更远，所以在 D 中，状态 $\{2\}$ 遇到输入 b 时转到状态 $\{3\}$。

由于在 N_4 中没有 a 箭头从状态 $\{1\}$ 射出，所以在 D 中状态 $\{1\}$ 遇到输入 a 走到$\varnothing$。状态 $\{1\}$ 遇到输入 b 转到 $\{2\}$。注意，定理 1.19 描述了跟随每一个输入符号后的 ε 箭头的过程。另一种基于在每一个输入符号之前跟随 ε 箭头的过程也行之有效，但没有在该例中演示。

由于在 N_4 中状态 3 遇到输入 a 时转到 1，并且 1 又沿着 ε 箭头回到 3，所以状态 $\{3\}$ 遇到输入 a 时转到 $\{1,3\}$，遇到输入 b 时转到$\varnothing$。

因为 1 没有用 a 箭头指向任何状态，2 用 a 箭头指向 2 和 3，并且 2 和 3 都没有用 ε 箭头指向任何地方，所以状态 $\{1,2\}$ 遇到输入 a 时转到 $\{2,3\}$。状态 $\{1,2\}$ 遇到输入 b 时转到 $\{2,3\}$。继续按照这个方式进行，可以得到 D 的状态图，如图 1-22 所示。

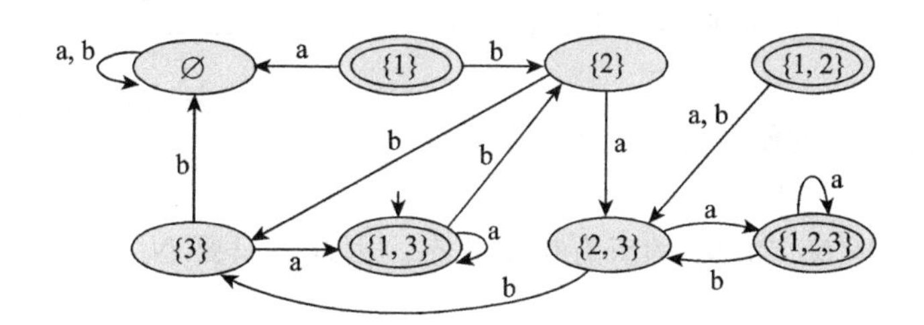

图 1-22 与 NFA N_4 等价的 DFA D

通过观察到没有箭头射入的状态 $\{1\}$ 和 $\{1,2\}$，可以对这台机器进行简化，删掉这两个状态不会影响机器的性能。这样做可以得到图 1-23。

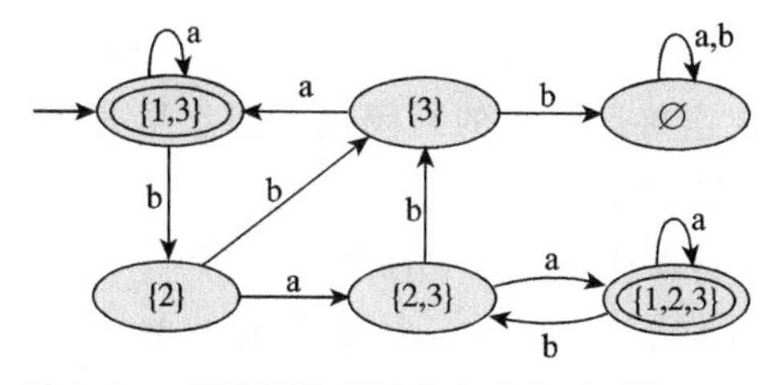

图 1-23 删掉不需要的状态后得到的 DFA D ■

1.2.3 在正则运算下的封闭性

现在回到在 1.1 节中开始的正则语言类在正则运算下的封闭性，目标是证明正则语言在经过并、连接以及星号运算后仍是正则语言。当时由于处理连接运算太复杂，放弃了证明的打算。使用非确定性能使证明容易许多。

首先，再次考虑在并运算下的封闭性。前面在证明并运算下的封闭性时，使用笛卡尔积构造的同时，非确定性地模拟了两台机器。现在用一个新的证明来说明非确定性技术。重新看看原来在 1.1.5 中的证明可能是值得的，这能够让发现新的证明容易、直观许多。

定理 1.22　正则语言类在并运算下封闭。

证明思路　有两个正则语言 A_1 和 A_2，要证明 $A_1 \cup A_2$ 是正则的。想法是对 A_1 和 A_2 取两台 NFA N_1 和 N_2，并把它们合并成一台新的 NFA N。

当 N_1 或 N_2 接受输入时，机器 N 应该接受这个输入。新机器有新的起始状态，它用 ε 箭头分支到原机器的起始状态。新机器用这种方式非确定性地猜想两台原有机器中哪一台接受这个输入。如果它们两台中有一台接受，那么 N 也接受。

图 1-24 给出了这个构造。在图的左部，大圆圈表示机器 N_1 和 N_2 的起始状态以及接受状态，小圆圈表示其余的状态。在图的右部，说明了如何通过增加转移箭头把 N_1 和 N_2 合并成 N。

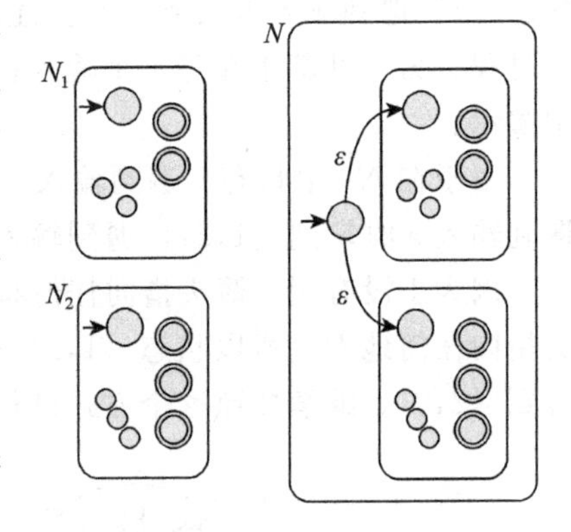

图 1-24　识别 $A_1 \cup A_2$ 的 NFA N 的构造

证明　设 $N_1=(Q_1,\Sigma,\delta_1,q_1,F_1)$ 识别 A_1，并且 $N_2=(Q_2,\Sigma,\delta_2,q_2,F_2)$ 识别 A_2，构造识别 $A_1 \cup A_2$ 的 $N=(Q,\Sigma,\delta,q_0,F)$。

1. $Q=\{q_0\} \cup Q_1 \cup Q_2$。

N 的状态是 N_1 和 N_2 的所有状态，再加上一个新的起始状态 q_0。

2. 状态 q_0 是 N 的起始状态。

3. 接受状态 $F=F_1 \cup F_2$。

N 的接受状态是 N_1 和 N_2 的所有接受状态。因此，只要 N_1 接受或 N_2 接受，N 就接受。

4. 定义 δ 如下：对每一个 $q \in Q$ 和每一个 $a \in \Sigma_\varepsilon$，

$$\delta(q,a)=\begin{cases}\delta_1(q,a) & q \in Q_1 \\ \delta_2(q,a) & q \in Q_2 \\ \{q_1,q_2\} & q=q_0 \text{ 且 } a=\varepsilon \\ \varnothing & q=q_0 \text{ 且 } a \neq \varepsilon\end{cases}$$ ■

现在证明正则语言类在连接运算下的封闭性。回想早些时候在没有非确定性的情况下，要完成这个证明是有一定困难的。

定理 1.23　正则语言类在连接运算下封闭。

证明思路　有两个正则语言 A_1 和 A_2，要证明 $A_1 \circ A_2$ 是正则的。想法是取两台 NFA N_1 和 N_2 分别识别 A_1 和 A_2，像在证明并运算封闭时所做的那样，把它们合并成一台新的 NFA N，但是这一次要用不同的方式，如图 1-25 所示。

取 N 的起始状态为 N_1 的起始状态。N_1 的每一个接受状态增加一个 ε 箭头，使得只要 N_1 在一个接受状态，就允许 N 非确定性地分支进入 N_2。这意味着它已经找到输入的前一段，这一段构成 A_1 中的一个字符串。N 的接受状态就是 N_2 的接受状态。因此当输入可以被分成两段并且第一段被 N_1 接受，第二段被 N_2 接受时，N 接受。可以认为 N 非确定性地猜想在什么地方把输入串分开。

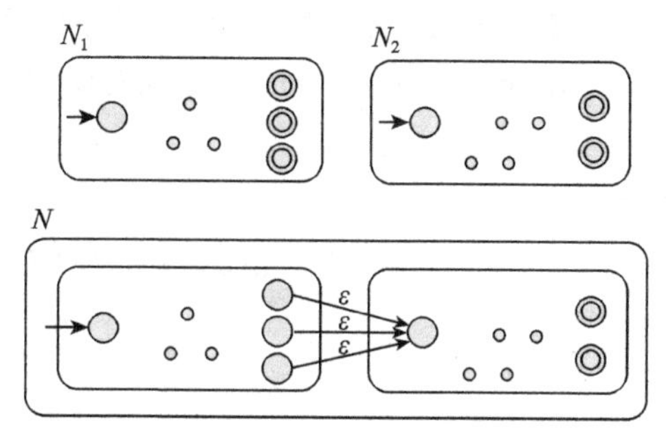

图 1-25　识别 $A_1 \circ A_2$ 的 N 的构造

证明　设 $N_1=(Q_1,\Sigma,\delta_1,q_1,F_1)$ 识别 A_1，并且 $N_2=(Q_2,\Sigma,\delta_2,q_2,F_2)$ 识别 A_2，构造识别 $A_1 \circ A_2$ 的 $N=(Q,\Sigma,\delta,q_1,F_2)$。

1. $Q=Q_1 \cup Q_2$。

N 的状态是 N_1 和 N_2 的所有状态。

2. N 的起始状态是 N_1 的起始状态 q_1。

3. N 的接受状态集是 N_2 的接受状态集 F_2。

4. 定义 δ 如下：对每一个 $q \in Q$ 和每一个 $a \in \Sigma_\varepsilon$，

$$\delta(q,a)=\begin{cases}\delta_1(q,a) & q\in Q_1 \text{ 且 } q\notin F_1\\ \delta_1(q,a) & q\in F_1 \text{ 且 } a\neq\varepsilon\\ \delta_1(q,a)\cup\{q_2\} & q\in F_1 \text{ 且 } a=\varepsilon\\ \delta_2(q,a) & q\in Q_2\end{cases}$$

■

定理 1.24　正则语言类在星号运算下封闭。

证明思路　有一个正则语言 A_1，要证明 A_1^* 也是正则的。取一台识别 A_1 的 NFA N_1，如图 1-26 所示的那样修改它，使其识别 A_1^*。只要能把输入分成若干段，并且 N_1 接受每一段，则修改后的 NFA N 就接受这个输入。

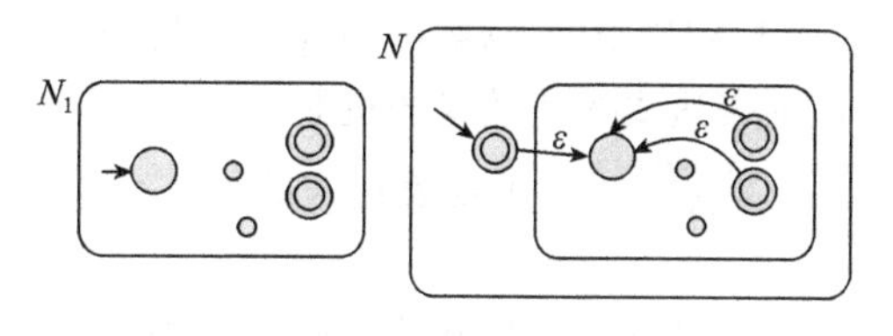

图 1-26　识别 A_1^* 的 N 的构造

可以这样构造 N：在 N_1 上添加从每一个接受状态返回起始状态的 ε 箭头。这样，当进行到 N_1 能接受的一段结束时，机器 N 可以选择跳回起始状态试图读 N_1 能接受的下一段。此外还必须修改 N 使其接受 ε，ε 永远是 A_1^* 的成员。一个（不太好的）想法是直接把起始状态加到接受状态集中。这个方法确实把 ε 加进了被识别的语言中，但是它也可能加进一些其他不想要的字符串。练习 1.15 要求给出一个说明这个想法不对的例子。解决这个问题的办法是添加一个新的起始状态，同时也是一个接受状态，并且有一个指向原起始状态的 ε 箭头。这个解决方案能达到期望的效果：在识别的语言中加入 ε 而不加入其他任何字符串。

证明　设 $N_1=(Q_1,\Sigma,\delta_1,q_1,F_1)$ 识别 A_1，构造识别 A_1^* 的 $N=(Q,\Sigma,\delta,q_0,F)$。

1. $Q=\{q_0\}\cup Q_1$。

N 的状态是 N_1 的所有状态加一个新的起始状态 q_0。

2. q_0 是新的起始状态。

3. $F=\{q_0\}\cup F_1$。

接受状态是原有接受状态加新的起始状态。

4. 定义 δ 如下：对每一个 $q\in Q$ 和每一个 $a\in\Sigma_\varepsilon$，

$$\delta(q,a)=\begin{cases}\delta_1(q,a) & q\in Q_1 \text{ 且 } q\notin F_1\\ \delta_1(q,a) & q\in F_1 \text{ 且 } a\neq\varepsilon\\ \delta_1(q,a)\cup\{q_1\} & q\in F_1 \text{ 且 } a=\varepsilon\\ \{q_1\} & q=q_0 \text{ 且 } a=\varepsilon\\ \varnothing & q=q_0 \text{ 且 } a\neq\varepsilon\end{cases}$$

■

1.3　正则表达式

在算术中可以用运算符＋和×来构造表达式，如（5＋3）×4。类似地，可以用正则运算符构造描述语言的表达式，称为**正则表达式**。例如：

$$(0\cup 1)0^*$$

上面那个算术表达式的值是32，而正则表达式的值是一个语言。在这个例子中，正则表达式的值是由一个0或一个1后面跟着任意个0的所有字符串组成的语言。仔细地分析这个表达式的各部分，可以得到这个结果。首先，符号0和1是集合｛0｝和｛1｝的缩写，因此（$0\cup 1$）就是（$\{0\}\cup\{1\}$）。这部分的值是语言｛0,1｝。第2部分 0^* 就是 $\{0\}^*$，它的值是由所有包含任意个0的字符串组成的语言。其次，和代数中的符号×一样，在正则表达式中常常省略连接符∘。因此，$(0\cup 1)0^*$ 实际上是 $(0\cup 1)\circ 0^*$ 的缩写。连接运算把来自这两部分的字符串接在一起得到整个表达式的值。

正则表达式在计算机科学各种应用中有着重要的作用。在涉及文本的应用中，用户可能要搜索满足某种模式的字符串。正则表达式提供了描述这种模式的有力方法。应用程序（如UNIX中的awk和grep）、现代程序设计语言（如Perl）以及文本编辑器都提供了用正则表达式描述模式的机制。

例1.25　正则表达式的另一个例子是

$$(0\cup 1)^*$$

它从语言（$0\cup 1$）开始，并且运用 * 运算。这个表达式的值是由0和1的所有字符串组成的语言。若 $\Sigma=\{0,1\}$，则可以用 Σ 作为正则表达式（$0\cup 1$）的缩写。更一般地讲，设 Σ 是任意的字母表，正则表达式 Σ 描述该字母表上所有长度为1的字符串组成的语言，而 Σ^* 描述该字母表上的所有字符串组成的语言。类似地，Σ^*1 是包含着所有以1结尾的字符串的语言。语言 $(0\Sigma^*)\cup(\Sigma^*1)$ 由所有以0开始或者以1结尾的字符串组成。■

在算术中，×优先于＋的意思是，当要在＋和×中进行选择时，首先选择×运算。因此，在2＋3×4中先做3×4，再做加法。要想先做加法，必须加括号，得到（2＋3）×4。在正则表达式中，先做星号运算，然后做连接运算，最后做并运算，除非用括号改变这种惯常的顺序。

1.3.1　正则表达式的形式化定义

定义1.26　称 R 是一个**正则表达式**，如果 R 是

1. a，这里 a 是字母表 Σ 中的一个元素；

2. ε；
3. $\emptyset$；
4. $(R_1 \cup R_2)$，这里 R_1 和 R_2 是正则表达式；
5. $(R_1 \circ R_2)$，这里 R_1 和 R_2 是正则表达式；
6. (R_1^*)，这里 R_1 是正则表达式。

在第1条和第2条中，正则表达式 a 和 ε 分别表示语言 $\{a\}$ 和 $\{\varepsilon\}$。在第3条中，正则表达式 $\emptyset$ 表示空语言。在第4、5、6条中，正则表达式分别表示语言 R_1 和 R_2 做并运算或连接运算或者 R_1 做星号运算得到的语言。

不要混淆正则表达式 ε 和 $\emptyset$。表达式 ε 表示只包含一个字符串——空串的语言，而 $\emptyset$ 表示不包含任何字符串的语言。

表面上看这里有用其自身定义正则表达式的危险。要是果真如此，那么这是一个**循环定义**（circular defination），它将是无效的。但是，R_1 和 R_2 总是比 R 小，因此，实际上是在用较小的正则表达式定义较大的正则表达式，从而避免了循环。这种类型的定义称为**归纳定义**（inductive defination）。

表达式中的括号可以略去。如果略去括号，计算按照下述优先顺序进行：星号，连接，然后并。

为便于描述将 RR^* 记作 R^+。换句话说，鉴于 R^* 表示由0个或多个 R 中的串连接构成的所有串，R^+ 表示由1个或多个 R 中的串连接构成的所有串。因此 $R^+ \cup \varepsilon = R^*$。此外，将 k 个 R 中的串通过连接得到的串简记作 R^k。

当想要明显地区分正则表达式 R 和它所描述的语言时，把 R 描述的语言写成 $L(R)$。

例1.27 在下面的例子中假设字母表 Σ 是 $\{0,1\}$。

1. $0^*10^* = \{w \mid w$ 恰好有一个 $1\}$。
2. $\Sigma^*1\Sigma^* = \{w \mid w$ 至少有一个 $1\}$。
3. $\Sigma^*001\Sigma^* = \{w \mid w$ 含有子串 $001\}$。
4. $1^*(01^+)^* = \{w \mid w$ 中的每一个0后面至少跟有一个 $1\}$。
5. $(\Sigma\Sigma)^* = \{w \mid w$ 是长度为偶数的字符串$\}$[⊖]。
6. $(\Sigma\Sigma\Sigma)^* = \{w \mid w$ 的长度为3的整数倍$\}$。
7. $01 \cup 10 = \{01, 10\}$。
8. $0\Sigma^*0 \cup 1\Sigma^*1 \cup 0 \cup 1 = \{w \mid w$ 以相同的符号开始和结束$\}$。
9. $(0 \cup \varepsilon)1^* = 01^* \cup 1^*$。

表达式 $0 \cup \varepsilon$ 表示语言 $\{0, \varepsilon\}$，因此连接运算把0或 ε 加在 1^* 中每一个字符串的前面。

10. $(0 \cup \varepsilon)(1 \cup \varepsilon) = \{\varepsilon, 0, 1, 01\}$。
11. $1^*\emptyset = \emptyset$。

把空集连接到任何集合上得到空集。

12. $\emptyset^* = \{\varepsilon\}$。

星号运算把该语言中的任意个字符串连接在一起，得到运算结果中的一个字符串。如果该语言是空集，星号运算能把0个字符串连接在一起，得到唯一的空串。■

⊖ 字符串的长度是指它含有的符号的个数。

若设 R 是任意的正则表达式，可以得到下述恒等式。它们能很好地检查读者是否理解了正则表达式的定义。

$$R\cup\varnothing=R$$

把空语言加到任一其他语言上不会改变这个语言。

$$R\circ\varepsilon=R$$

把空串加到任一字符串上不会改变这个字符串。

但是，交换前面两个恒等式中的 $\varnothing$ 和 ε 可能导致恒等式不成立。

$R\cup\varepsilon$ 可能不等于 R。

例如，如果 $R=0$，那么 $L(R)=\{0\}$，而 $L(R\cup\varepsilon)=\{0,\varepsilon\}$。

$R\circ\varnothing$ 可能不等于 R。

例如，如果 $R=0$，那么 $L(R)=\{0\}$，而 $L(R\circ\varnothing)=\varnothing$。

在设计程序设计语言的编译程序中，正则表达式是个很有用的工具。程序设计语言中的基本对象称为**单字**（token），如变量名和常量，它们可以用正则表达式描述。例如，可能包括小数部分和（或）正负号的数值常量可以描述成下述语言的一个成员

$$(+\cup-\cup\varepsilon)(D^{+}\cup D^{+}.D^{*}\cup D^{*}.D^{+})$$

其中 $D=\{0,1,2,3,4,5,6,7,8,9\}$ 是十进制数字字母表。几个生成的字符串例子如：72，3.14159，+7. 和 -.01。

一旦程序设计语言中单字的语法用正则表达式描述出来，自动系统便能够生成**词法分析器**（lexical analyzer），它是编译程序的一部分，用来在开始阶段处理输入程序。

1.3.2　与有穷自动机的等价性

就描述能力而言正则表达式和有穷自动机是等价的。这个事实是相当出乎意料的，因为表面上看有穷自动机和正则表达式是很不相同的。然而，任何正则表达式都能够转换成能识别它所描述语言的有穷自动机，反之亦然。回忆一下正则语言是有穷自动机识别的语言。

定理 1.28　*一个语言是正则的，当且仅当可以用正则表达式描述它。*

这个定理有两个方向。把每个方向叙述成一条单独的引理并加以证明。

引理 1.29　*如果一个语言可以用正则表达式描述，那么它是正则的。*

证明思路　假设正则表达式 R 描述某语言 A。要说明怎样把 R 转换成一台识别 A 的 NFA。根据推论 1.20，如果一台 NFA 识别 A，则 A 是正则的。

证明　把 R 转换成一台 NFA N。考虑正则表达式定义中的 6 种情况。

1. $R=a$，这里 $a\in\Sigma$。那么，$L(R)=\{a\}$，下述 NFA 识别 $L(R)$：

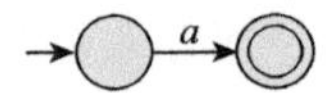

注意到这台机器符合 NFA 的定义，但不符合 DFA 的定义，因为它的状态不是对每一个可能的输入符号都有射出的箭头。当然这里也能够给出等价的 DFA，但是，现在有 NFA 就可以了，而且它更容易描述一些。

形式地表示，$N=(\{q_1,q_2\},\Sigma,\delta,q_1,\{q_2\})$，其中 δ 的定义如下：若 $r\neq q_1$ 或 $b\neq a$，则 $\delta(q_1,a)=\{q_2\},\delta(r,b)=\varnothing$。

2. $R=\varepsilon$，那么 $L(R)=\{\varepsilon\}$。下述 NFA 识别 $L(R)$：

形式地表示，$N=(\{q_1\},\Sigma,\delta,q_1,\{q_1\})$，其中对所有的 r 和 b，$\delta(r,b)=\varnothing$。

3. $R=\varnothing$，那么 $L(R)=\varnothing$。下述 NFA 识别 $L(R)$：

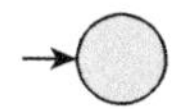

形式地表示，$N=(\{q\},\Sigma,\delta,q,\varnothing)$，其中对所有的 r 和 b，$\delta(r,b)=\varnothing$。

4. $R=R_1\cup R_2$
5. $R=R_1\circ R_2$
6. $R=R_1{}^*$

对后 3 种情况，使用正则语言类在正则运算下封闭的证明中所给出的构造。换句话说，由识别 R_1 和 R_2（在情况 6 中只有 R_1）的 NFA 构造出关于 R 的 NFA，从而得到需要的 NFA。 ■

这就结束了定理 1.28 证明的第一部分，给出当且仅当中较容易的方向。在接着证明另一个方向之前，先看几个例子，用上述过程把正则表达式转换成 NFA。

例 1.30 分若干阶段把正则表达式 $(\mathrm{ab}\cup\mathrm{a})^*$ 转换成一台 NFA。从最小的子表达式到大一点的子表达式逐步建立，直至获得关于原始表达式的 NFA，如图 1-27 所示。注意这个过程一般不能给出状态最少的 NFA。本例给出一台有 8 个状态的 NFA，而等价的最小 NFA 只有 2 个状态。你能找出这台最小的 NFA 吗？

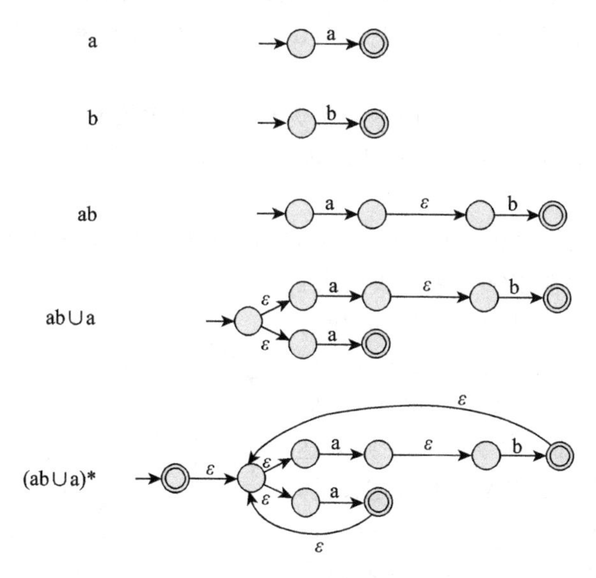

图 1-27 根据正则表达式 $(\mathrm{ab}\cup\mathrm{a})^*$ 构造一台 NFA ■

例 1.31 在图 1-28 中，正则表达式 $(\mathrm{a}\cup\mathrm{b})*\mathrm{aba}$ 被转换成一台 NFA。有几小步没有在图中给出。 ■

现在回到证明定理 1.28 的另一个方向。

引理 1.32 如果一个语言是正则的，则可以用正则表达式描述它。

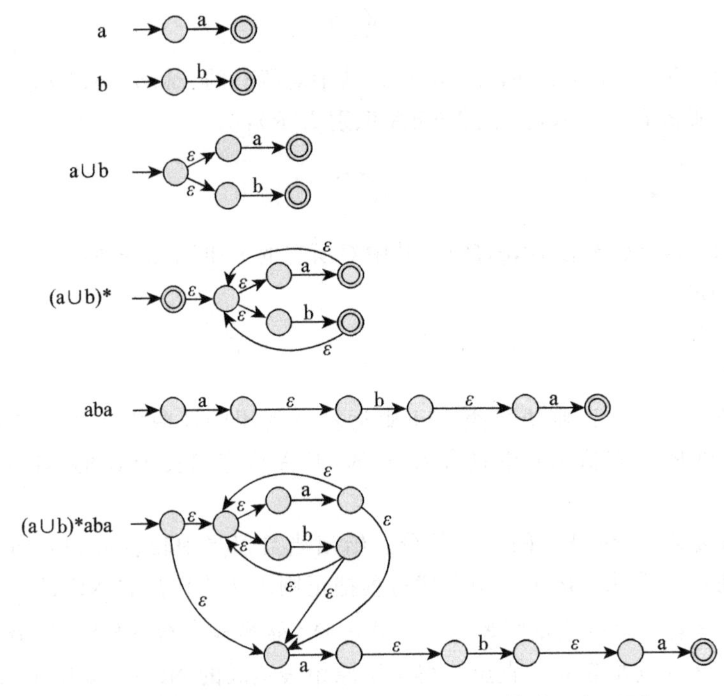

图 1-28　根据正则表达式（a∪b）* aba 构造一台 NFA

证明思路　需要证明：如果语言 A 是正则的，则有一个正则表达式描述它。由于 A 是正则的，故它被一台 DFA 接受。下面给出一个把 DFA 转换成等价的正则表达式的过程。

这个过程分两部分，这里要使用一种称为**广义非确定型有穷自动机**的新型有穷自动机，简记作 GNFA。首先说明如何把 DFA 转换成 GNFA，然后说明如何把 GNFA 转换成正则表达式。

广义非确定型有穷自动机就是非确定型有穷自动机，只是转移箭头可以用任何正则表达式作标号，而不是只能用字母表的成员或 ε 作标号。GNFA 读输入符号段，而不必像普通 NFA 一次只能读一个符号。GNFA 读一段输入符号，沿着连接两个状态的箭头移动，这段输入符号正好是那个箭头上的正则表达式描述的一个字符串。GNFA 是非确定性的，从而可能有好几种不同的方式处理同一个输入串。如果它的处理能够使得 GNFA 在输入结束时进入一个接受状态，则它接受它的输入。图 1-29 给出了一个 GNFA 的例子。

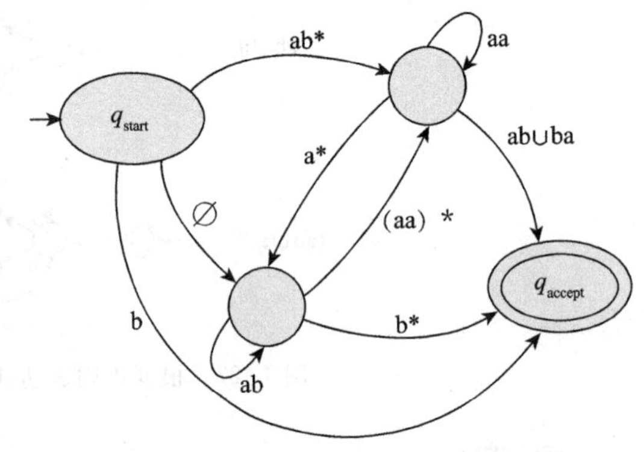

图 1-29　一台广义非确定型有穷自动机

为方便起见，要求 GNFA 具有符合下述条件的特殊形式：

- 起始状态有射到其他每一个状态的箭头，但是没有从任何其他状态射入的箭头。
- 有唯一的一个接受状态，并且它有从其他每一个状态射入的箭头，但是没有射到任何其他状态的箭头。此外，这个接受状态与起始状态不同。

- 除起始状态和接受状态外，每一个状态到自身和其他每一个状态都有一个箭头。

能够很容易地把 DFA 转换成这种特殊形式的 GNFA。添加一个新的起始状态和一个新的接受状态，从新起始状态到原起始状态有一个 ε 箭头，从每一个原接受状态到新接受状态有一个 ε 箭头。如果一个箭头有多个标记（或者在两个状态之间有多个方向相同的箭头），则把它替换成一个标记着原先标记的并集的箭头。最后，在没有箭头的状态之间添加标记∅的箭头。最后一步不会改变识别的语言，因为标记∅的转移永远不能被使用。从现在起，假设所有的 GNFA 都是这种特殊形式的。

下面说明如何把 GNFA 转换成正则表达式。设这台 GNFA 有 k 个状态。由于 GNFA 必须有一个起始状态和一个接受状态，并且这两个状态是不相同的，因此 $k \geq 2$。如果 $k>2$，则构造一台有 $k-1$ 个状态的等价 GNFA。对新的 GNFA 重复这一步骤直至把它化简到只有 2 个状态。当 $k=2$ 时，这台 GNFA 只有一个从起始状态到接受状态的箭头。这个箭头的标记就是等价的正则表达式。例如，图 1-30 中给出了把一台有 3 个状态的 DFA 转换成等价的正则表达式的各个阶段。

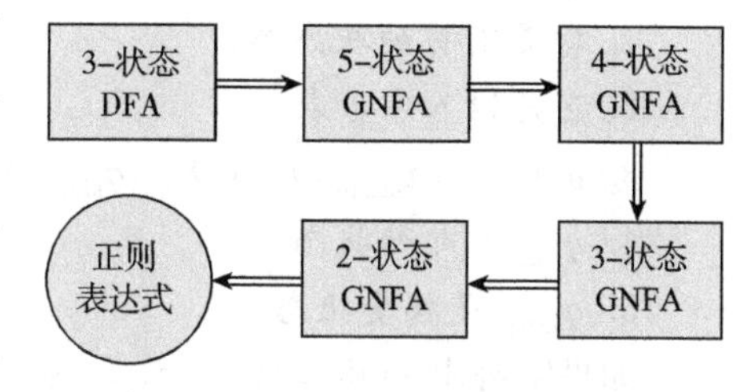

图 1-30　把 DFA 转换成正则表达式的典型阶段

关键的步骤是当 $k>2$ 时构造等价的少一个状态的 GNFA。为此，挑选一个状态，把它从机器上删掉，并且修改留下来的部分使其仍然识别相同的语言。可以挑选任意一个状态，只要它不是起始状态或接受状态，当 $k>2$ 时，一定存在这样的一个状态。把这个被删去的状态称为 q_{rip}。

删去 q_{rip} 后，要修改每一个留下来的箭头上标记的正则表达式。新标记中加进了失去的计算，从而弥补了由于删去 q_{rip} 带来的损失。从状态 q_i 到状态 q_j 的新标记是描述使机器从 q_i 直接到 q_j 或者通过 q_{rip} 到 q_j 的所有字符串的正则表达式。图 1-31 说明了这个方法。

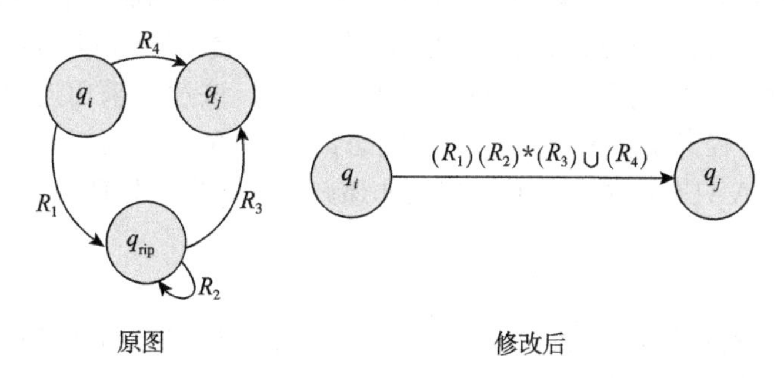

图 1-31　构造等价的少一个状态的 GNFA

在原机器中，如果

1. 从 q_i 到 q_{rip} 有一个标记为 R_1 的箭头，
2. 从 q_{rip} 到它自己有一个标记为 R_2 的箭头，
3. 从 q_{rip} 到 q_j 有一个标记为 R_3 的箭头，
4. 从 q_i 到 q_j 有一个标记为 R_4 的箭头，

那么在新机器中，从 q_i 到 q_j 的箭头的标记为

$$(R_1)(R_2)*(R_3)\cup(R_4)$$

对从任一状态 q_i 到任一状态 q_j（包括 $q_i=q_j$ 在内）的每一个箭头进行这样的改动。新的机器仍然识别原来的语言。

证明　现在来形式地实现上述想法。为便于证明，首先形式地定义引入的新型自动机。除转移函数外，GNFA 与非确定型有穷自动机类似。GNFA 的转移函数的形式为

$$\delta:(Q-\{q_{accept}\})\times(Q-\{q_{start}\})\to\mathcal{R}$$

符号 $\mathcal{R}$ 是字母表 Σ 上的全体正则表达式组成的集合，q_{start} 和 q_{accept} 分别是起始状态和接受状态。如果 $\delta(q_i,q_j)=R$，则从状态 q_i 到状态 q_j 的箭头以正则表达式 R 作为它的标记。转移函数的定义域为 $(Q-\{q_{accept}\})\times(Q-\{q_{start}\})$，这是因为除了 q_{accept} 没有射出的箭头和 q_{start} 没有射入的箭头，每一状态到另一状态都有一个箭头连接。

定义 1.33　**广义非确定型有穷自动机** $(Q,\Sigma,\delta,q_{start},q_{accept})$ 是一个 5 元组，其中：

1. Q 是有穷的状态集。
2. Σ 是输入字母表。
3. $\delta:(Q-\{q_{accept}\})\times(Q-\{q_{start}\})\to\mathcal{R}$ 是转移函数。
4. q_{start} 是起始状态。
5. q_{accept} 是接受状态。

如果字符串 w 可写成 $w=w_1w_2\cdots w_k$，这里每一个 $w_i\in\Sigma^*$，并且存在状态序列 $q_0,q_1,\cdots,q_k$，使得：

1. $q_0=q_{start}$ 是起始状态。
2. $q_k=q_{accept}$ 是接受状态。
3. 对每一个 i，$w_i\in L(R_i)$，其中 $R_i=\delta(q_{i-1},q_i)$，即 R_i 是从 q_{i-1} 到 q_i 的箭头上的表达式。

则称这台 GNFA 接受字符串 w。

现在回到引理 1.32 的证明。设 DFA M 识别语言 A。通过添加一个新的起始状态、一个新的接受状态以及一些必要的转移箭头，把 M 转换成一台 GNFA G。过程 CONVERT(G) 取一台 GNFA 作为输入，返回一个等价的正则表达式。该过程采用递归方式，即它要调用它自己。由于该过程只是在要处理少一个状态的 GNFA 时才调用它自己，故不会出现无穷循环。当 GNFA 只有两个状态时，就用非递归的方式进行处理。

CONVERT(G)：

1. 设 k 是 G 的状态数。

2. 如果 $k=2$，则 G 一定是由一个起始状态、一个接受状态和连接这两个状态的箭头组成，设箭头上的标记为正则表达式 R。

返回这个表达式 R。

3. 如果 $k>2$，则任取一个状态 $q_{rip}\in Q-\{q_{start},q_{accept}\}$，并且令 G' 为 GNFA$(Q',\Sigma,\delta',q_{start},q_{accept})$，其中

$$Q'=Q-\{q_{rip}\}$$

并且对每一个 $q_i\in Q'-\{q_{accept}\}$ 和每一个 $q_j\in Q'-\{q_{start}\}$，令

$$\delta'(q_i,q_j)=(R_1)(R_2)^*(R_3)\cup(R_4)$$

其中 $R_1=\delta(q_i,q_{rip})$，$R_2=\delta(q_{rip},q_{rip})$，$R_3=\delta(q_{rip},q_j)$ 及 $R_4=\delta(q_i,q_j)$。

4. 计算 CONVERT(G') 且返回这个值。

下面证明 CONVERT(G) 返回的值是正确的。

断言 1.34 对任意的 GNFA G，CONVERT(G) 等价于 G。

对 G 的状态数 k 作归纳证明。

归纳基础：证明对于 $k=2$，断言为真。若 G 只有 2 个状态，它只可能有 1 个箭头，从起始状态到接受状态。这个箭头上标记的正则表达式描述了能使 G 到达接受状态的全部字符串。因而这个表达式等价于 G。

归纳步骤：假设断言对于 $k-1$ 个状态为真，利用这个假设，证明对于 k 个状态断言为真。首先，证明 G 和 G' 识别相同的语言。假设 G 接受输入 w，那么在计算的一个接受分支中，G 依次进入下列状态：

$$q_{\text{start}}, q_1, q_2, q_3, \cdots, q_{\text{accept}}$$

如果被删去的状态 q_{rip} 不在这些状态中，则显然 G' 也接受 w。这是因为标记 G' 的箭头的每一个新正则表达式包含原有正则表达式作为并集的一部分。

如果 q_{rip} 出现在这些状态中，则删去这个状态序列中所有的 q_{rip}，得到 G' 的一个接受计算。设状态 q_i 和 q_j 之间夹着若干个连续的 q_{rip}，则它们之间的箭头上的新正则表达式描述在 G 中使 q_i 经过 q_{rip} 到 q_j 的所有字符串。因此 G' 接受 w。

另一方面，假设 G' 接受输入 w。由于 G' 中任意两个状态 q_i 和 q_j 之间箭头上的正则表达式描述在 G 中使 q_i 直接或经过 q_{rip} 到达 q_j 的所有字符串组成的集合，故 G 也一定接受 w。于是，G 和 G' 等价。

归纳假设表明，当算法对输入 G' 递归地调用它自己时，由于 G' 有 $k-1$ 个状态，因此得到一个等价于 G' 的正则表达式，从而这个正则表达式也等价于 G，得证算法是正确的。

这就完成了断言 1.34、引理 1.32 和定理 1.28 的证明。 ■

例 1.35 在本例中，运用上面的算法把 DFA 转换成正则表达式。从图 1-32(a) 中的 2-状态 DFA 开始。

在图 1-32(b) 中，通过添加一个新的起始状态和一个新的接受状态，得到一台 4-状态的 GNFA。把 q_{start} 和 q_{accept} 分别称为 s 和 a，这样画起来方便些。为避免把图搞得乱七八糟，没有画出标记为∅的箭头，尽管图中确实有这样的箭头。注意，在 DFA 中状态 2 的环上标记 a、b，在 GNFA 中对应处被替换成标记 a∪b。这样做是因为 DFA 中的标记代表 2 个转移，一个对应 a，另一个对应 b，而 GNFA 只能有一个从 2 到它自身的转移。

在图 1-32(c) 中，删去状态 2，修改留下的箭头上的标记。这次只有一个标记要改变，它是从 1 到 a 的标记。在图 (b) 中它是∅，而在图 (c) 中是 b (a∪b)*。根据过程 CONVERT 的步骤 3 得到如下结果：状态 q_i 是状态 1，状态 q_j 是 a，而 q_{rip} 是 2，故 $R_1=$b，$R_2=$a∪b，$R_3=\varepsilon$ 及 $R_4=\varnothing$。因此，从 1 到 a 的箭头上的新标记是 (b) (a∪b) * (ε)∪∅。这个正则表达式可简化成 b(a∪b)*。

在图 1-32(d) 中，删去图 (c) 中的状态 1，并且按照同样的步骤进行。由于只剩下起始状态和接受状态，因此连接它们的箭头上的标记就是等价于原 DFA 的正则表达式。 ■

例 1.36 本例从一台 3-状态的 DFA 开始，转换成等价的正则表达式的步骤如图 1-33 所示。 ■

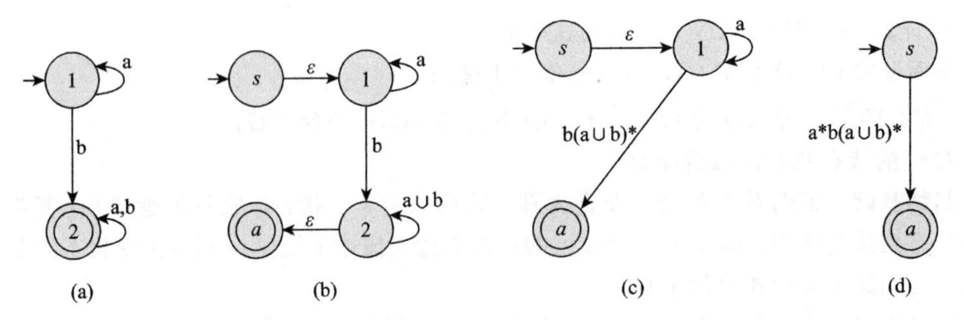

图 1-32 把一台 2-状态的 DFA 转换成等价的正则表达式

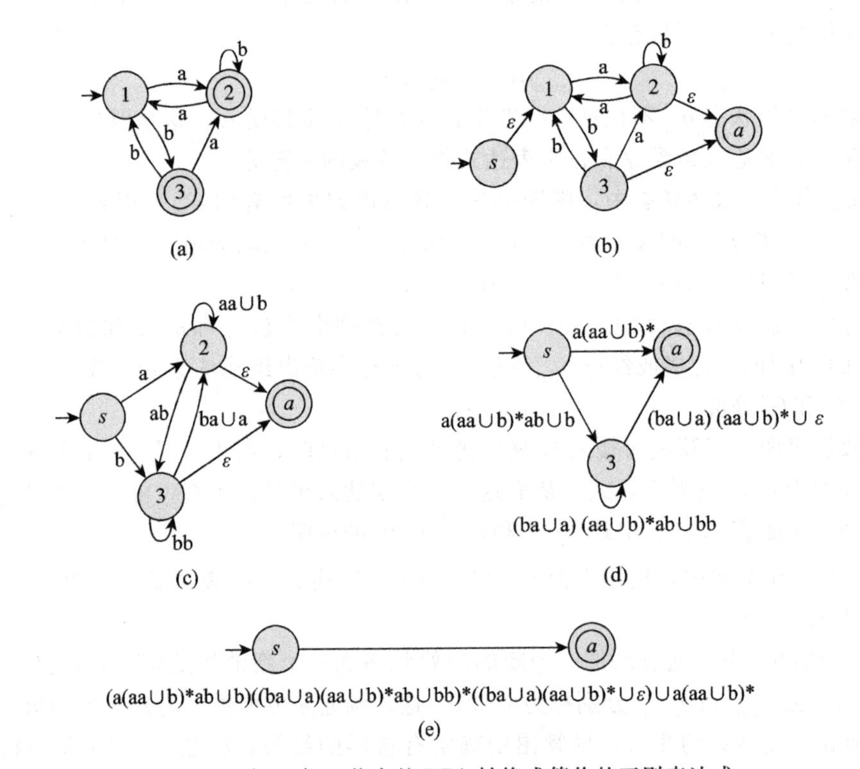

图 1-33 把一台 3-状态的 DFA 转换成等价的正则表达式

1.4 非正则语言

要了解有穷自动机的能力，必须同时了解它们的局限性。这一节将讲述如何证明某些语言不可能用有穷自动机识别。

设语言 $B=\{0^n1^n \mid n\geqslant 0\}$。如果想找一台识别 B 的 DFA，会发现这台机器看起来需要记住至此它在输入中读到了多少个 0。由于 0 的个数没有限制，因此机器将不得不记住无穷多个可能。但是，用有穷个状态不可能做到这一点。

下面给出一种方法，用来证明像 B 这样的语言不是正则的。由于 0 的个数没有限制，上面给出的论证不是已经证明了 B 的非正则性了吗？非也。这些看起来需要无穷存储的语言并不意味着一定需要无穷的存储。语言 B 确实是非正则的，但是另外一些语言看起来也需要无穷多个可能，而实际上却是正则的。例如，考虑字母表 $\Sigma=\{0,1\}$ 上的两个语言：

$C=\{w|w$ 中 0 和 1 的个数相等$\}$，

$D=\{w|w$ 中 01 和 10 作为子串出现的次数相同$\}$

初看一下，识别这两个语言的机器都需要计数，因而好像都不是正则的。正如所预料的那样 C 不是正则的，但令人吃惊的是，D 是正则的[⊖]！可见直觉有时可能会把我们带入歧途。这就是为什么想当然的事情还需要数学证明。本节将说明如何证明某些语言不是正则的。

关于正则语言的泵引理

证明非正则性的技术源于一个关于正则语言的定理，通常把它称为**泵引理**（pumping lemma）。该定理指出所有的正则语言都有一种特殊的性质。如果能够证明一个语言没有这种性质，则可以保证它不是正则的。这条性质是：语言中的所有字符串只要它的长度不小于某个特定的值——**泵长度**（pumping length），就可以被"抽取"。它的意思是指每一个这样的字符串都包括一段子串，把这段子串重复任意次，得到的字符串仍在这个语言中。

定理 1.37（泵引理） 若 A 是一个正则语言，则存在一个数 p（泵长度）使得，如果 s 是 A 中任一长度不小于 p 的字符串，那么 s 可以被分成 3 段，$s=xyz$，满足下述条件：

1. 对每一个 $i\geqslant 0$，$xy^iz\in A$
2. $|y|>0$
3. $|xy|\leqslant p$

回忆一下这里用的记号，$|s|$ 表示字符串 s 的长度，y^i 是 i 个 y 连接在一起，y^0 等于 ε。

当 s 被划分成 xyz 时，x 和 z 可以是 ε，但是条件 2 说 $y\neq\varepsilon$。可以看到如果没有条件 2，定理显然成立，但也就没有什么意思了。条件 3 说 x 和 y 两段在一起的长度不超过 p。这是一个额外的技术条件，偶尔会发现它在证明语言的非正则性时是有用的。关于条件 3 的应用见例 1.39。

证明思路 设 $M=(Q,\Sigma,\delta,q_1,F)$ 是识别 A 的 DFA。令泵长度 p 等于 M 的状态数。要证明 A 中任意长度不小于 p 的字符串 s 可以划分成 3 段 xyz，且满足定理中的 3 个条件。如果在 A 中没有长度不小于 p 的字符串怎么办？这时工作就更容易了，因为定理显然成立：如果没有这样的字符串，则显然对所有这样的字符串，3 个条件都成立。

若 $s\in A$ 的长度不小于 p，考虑 M 对输入 s 的计算中经过的状态序列。它从起始状态 q_1 开始，然后到 q_3，到 q_{20}，再到 q_9，等等，一直到 s 结束进入状态 q_{13}。由于 s 属于 A，M 接受 s，因此 q_{13} 是一个接受状态。

若 s 的长度为 n，则状态序列 $q_1,q_3,q_{20},q_9,\cdots,q_{13}$ 的长度为 $n+1$。由于 n 不小于 p，故 $n+1$ 大于 M 的状态数 p。因此，在这个序列中一定有重复出现的状态，这个结论是**鸽巢原理**（pigeonhole principle）的一个例子。这个奇特的名字源于下述很明显的事实：如果要把 p 只鸽子放进鸽巢，而鸽巢数小于 p，则一定有些鸽巢里将不止有 1 只鸽子。

图 1-34 给出字符串 s 和 M 在处理 s 时经过的状态序列。状态 q_9 重复出现。

⊖ 见问题 1.53。

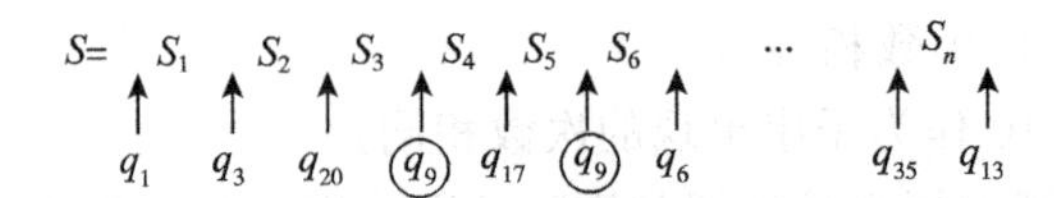

图 1-34 说明当 M 读 s 时状态 q_9 重复的例子

现在把 s 划分成三段 x，y 和 z。x 是 s 在 q_9 前面的部分，y 是两个 q_9 之间的部分，z 是 s 的剩余部分，即第二个 q_9 以后的部分。因此，x 把 M 从状态 q_1 带到 q_9，y 把 M 从 q_9 带回到 q_9，z 把 M 从 q_9 带到接受状态 q_{13}。如图 1-35 所示。

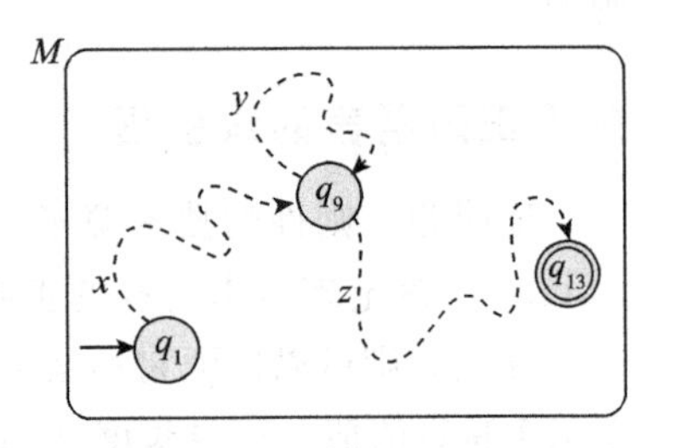

图 1-35 说明字符串 x，y 和 z 如何影响 M 的例子

现在来看看为什么这样划分 s 能满足规定的 3 个条件。假设对输入 $xyyz$ 运行 M。已知 x 把 M 从 q_1 带到 q_9，然后第一个 y 把它从 q_9 带回到 q_9，第二个 y 也同样把它从 q_9 带回到 q_9，接着 z 把它带到 q_{13}。由于 q_{13} 是一个接受状态，故 M 接受输入 $xyyz$。类似地，对于任意 $i>0$，它将接受 xy^iz。当 $i=0$ 时，$xy^iz=xz$，根据类似的理由它也被 M 接受。这就证实了条件 1。

由于 y 是 s 在状态 q_9 出现的两个不同地点之间的部分，故可以看到 $|y|>0$。这就验证了条件 2。

为了使条件 3 成立，确保 q_9 是序列中第一个重复的状态。根据鸽巢原理，在序列的前 $p+1$ 个状态中必定有重复。因此，$|xy|\leqslant p$。

证明 设 $M=(Q,\Sigma,\delta,q_1,F)$ 是一台识别 A 的 DFA，p 是 M 的状态数。

设 $s=s_1s_2\cdots s_n$ 是 A 中长度为 n 的字符串，这里 $n\geqslant p$。又设 $r_1,\cdots,r_{n+1}$ 是 M 在处理 s 的过程中进入的状态序列，因而 $r_{i+1}=\delta(r_i,s_i)$，$1\leqslant i\leqslant n$。该序列的长度为 $n+1$，不小于 $p+1$。根据鸽巢原理，在该序列的前 $p+1$ 个元素中，一定有两个相同的状态。设第 1 个是 r_j，第 2 个是 r_l。由于 r_l 出现在序列的前 $p+1$ 个位置中，而且序列是从 r_1 开始的，故有 $l\leqslant p+1$。此时，令 $x=s_1\cdots s_{j-1}, y=s_j\cdots s_{l-1}$ 以及 $z=s_l\cdots s_n$。

由于 x 把 M 从 r_1 带到 r_j，y 把 M 从 r_j 带到 r_j，z 把 M 从 r_j 带到 r_{n+1}，而 r_{n+1} 是一个接受状态，故对于 $i\geqslant 0$，M 接受 xy^iz。已知 $j\neq l$，故 $|y|>0$；又已知 $l\leqslant p+1$，故 $|xy|\leqslant p$。于是，满足泵引理的 3 个条件。■

为了运用泵引理证明某个语言 B 不是正则的，首先假设 B 是正则的，以便得出矛盾。根据泵引理，存在泵长度 p 使得 B 中所有长度为 p 或大于 p 的字符串都可以被抽取。其次，在 B 中寻找一个字符串 s，它的长度为 p 或大于 p、但不能被抽取。最后，证明 s 不能被抽取。这要考虑把 s 划分成 x、y 和 z 的所有方式（如果方便的话，把泵引理中的条件 3 考虑进来），并且对每一个这样的划分，找到一个 i 值使得 $xy^iz\notin B$。在做这最后一步时，常常把划分 s 的各种方式分成若干种情况，并且分别分析每一种情况。如果 B 是正则的，存在这样的 s 与泵引理矛盾。因此 B 不可能是正则的。

寻找 s 有时需要点创造性思维。在找到合适的 s 之前，可能需要在多个候选中仔细搜索。试验 B 中那些看起来反映了 B 的非正则性"本质"的成员。后面的一些例子将更深入地讨论寻找 s 的方法。

例 1.38 设 B 是语言 $\{0^n1^n \mid n\geqslant 0\}$。用泵引理证明 B 不是正则的。采用反证法

证明。

假设相反，即 B 是正则的。令 p 是由泵引理给出的泵长度。选择 s 为字符串 0^p1^p。因为 s 是 B 的一个成员且 s 的长度大于 p，所以泵引理保证 s 可以分成 3 段 $s=xyz$，使得对于任意的 $i\geqslant 0$，串 xy^iz 在 B 中。下面考虑 3 种情况，说明这个结论是不可能的。

1. 字符串 y 只包含 0。在这种情况下，字符串 $xyyz$ 中的 0 比 1 多，从而不是 B 的成员。违反泵引理的条件 1，矛盾。

2. 字符串 y 只包含 1，这种情况同样给出矛盾。

3. 字符串 y 既包含 0 也包含 1。在这种情况下，字符串 $xyyz$ 中 0 和 1 的个数可能相等，但是它们的顺序乱了，在 0 的前面出现 1。因此，$xyyz$ 不是 B 的成员，矛盾。

这样，如果假设 B 是正则的，则矛盾是不可避免的。因此，B 不是正则的。注意，可以通过应用泵引理的条件 3 来排除第 2 种和第 3 种情况，进而简化该证明。

在这个例子中，很容易找到字符串 s，因为 B 中任何长度为 p 或大于 p 的字符串都符合要求。在下面两个例子中，s 的某些选择是行不通的，所以需要额外小心。 ■

例 1.39 设 $C=\{w|w$ 中 0 和 1 的个数相同$\}$，用泵引理证明 C 不是正则的。证明采用反证法。

假设相反，即 C 是正则的。令 p 是由泵引理给出的泵长度。和例 1.38 一样，设 s 为字符串 0^p1^p。由于 s 是 C 的一个成员且长度大于 p，泵引理保证 s 可以分成三段 $s=xyz$，使得对于任意的 $i\geqslant 0$，字符串 xy^iz 都在 C 中。我们想证明这个结果是不可能的。可是稍等一下，这个结果是可能的！如果令 x 和 z 是空串，y 是字符串 0^p1^p，则 xy^iz 中 0 和 1 的个数总是相等的，从而在 C 中。所以 s 好像是可以被抽取的。

在这里，泵引理中的条件 3 是有用的。它规定在抽取 s 时，s 必须被划分使得 $|xy|\leqslant p$。这样就限制了 s 的划分方式，使得能够比较容易地证明所选取的字符串 $s=0^p1^p$ 是不可能被抽取的。如果 $|xy|\leqslant p$，则 y 一定只由 0 组成，从而 $xyyz\notin C$。因此 s 不可能被抽取。这就给出了所希望的矛盾。

在这个例子中，选取字符串 s 比在例 1.38 中需要更加小心。如果改为选择 $s=(01)^p$，就会遇到麻烦。因为所需要的是一个不能被抽取的字符串，而这个 s 是能被抽取的，甚至把条件 3 考虑在内也能被抽取。想一想如何抽取它？一个办法是令 $x=\varepsilon$，$y=01$ 和 $z=(01)^{p-1}$。那么对于 i 的每一个值，$xy^iz\in C$。如果在第一次尝试寻找一个不能被抽取的字符串时没有成功，不要丧失信心。再来一次！

已知 B 是非正则的，由此可以得到另一个证明 C 是非正则的方法。如果 C 是正则的，则 $C\cap 0^*1^*$ 也是正则的。理由是语言 0^*1^* 是正则的，并且正则语言类在交运算下封闭（在 1.1.5 节的脚注中证明了这条性质），但是 $C\cap 0^*1^*$ 等于 B，并且由例 1.38 可知 B 是非正则的。 ■

例 1.40 设 $F=\{ww|w\in\{0,1\}^*\}$。用泵引理说明 F 不是正则的。

假设相反，即 F 是正则的。设 p 是泵引理给出的泵长度，设 s 是字符串 0^p10^p1。因为 s 是 F 的一个成员，并且 s 的长度大于 p，故泵引理保证 s 能够被划分成 3 段，$s=xyz$，满足引理中的 3 个条件。目标是证明这个结果是不可能的。

条件 3 再一次是不可缺少的。如果没有这一条，令 x 和 z 为空串，就能够抽取 s。当满足条件 3 时，证明如下：因为 y 一定仅由 0 组成，故 $xyyz\notin F$。

选择 $s=0^p10^p1$，注意到这是一个能显示 F 非正则性"本质"的字符串。相反地，例如字符串 0^p0^p 就不能。虽然 0^p0^p 是 F 的一个成员，但是它能被抽取，所以不能给出矛盾。■

例 1.41 这里展示一个非正则的一元语言。设 $D=\{1^{n^2} \mid n\geqslant 0\}$。即，$D$ 包含所有由 1 组成、长度为完全平方的字符串。用泵引理证明 D 不是正则的。证明采用反证法。

假设相反，即 D 是正则的。设 p 是泵引理给出的泵长度，s 是字符串 1^{p^2}。由于 s 是 D 的一个成员且长度不小于 p，泵引理保证 s 能被划分成 3 段，$s=xyz$，使得对任意的 $i\geqslant 0$，字符串 xy^iz 在 D 中。和前面的例子一样，要证明这个结果不可能的。这里需要考虑一下完全平方数序列：

$$0,1,4,9,16,25,36,49,\cdots$$

注意序列中相邻的两个数之间的间隔在增大，序列中大的数不可能彼此靠近。

现在考虑两个字符串 xyz 和 xy^2z。它们之间相差 y 的一次重复，因而它们的长度相差 y 的长度。根据泵引理的条件 3，$|xy|\leqslant p$，从而 $|y|\leqslant p$。由于 $|xyz|=p^2$，所以 $|xy^2z|\leqslant p^2+p$。但是 $p^2+p<p^2+2p+1=(p+1)^2$，此外条件 2 意味 y 不是空串，所以 $|xy^2z|>p^2$。这样 xy^2z 的长度严格地在 p^2 和 $(p+1)^2$ 这两个连续的完全平方数之间。因此该长度肯定不是一个完全平方数。从而得出结论 $xy^2z\notin D$ 并且 D 不是正则的。■

例 1.42 在运用泵引理时，有时"抽出"是很有用的。用泵引理证明 $E=\{0^i1^j \mid i>j\}$ 不是正则的。采用反证法证明。

假设 E 是正则的。设 p 是泵引理给出的关于 E 的泵长度。令 $s=0^{p+1}1^p$。于是 s 能够被划分成 xyz，且满足泵引理的条件。根据条件 3，y 仅包含 0。检查字符串 $xyyz$，看它是否在 E 中。添加一个 y 使 0 的数目增加。而 E 包含 0^*1^* 中所有 0 多于 1 的字符串，因而增加 0 的数目给出的字符串仍在 E 中，没有矛盾。因此需要试试别的办法。

泵引理指出，当 $i=0$ 时也有 $xy^iz\in E$，因此考虑字符串 $xy^0z=xz$。删去串 y 使 0 的数目减少，而 s 中 0 只比 1 多一个。因此，xz 中的 0 不可能比 1 多，从而它不可能是 E 的一个成员。于是得到矛盾。■

练习

[A]**1.1** 下图给出了两台 DFA M_1 和 M_2 的状态图。回答下述关于这两台机器的问题。

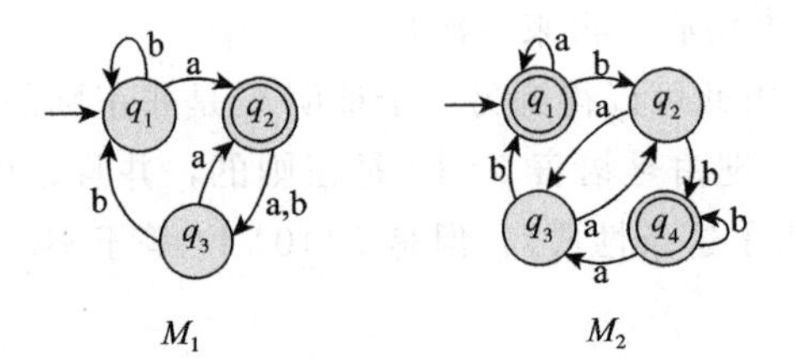

a. 它们的起始状态是什么？　　b. 它们的接受状态集是什么？

c. 对输入 aabb，它们经过的状态序列是什么？　　d. 它们接受字符串 aabb 吗？

e. 它们接受字符串 ε 吗？

[A]**1.2** 给出练习 1.1 中画出的机器 M_1 和 M_2 的形式化描述。

1.3 DFA M 的形式化描述为 $(\{q_1,q_2,q_3,q_4,q_5\},\{u,d\},\delta,q_3,\{q_3\})$，其中 δ 在下表中给出。试画出这台机器的状态图。

	u	d
q_1	q_1	q_2
q_2	q_1	q_3
q_3	q_2	q_4
q_4	q_3	q_5
q_5	q_4	q_5

1.4 下面每个语言都是两个简单语言的交。对每一小题先构造简单语言的 DFA，然后按照 1.1.5 节的脚注所讨论的构造方法结合它们以画出给定语言的 DFA 状态图。在所有问题中 $\Sigma=\{a,b\}$。

a. $\{w|w$ 含有至少 3 个 a 和至少 2 个 b$\}$

[A]**b.** $\{w|w$ 含有正好 2 个 a 和至少 2 个 b$\}$

c. $\{w|w$ 含有偶数个 a 和 1 个或 2 个 b$\}$

[A]**d.** $\{w|w$ 含有偶数个 a 并且每个 a 后都跟有至少一个 b$\}$

e. $\{w|w$ 从 a 开始并且最多有 1 个 b$\}$

f. $\{w|w$ 含有奇数个 a 并且以 b 结束$\}$

g. $\{w|w$ 的长度为偶数并且有奇数个 a$\}$

1.5 下述每个语言都是一个简单语言的补。对每一小题先构造简单语言的 DFA，然后用其画出给定语言的 DFA 状态图。在所有问题中 $\Sigma=\{a,b\}$。

[A]**a.** $\{w|w$ 中不含子串 ab$\}$

[A]**b.** $\{w|w$ 中不含子串 baba$\}$

c. $\{w|w$ 中既不含子串 ab 也不包含子串 ba$\}$

d. $\{w|w$ 是不在 a^*b^* 中的任意串$\}$

e. $\{w|w$ 是不在$(ab^+)^*$ 中的任意串$\}$

f. $\{w|w$ 是不在 $a^*\cup b^*$ 中的任意串$\}$

g. $\{w|w$ 是恰好不含 2 个 a 的任意串$\}$

h. $\{w|w$ 是除 a 和 b 外的任意串$\}$

1.6 画出识别下述语言的 DFA 状态图。在所有问题中字母表均为 $\{0,1\}$。

a. $\{w|w$ 从 1 开始且以 0 结束$\}$

b. $\{w|w$ 含有至少 3 个 1$\}$

c. $\{w|w$ 含有子串 0101(即对某个 x 和 y, $w=x0101y$)$\}$

d. $\{w|w$ 的长度不小于 3,并且第 3 个符号为 0$\}$

e. $\{w|w$ 从 0 开始且长度为奇数,或者从 1 开始且长度为偶数$\}$

f. $\{w|w$ 不含子串 110$\}$

g. $\{w|w$ 的长度不超过 5$\}$

h. $\{w|w$ 是除 11 和 111 外的任意串$\}$

i. $\{w|w$ 的奇数位置均为 1$\}$

j. $\{w|w$ 含有至少 2 个 0,并且至多含 1 个 1$\}$

k. $\{\varepsilon,0\}$

l. $\{w|w$ 含有偶数个 0 或恰好 2 个 1$\}$

m. 空集

n. 除空串外的所有字符串

1.7 给出识别下述语言的 NFA，并且符合规定的状态数。在所有问题中字母表均为 $\{0,1\}$。

[A]**a.** 语言 $\{w \mid w$ 以 00 结束$\}$，3 个状态。

b. 练习 1.6c 中的语言，5 个状态。

c. 练习 1.6l 中的语言，6 个状态。

d. 语言 $\{0\}$，2 个状态。

e. 语言 $0^*1^*0^+$，3 个状态。

[A]**f.** 语言 $1^*(001^+)^*$，3 个状态。

g. 语言 $\{\varepsilon\}$，1 个状态。

h. 语言 0^*，1 个状态。

1.8 使用定理 1.22 证明中的构造，给出识别下述语言的并集的 NFA 状态图。

a. 练习 1.6a 和 1.6b 中的语言。

b. 练习 1.6c 和 1.6f 中的语言。

1.9 使用定理 1.23 证明中的构造，给出识别下述语言的连接的 *NFA* 的状态图。

a. 练习 1.6g 和 1.6i 中的语言。

b. 练习 1.6b 和 1.6m 中的语言。

1.10 使用定理 1.24 证明中的构造，给出识别下述语言的星号的 NFA 的状态图

a. 练习 1.6b 中的语言。

b. 练习 1.6j 中的语言。

c. 练习 1.6m 中的语言。

[A]**1.11** 证明每一台 NFA 都能够被转换成只有一个接受状态的等价 NFA。

1.12 令 $D=\{w|w$ 含有偶数个 a 和奇数个 b 并且不包含子串 ab$\}$。画出识别 D 的 5-状态的 DFA 图和生成 D 的正则表达式。(建议尽量简单地描述 D。)

1.13 令 F 是 $\{0,1\}$ 上所有串构成的语言，并且 F 中任意两个 1 之间间隔的符号数都不是奇数。画出识别 F 的 5-状态的 DFA 图。(先找一个 4-状态的 NFA 作 F 的补集可能有助于求解问题。)

1.14 **a.** 证明：若 M 是一台识别语言 B 的 DFA，交换 M 的接受状态与非接受状态得到一台新的 DFA，则这台新 DFA 识别 B 的补集。因而，正则语言类在补运算下封闭。

b. 举例说明：若 M 是一台识别语言 C 的 NFA，交换 M 的接受状态与非接受状态，得到一台新 NFA，这台新 NFA 不一定识别 C 的补集。NFA 识别的语言类在补运算下封闭吗？并解释回答。

1.15 给出一个反例，说明下述构造不能证明定理 1.24，即正则语言类在星号运算下封闭[⊖]。设 $N_1=(Q_1,\Sigma,\delta_1,q_1,F_1)$ 识别 A_1。如下构造 $N=(Q_1,\Sigma,\delta,q_1,F)$。$N$ 应该识别 A_1^*。

a. N 的状态集是 N_1 的状态集。

b. N 的起始状态与 N_1 的起始状态相同。

c. $F=\{q_1\}\cup F_1$。

F 的接受状态是原来的接受状态加上它的起始状态。

d. 定义 δ 如下：对每一个 $q\in Q$ 和每一个 $a\in\Sigma_\varepsilon$，

$$\delta(q,a)=\begin{cases}\delta_1(q,a) & q\notin F_1 \text{ 或 } a\neq\varepsilon\\ \delta_1(q,a)\cup\{q_1\} & q\in F_1 \text{ 或 } a=\varepsilon\end{cases}$$

(建议：把这个构造转换成图，如图 1-26 所示。)

1.16 使用定理 1.19 给出的构造，把下图的两台非确定型有穷自动机转换成等价的确定型有穷自动机。

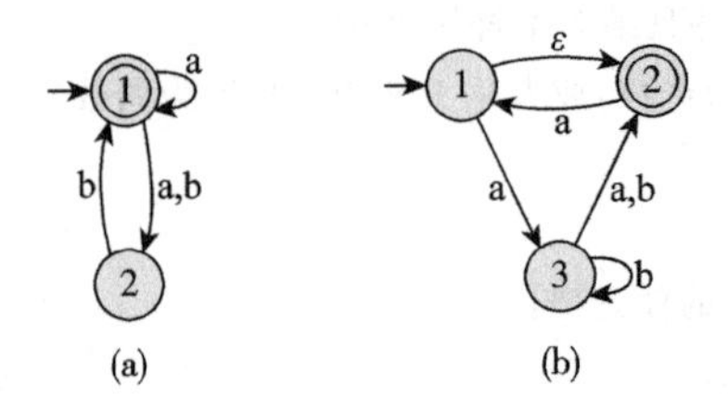

1.17 **a.** 给出识别语言 $(01\cup001\cup010)^*$ 的 NFA。

b. 将给出的 NFA 转换成等价的 DFA。给出在该 DFA 开始状态可达的部分即可。

1.18 给出生成练习 1.6 中语言的正则表达式。

1.19 使用引理 1.29 中描述的过程，把下述正则表达式转换成非确定型有穷自动机。

a. $(0\cup1)^*000(0\cup1)^*$ **b.** $(((00)^*(11))\cup01)^*$ **c.** $\emptyset^*$

1.20 对于下述每一个语言，给出 4 个字符串，其中 2 个是这个语言的成员，2 个不是这个语言的成员。这里假设字母表 $\Sigma=\{a,b\}$。

a. a^*b^* **b.** $a(ba)^*b$

c. $a^*\cup b^*$ **d.** $(aaa)^*$

e. $\Sigma^*a\Sigma^*b\Sigma^*a\Sigma^*$ **f.** $aba\cup bab$

g. $(\varepsilon\cup a)b$ **h.** $(a\cup ba\cup bb)\Sigma^*$

1.21 使用引理 1.32 中描述的过程，把下图的有穷自动机转换成正则表达式。

⊖ 换句话说，必须给出一台有穷自动机 N_1，关于它构造出来的自动机 N 不识别 N_1 的语言的星号。

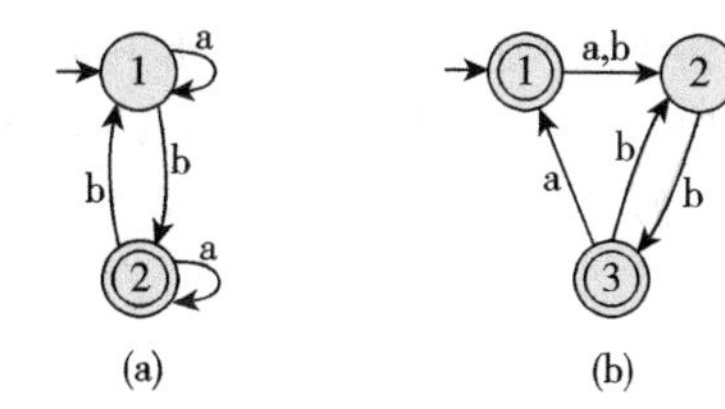

1.22 在某些程序设计语言中，注释出现在两个分隔符之间，如：/#和#/。设C是所有有效注释串的语言。C中的成员必须以/#开始、#/结束，并且在开始和结束之间没有#/。为简便起见，假设C的字母表$\Sigma=\{a,b,/,\#\}$。

a. 给出识别C的DFA。　　**b.** 给出生成C的正则表达式。

^{A}**1.23** 设B是字母表Σ上的任一语言。证明$B=B^+$当且仅当$BB\subseteq B$。

1.24 **有穷状态转换器**（FST）是确定型有穷自动机的一种类型。它的输出是一个字符串，而不仅仅是接受或拒绝。下图是两台有穷状态转换器T_1和T_2的状态图。

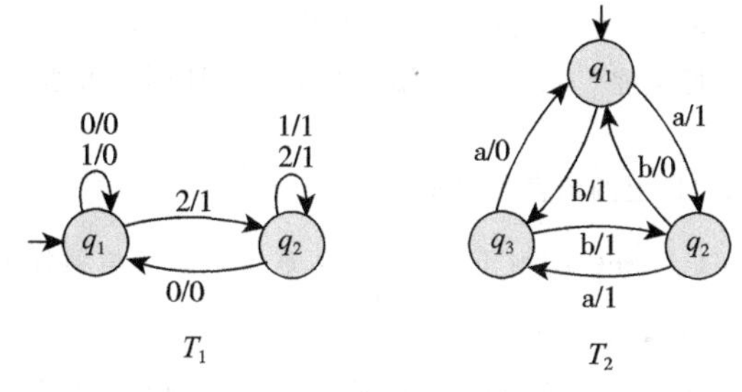

FST的每一个转移用两个符号标记，一个指明该转移的输入符号，另一个指明输出符号。两个符号之间用斜杠/把它们分开。在T_1中，从q_1到q_2的转移有输入符号2和输出符号1。某些转移可能有多个输入-输出对，例如T_1中从q_1到它自身的转移。当FST在对输入串w计算时，从起始状态开始，一个接一个地取输入符号$w_1\cdots w_n$，并且比照输入标记和符号序列$w_1\cdots w_n=w$进行转移。每次沿一个转移走一步，输出对应的输出符号。例如，对输入2212011，机器T_1依次进入状态$q_1,q_2,q_2,q_2,q_2,q_1,q_1,q_1$和输出1111000。对输入abbb，$T_2$输出1011。给出在下述每一小题中机器进入的状态序列和产生的输出。

a. T_1对输入串011　　**b.** T_1对输入串211　　**c.** T_1对输入串121

d. T_1对输入串0202　　**e.** T_2对输入串b　　**f.** T_2对输入串bbab

g. T_2对输入串bbbbbb　　**h.** T_2对输入串ε

1.25 见练习1.24中给出的有穷状态转换器的非形式化定义。仿照定义1.1（1.1.1节）的模式，给出这个模型的形式化定义。假设FST的输入字母表为Σ、输出字母表为Γ，但没有接受状态集。包括FST的计算的形式化定义在内。（提示：一台FST是一个5元组，它的转移函数形如$\delta:Q\times\Sigma\rightarrow Q\times\Gamma$。）

1.26 参见练习1.25的解决方案，给出练习1.24中画出的机器T_1和T_2的形式化描述。

1.27 参见练习1.24中给出的有穷状态转换器的非形式化定义。给出一台具有下述行为的FST的状态图。它的输入、输出字母表都是{0，1}。它输出的字符串与输入字符串在偶数位相同、奇数位相反。例如，对于输入0000111，它应该输出1010010。

1.28 使用定理1.28给出的过程将下述正则表达式转换成NFA。在所有问题中$\Sigma=\{a,b\}$。

a. $a(abb)^*\cup b$　　**b.** $a^+\cup(ab)^+$　　**c.** $(a\cup b^+)a^+b^+$

1.29 使用泵引理证明下述语言不是正则的。

^{A}**a.** $A_1=\{0^n1^n2^n\mid n\geqslant 0\}$　　**b.** $A_2=\{www\mid w\in\{a,b\}^*\}$

^{A}**c.** $A_3=\{a^{2^n}\mid n\geqslant 0\}$（这里$a^{2^n}$表示$2^n$个$a$构成的串）

1.30 指出下述关于 0^*1^* 不是正则语言的"证明"的错误（由于 0^*1^* 是正则语言，所以"证明"存在错误）：用反证法证明。假设 0^*1^* 是正则的。设 p 是泵引理给出的关于 0^*1^* 的泵长度。选择 s 为串 0^p1^p。已知 s 是 0^*1^* 的一个成员，但例 1.38 表明 s 不能被抽取。这样得到矛盾。因此 0^*1^* 不是正则的。

问题

1.31 对语言 A 和语言 B，设 A 和 B 的**完全间隔交叉**（perfect shuffle）为：

$$\{w \mid w=a_1b_1\cdots a_kb_k, \text{其中 } a_1\cdots a_k\in A \text{ 并且 } b_1\cdots b_k\in B, \text{任一 } a_i,b_i\in\Sigma\}$$

证明：正则语言类在完全间隔交叉下封闭。

1.32 对语言 A 和语言 B，设 A 和 B 的**间隔交叉**（shuffle）为：

$$\{w \mid w=a_1b_1\cdots a_kb_k, \text{其中 } a_1\cdots a_k\in A \text{ 并且 } b_1\cdots b_k\in B, \text{任一 } a_i,b_i\in\Sigma^*\}$$

证明：正则语言类在间隔交叉下封闭。

1.33 设 A 为任意语言。定义 $DROP\text{-}OUT(A)$ 得到的语言包含的串都是 A 中的串移除一个符号后得到的。这样，$DROP\text{-}OUT(A)=\{xz \mid xyz\in A, \text{其中 } x,z\in\Sigma^*, y\in\Sigma\}$。证明：正则语言类在运算 $DROP\text{-}OUT$ 下封闭。像定理 1.23 一样，用图给出一个证明，再通过构造给出一个更形式化的证明。

[A]**1.34** 设 B 和 C 是 $\Sigma=\{0,1\}$ 上的语言。定义

$$B\overset{1}{\leftarrow}C=\{w\in B \mid \text{对于某个 } y\in C, \text{串 } w \text{ 和 } y \text{ 含有同样个数的 } 1\}$$

证明：正则语言类在运算 $\overset{1}{\leftarrow}$ 下封闭。

*__1.35__ 设 $A/B=\{w \mid \text{对于某 } x\in B, wx\in A\}$。证明如果 A 是正则的，B 是任意语言，那么 A/B 是正则的。

1.36 对于任意的字符串 $w=w_1w_2\cdots w_n$，w 的**反转**是按相反的顺序排列 w 得到的字符串，记作 $w^{\mathcal{R}}$，即 $w^{\mathcal{R}}=w_n\cdots w_2w_1$。对于任意语言 A，设 $A^{\mathcal{R}}=\{w^{\mathcal{R}} \mid w\in A\}$。

证明：如果 A 是正则的，则 $A^{\mathcal{R}}$ 也是正则的。

1.37 设

$$\Sigma_3=\left\{\begin{bmatrix}0\\0\\0\end{bmatrix},\begin{bmatrix}0\\0\\1\end{bmatrix},\begin{bmatrix}0\\1\\0\end{bmatrix},\cdots,\begin{bmatrix}1\\1\\1\end{bmatrix}\right\}$$

Σ_3 包含所有高度为 3 的 0 和 1 的列。Σ_3 上的字符串给出三行 0 和 1。把每一行看作一个二进制数，令

$$B=\{w\in\Sigma_3^* \mid w \text{ 最下面的一行等于上面两行的和}\}$$

例如，

$$\begin{bmatrix}0\\0\\1\end{bmatrix}\begin{bmatrix}1\\0\\0\end{bmatrix}\begin{bmatrix}1\\1\\0\end{bmatrix}\in B, \text{但是}\begin{bmatrix}0\\0\\1\end{bmatrix}\begin{bmatrix}1\\0\\1\end{bmatrix}\notin B$$

证明 B 是正则的（提示：证明 $B^{\mathcal{R}}$ 是正则的会容易一些。假设已知问题 1.36 中的结果）。

1.38 设

$$\Sigma_2=\left\{\begin{bmatrix}0\\0\end{bmatrix},\begin{bmatrix}0\\1\end{bmatrix},\begin{bmatrix}1\\0\end{bmatrix},\begin{bmatrix}1\\1\end{bmatrix}\right\}$$

这里，Σ_2 包括所有高度为 2 的 0 和 1 的列。Σ_2 上的字符串给出两行 0 和 1。把每一行看作一个二进制数，令

$$C=\{w\in\Sigma_2^* \mid w \text{ 下面一行是上面一行的 3 倍}\}$$

例如，

$$\begin{bmatrix}0\\0\end{bmatrix}\begin{bmatrix}0\\1\end{bmatrix}\begin{bmatrix}1\\1\end{bmatrix}\begin{bmatrix}0\\0\end{bmatrix}\in C,\text{ 但是 }\begin{bmatrix}0\\1\end{bmatrix}\begin{bmatrix}0\\1\end{bmatrix}\begin{bmatrix}1\\0\end{bmatrix}\notin C$$

证明 C 是正则的。(可以假设已知问题 1.36 中的结果。)

1.39 设 Σ_2 与问题 1.38 中的相同。把每一行看作是一个二进制数，并且设

$$D=\{w\in\Sigma_2^*\mid w\text{ 上一行表示的数大于下一行表示的数}\}$$

例如，

$$\begin{bmatrix}0\\0\end{bmatrix}\begin{bmatrix}1\\0\end{bmatrix}\begin{bmatrix}1\\1\end{bmatrix}\begin{bmatrix}0\\0\end{bmatrix}\in D,\text{ 但是 }\begin{bmatrix}0\\0\end{bmatrix}\begin{bmatrix}0\\1\end{bmatrix}\begin{bmatrix}1\\1\end{bmatrix}\begin{bmatrix}0\\0\end{bmatrix}\notin D$$

证明 D 是正则的。

1.40 设 Σ_2 与问题 1.38 中的相同。把上、下行都看作是 0 和 1 的字符串，并且设

$$E=\{w\in\Sigma_2^*\mid w\text{ 的下一行是上一行的反转}\}$$

证明 E 不是正则的。

1.41 设 $B_n=\{a^k\mid k\text{ 是 }n\text{ 的整数倍}\}$。证明：对每一个 $n\geqslant1$，语言 B_n 是正则的。

1.42 设 $C_n=\{x\mid x\text{ 是一个二进制数,且是 }n\text{ 的整数倍}\}$。证明：对每一个 $n\geqslant1$，语言 C_n 是正则的。

1.43 一台全路径 NFA (all-NFA) M 是一个 5 元组 (Q,Σ,δ,q_0,F)。如果 M 对 $x\in\Sigma^*$ 的每一个可能的计算都结束在 F 中的状态，则 M 接受 x。注意，相反地，普通 NFA 只需有一个计算结束在接受状态，就接受这个字符串。证明：全路径 NFA 识别正则语言类。

1.44 定理 1.28 中的构造表明，每一个 GNFA 都等价于一个只含两个状态的 GNFA。对 DFA，有相反的现象。证明：对每一个 $k>1$，都有语言 $A_k\subseteq\{0,1\}^*$ 能被一个 k 个状态的 DFA 识别，但不能被只有 $k-1$ 个状态的 DFA 识别。

1.45 如果存在字符串 z 使得 $xz=y$，则称字符串 x 是字符串 y 的**前缀** (prefix)。如果 x 是 y 的前缀且 $x\neq y$，则称 x 是 y 的**真前缀** (proper prefix)。下面每小题定义一个语言 A 上的运算。证明：正则语言类在每个运算下封闭。

[A]**a.** $NOPREFIX(A)=\{w\in A\mid w\text{ 任一真前缀都不是 }A\text{ 的元素}\}$

b. $NOEXTEND(A)=\{w\in A\mid w\text{ 不是 }A\text{ 中任何字符串的真前缀}\}$

[A]**1.46** 参见练习 1.24 中给出的有穷状态转换器的非形式化定义。证明不存在对每一个输入 w 都能输出 $w^{\mathcal{R}}$ 的 FST，其中输入和输出字母表为 $\{0,1\}$。

1.47 设 x 和 y 是两个字符串，L 是一个语言。如果存在字符串 z，使得 xz 和 yz 中恰好有一个是 L 的成员，则称 x 和 y 是**用 L 可区分的**；否则，对每一个字符串 z，xz 和 yz 要么都是、要么都不是 L 的成员，则称 x 和 y 是**用 L 不可区分的**。如果 x 和 y 是用 L 不可区分的，记作 $x\equiv_L y$。证明 $\equiv_L$ 是一个等价关系。

[A*]**1.48** **Myhill-Nerode 定理**。参见问题 1.47，设 L 是一个语言，X 是一个字符串集合。如果 X 中的任意两个不同的字符串都是用 L 可区分的，则称 X 是**用 L 两两可区分的**。定义 **L 的指数**为用 L 两两可区分的集合中的元素个数的最大值。L 的指数可能是有穷的或无穷的。

a. 证明：如果 L 被一台有 k 个状态的 DFA 识别，则 L 的指数不超过 k。

b. 证明：如果 L 的指数是一个有穷数 k，则它被一台有 k 个状态的 DFA 识别。

c. 由此得到：L 是正则的当且仅当它有有穷的指数。而且，它的指数是识别它的最小 DFA 的大小。

1.49 考察语言 $F=\{a^ib^jc^k\mid i,j,k\geqslant0,\text{并且若 }i=1,\text{则 }j=k\}$。

a. 证明 F 不是正则的。

b. 用泵引理说明 F 是一个正则语言。即对于一个给定的泵长度 p，F 满足泵引理的三个条件。

c. 解释为什么 (a) 和 (b) 与泵引理不矛盾。

1.50 泵引理指出，对每一个正则语言都有一个泵长度 p，使得对于该语言中每一个字符串，如果它的长度等于或大于 p 就能够被抽取。如果 p 是语言 A 的泵长度，则任意的 $p'\geqslant p$ 也是 A 的泵长

度。A 的**最小泵长度**是 A 的泵长度的最小值。例如，如果 $A=01^*$，则最小泵长度等于 2。理由如下：A 中长度为 1 的字符串 $s=0$ 不能被抽取，而 A 中任何长度大于等于 2 的字符串都含有 1，把它划分成 $x=0$，$y=1$，z 为其余部分，从而能够被抽取。对于下述语言，给出最小泵长度，并加以证明。

[A]**a.** 0001^*　　[A]**b.** 0^*1^*　　**c.** $001 \cup 0^*1^*$

[A]**d.** $0^*1^+0^+1^* \cup 10^*1$　　**e.** $(01)^*$　　**f.** ε

g. $1^*01^*01^*$　　**h.** $10(11^*0)^*0$　　**i.** 1011

j. Σ^*

1.51 证明下述语言不是正则的。证明可以使用泵引理和正则语言类在并、交、补运算下封闭的性质。

a. $\{0^n1^m0^n \mid m,n \geqslant 0\}$　　[A]**b.** $\{0^m1^n \mid m \neq n\}$

c. $\{w \mid w \in \{0,1\}^*$ 不是一个回文$\}$ ⊖　　***d.** $\{wtw \mid w,t \in \{0,1\}^+\}$

1.52 设 $\Sigma=\{1,\#\}$ 以及

$$Y=\{w \mid 对\ k \geqslant 0, x_i \in 1^*\ 且\ i \neq j\ 时\ x_i \neq x_j, w=x_1\#x_2\#\cdots\#x_k\}$$

证明：Y 不是正则的。

1.53 设 $\Sigma=\{0,1\}$ 以及

$$D=\{w \mid w\ 中子串\ 01\ 和子串\ 10\ 的出现次数相等\}$$

由于 101 含有一个 01 和一个 10，因此 $101 \in D$。而 1010 含有两个 10 和一个 01，所以 $1010 \notin D$。证明：D 是正则语言。

1.54 设 $\Sigma=\{\mathrm{a},\mathrm{b}\}$。对每一个 $k \geqslant 1$，设 C_k 是由所有从右端起第 k 个位置是 a 的串组成的语言。这样 $C_k=\Sigma^*\mathrm{a}\Sigma^{k-1}$。分别用状态图和形式化描述的方法描述识别 C_k 的有 $k+1$ 个状态的 NFA。

1.55 考虑问题 1.54 中定义的语言 C_k。证明对每一个 k，没有状态数小于 2^k 的 DFA 识别 C_k。

1.56 设 $\Sigma=\{\mathrm{a},\mathrm{b}\}$。对每一个 $k \geqslant 1$，设 D_k 是由所有最后 k 个符号中至少含一个 a 的串组成的语言。这样 $D_k=\Sigma^*\mathrm{a}(\Sigma \cup \varepsilon)^{k-1}$。分别用状态图和形式化描述的方法描述识别 D_k 且最多有 $k+1$ 个状态的 DFA。

1.57 **a.** 设 A 是无穷正则语言。证明：A 能够被拆分成两个不相交的无穷的正则子集。

b. 设 B 和 D 是两个语言。如果 $B \subseteq D$ 并且 D 无穷地包含所有不在 B 中的串，则记作 $B \Subset D$。证明：如果 B 和 D 是两个正则语言且 $B \Subset D$，那么可以找到一个正则语言 C，使得 $B \Subset C \Subset D$。

1.58 设 N 是识别某语言 A 的一台含 k 个状态的 NFA。

a. 证明：如果 A 非空，则 A 含有的串的长度最大为 k。

b. 通过举例说明：如果将（a）中的两处 A 替换为 $\overline{A}$，则（a）不一定为真。

c. 证明：如果 $\overline{A}$ 非空，则 $\overline{A}$ 含有的串的长度最大为 2^k。

d. 证明（c）中给出的边界是相当紧密的。即对每一个 k，证明 NFA 识别语言 A_k，其中$\overline{A_k}$是非空的并且$\overline{A_k}$中最短的成员串的长度是 k 的指数。与（c）中的边界非常接近。

***1.59** 证明：对每一个 $n>0$，语言 B_n 都存在，其中

a. B_n 被含有 n 个状态的 NFA 识别。

b. 对正则语言 A_i，如果 $B_n=A_1 \cup \cdots \cup A_k$，那么至少有一个 A_i 需要含有指数级个数状态的 DFA。

1.60 **同态**（homomorphism）是从一个字符集经过另一个字符集到字符串的函数 $f:\Sigma \to \Gamma^*$。定义 $f(w)=f(w_1)f(w_2)\cdots f(w_n)$ 将 f 扩展为在字符串上的操作，其中 $w=w_1w_2\cdots w_n$ 并且 $w_i \in \Sigma$。进一步，对任意语言 A，定义 $f(A)=\{f(w) \mid w \in A\}$ 将 f 扩展为对语言的操作。

a. 通过形式构造证明：正则语言类在同态下封闭。换言之，给定一个识别 B 的 DFA M 和同态 f，构造一个识别 $f(B)$ 的有穷自动机 M'。考虑你构造的机器 M'，是否在所有情况下它都是一个 DFA?

⊖ **回文**（palindrome）是顺着读和倒着读都一样的字符串。

b. 通过一个例子证明：非正则语言类在同态下不封闭。

1.61 设语言 A 的**旋转闭包**（rotational closure）为 $RC(A)=\{yx \mid xy\in A\}$。

a. 证明：对任何语言 A，$RC(A)=RC(RC(A))$。

b. 证明：正则语言类在旋转闭包下封闭。

1.62 设 $\Sigma=\{0,1,+,=\}$ 以及

$$ADD=\{x=y+z \mid x,y,z\text{ 是二进制整数，并且 }x\text{ 是 }y\text{ 与 }z\text{ 的和}\}$$

证明 ADD 不是正则的。

***1.63** 若 A 是一个自然数的集合，k 是大于 1 的自然数，令

$$B_k(A)=\{w \mid w\text{ 是 }A\text{ 中某个数以 }k\text{ 为底的表示}\}$$

这里不允许数的表示以 0 开头。例如，$B_2(\{3,5\})=\{11,101\}$，$B_3(\{3,5\})=\{10,12\}$。给出一个集合 A，使得 $B_2(A)$ 是正则的，而 $B_3(A)$ 不是正则的，并加以证明。

***1.64** 若 A 是任一语言，令 $A_{\frac{1}{2}-}$ 是 A 中字符串的前半段组成的集合，即

$$A_{\frac{1}{2}-}=\{x \mid \text{对于某个 }y,|x|=|y|\text{ 且 }xy\in A\}$$

证明：如果 A 是正则的，那么 $A_{\frac{1}{2}-}$ 也是正则的。

***1.65** 若 A 是任一语言，令 $A_{\frac{1}{3}-\frac{1}{3}}$ 是 A 中所有字符串删去中间的三分之一后得到的字符串组成的集合，即

$$A_{\frac{1}{3}-\frac{1}{3}}=\{xz \mid \text{对于某个 }y,|x|=|y|=|z|\text{ 且 }xyz\in A\}$$

证明：如果 A 是正则的，那么 $A_{\frac{1}{3}-\frac{1}{3}}$ 不一定是正则的。

***1.66** 设 $M=(Q,\Sigma,\delta,q_0,F)$ 是一个 DFA 并且 M 的状态 h 称为它的“家”。M 和 h 的**同步序列**（synchronizing sequence）为串 s，$s\in\Sigma^*$，其中对每一个 $q\in Q,\delta(q,s)=h$。（这里已经把 δ 扩展成串，因此 $\delta(q,s)$ 等于当 M 从状态 q 开始，读入输入 s 的结束状态。）如果对某个状态 h，M 有一个同步序列，那么称 M 是**可同步的**（synchronizable）。证明：如果 M 是一台 k-状态的可同步的 DFA，那么它有一个长度最大为 k^3 的同步序列。试试增大这个边界。

1.67 对语言 A 和语言 B，定义 *avoids* 运算如下：

$$A\ avoids\ B=\{w \mid w\in A\text{ 并且 }B\text{ 中的任何字符串都不是 }A\text{ 的子串}\}$$

证明：正则语言类在 *avoids* 运算下封闭。

1.68 设 $\Sigma=\{0,1\}$，

a. 若 $A=\{0^k u 0^k \mid k\geqslant 1\text{ 并且 }u\in\Sigma^*\}$。证明：$A$ 是正则的。

b. 若 $B=\{0^k 1 u 0^k \mid k\geqslant 1\text{ 并且 }u\in\Sigma^*\}$。证明：$B$ 不是正则的。

1.69 设 M_1 和 M_2 是分别包含 k_1 和 k_2 个状态的两个 DFA，设 $U=L(M_1)\cup L(M_2)$。

a. 证明：如果 $U\neq\varnothing$，那么 U 包含长度小于 $\max(k_1, k_2)$ 的字符串。

b. 证明：如果 $U\neq\Sigma^*$，那么 U 不包含长度小于 k_1k_2 的字符串。

1.70 设 $\Sigma=\{0,1,\#\}$，$C=\{x\#x^{\mathrm{R}}\#x \mid x\in\{0,1\}^*\}$。证明：$\overline{C}$ 是上下文无关语言（CFL）。

1.71 a. 设 $B=\{1^k y \mid y\in\{0,1\}^*$，并且对 $k\geqslant 1$，y 含有至少 k 个 $1\}$。证明：B 是正则语言。

b. 设 $C=\{1^k y \mid y\in\{0,1\}^*$，并且对 $k\geqslant 1$，y 含有至多 k 个 $1\}$。证明：C 不是正则语言。

***1.72** 传统切牌方法将一副纸牌随意分成两部分，交换后再重新组合成一副牌。更复杂点的方法被称为 Scarne 切牌，首先将一副牌分成 3 部分，重新组合时将中间那部分放在最上面。受 Scarne 切牌启发，定义一种对语言的操作。对语言 A，设 $CUT(A)=\{yxz \mid xyz\in A\}$。

a. 给出一个语言 B 满足 $CUT(B)\neq CUT(CUT(B))$。

b. 证明正则语言类在 CUT 操作下封闭。

1.73 设 $\Sigma=\{0,1\}$，$WW_k=\{ww \mid w\in\Sigma^*\text{ 并且 }w\text{ 的长度为 }k\}$。

a. 证明无论 k 取何值，所有状态数少于 2^k 的 DFA 都不能识别 WW_k。

b. 描述一个状态更少的能识别 $\overline{WW_k}$（WW_k 的补集）的 NFA。

习题选解

1.1 对 M_1：**a.** q_1；**b.** $\{q_2\}$；**c.** q_1,q_2,q_3,q_1,q_1；**d.** 不接受；**e.** 不接受。

对 M_2：**a.** q_1；**b.** $\{q_1,q_4\}$；**c.** q_1,q_1,q_1,q_2,q_4；**d.** 接受；**e.** 接受。

1.2 $M_1=(\{q_1,q_2,q_3\},\{\mathrm{a,b}\},\delta_1,q_1,\{q_2\})$

$M_2=(\{q_1,q_2,q_3,q_4\},\{\mathrm{a,b}\},\delta_2,q_1,\{q_1,q_4\})$

转移函数分别为：

δ_1	a	b
q_1	q_2	q_1
q_2	q_3	q_3
q_3	q_2	q_1

δ_2	a	b
q_1	q_1	q_2
q_2	q_3	q_4
q_3	q_2	q_1
q_4	q_3	q_4

1.4 **b.** 语言 $\{w \mid w$ 含有正好 2 个 a$\}$ 和语言 $\{w \mid w$ 含有至少 2 个 b$\}$ 的 DFA 如下所示：

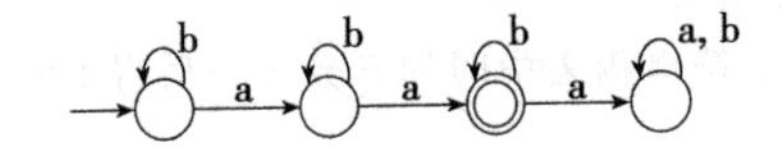

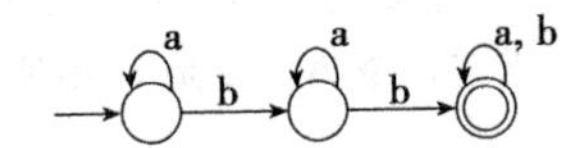

使用自动机的交运算构造出如下 DFA：

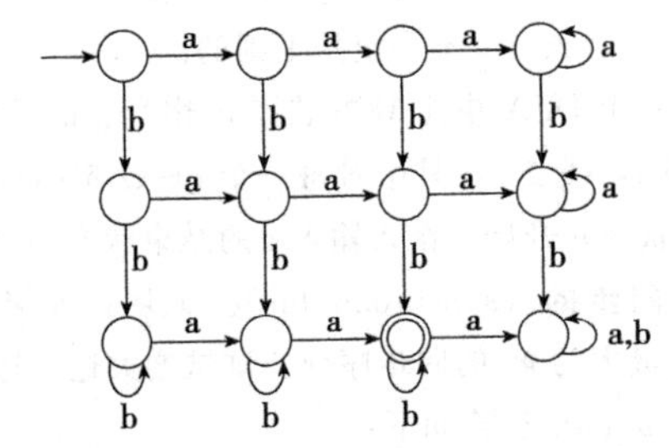

虽然问题并没有要求简化 DFA，但可以合并某些状态，得到：

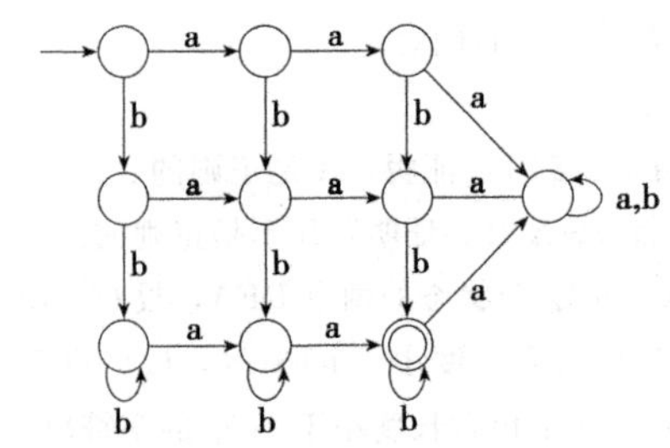

d. 语言 $\{w|w$ 含有偶数个 a$\}$ 和语言 $\{w|w$ 中每个 a 后都跟有至少一个 b$\}$ 的 DFA 如下所示：

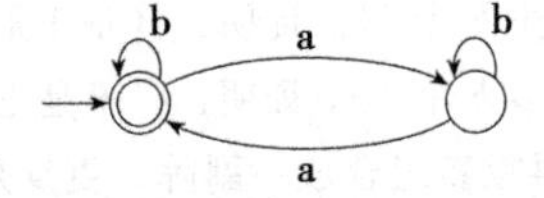

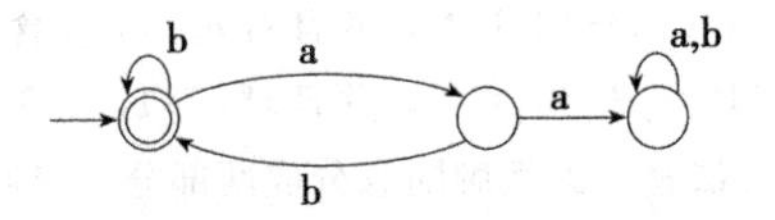

使用自动机的交运算构造出如下 DFA：

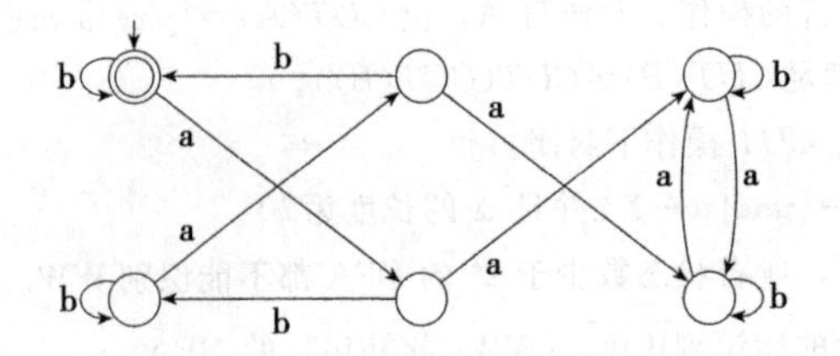

虽然问题并没有要求简化 DFA，但可以合并某些状态，得到：

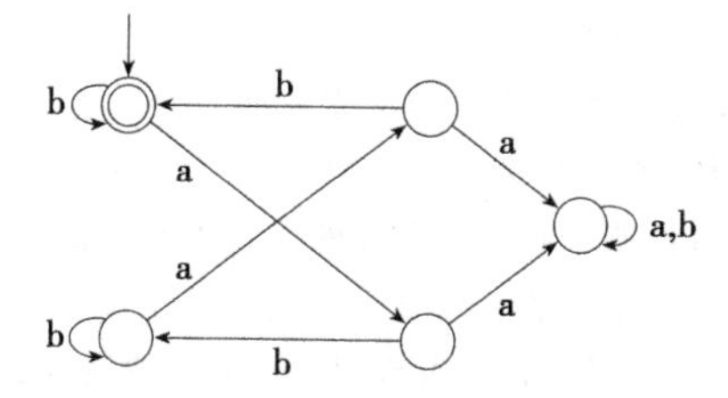

1.5 a. 左边的 DFA 识别 $\{w \mid w$ 含有子串 ab$\}$。右边的 DFA 识别它的补：$\{w \mid w$ 不含有子串 ab$\}$。

b. 如下 DFA 识别 $\{w \mid w$ 含有子串 baba$\}$。

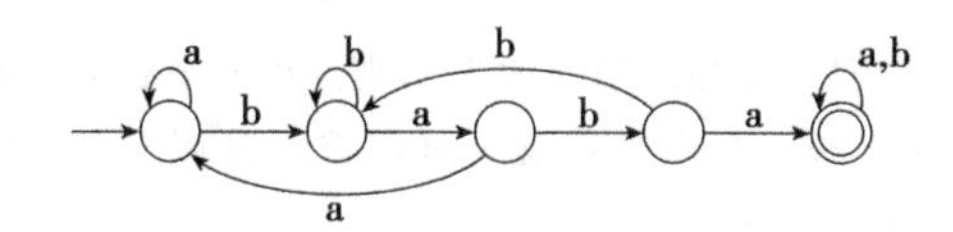

如下 DFA 识别 $\{w \mid w$ 不含有子串 baba$\}$。

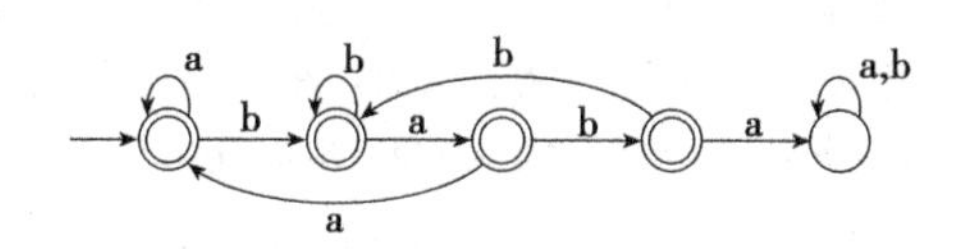

1.7　a.　　f.

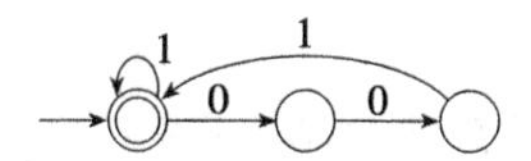

1.11 设 $N=(Q,\Sigma,\delta,q_0,F)$ 为任一 NFA。构造一个只有一个接受状态的 NFA N'，它与 N 接受同样的语言。非形式地讲，N'与 N 很相近，但是 N'从相对于 N 是接受状态的状态到新的接受状态 q_{accept} 有 ε-转移。状态 q_{accept}上没有新的转移。形式地讲，$N'=(Q\cup\{q_{\text{accept}}\},\Sigma,\delta',q_0,\{q_{\text{accept}}\})$，其中对每一个 $q\in Q$ 和 $a\in\Sigma_\varepsilon$，

$$\delta'(q,a)=\begin{cases}\delta(q,a) & \text{如果 } a\neq\varepsilon \text{ 或 } q\notin F\\ \delta(q,a)\cup\{q_{\text{accept}}\} & \text{如果 } a=\varepsilon \text{ 或 } q\in F\end{cases}$$

并且对每一个 $a\in\Sigma_\varepsilon$，$\delta'(q_{\text{accept}},a)=\varnothing$。

1.23 证明“当且仅当”的两个方向：

(→) 假设 $B=B^+$，证明 $BB\subseteq B$。

由于对所有语言 $BB\subseteq B^+$ 成立，因此如果 $B=B^+$，那么 $BB\subseteq B$。

(←) 假设 $BB\subseteq B$，证明 $B=B^+$。

由于对所有语言有 $B\subseteq B^+$，所以只需要证明 $B^+\subseteq B$。如果 $w\in B^+$，那么 $w=x_1x_2\cdots x_k$，其中每一个 $x_k\in B$ 并且 $k\geqslant1$。因为 x_1，$x_2\in B$ 并且 $BB\subseteq B$，因而有 $x_1x_2\in B$。类似地，由于 x_1x_2 在 B 中并且 x_3 也在 B 中，因而有 $x_1x_2\,x_3\in B$。以此类推，$x_1\cdots x_k\in B$。因此 $w\in B$，于是可以得到结论 $B^+\subseteq B$。

后半部分的论证可以用如下的归纳证明形式化地描述：

假设 $BB\subseteq B$。

断言：对每一个 $k\geqslant1$，如果 x_1，…，$x_k\in B$，那么 $x_1\cdots x_k\in B$。

归纳基础：当 $k=1$ 时，陈述显然成立。

归纳步骤：对每一个 $k\geqslant1$，假设断言在 k 时成立。证明 $k+1$ 时也成立。

如果 x_1，…，x_k，$x_{k+1}\in B$，那么根据归纳假设 $x_1\cdots x_k\in B$，有 $x_1\cdots x_kx_{k+1}\in BB$，但 $BB\subseteq B$，因此 $x_1\cdots x_{k+1}\in B$。这样就证明了归纳步骤和断言。该断言指出，如果 $BB\subseteq B$，那么 $B^+\subseteq B$。

1.29 **a.** 假设 $A_1=\{0^n1^n2^n\mid n\geqslant0\}$ 是正则的。设 p 是泵引理给出的泵长度。选择 s 为串 $0^p1^p2^p$。由于 s 是 A_1 的一个成员并且 s 比 p 更长，泵引理保证 s 可以被划分成 3 片，$s=xyz$，其中对任意 $i\geqslant0$，串 xy^iz 在 A_1 中。考虑下面两种可能性：

1. 串 y 仅由 0 组成，仅由 1 组成，或者仅由 2 组成。在这些情况下，串 $xyyz$ 将不会有等数量的 0，1 和 2。因此 $xyyz$ 不是 A_1 的成员，矛盾。
2. 串 y 由不止一种符号组成。在这种情况下，串 $xyyz$ 将含有次序不定的 0，1 或 2。因此 $xyyz$ 不是 A_1 的成员，矛盾。

两种可能性得到的都是矛盾。因此，A_1 不是正则的。

c. 假设 $A_3=\{a^{2^n}\mid n\geqslant0\}$ 是正则的。设 p 是泵引理给出的泵长度。选择 s 为串 a^{2^p}。由于 s 是 A_3 的一个成员并且 s 比 p 更长，泵引理保证 s 可以被划分成 3 片，$s=xyz$，满足泵引理的三个条件。

第三个条件说明 $|xy|\leqslant p$。此外 $p<2^p$，可见 $|y|<2^p$。因此 $|xyyz|=|xyz|+|y|<2^p+2^p=2^{p+1}$。第二个条件要求 $|y|>0$，于是 $2^p<|xyyz|<2^{p+1}$。这样 $xyyz$ 的长度不可能是 2 的某次方。因此 $xyyz$ 不是 A_3 的成员，矛盾。从而，A_3 不是正则的。

1.34 设 DFA $M_B=(Q_B,\Sigma,\delta_B,q_B,F_B)$ 和 DFA $M_C=(Q_C,\Sigma,\delta_C,q_C,F_C)$ 分别识别 B 和 C。按如下方式构造识别 $B\overset{1}{\leftarrow}C$ 的 NFA $M=(Q,\Sigma,\delta,q_0,F)$。为了确定其输入 w 是否在 $B\overset{1}{\leftarrow}C$ 中，机器 M 要检查 $w\in B$，并且并行、非确定地猜测和 w 含有同样个数 1 的串 y 并且检查 $y\in C$。

1. $Q=Q_B\times Q_C$。
2. 对 $(q,r)\in Q$ 和 $a\in\Sigma$，定义

$$\delta((q,r),a)=\begin{cases}\{(\delta_B(q,0),r)\} & \text{如果 } a=0\\ \{(\delta_B(q,1),\delta_C(r,1))\} & \text{如果 } a=1\\ \{(q,\delta_C(r,0))\} & \text{如果 } a=\varepsilon\end{cases}$$

3. $q_0=(q_B,q_C)$。
4. $F=F_B\times F_C$。

1.45 **a.** 设 $M=(Q,\Sigma,\delta,q_0,F)$ 是识别 A 的一台 DFA，其中 A 是某正则语言。按如下方式构造识别 $NOPREFIX(A)$ 的 $M'=(Q',\Sigma,\delta',q_0',F')$：

1. $Q'=Q$。
2. 对 $r\in Q'$ 和 $a\in\Sigma$，定义 $\delta'(r,a)=\begin{cases}\{\delta(r,a)\} & \text{如果 } r\notin F\\ \varnothing & \text{如果 } r\in F\end{cases}$
3. $q_0'=q_0$。
4. $F'=F$。

1.46 假设相反：存在某个 FST T 在输入 w 时输出 $w^{\mathcal{R}}$。考虑输入串 00 和 01。对于输入 00，T 必定输出 00，对于输入 01，T 必定输出 10。在这两种情况下，输入的第一位都是 0，但输出的第一位却不一样。对于 FST 来说是不可能这样操作的，因为 FST 在读入第二位输入之前就要产生第一位输出。因此不存在这样的 FST。

1.48 **a.** 用反证法证明该断言。令 M 为一识别 L 的 k-状态 DFA。假设相反：L 的指数大于 k。这就意味着某个元素个数大于 k 的集合 X 能够被 L 两两区分。由于 M 有 k 个状态，根据鸽巢原理，X 含有两个不同的串 x 和 y，其中 $\delta(q_0,x)=\delta(q_0,y)$。这里 $\delta(q_0,x)$ 是 M 从起始状态 q_0 出发在

读入输入串 x 后所在的状态。那么，对任意串 $z\in\Sigma^*$，$\delta(q_0,xz)=\delta(q_0,yz)$。因而 xz 和 yz 要么都在 L 中，要么都不在 L 中。但这样 x 和 y 不再被 L 区分，与假设的 X 被 L 两两区分矛盾。

b. 设 $X=\{s_1,\cdots,s_k\}$ 被 L 两两区分。构造识别 L 的有 k 个状态的 DFA $M=(Q,\Sigma,\delta,q_0,F)$。设 $Q=\{q_1,\cdots,q_k\}$ 并且定义 $\delta(q_i,a)$ 为 q_j，其中 $s_j\equiv_L s_ia$（关系 $\equiv_L$ 的定义见问题 1.47）。注意对于 $s_j\in X, s_j\equiv_L s_ia$；否则，$X\cup s_ia$ 可能含有 $k+1$ 个元素并且被 L 两两区分，这会与假设 L 的指数为 k 相矛盾。设 $F=\{q_i\mid s_i\in L\}$，起始状态 q_0 为 q_i，这样 $s_i\equiv_L\varepsilon$。构造 M 使得对任一状态 q_i，$\{s\mid\delta(q_0,s)=q_i\}=\{s\mid s\equiv_L s_i\}$。因此 M 识别 L。

c. 假设 L 是正则的，并且令 k 是识别 L 的 DFA 的状态数。那么根据（a）可知 L 的指数的最大值为 k。相反，若 L 的指数为 k，那么根据（b）可知它被有 k 个状态的 DFA 识别，因而是正则的。为了证明 L 的指数是接受它的最小 DFA 的大小，假设 L 的指数恰好是 k。那么，根据（b），存在一个接受 L 的 k-状态 DFA。这是最小的 DFA，因为如果还有更小的，就可以根据（a）证明 L 的指数小于 k。

1.50 **a.** 最小的泵长度为 4。串 000 在语言中但不能被抽取，因而这个语言的泵长度不是 3。如果 s 的长度为 4 或更长，则它包含 1 在其中。通过将 s 划分为 xyz，其中 x 是 000，y 是第一个 1，z 是其后的所有符号，可以满足泵引理的三个条件。

b. 最小的泵长度为 1。由于串 ε 在语言中并且不能被抽取，因而泵长度不可能是 0。语言中的每一个非空串都能被划分为 xyz，其中 x 是 ε，y 是第一个字符，z 是剩下的部分。该划分满足泵引理的三个条件。

d. 最小泵长度为 3。由于串 11 在语言中并且不能被抽取，因而泵长度不可能是 2。设 s 是在语言中长度至少为 3 的串。如果 s 由 $0^*1^+0^+1^*$ 生成，并且 s 以 0 或 11 开始，写作 $s=xyz$，其中 $x=\varepsilon$，y 是第一个符号，z 是 s 的余下部分。如果 s 由 $0^*1^+0^+1^*$ 生成，并且 s 以 10 开始，写作 $s=xyz$，其中 $x=10$，y 是下一个符号，z 是 s 的余下部分。按这种方式划分 s 可以证明它能够被抽取。如果 s 由 10^*1 生成，可以将其写成 xyz，其中 $x=1$，$y=0$，z 是 s 的余下部分。这种划分给出了抽取 s 的一个途径。

1.51 **b.** 设 $B=\{0^m1^n\mid m\neq n\}$。可以观察到 $\overline{B}\cap 0^*1^*=\{0^k1^k\mid k\geqslant 0\}$。若 B 是正则的，那么 $\overline{B}$ 和 $\overline{B}\cap 0^*1^*$ 也是正则的。但是已知 $\{0^k1^k\mid k\geqslant 0\}$ 不是正则的，因而 B 不是正则的。

另一种选择，直接用泵引理证明 B 是非正则的，但这样做需要一定的技巧。假设 $B=\{0^m1^n\mid m\neq n\}$ 是正则的。令 p 为泵引理给出的泵长度。可以观察到 $p!$ 不出现在从 1 到 p 的所有整数中，其中 $p!=p(p-1)(p-2)\cdots 1$。串 $s=0^p1^{p+p!}\in B$，并且 $|s|\geqslant p$。这样泵引理指出 s 可以被划分为 xyz，这里 $x=0^a$，$y=0^b$，$z=0^c1^{p+p!}$，其中 $b\geqslant 1$ 并且 $a+b+c=p$。设 s' 为串 $xy^{i+1}z$，其中 $i=p!/b$。那么 $y^i=0^{p!}$，从而 $y^{i+1}=0^{b+p!}$，并且 $s'=0^{a+b+c+p!}1^{p+p!}$。这就给出 $s'=0^{p+p!}1^{p+p!}\notin B$，矛盾。

上下文无关文法

上一章介绍了有穷自动机和正则表达式这两种不同但等价的描述语言方法。虽然它们能描述许多语言，但还有一些简单的语言不能用它们描述，如 $\{0^n1^n|n\geqslant 0\}$。

本章介绍一种能力更强的描述语言数学模型，**上下文无关文法**（context-free grammar），它能够描述某些应用广泛的具有递归结构特征的语言。

在研究自然语言时，人们引入了上下文无关文法。例如，名词短语可以出现在动词短语中，反之，动词短语也可以出现在名词短语中，因此在名词、动词、介词以及它们的短语之间的关系中存在着自然的递归，上下文无关文法有助于整理并理解这些关系。

上下文无关文法在程序设计语言的规范化及编译中有重要应用。程序设计语言的文法犹如外语语法参考书，设计人员在编写程序设计语言的编译器和解释器时，常需先获取该语言的文法。大多数编译器和解释器都包含一个**语法分析器**（parser），它在生成编译代码或解释程序执行前，提取出程序的语义。上下文无关文法使得构造语法分析器的工作变得容易，某些工具甚至能根据文法自动地生成语法分析器。

与上下文无关文法相关的语言集合称为**上下文无关语言**（context-free language）。它包括所有的正则语言以及许多其他语言类。本章将给出上下文无关文法的形式化定义，并研究上下文无关语言的性质。此外，还将介绍识别上下文无关语言的机器**下推自动机**（pushdown automata），它使我们能够进一步地了解上下文无关文法的能力。

2.1 上下文无关文法概述

下面给出一个上下文无关文法的示例，称其为 G_1：

$$A\to 0A1$$
$$A\to B$$
$$B\to \#$$

一个文法由一组**替换规则**（substitution rule）组成，替换规则又称为**产生式**（production）。每条规则占一行，由一个符号和一个字符串构成，符号和字符串之间用箭头隔开。符号称为**变元**（variable），字符串由变元和另一种称为**终结符**（terminal）的符号组成。变元常用大写字母表示，终结符类似于输入字符，常用小写字母、数字或特殊符号表示。一个变元被指定为**起始变元**（start variable），通常它出现在第一条规则的左边。在上述示例中，文法 G_1 有 3 条规则，A 和 B 是变元，其中 A 是起始变元，0、1 和 # 是终结符。

按照以下方法，能够根据文法生成其所描述的语言的每一个字符串。

1. 写下起始变元。它是第一条规则左边的变元，除非另有指定。

2. 取一个已写下的变元，并找到以该变元开始的规则，把这个变元替换成规则右边的字符串。

3. 重复步骤 2，直到写下的字符串没有变元为止。

例如，文法 G_1 生成字符串 000＃111。获取一个字符串的替换序列称为**派生**（derivation）。文法 G_1 生成字符串 000＃111 的派生过程为

$$A \Rightarrow 0A1 \Rightarrow 00A11 \Rightarrow 000A111 \Rightarrow 000B111 \Rightarrow 000\#111$$

可用**语法分析树**（parse tree）更加形象地描绘这一派生过程。图 2-1 给出了 G_1 的一棵语法分析树。

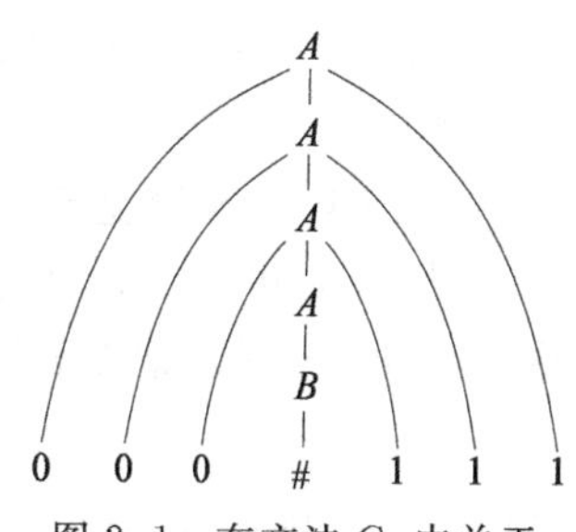

图 2-1　在文法 G_1 中关于 000＃111 的语法分析树

用上述方式生成的所有字符串构成该**文法的语言**（language of the grammar）。用 $L(G_1)$ 表示文法 G_1 的语言，可以看出 $L(G_1)=\{0^n\#1^n \mid n\geqslant 0\}$。能够用上下文无关文法生成的语言称为**上下文无关语言**（CFL）。为方便起见，在描述一个上下文无关文法时，对左边变元相同的规则采用缩写的形式，比如，$A\rightarrow 0A1$ 和 $A\rightarrow B$ 缩写成一行 $A\rightarrow 0A1 \mid B$，符号"|"表示"或"。

下面是另一个上下文无关文法（G_2）的示例，文法描述了一个英语片断：

〈句子〉→〈名词短语〉〈动词短语〉
〈名词短语〉→〈复合名词〉|〈复合名词〉〈介词短语〉
〈动词短语〉→〈复合动词〉|〈复合动词〉〈介词短语〉
〈介词短语〉→〈介词〉〈复合名词〉
〈复合名词〉→〈冠词〉〈名词〉
〈复合动词〉→〈动词〉|〈动词〉〈名词短语〉
〈冠词〉→a|the
〈名词〉→boy|girl|flower
〈动词〉→touches|1ikes|sees
〈介词〉→with

文法 G_2 包含 10 个变元（写在尖括号内的词汇）、27 个终结符（标准的英文字母加上空格符）和 18 条规则。下面是 $L(G_2)$ 中的 3 个字符串：

a boy sees
the boy sees a flower
a girl with a flower likes the boy

这些字符串都可以由文法 G_2 派生出来，下面是第一个字符串的派生：

〈句子〉⇒〈名词短语〉〈动词短语〉
⇒〈复合名词〉〈动词短语〉
⇒〈冠词〉〈名词〉〈动词短语〉
⇒a〈名词〉〈动词短语〉
⇒a boy〈动词短语〉
⇒a boy〈复合动词〉
⇒a boy〈动词〉
⇒a boy sees

2.1.1　上下文无关文法的形式化定义

下面将上下文无关文法（CFG）的概念形式化。

定义 2.1　**上下文无关文法**（context-free grammar）是一个 4 元组 (V,Σ,R,S)，且

1. V 是一个有穷集合，称为**变元集**（variables）。
2. Σ 是一个与 V 不相交的有穷集合，称为**终结符集**（terminals）。
3. R 是一个有穷**规则集**（rules），每条规则由一个变元和一个由变元及终结符组成的字符串构成。
4. $S\in V$ 是**起始变元**。

设 u，v 和 w 是由变元及终结符构成的字符串，$A\to w$ 是文法的一条规则，称 uAv **生成**（yield）uwv，记作 $uAv\Rightarrow uwv$。如果 $u=v$，或者存在序列 $u_1,u_2,\cdots,u_k$，使得

$$u\Rightarrow u_1\Rightarrow u_2\Rightarrow\cdots\Rightarrow u_k\Rightarrow v$$

其中 $k\geqslant 0$，则称 u **派生**（derive）v，记作 $u\overset{*}{\Rightarrow}v$。该文法的语言是 $\{w\in\Sigma^*\mid S\overset{*}{\Rightarrow}w\}$。

在文法 G_1 中，$V=\{A,B\}$，$\Sigma=\{0,1,\#\}$，$S=A$，R 是上面提到的示例中给出的 3 条规则。在文法 G_2 中，

$V=$ {〈句子〉,〈名词短语〉,〈动词短语〉,
〈介词短语〉,〈复合名词〉,〈复合动词〉,
〈冠词〉,〈名词〉,〈动词〉,〈介词〉}

Σ={a,b,c,…,z,“ ”}，符号“ ”表示空白，它放在每个单词 a、boy 等的后面，将单词分开。

在描述一个文法时，通常只写出它的规则。出现在规则左边的所有符号都是变元，其余的符号都是终结符，按照惯例，起始变元是第一条规则左边的变元。

2.1.2　上下文无关文法举例

例 2.2　考虑文法 $G_3=(\{S\},\{\mathrm{a},\mathrm{b}\},R,S)$，其中规则集 R 为：

$$S\to \mathrm{a}S\mathrm{b}\mid SS\mid\varepsilon$$

该文法生成 abab，aaabbb，aababb 等字符串。如果把 a 看作左括号“(”，把 b 看作右括号“)”，可以看出 $L(G_3)$ 是所有正常嵌套的括号字符串构成的语言。注意规则右部可能是空串 ε。■

例 2.3　考虑文法 $G_4=(V,\Sigma,R,$〈EXPR〉$)$，其中 $V=$ {〈EXPR〉,〈TERM〉,〈FACTOR〉}，$\Sigma=\{a,+,X,(,)\}$，规则 R 为：

〈EXPR〉→〈EXPR〉+〈TFRM〉|〈TERM〉
〈TERM〉→〈TERM〉×〈FACTOR〉|〈FACTOR〉
〈FACTOR〉→(〈EXPR〉)|a

文法 G_4 可以生成字符串 a+a×a 和 (a+a)×a。它们的语法分析树在图 2-2 中给出。

编译程序把用程序设计语言编写的代码翻译成另一种更适合机器执行的代码。编译程序提取被编译代码的语义，这一过程称为**语法分析**（parsing）。在关于该程序设计语言的上下文无关文法中，编译代码的意思可以用代码的语法分析树进行表达。上下文无关语言的算法将在后面的定理 7.14 和问题 7.22 中讨论分析。

文法 G_4 描述程序设计语言中涉及算术表达式的一个片断。观察图 2-2 中的语法分析树如何对运算进行“分组”。关于 a+a×a 的语法分析树把运算符×连同它的运算对象（后 2 个 a）作为运算符+的一个运算对象，而在关于 (a+a)×a 的语法分析树中，分组方

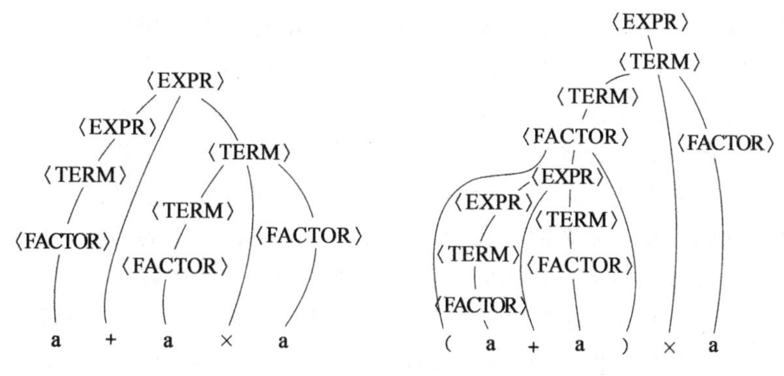

图 2-2 关于字符串 a+a×a 和 (a+a)×a 的语法分析树

式正好相反。这种分组方式符合标准的乘法优先于加法和用括号打破这种优先的规定，文法 G_4 的设计体现了这种优先关系。 ■

2.1.3 设计上下文无关文法

与在 1.1 节中讨论有穷自动机的设计一样，设计上下文无关文法需要创造力。因为读者更习惯为指定的任务给一台机器编程，而不是用文法去描述语言，所以设计上下文无关文法比设计有穷自动机更加棘手。当你面对构造一个 CFG 的问题时，可以单独使用或混合使用下述技巧。

首先，化繁为简。解决几个较简单的问题常常比解决一个复杂的问题容易，许多 CFL 是由几个较简单的 CFL 合并成的。如果你要为一个 CFL 构造 CFG，而这个 CFL 可以分成几个较简单的部分，那么就把它分成几部分，并且分别构造每一部分的文法。这几个文法能够很容易地合并在一起，构造出原先那个语言的文法，我们需要做的只是把它们的规则都放在一起，再加入新的规则 $S\to S_1\mid S_2\mid\cdots\mid S_k$，其中 $S_1,S_2,\cdots,S_k$ 是各个文法的起始变元。

例如，为得到语言 $\{0^n1^n\mid n\geqslant 0\}\cup\{1^n0^n\mid n\geqslant 0\}$ 的文法，先构造语言 $\{0^n1^n\mid n\geqslant 0\}$ 的文法

$$S_1\to 0S_11\mid\varepsilon$$

和语言 $\{1^n0^n\mid n\geqslant 0\}$ 的文法

$$S_2\to 1S_20\mid\varepsilon$$

然后加上规则 $S\to S_1\mid S_2$，得到所求的文法：

$$S\to S_1\mid S_2$$

$$S_1\to 0S_11\mid\varepsilon$$

$$S_2\to 1S_20\mid\varepsilon$$

其次，利用正则。如果一个语言碰巧是正则的，可先构造它的 DFA，再构造它的 CFG 就容易了。通过下述方法可以把任何一台 DFA 转换成等价的 CFG：对于 DFA 的每一个状态 q_i，指定一个变元 R_i。如果 $\delta(q_i,a)=q_j$ 是 DFA 中的一个转移，则把规则 $R_i\to aR_j$ 加入 CFG；如果 q_i 是 DFA 的接受状态，则把规则 $R_i\to\varepsilon$ 加入 CFG。设 q_0 是 DFA 的起始状态，则取 R_0 作为 CFG 的起始变元。可以验证所得到的 CFG 生成的语言与 DFA 识别的语言相同。

再次，考察子串。某些上下文无关语言中的字符串有两个"相互联系"的子串，为了检查这两个子串中的一个是否正好对应于另一个，识别这种语言的机器需要记住其中一个子串的信息，而这个信息是无界的。例如，在语言 $\{0^n1^n \mid n \geqslant 0\}$ 中就出现这种情况，为了检查字符串中 0 的个数是否等于 1 的个数，机器需要记住 0 的个数。对于这种情况，可以使用 $R \rightarrow uRv$ 形式的规则，它产生的字符串中包含 u 的部分对应包含 v 的部分。

最后，利用递归。在更复杂的语言中，字符串可能包含一定的结构，而这种结构又递归地作为另一种（或者同一种）结构的一部分出现。例 2.3 生成算术表达式的文法中就有这种情况，每次出现符号 a，就会递归地出现一个用括号括起来的完整的算术表达式来替换。为了得到这样的结果，把生成这种结构的变元放在规则中这种结构对应可能出现递归的地方。

2.1.4　歧义性

有时在一个文法中能够用几种不同的方式产生出同一个字符串，这样的字符串有几棵不同的语法分析树，对应几个不同的含义。这样的结果对于某些应用可能是不希望见到的，例如，对于程序设计语言，一个程序应该只有唯一的解释。

如果文法以不同的方式产生同一个字符串，则称文法歧义地产生这个字符串。如果一个文法歧义地产生某个字符串，则称这个文法是歧义的。例如，对于文法 G_5：

$$\langle \text{EXPR} \rangle \rightarrow \langle \text{EXPR} \rangle + \langle \text{EXPR} \rangle \mid \langle \text{EXPR} \rangle \times \langle \text{EXPR} \rangle \mid (\langle \text{EXPR} \rangle) \mid \text{a}$$

这个文法歧义地产生字符串 a+a×a。图 2-3 给出它的两棵不同的语法分析树。

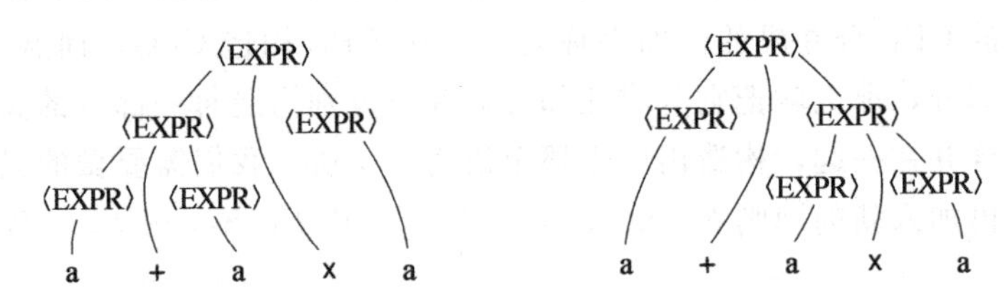

图 2-3　字符串 a+a×a 在文法 G_5 中的两棵语法分析树

这个文法没有把握住通常的优先级关系，可能把+放在了×的前面，也可能反过来把×放在了+的前面。而前面提到的文法 G_4 能产生相同的语言，但其产生的每一个字符串只有一棵唯一的语法分析树。因此，G_4 是非歧义的，而 G_5 是歧义的。

本节开始部分给出的文法 G_2 是歧义文法的另一个例子。句子"the girl touches the boy with the flower"有两个不同的派生。在练习 2.8 中要求给出它的两棵语法分析树，并且观察用这两种方式读这个句子时其表达的含义之间的关系。

现在把歧义性的概念形式化，一个文法歧义地产生一个字符串的意思是指：该字符串有两棵不同的语法分析树，而不是两种不同的派生，两种不同的派生可能仅仅是替换变元的次序不同，而不是整个结构的不同。为了专注于结构，定义一种以固定次序替换变元的派生类型，对于文法 G 中的一个字符串 w 的派生，如果在每一步都是替换最左边剩下的变元，则称这个派生是**最左派生**（leftmost derivation）。在前面定义 2.1 中给出的派生是一个最左派生。

定义 2.4　如果字符串 w 在上下文无关文法 G 中有两个或两个以上不同的最左派生，则称 G **歧义地**（ambiguously）产生字符串 w，如果文法 G 歧义地产生某个字符串，

则称 G 是**歧义的**（ambiguous）。

有时对于一个歧义文法能够找到一个产生相同语言的非歧义文法。但是，某些上下文无关语言只能用歧义文法产生，称这样的语言为**固有歧义的**（inherently ambiguous）。问题 2.41 要求证明语言 $\{a^i b^j c^k \mid i=j \text{ 或 } j=k\}$ 是固有歧义的。

2.1.5 乔姆斯基范式

在使用上下文无关文法时，简化的形式往往更为方便，一种最简单、最有用的形式称为乔姆斯基范式。在第 4 章和第 7 章中，当设计使用上下文无关文法的算法时，将会发现乔姆斯基范式的用途。

定义 2.5 称一个上下文无关文法为**乔姆斯基范式**（Chomsky normal form），如果它的每一个规则具有如下形式：

$$A \to BC$$
$$A \to a$$

其中，a 是任意的终结符，A、B 和 C 是任意的变元，且 B 和 C 不能是起始变元。此外，允许规则 $S \to \varepsilon$，其中 S 是起始变元。

定理 2.6 任一上下文无关语言都可以用一个乔姆斯基范式的上下文无关文法产生。

证明思路 可以将任一上下文无关文法 G 转换成乔姆斯基范式，转换时分几个阶段把不符合要求的规则替换成等价的符合要求的规则。首先，添加一个新的起始变元，然后，删除所有形如 $A \to \varepsilon$ 的 ε **规则**，再删除所有形如 $A \to B$ 的**单一规则**。在删除时，要对文法做适当的弥补，以确保仍然产生相同的语言。最后，把所有留下来的规则转换成适当的形式。

证明 首先，添加一个新的起始变元 S_0 和规则 $S_0 \to S$，其中 S 是原来的起始变元。这样可以保证起始变元不出现在规则的右边。

第二阶段，考虑所有的 ε 规则。删除一条 ε 规则 $A \to \varepsilon$，这里 A 不是起始变元，然后对在规则右边出现的每一个 A，删去这个 A 后得到一条新的规则。换言之，如果 $R \to uAv$ 是一条规则，其中 u 和 v 是变元和终结符的字符串，则添加规则 $R \to uv$。对 A 的每一次出现都如此进行，因而对于规则 $R \to uAvAw$，要添加 $R \to uvAw$，$R \to uAvw$ 和 $R \to uvw$。如果有规则 $R \to A$，则要添加 $R \to \varepsilon$，除非前面已经删除过规则 $R \to \varepsilon$。重复进行上述步骤，直至删除所有不包括起始变元的 ε 规则。

第三阶段，处理所有的单一规则。删除一条单一规则 $A \to B$，然后，只要有一条规则 $B \to u$，就要添加规则 $A \to u$，除非 $A \to u$ 是已在前面被删除的单一规则。和前面一样，u 是变元和终结符的字符串。重复上述步骤，直至删除所有的单一规则。

最后，把所有留下的规则转换成适当的形式。把每一条规则 $A \to u_1 u_2 \cdots u_k$ 替换成规则 $A \to u_1 A_1$，$A_1 \to u_2 A_2$，$A_2 \to u_3 A_3$，…，$A_{k-2} \to u_{k-1} u_k$ 其中 $k \geq 3$，每一个 u_i 是一个变元或终结符，A_i 是新的变元。用新变元 U_i 替换上面规则中的终结符 u_i，并增加规则 $U_i \to u_i$。 ■

例 2.7 设 G_6 是下述 CFG，用刚才给出的转换过程把它转换成乔姆斯基范式。下面用一系列文法规则说明转换的步骤，其中用黑体写的规则是新添加进来的规则，用带阴影的字写的规则是刚刚删掉的规则。

1. 原先的 CFG G_6 在左边给出。运用第一步引入新起始变元后得到的结果在右边显示。

$$S \to ASA \mid aB$$
$$A \to B \mid S$$
$$B \to b \mid \varepsilon$$

$$\mathbf{S_0 \to S}$$
$$S \to ASA \mid aB$$
$$A \to B \mid S$$
$$B \to b \mid \varepsilon$$

2. 左边给出删除 ε 规则 $B\to\varepsilon$ 后的结果，右边给出删除 $A\to\varepsilon$ 后的结果。

$$S_0 \to S$$
$$S \to ASA \mid aB \mid \mathbf{a}$$
$$A \to B \mid S \mid \boldsymbol{\varepsilon}$$
$$B \to b \mid \boldsymbol{\varepsilon}$$

$$S_0 \to S$$
$$S \to ASA \mid aB \mid a \mid \mathbf{SA} \mid \mathbf{AS} \mid \mathbf{S}$$
$$A \to B \mid S \mid \boldsymbol{\varepsilon}$$
$$B \to \boldsymbol{b}$$

3a. 左边给出删除单一规则 $S\to S$ 后的结果，右边给出删除 $S_0\to S$ 后的结果。

$$S_0 \to S$$
$$S \to ASA \mid aB \mid a \mid SA \mid AS \mid \mathbf{S}$$
$$A \to B \mid S$$
$$B \to b$$

$$S_0 \to \mathbf{S} \mid \mathbf{ASA} \mid \mathbf{aB} \mid \mathbf{a} \mid \mathbf{SA} \mid \mathbf{AS}$$
$$S \to ASA \mid aB \mid a \mid SA \mid AS$$
$$A \to B \mid S$$
$$B \to b$$

3b. 删除单一规则 $A\to B$ 和 $A\to S$。

$$S_0 \to ASA \mid aB \mid a \mid SA \mid AS$$
$$S \to ASA \mid aB \mid a \mid SA \mid AS$$
$$A \to \mathbf{B} \mid S \mid b$$
$$B \to b$$

$$S_0 \to ASA \mid aB \mid a \mid SA \mid AS$$
$$S \to ASA \mid aB \mid a \mid SA \mid AS$$
$$A \to \mathbf{S} \mid b \mid \mathbf{ASA} \mid \mathbf{aB} \mid \mathbf{a} \mid \mathbf{SA} \mid \mathbf{AS}$$
$$B \to b$$

4. 添加新的变元和规则，把留下的所有规则转换成合适的形式。最后得到的符合乔姆斯基范式的文法等价于 G_6。（按照定理 2.6 证明中的转换过程，应把 $S_0\to ASA$ 替换成 $S_0\to AA_1$ 和 $A_1\to SA$；把 $S\to ASA$ 替换成 $S\to AA_2$ 和 $A_2\to SA$；把 $A\to ASA$ 替换成 $A\to AA_3$ 和 $A_3\to SA$。其中 A_1，A_2 和 A_3 是新引入的变元，这里作了化简，把 A_1，A_2 和 A_3 合并成一个变元并将这些规则以 $U\to a$ 表示。——译者注）

$$S_0 \to AA_1 \mid UB \mid a \mid SA \mid AS$$
$$S \to AA_1 \mid UB \mid a \mid SA \mid AS$$
$$A \to b \mid AA_1 \mid UB \mid a \mid SA \mid AS$$
$$A_1 \to SA$$
$$U \to a$$
$$B \to b$$

■

2.2 下推自动机

本节介绍一种称为**下推自动机**（pushdown automata）的计算模型，它很像非确定型有穷自动机，但是它有一个称为**栈**（stack）的额外设备。栈在控制器的有限存储量之外提供了附加的存储，使得下推自动机能够识别某些非正则语言。

下推自动机在能力上与上下文无关文法等价。因此，在证明一个语言是上下文无关的时候，有两种选择：可以给出生成它的上下文无关文法，或者给出识别它的下推自动机。某些语言用文法生成器描述要容易些，另一些用自动机识别器描述更容易。

图 2-4 是一台有穷自动机的示意图，控制器表示状态和转移函数，带子存放输入字符

串，箭头表示输入头位置，它指向下一个要读的输入符号。

如果在此基础上加一个栈，我们得到一台下推自动机的示意图，如图 2-5 所示。

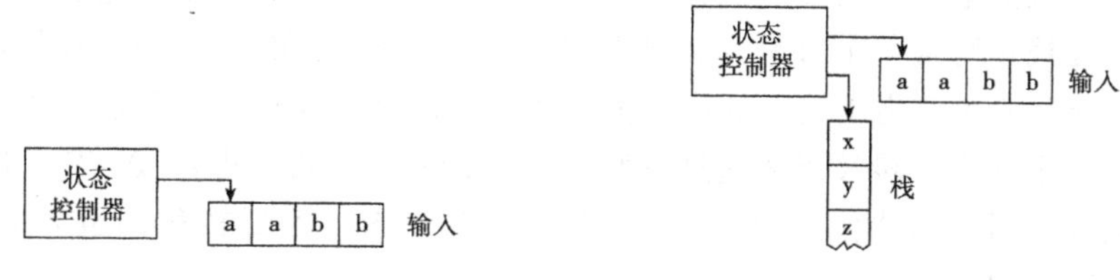

图 2-4 一台有穷自动机的示意图　　图 2-5 一台下推自动机的示意图

下推自动机（PDA）能够把符号写到栈上并在随后读取它，向栈中写入一个符号将把栈中其他的所有符号“下推”。在任何时刻，可以读和删去栈顶的符号，其余的符号向上移动。向栈写一个符号，常常称为**推入**（pushing）这个符号，而删除一个符号称为**弹出**（popping）它。需要注意的是，对栈的所有访问，无论读写，都只能在栈顶进行，换言之，栈是一个“先进后出”的存储设备。如果把某个信息写到栈上，然后又把另外一些信息写到栈上，那么前面写的信息变成不可访问的，一直到在其后面写入的信息全部被删除为止。

可以用自助餐厅服务台上的盘子来解释栈，一叠盘子放在弹簧上，把一个新盘子放在这叠盘子的顶上时，它下面的盘子依次向下移动，下推自动机的栈就像一叠盘子，每个盘子上写着一个符号。

栈的作用体现在它能保存无限的信息量。有穷自动机（DFA）不能用它的有限存储保存大数据量的字符串，所以它不能识别语言 $\{0^n1^n|n\geqslant 0\}$，而 PDA 可以用栈保存它看见的 0 的个数，从而能够识别这个语言，因此，栈的无界性使得 PDA 能够保存大小没有限制的数。下面非形式化地描述关于语言 $\{0^n1^n|n\geqslant 0\}$ 的 PDA 如何工作：

读取输入串的符号，每读一个 0，把它推入栈，一旦看见 1 之后，每读一个 1，把一个 0 弹出栈，当栈中的 0 被清空时恰好读完输入串，则接受这个输入。如果在还有 1 没有读的时候栈已变空，或者在栈中还有 0 的时候 1 已经读完了；或者 0 出现在 1 的后面，则拒绝这个输入。

下推自动机可以是非确定型的，确定型下推自动机与非确定型下推自动机在语言识别能力上不相同。在 2.4 节，我们将看到一些非确定型下推自动机能识别但确定型下推自动机不能识别的语言。我们将在例 2.10 和例 2.11 给出需要非确定型自动机才能识别的语言。确定型有穷自动机与非确定型有穷自动机能识别相同的语言，但对于下推自动机却有区别。由于非确定型下推自动机等价于上下文无关文法，所以我们集中讨论非确定型下推自动机。

2.2.1 下推自动机的形式化定义

除栈之外，下推自动机的形式化定义类似于有穷自动机。栈是一个存放符号的设备，这些符号取自某个字母表。机器对于它的输入和栈，可以使用不同的字母表，因此需要同时指定一个输入字母表 Σ 和一个栈字母表 Γ。

任何自动机的形式化定义的核心都是转移函数，因为要用它描述自动机的动作。给定 $\Sigma_\varepsilon=\Sigma\cup\{\varepsilon\}$，$\Gamma_\varepsilon=\Gamma\cup\{\varepsilon\}$，转移函数的定义域为 $Q\times\Sigma_\varepsilon\times\Gamma_\varepsilon$。于是，在当前状态下，下一

个读到的输入符号和栈顶的符号决定了下推自动机的下一个动作。这两个符号都可以是 ε，使机器能够在不读输入符号或者不读栈中符号的情况下做动作。

关于转移函数的值域，需要考虑在特定情形下允许自动机做什么。它能够进入某个新的状态并可能在栈顶写入一个符号。通过返回 Q 的一个成员和 Σ_ε 的一个成员，即 $Q\times\Gamma_\varepsilon$ 的一个成员，函数 δ 可以指出这个动作。由于在这个模型中允许非确定性，所以可能有若干个合法的下一个动作，转移函数通过返回 $Q\times\Gamma_\varepsilon$ 的一个子集，即 $\mathcal{P}(Q\times\Gamma_\varepsilon)$ 的一个成员来体现转移动作的非确定性。所有这些子集合并在一起，得到转移函数 δ 的形式为 δ：$Q\times\Sigma_\varepsilon\times\Gamma_\varepsilon\rightarrow\mathcal{P}(Q\times\Gamma_\varepsilon)$。

定义 2.8　**下推自动机**（pushdown automaton）是 6 元组 $(Q,\Sigma,\Gamma,\delta,q_0,F)$，这里 Q,Σ,Γ 和 F 都是有穷集合，并且

1. Q 是状态集。
2. Σ 是输入字母表。
3. Γ 是栈字母表。
4. $\delta:Q\times\Sigma_\varepsilon\times\Gamma_\varepsilon\rightarrow\mathcal{P}(Q\times\Gamma_\varepsilon)$ 是转移函数。
5. $q_0\in Q$ 是起始状态。
6. $F\subseteq Q$ 是接受状态集。

一台下推自动机 $M=(Q,\Sigma,\Gamma,\delta,q_0,F)$ 的计算过程如下：它接受输入 w，如果能够把 w 写成 $w=w_1w_2\cdots w_m$，这里每一个 $w_i\in\Sigma_\varepsilon$，并且存在状态序列 $r_0,r_1,\cdots,r_m\in Q$ 和字符串序列 $s_0,s_1,\cdots,s_m\in\Gamma^*$ 满足下述 3 个条件：

1. $r_0=q_0$ 且 $s_0=\varepsilon$，该条件表示 M 从起始状态和空栈开始。
2. 对于 $i=0,\cdots,m-1$，有 $(r_{i+1},b)\in\delta(r_i,w_{i+1},a)$，其中 $s_i=at,s_{i+1}=bt,a,b\in\Gamma_\varepsilon$ 和 $t\in\Gamma^*$。该条件说明 M 在每一步都完全按照当时的状态、栈顶符号和下一个输入符号动作。
3. $r_m\in F$，该条件说明在输入结束时出现一个接受状态。

则字符串 s_i 是 M 在计算的接受分支中的栈内容序列。

2.2.2　下推自动机举例

例 2.9　下面是前面描述的识别语言 $\{0^n1^n\mid n\geqslant 0\}$ 的 PDA 的形式化定义。令 $M_1=(Q,\Sigma,\Gamma,\delta,q_1,F)$，其中

$$Q=\{q_1,q_2,q_3,q_4\}$$
$$\Sigma=\{0,1\}$$
$$\Gamma=\{0,\$\}$$
$$F=\{q_1,q_4\}$$

δ 由下表给出，表中空白项表示 $\varnothing$。

输入	0			1			ε		
栈	0	$	ε	0	$	ε	0	$	ε
q_1									$\{(q_2,\$)\}$
q_2			$\{(q_2,0)\}$	$\{(q_3,\varepsilon)\}$					
q_3				$\{(q_3,\varepsilon)\}$				$\{(q_4,\varepsilon)\}$	
q_4									

也可以用状态图描述PDA，如图2-6和图2-7、图2-8所示。这种图类似于描述有穷自动机的状态图，但要做一些修改，使得它能说明PDA在从一个状态转移到另一个状态时如何使用栈。用“a，$b \to c$”表示当机器从输入中读到a时可以用c替换栈顶的符号b。a、b和c中的任何一个都可以是ε。如果a是ε，则机器做这个转移，而不读取输入中的任何符号。如果b是ε，则机器做这个转移，而不读栈中的任何符号，也不从栈中弹出任何符号。如果c是ε，则机器做这个转移，而不在栈中写任何符号。■

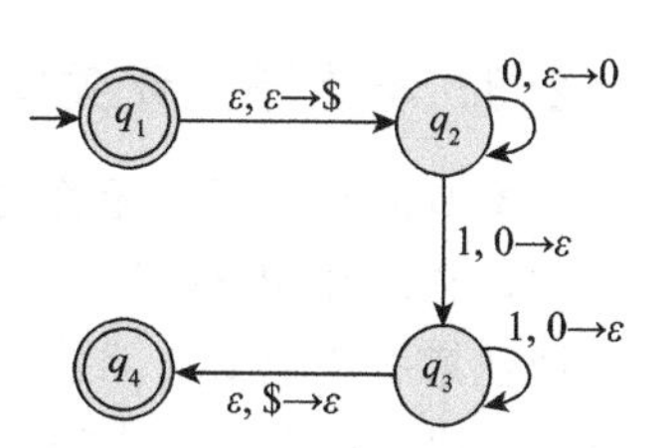

图2-6 识别$\{0^n1^n \mid n \geqslant 0\}$的PDA M_1的状态图

PDA的形式化定义没有提供检验空栈的直接手段。这台PDA一开始把一个特殊符号$放入栈中，就能够起到检验空栈的作用，当机器再次看见$时，就知道栈实际上已经空了。今后，在PDA的非形式化描述中用这种方法判断空栈。

类似地，PDA不能直接检验是否到达输入的末端，对于这台PDA，只有当它位于输入的末端时，接受状态才起作用，这就能够起到同样的效果。于是，从现在起，假设PDA能够检验是否到达输入的末端，并且可以用这种方式实现。

例2.10 这个例子给出一台识别下述语言的PDA M_2：

$$\{a^ib^jc^k \mid i,j,k \geqslant 0 \text{ 且 } i=j \text{ 或 } i=k\}$$

非形式化地表示，识别该语言的PDA先读a，并且把a推入栈。当读完a时，机器把它们全部放到栈中，以便能够把它们与b或c进行匹配。由于机器不知道下面a是与b匹配还是与c匹配，需要想点办法，在这里迟早要用到非确定性。

利用非确定性，这台PDA可以猜想a是与b匹配还是与c匹配，如图2-7所示。设想机器有两个非确定性的分支，每一种可能的猜想是一个分支。如果有一个匹配成功，则对应的分支接受，从而整个机器接受。问题2.27要求证明非确定性是用PDA识别这个语言所不可缺少的。

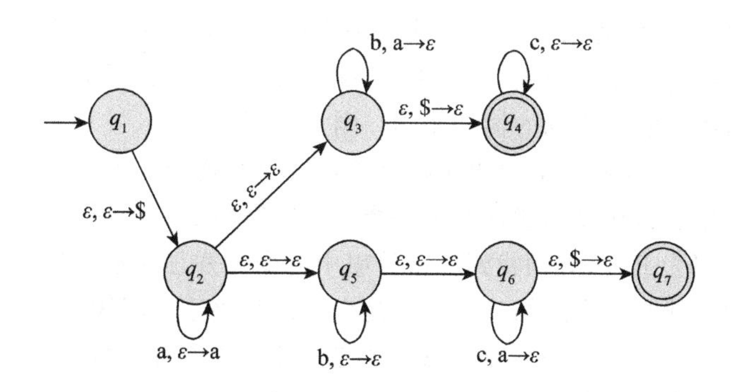

图2-7 PDA M_2的状态图，M_2识别$\{a^ib^jc^k \mid i,j,k \geqslant 0，且 i=j 或 i=k\}$ ■

例2.11 给出一台识别语言$\{ww^{\mathcal{R}} \mid w \in \{0,1\}^*\}$的PDA M_3。注意$w^{\mathcal{R}}$表示倒写的w。这台PDA的非形式化描述和状态图如下：

开始时，把读到的符号推入栈中，在每一步非确定性地猜想已经到达字符串的中点，然后变成把读到的每一个符号弹出栈，检查在输入中和在栈顶读到的符号是否一样。如果它们总是一样的，并且当输入结束时栈同时被清空，则接受；否则拒绝。

这台机器的状态图如图 2-8 所示。

问题 2.28 证明识别这个语言需要一台非确定型 PDA。

2.2.3 与上下文无关文法的等价性

本节证明上下文无关文法与下推自动机在能力上是等价的，它们都能够描述上下文无关语言类。下面要说明如何把任意一个上下文无关文法转换成能识别相同语言的下推自动机，以及反过来把任意一台下推自动机转换成产生相同语言的上下文无关文法。由前面的定义可知上下文无关语言是能用上下文无关文法描述的语言，因此本节的目标是证明下述定理。

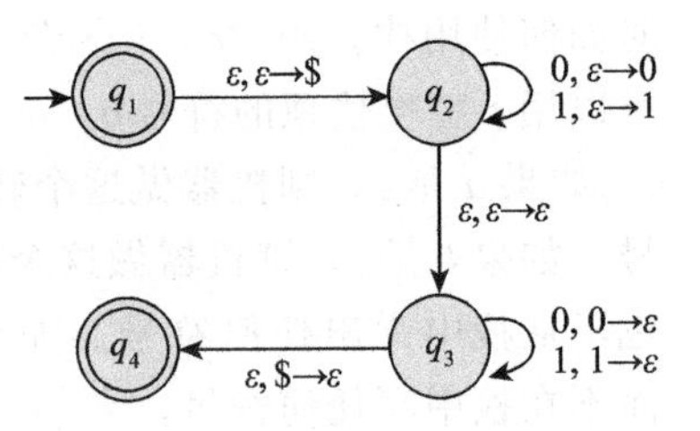

图 2-8 PDA M_3 的状态图，M_3 识别 $\{ww^{\mathcal{R}} \mid w \in \{0,1\}^*\}$

定理 2.12 *一个语言是上下文无关的，当且仅当存在一台下推自动机识别它。*

和通常对待“当且仅当”型定理一样，有两个方向要证明，在本定理中，这两个方向都是很有意思的，首先证明比较容易的从左到右的方向。

引理 2.13 *如果一个语言是上下文无关的，则存在一台下推自动机识别它。*

证明思路 设 A 是一个 CFL，根据定义，存在一个 CFG G 产生它。我们要说明如何把 G 转换成一台等价的 PDA P。

通过确定是否存在关于输入 w 的派生，当 G 产生 w 时，PDA P 接受这个输入。记得派生就是当文法产生一个字符串时所做的替换序列，派生的每一步产生一个变元和终结符的**中间字符串**（intermediate string）。设计 P，以确定是否有一系列使用 G 的规则替换，能够从起始变元导出 w。

检验是否有关于 w 的派生的困难在于判断要做的替换，PDA 的非确定性使得它能够猜想出正确的替换序列，在派生的每一步，非确定地选择关于某个变元的一条规则，并且对这个变元做替换。

PDA P 开始时把起始变元写入它的栈，一个接一个地做替换，经过一系列的中间字符串，最终它可能到达一个仅含有终结符的字符串，这表示它用文法 G 派生出一个字符串。如果这个字符串与它接收到的输入相同，则 P 接受它。

在 PDA 上实现上述策略还需要再想点办法，需要知道当 PDA 一步一步地进行时，它如何存储中间字符串。直接使用栈存储每一个中间字符串是一个诱人的想法，但是，这个想法是行不通的，因为 PDA 必须找到在字符串中的变元并且对它作替换，但 PDA 只能够访问栈顶符号，它可能是一个终结符，而不是变元。解决这个问题的方法是在栈中只保存中间字符串的一部分：中间字符串中从第一个变元开始的所有符号。第一个变元前面的终结符都恰好与输入串中的符号匹配。图 2-9 给出 PDA P。

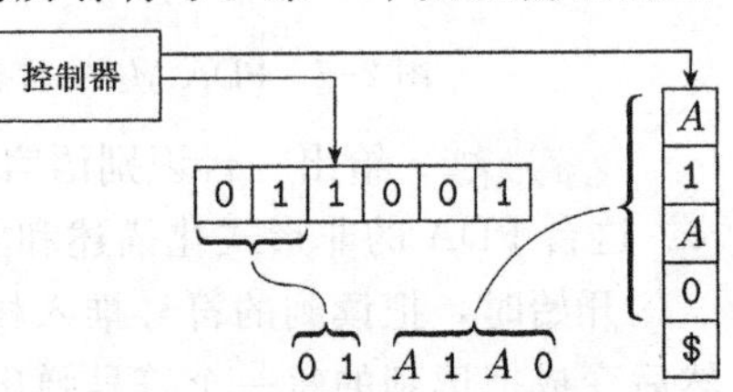

图 2-9 P 表示中间字符串 $01A1A0$ 的方式

P 的非形式描述如下：

1. 把标记符 $ 和起始变元放入栈中。
2. 重复下述步骤：

a. 如果栈顶是变元 A，则非确定地选择一个关于 A 的规则，并且把 A 替换成这条规则右边的字符串。

b. 如果栈顶是终结符 a，则读取下一个输入符号，并且把它与 a 进行比较。如果它们匹配，则重复，如果它们不匹配，则这个非确定性分支拒绝。

c. 如果栈顶是符号 \$，则进入接受状态，如果此刻输入已全部读完，则接受这个输入串。

证明 下面形式化地给出下推自动机 $P=(Q,\Sigma,\Gamma,\delta,q_{\text{start}},F)$ 的构造细节。为使构造更清楚一些，采用一种缩写记号表示转移函数，用这种记号方式，机器能够一步把一个字符串写入栈内。同时引入附加的状态，实现每次写入这个字符串的一个符号，从而模拟出一次写入字符串的动作。在下述形式构造中实现了这样的模拟。

设 q 和 r 是 PDA 的状态，a 属于 Σ_ε，s 属于 Γ_ε。我们要求 PDA 读 a 并且弹出 s 时，从 q 到 r，而且要它同时把整个字符串 $u=u_1\cdots u_l$ 推入栈。可以如下完成这个动作：引入新的状态 $q_1,\cdots,q_{l-1}$，并且令转移函数如下：

$$\delta(q,a,s)\text{包含}(q_1,u_l)$$
$$\delta(q_1,\varepsilon,\varepsilon)=\{(q_2,u_{l-1})\}$$
$$\delta(q_2,\varepsilon,\varepsilon)=\{(q_3,u_{l-2})\}$$
$$\vdots$$
$$\delta(q_{l-1},\varepsilon,\varepsilon)=\{(r,u_1)\}$$

使用记号 $(r,u)\in\delta(q,a,s)$ 表示当 q 是 P 的状态，a 是下一个输入符号以及 s 是栈顶符号时，PDA P 能够读 a 和弹出 s，然后把字符串 u 推入栈和转移到状态 r。图 2-10 形象地描述了这个动作的实现。

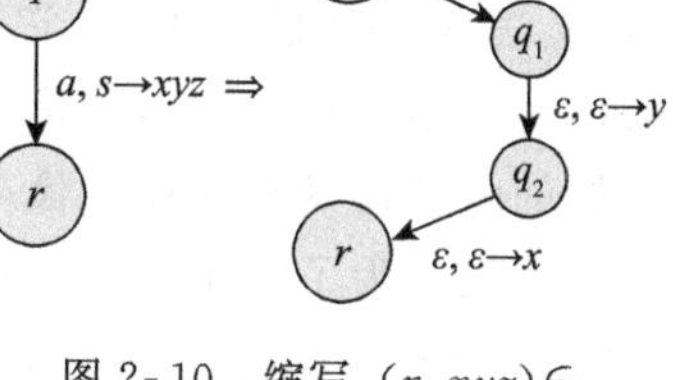

图 2-10 缩写 $(r,xyz)\in\delta(q,a,s)$ 的实现

P 的状态集 $Q=\{q_{\text{start}},q_{\text{loop}},q_{\text{accept}}\}\cup E$，这里 E 是实现刚才描述的缩写所需要的状态集合，开始状态为 q_{start}，只有一个接受状态 q_{accept}。

转移函数定义如下。从初始化栈开始，把符号 \$ 和 S 推入栈，实现步骤 1 的非形式描述是：$\delta(q_{\text{start}},\varepsilon,\varepsilon)=\{(q_{\text{loop}},S\$)\}$，然后进行步骤 2 主循环中的转移。

首先，处理情况 (a)，这时栈顶是一个变元。令 $\delta(q_{\text{loop}},\varepsilon,A)=\{(q_{\text{loop}},w)\mid A\to w$ 是 R 中的一条规则$\}$。

其次，处理情况 (b)，这时栈顶是一个终结符。令 $\delta(q_{\text{loop}},a,a)=\{(q_{\text{loop}},\varepsilon)\}$。

最后，处理情况 (c)，这时栈顶是空栈标记符 \$。令 $\delta(q_{\text{loop}},\varepsilon,\$)=\{(q_{\text{accept}},\varepsilon)\}$。

图 2-11 给出了 P 的状态图。 ■

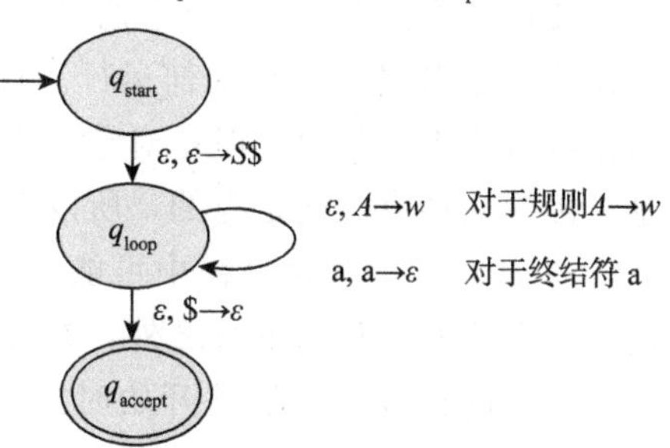

图 2-11 P 的状态图

例 2.14 利用在引理 2.13 中开发的过程，把下述 CFG G 转换成一台 PDA P_1。

$$S\to \mathrm{a}T\mathrm{b}\mid \mathrm{b}$$
$$T\to T\mathrm{a}\mid \varepsilon$$

转移函数如图 2-12 所示。 ■

下面证明定理 2.12 的反方向。对于正方向我们给出一个把 CFG 转换成 PDA 的过程，主要思想

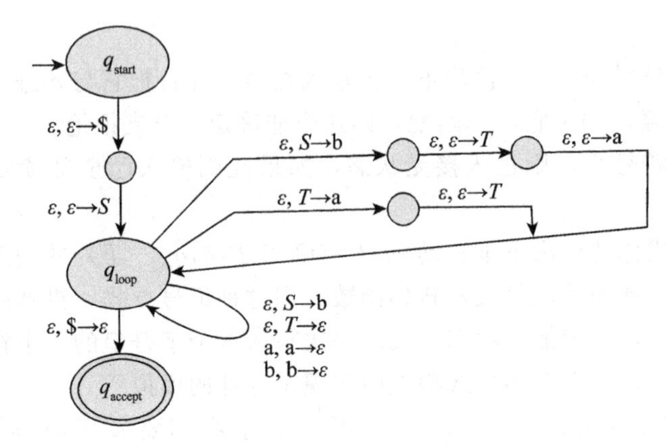

图 2-12　P_1 的状态图

是设计自动机，使得它模拟文法。现在要给出一个以相反方式进行的过程：把 PDA 转换成 CFG，设计模拟自动机的文法。这项工作更具挑战性，“程序设计”一台自动机比“程序设计”一个文法容易。

引理 2.15　如果一个语言被一台下推自动机识别，则它是上下文无关的。

证明思路　现有一台 PDA P，要构造一个 CFG G，它产生 P 接受的所有字符串。换言之，如果一个字符串能使 P 从它的起始状态转移到一个接受状态，则 G 应该产生这个字符串。

为了获得这个结果，我们设计一个能做更多事情的文法。对于 P 的每一对状态 p 和 q，文法有一个变元 A_{pq}。它产生所有能够把 P 从 p 和空栈一块带到 q 和空栈的字符串。可以看出不管栈的内容在状态 P 时是什么，这样的字符串也能够把 P 从 p 带到 q，并且保持栈的内容在状态 q 和在状态 p 时一样。

首先，为了简化工作，对 P 作轻微修改，使其具有以下三个特点：

1. 有唯一的接受状态 q_{accept}。

2. 在接受之前清空栈。

3. 每一个转移把一个符号推入栈（推入动作），或者把一个符号弹出栈（弹出动作），但不同时做这两个动作。

使 P 具有特点 1 和特点 2 较容易，使 P 具有特点 3 就要把每一个同时弹出和推入的转移替换成两个转移，中间要经过一个新的状态；把每一个既不弹出也不推入的转移替换成两个转移，先推入任意一个栈符号，然后再把它弹出。

要设计 G，使得 A_{pq} 产生把 P 从 p 带到 q 并且以空栈开始和结束的所有字符串，必须了解 P 对这样的字符串如何运行。对于任何一个这样的字符串 x，因为 P 的每一个动作或者是推入或者是弹出，但是对空栈不能弹出，所以 P 对 x 的第一个动作一定是推入。类似地，因为在结束时栈是空的，所以对 x 的最后一个动作一定是弹出。

在 P 对 x 的计算过程中可能出现两种情况：仅在计算的开始和结束时，栈可能是空的；或者除开始和结束时之外，在计算中的某个地方，栈变成空的。如果是前一种情况，最后弹出的符号一定就是开始时推入的那个符号。用规则 $A_{pq}\to aA_{rs}b$ 模拟前一种情况，其中 a 是在做第一个动作时读到的输入符号，b 是在做最后一个动作时读到的输入符号，r 是跟在 p 后面的状态，s 是 q 的前一个状态。用规则 $A_{pq}\to A_{pr}A_{rq}$ 模拟后一种情况，其中 r

是栈在计算中间变成空的时候的状态。

证明　设 $P=(Q,\Sigma,\Gamma,\delta,q_0,\{q_{accept}\})$，要构造 G。G 的变元集是 $\{A_{pq}\mid p,q\in Q\}$，起始变元是 $A_{q_0,q_{accept}}$。下面三点描述了 G 的规则：

1. 对每一个 $p,q,r,s\in Q,u\in\Gamma$ 和 $a,b\in\Sigma_\varepsilon$，如果 $\delta(p,a,\varepsilon)$ 包含 (r,u) 且 $\delta(s,b,u)$ 包含 (q,ε)，则把规则 $A_{pq}\to aA_{rs}b$ 放入 G 中。

2. 对每一个 $p,q,r\in Q$，把规则 $A_{pq}\to A_{pr}A_{rq}$ 放入 G 中。

3. 最后，对每一个 $p\in Q$，把规则 $A_{pp}\to\varepsilon$ 放入 G 中。

可以从图 2-13 和图 2-14 获得一些关于这个构造的直觉。

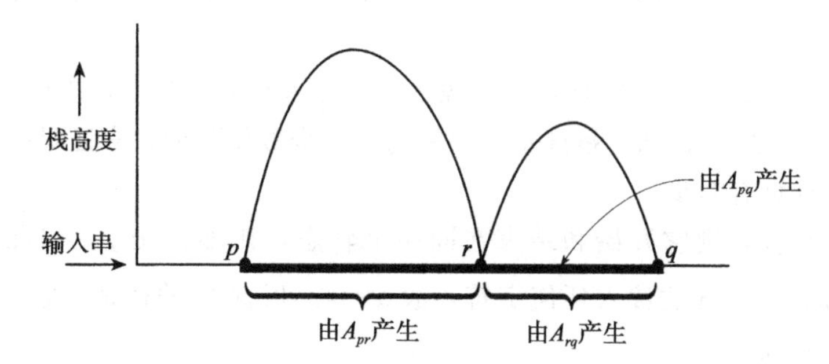

图 2-13　对应规则 $A_{pq}\to A_{pr}A_{rq}$ 的 PDA 计算

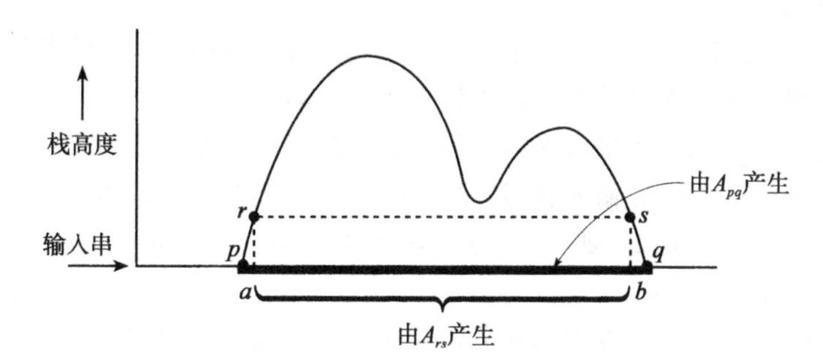

图 2-14　对应规则 $A_{pq}\to aA_{rs}b$ 的 PDA 计算

下面证明 A_{pq} 产生 x 当且仅当 x 能够把 P 从状态 p 和空栈一块带到状态 q 和空栈，从而证明上述构造是正确的。把当且仅当条件中的每一方向作为一个单独的断言。

断言 2.16　如果 A_{pq} 产生 x，则 x 能够把 P 从 p 和空栈一块带到 q 和空栈。

通过对从 A_{pq} 到 x 的派生步数进行归纳来证明这个断言。

归纳基础　派生只有一步。

只有一步的派生一定使用一条右端不含变元的规则。在 G 中右端不出现变元的规则只能是 $A_{pp}\to\varepsilon$。显然，输入 ε 把 P 从 p 和空栈带到 p 和空栈，从而证明了归纳基础。

归纳步骤　假设断言对长度不超过 k 的派生成立，其中 $k\geqslant1$，下面证明断言对长度为 $k+1$ 的派生也成立。

假设 $A_{pq}\overset{*}{\Rightarrow}x$ 使用 $k+1$ 步。该派生的第一步是 $A_{pq}\Rightarrow aA_{rs}b$ 或 $A_{pq}\Rightarrow A_{pr}A_{rq}$，分别处理这两种情况。

对于第一种情况，根据 x 中由 A_{rs} 产生的部分 y，有 $x=ayb$，因为 $A_{rs}\overset{*}{\Rightarrow}y$ 使用 k 步，

根据归纳假设，P 能够从 r 和空栈一块转移到 s 和空钱。因为 $A_{pq}\to aA_{rs}b$ 是 G 的一条规则，故对某个栈符号 G，$\delta(p,a,\varepsilon)$ 包含 (r,u) 和 $\delta(s,b,u)$ 包含 (q,ε)。于是，如果 P 从状态 p 和空栈开始，那么在读到 a 后，它能够转移到状态 r，并且把 u 推入栈顶。然后读 y，把它带到 s，并且在栈中留下 u。接着在读到 b 后，它能够转移到 q，并且把 u 弹出栈。因此，x 能够把 P 从 p 和空栈带到 q 和空栈。

对于第二种情况，根据 x 中由 A_{pr} 和 A_{rq} 分别产生的部分 y 和 z，有 $x=yz$。因为 $A_{pr}\overset{*}{\Rightarrow}y$ 和 $A_{rq}\overset{*}{\Rightarrow}z$ 都不超过 k 步，根据归纳假设，y 能够把 P 从 p 带到 r，z 能够把 P 从 r 带到 q，并且在派生的开始和结束时都是空栈。因此，x 能够把 P 从 p 和空栈带到 q 和空栈。这就完成了归纳步骤。

断言 2.17　如果 x 能够把 P 从 p 和空栈带到 q 和空栈，则 A_{pq} 产生 x。

通过对输入 x，P 从 p 和空栈到 q 和空栈的计算步数作归纳，来证明这个断言。

归纳基础　计算有 0 步。

如果计算有 0 步，则它开始和结束在同一个状态，比如说是 p。因此，我们要证明 $A_{pp}\overset{*}{\Rightarrow}x$。在 0 步内，$P$ 无法读入任何字符，故 $x=\varepsilon$。根据 G 的构造，它有规则 $A_{pp}\to\varepsilon$，这就证明了归纳基础。

归纳步骤　假设断言对长度不超过 k 的计算成立，其中 $k\geqslant 0$，要证明断言对长度为 $k+1$ 的计算也成立。

假设 P 有一个计算，在 $k+1$ 步内 x 把 p 连同空栈一块带到 q，或者仅在计算的开始和结束时栈是空的，或者在其他某个地方栈也变成空的。

对于第一种情况，第一步推入栈的符号一定和最后一步弹出栈的符号相同，把这个符号称为 u。设 a 是第一步读的输入符号，b 是最后一步读的输入符号，r 是第一步后的状态，s 是最后一步之前的状态，那么，$\delta(p,a,\varepsilon)$ 包含 (r,u) 且 $\delta(s,b,u)$ 包含 (q,ε)，从而在 G 中有规则 $A_{pq}\to aA_{rs}b$。

令 y 是 x 中不包括 a 和 b 在内的部分，即 $x=ayb$，输入 y 能够把 P 从 r 带到 s 而不触及栈底的符号 u，从而 P 能够在输入 y 上连同空栈一块从 r 转移到 s。由于已经从原来关于 x 的计算中删去第一步和最后一步，故关于 y 的计算有 $(k+1)-2=k-1$ 步，于是，根据归纳假设有 $A_{rs}\overset{*}{\Rightarrow}y$，从而，$A_{pq}\overset{*}{\Rightarrow}x$。

对于第二种情况，设 r 是关于 x 的计算中除开始和结束之外栈变成空的时候的状态，于是，计算从 p 到 r 和从 r 到 q 的部分都不超过 k 步，记 y 为计算前一部分读的输入，z 为后一部分读的输入，根据归纳假设有 $A_{pr}\overset{*}{\Rightarrow}y$ 和 $A_{rq}\overset{*}{\Rightarrow}z$。由于 G 中有规则 $A_{pq}\to A_{pr}A_{rq}$，故 $A_{pq}\overset{*}{\Rightarrow}x$，证毕。

这就完成了引理 2.15 和定理 2.12 的证明。■

刚才证明了下推自动机识别上下文无关语言类，这个证明使我们能够给出正则语言和上下文无关语言的关系，如图 2-15。因为每一个正则语言都可以用有穷自动机识别，而每一台有穷自动机都自动地是一台下推自动机，所以只要不考虑它的栈，每一个正则语言也是一个上下文无关的语言。

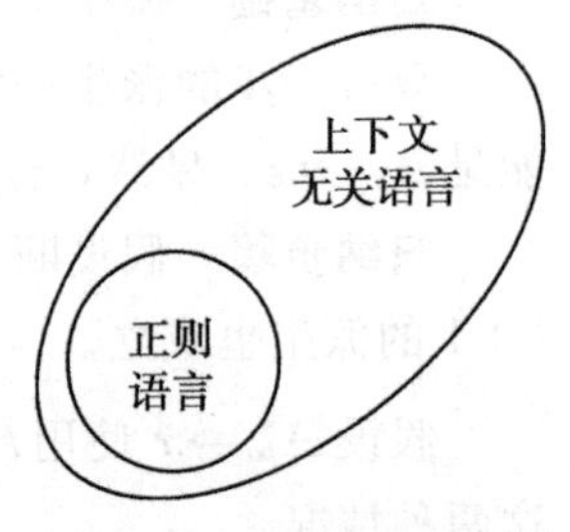

图 2-15　正则语言与上下文无关语言的关系

推论 2.18　每一个正则语言都是上下文无关的。

2.3　非上下文无关语言

本节提出一项技术，可以用来证明某些语言不是上下文无关的。在1.4节中介绍了泵引理，用来证明某些语言不是正则的，本节对上下文无关语言给出类似的泵引理，它指出每一个上下文无关语言都有一个特殊的值，称为**泵长度**（pumping length），使得这个语言中的所有长度等于或大于这个值的字符串都能够被“抽取”，这一次抽取的意思要复杂一点，它是指字符串能被划分成5段，其中第2段和第4段可以同时重复任意多次，并且所得到的字符串仍然在这个语言中。

关于上下文无关语言的泵引理

定理2.19（关于上下文无关语言的泵引理）　如果A是上下文无关语言，则存在数p（泵长度），使得A中任何一个长度不小于p的字符串s都能被划分成5段$s=uvxyz$且满足下述条件：

1. 对于每一个$i \geqslant 0$，$uv^ixy^iz \in A$；
2. $|vy|>0$；
3. $|vxy| \leqslant p$。

当s被划分成$uvxyz$时，条件2保证v或y不是空串，否则定理自动成立，但毫无意义。条件3保证v、x和y三段在一起的长度不超过p，这个技术性条件在证明某些语言不是上下文无关语言时有用。

证明思路　设A是CFL，G是产生A的CFG。要证明A中任何足够长的字符串s都能够被抽取，并且抽取后的字符串仍在A中。

设s是A中一个很长的字符串（后面将明确给出“很长”的意思）。由于s在A中，它可以用G派生出来，从而有一棵语法分析树。由于s很长，s的语法分析树一定很高，也就是说，这棵语法分析树一定有一条很长的从树根的起始变元到树叶上的终结符的路径。根据鸽巢原理，在这条长路径上一定有某个变元R重复出现。正如图2-16所示，这种重复使得我们可以用第一次出现的R下面的子树代替第二次出现的R下面的子树，并且仍得到一棵合法的语法分析树。由此，可以像图中表示的那样，把s切成5段$uvxyz$，重复第2段和第4段，得到的字符串仍在A中。换言之，对任意的$i \geqslant 0$，$uv^ixy^iz \in A$。

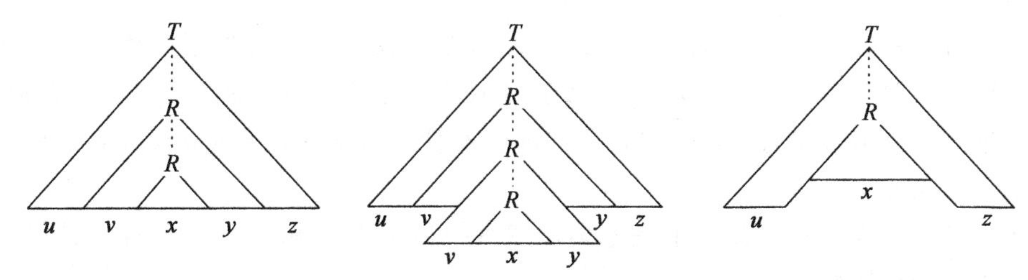

图2-16　语法分析树上的外科手术

下面转到获得泵引理中全部3个条件的细节上来，还要说明如何计算泵长度p。

证明　设G是关于CFL A的一个CFG，令b是规则右边符号数的最大值（假设大于等于2）。在G的任一棵语法分析树中，一个结点最多有b个儿子，换言之，离起始变元1步最多有b片树叶；离起始变元不超过2步最多有b^2片树叶；离起始变元不超过h步最多

有 b^h 片树叶。因此，如果语法分析树的高度不超过 h，则它产生的字符串的长度不超过 b^h。反之，如果一个产生的字符串长度不小于 b^h+1，则生成它的每个语法树高度至少为 $h+1$。

设 G 中变元的数目为 $|V|$。令泵长度 $p=b^{|V|+1}$，则 A 中任一长度不小于 p 的字符串 s 的语法分析树的高度不小于 $|V|+1$，这是因为 $b^{|V|+1}\geqslant b^{|V|}+1$。

为说明如何抽取 s，设 τ 是 s 的一棵语法分析树，如果 s 有若干语法分析树，取 τ 是结点数最少的语法分析树，由于 τ 的高度不小于 $|V|+1$，从而从根节点出发的最长路径的长度不小于 $|V|+1$ 并包含 $|V|+2$ 个结点，其中一个结点为终结符，其他为变元。因此该路径至少有 $|V|+1$ 个变元，因为只有树叶是终结符，故这条最长的路径上至少有 $|V|+1$ 个变元，而 G 只有 $|V|$ 个变元，故有某个变元 R 在这条路径上不只出现一次。为了后面的方便，选取 R 为这条路径上在最下面的 $|V|+1$ 个变元中重复出现的变元。

按照图 2-16 把 s 划分成 $uvxyz$。在每一个 R 的下面有一棵子树，它产生 s 的一部分。上面的 R 有一棵较大的子树，产生 vxy；下面的 R 有一棵较小的子树，恰好产生 x。这两棵树由同一个变元产生，因而可以相互替换，并且仍得到一棵有效的语法分析树。对于每一个 $i>1$，用较大的子树反复替换较小的子树以给出字符串 uv^ixy^iz 的语法分析树，用较小的子树替换较大的子树以产生字符串 uxz。这就证实了引理中的条件 1，下面转到条件 2 和条件 3。

为了得到条件 2，必须保证 v 或 y 不都是 ε。如果它们都是 ε，则用较小的子树替换较大的子树得到的语法分析树的结点比 τ 少，并且仍然能够产生 s。但这是不可能的，因为我们已经选取 τ 为 s 的结点数最少的语法分析树，这也是为什么要这样选取 τ 的原因。

为了得到条件 3，必须保证 vxy 的长度不超过 p，在 s 的语法分析树中，上面的 R 产生 vxy。我们选取 R 使得它的两次出现都落在所在路径的最下面的 $|V|+1$ 个变元中，而这条路径又选取的是语法分析树中的最长路径，因此 R 产生 vxy 的子树的高度不超过 $|V|+1$。这么高的树只能产生长度不超过 $b^{|V|+1}=p$ 的字符串。 ■

关于用泵引理证明语言不是上下文无关的提示，请复习例 1.38，在那里讨论了用关于正则语言的泵引理证明非正则性的有关问题。

例 2.20　用泵引理证明语言

$$B=\{\mathrm{a}^n\mathrm{b}^n\mathrm{c}^n \mid n\geqslant 0\}$$

不是上下文无关的。

假设 B 是 CFL，要得出矛盾的结果。令 p 是 B 的泵长度，根据泵引理，这个 p 一定存在。选取字符串 $s=\mathrm{a}^p\mathrm{b}^p\mathrm{c}^p$，显然，$s$ 属于 B 且长度不小于 p。泵引理称 s 能够被抽取，但是我们证明这是不可能的，换言之，我们证明不管怎么把 s 划分成 $uvxyz$，总要违反泵引理中的一个条件。

首先，条件 2 规定 v 或者 y 不是空串，然后根据子串 v 和 y 是否含有一种以上的符号，考虑下述两种情况：

1. 当 v 和 y 都只含有一种符号时，a 和 b 或 b 和 c 不会都在 v 中，同样也不会都在 y 中，这时字符串 uv^2xy^2z 不可能含有个数相同的 a、b 和 c。因此，它不属于 B，这违反泵引理的条件 1，矛盾。

2. 当 v 或者 y 含有一种以上符号时，uv^2xy^2z 可能含有个数相同的 3 种符号，但是这些符号的次序不可能正确。因此它不属于 B，矛盾。

这两种情况必有一个发生，因为这两种情况都产生矛盾，故矛盾是不可避免的，因此，假设 B 是 CFL 错误，于是，得证 B 不是 CFL。■

例 2.21 令 $C=\{\mathrm{a}^i\mathrm{b}^j\mathrm{c}^k \mid 0\leqslant i\leqslant j\leqslant k\}$，用泵引理证明 C 不是 CFL。该语言很像例 2.20 中的语言 B，但证明它不是上下文无关语言要复杂一些。

假设 C 是 CFL，要得出矛盾。令 p 是泵引理给出的泵长度，使用前面使用过的字符串 $s=\mathrm{a}^p\mathrm{b}^p\mathrm{c}^p$，但是这次必须既“抽进”又“抽出”。令 $s=uvxyz$，并且再次考虑例 2.20 中出现的两种情况。

1. v 和 y 都仅含一种符号。注意在前面情况 1 中使用的理由不再适用，这是因为 C 的字符串中 a、b、c 的个数不必相等，而只需是非降序的。我们必须更仔细地分析这种情况才能证明 s 不可能被抽取。注意到由于 v 和 y 都只含一种符号，a、b 和 c 中有一种不出现在 v 和 y 中。根据哪个符号不出现，把这种情况进一步分成 3 种子情况：

a. a 不出现。用抽出得到字符串 $uv^0xy^0z=uxz$，它含有 a 的个数与 s 的相同，但是 b 的个数或者 c 的个数比 s 的少，因此，它不属于 C，矛盾。

b. b 不出现。由于 v 和 y 不都是空串，a 或 c 必出现在 v 或 y 中。如果 a 出现，则字符串 uv^2xy^2z 中 a 比 b 多，从而不属于 C。如果 c 出现，则字符串 uv^0xy^0z 中 b 比 c 多，从而也不属于 C。不管是哪种情况，都有矛盾。

c. c 不出现。则字符串 uv^2xy^2z 中 a 或 b 比 c 多，从而不属于 C，矛盾。

2. v 或 y 含有一种以上符号。uv^2xy^2z 中的符号不能以正确的方式排列，因而它不可能属于 C，矛盾。

于是，得证 s 不可能被抽取，违反泵引理，从而 C 不是上下文无关的。■

例 2.22 令 $D=\{ww \mid w\in\{0,1\}^*\}$，用泵引理证明 D 不是 CFL。（假设 D 是 CFL 并得出矛盾的结论，令 p 是泵引理给出的泵长度。）

这次选取字符串 s 不那么明显。可以取字符串 0^p10^p1，它是 D 的成员且长度大于 p，因此好像是一个好的候选对象，但是，按如下划分 s，它就能够被抽取，因而不符合我们的需要。

$$\overbrace{\underbrace{000\cdots000}_{u}\ \underbrace{0}_{v}\ \underbrace{1}_{x}}^{0^p1}\overbrace{\underbrace{0}_{y}\ \underbrace{000\cdots0001}_{z}}^{0^p1}$$

再试试 s 的其他取法，字符串 $0^p1^p0^p1^p$ 直观上看比前一个字符串更多地抓住了语言 D 的“本质”，事实上，可以证明确实如此，证明如下。

要证明字符串 $s=0^p1^p0^p1^p$ 不能够被抽取，用泵引理中的条件 3 限制划分 s 的方式。条件 3 称，将 s 划分成 $s=uvxyz$，其中 $|vxy|\leqslant p$，s 能被抽取。

首先，子串 vxy 一定横跨 s 的中点，否则，如果 vxy 位于 s 的前一半，把 s 抽成 uv^2xy^2z 时，1 移到后一半的第一个位置，因此 uv^2xy^2z 不可能是 ww 的形式。类似地，如果 vxy 位于 s 的后一半，把 s 抽成 uv^2xy^2z 时，0 移到前一半的最后一个位置，因此 uv^2xy^2z 也不可能是 ww 的形式。

但是，如果子串 vxy 横跨 s 的中点，把 s 往外抽成 uxz，它形如 $0^p1^i0^j1^p$，其中 i 和 j 不可能都等于 p。这个字符串不是 ww 的形式。于是，s 不能够被抽取，从而 D 不是 CFL。■

2.4 确定型上下文无关语言

回想一下，确定型有穷自动机和非确定型有穷自动机具有等价的语言识别能力。相反，非确定型下推自动机比确定型下推自动机具有更强的能力。我们将看到，一些不能由确定型 PDA 识别的上下文无关语言，需要用非确定型 PDA 来识别。能被确定型下推自动机（DPDA）识别的语言称为确定型上下文无关语言（DCFL）。它是上下文无关语言的一个子类，并与许多实际应用相关，例如：程序设计语言编译器中语法分析器的设计，因为通常来说，与 CFL 相比，语法分析的问题对 DCFL 更加容易。本节将简要地概述这一重要又迷人的主题。

在 DPDA 的定义中，我们遵循了确定性的基本准则：在计算的每一步，根据其转移函数，DPDA 最多只有一种继续的方式。定义 DPDA 比定义 DFA 更复杂，这是因为 DPDA 可能在不弹出一个栈符号的情况下读入一个输入符号，反之亦然。相应地，DPDA 的转移函数中允许 ε-转移，尽管这在 DFA 中是被禁止的。ε-转移有两种形式：**ε-输入转移**（ε-input move）对应于 $\delta(q,\varepsilon,x)$，**ε-栈转移**（ε-stack move）对应于 $\delta(q,a,\varepsilon)$。也可以在一次转移中把这两种形式结合起来，对应于 $\delta(q,\varepsilon,\varepsilon)$。如果一台 DPDA 能够在某种情况下做 ε-转移，那么在这种情况下涉及处理非 ε 符号的转移是被禁止的，否则可能出现多个合法的计算分支的情况，进而导致非确定型的行为。形式化定义如下：

定义 2.23　**确定型下推自动机**（deterministic pushdown automaton）是一个 6 元组 $(Q,\Sigma,\Gamma,\delta,q_0,F)$，其中 Q,Σ,Γ 和 F 都是有穷集合，并且

1. Q 是状态集，
2. Σ 是输入字母表，
3. Γ 是栈字母表，
4. $\delta: Q\times\Sigma_\varepsilon\times\Gamma_\varepsilon\rightarrow(Q\times\Gamma_\varepsilon)\cup\{\varnothing\}$ 是转移函数，
5. $q_0\in Q$ 是起始状态，
6. $F\subseteq Q$ 是接受状态集。

转移函数 δ 必须满足如下条件：

给定任意一组 $q\in Q$，$a\in\Sigma$ 和 $x\in\Gamma$，

$$\delta(q,a,x),\delta(q,a,\varepsilon),\delta(q,\varepsilon,x)\text{和}\ \delta(q,\varepsilon,\varepsilon)$$

中有且仅有一个不是 $\varnothing$。

转移函数可能输出一个 (r,y) 形式的单次转移，或输出 $\varnothing$ 来指示不做任何动作。举一个例子来说明这些可能性。假设转移函数为 δ 的一个 DPDA M 位于状态 q，下一个输入符号是 a，栈顶符号是 x。如果 $\delta(q,a,x)=(r,y)$，那么 M 读入 a，从栈中弹出 x，进入状态 r，并且将 y 压入栈。抑或，若 $\delta(q,a,x)=\varnothing$，那么当 M 位于状态 q 时，没有读入 a 并弹出 x 对应的转移。这种情况下，δ 的条件要求 $\delta(q,a,\varepsilon)$，$\delta(q,\varepsilon,x)$，$\delta(q,\varepsilon,\varepsilon)$ 之一非空，然后 M 作相应转移。δ 的条件避免了 DPDA 在同样的情况下执行两种不同的动作（例如：若 $\delta(q,a,x)\neq\varnothing$ 且 $\delta(q,a,\varepsilon)\neq\varnothing$ 就会发生这种情形），从而确保了确定型行为。当栈非空时，DPDA 在任何状况下都只有一个合法的转移。若栈为空，只有当转移函数指明一个弹出 ε 的转移时，DPDA 才能转移。否则，DPDA 没有合法的转移，拒绝，同时不再读取剩余的输入。

DPDA 接受的方式与 PDA 相同。如果 DPDA 在读入输入字符串的最后一个符号后进入接受状态，则接受这个字符串。其他任何情况下，则拒绝这个字符串。两种情况下会产生拒绝：其一，DPDA 读入了全部输入，但最后没有进入接受状态；其二，DPDA 没有成

功地读完整个输入字符串。当 DPDA 尝试弹出一个空栈，或者当 DPDA 在某个位置后不再读入任何输入而是执行无尽的 ε-输入转移序列时第二种情况就可能出现。

DPDA 的语言称为**确定型上下文无关语言**（deterministic context-free language）。

例 2.24 例 2.9 中的语言 $\{0^n1^n \mid n\geq 0\}$ 是一个 DCFL。通过在一个不可能被接受的“死”状态中添加缺失状态、输入符号和栈符号组合的转移，可以容易地将该语言的 PDA M_1 修改为一台 DPDA。

例 2.10 和例 2.11 给出的 CFL$\{\mathrm{a}^i\mathrm{b}^j\mathrm{c}^k \mid i,j,k\geq 0$ 且 $i=j$ 或 $i=k\}$ 和 $\{ww^{\mathcal{R}} \mid w\in\{0,1\}^*\}$ 都不是 DCFL。问题 2.27 和问题 2.28 说明了非确定性是识别这些语言的必要条件。 ■

有关 DPDA 的讨论自然地倾向于技术性，尽管本书尽最大努力强调其实现背后的主要思想，但本节内容的难度仍大于前面章节。本节内容并不影响对本书后续内容的理解，因此如有必要可以跳过本节。

接下来，我们介绍一个可以简化后续讨论的技术性引理。前文介绍过，当不能成功读入全部输入字符串时，DPDA 拒绝输入。但是，这类 DPDA 会引入一些杂乱的情况。所幸，下面的引理表明我们可以通过转换 DPDA 来避免这种不方便的情况。

引理 2.25 *任何一台 DPDA 都有一台能够读完整个输入字符串的等价 DPDA。*

证明思路 当一台 DPDA 试图弹出一个空栈或者执行无尽的 ε-输入转移序列时，它可能不能读入整个输入串。我们称第一种情况为 hanging，第二种情况为 looping。用一个特殊符号初始化栈可以解决 hanging 问题。如果这个符号在输入末端之前被弹出栈，那么 DPDA 读完剩下的输入并拒绝。通过识别 looping 情况发生（即不再有输入符号被读入），并重新对 DPDA 编程使其读入并拒绝输入，可以解决 looping 问题。我们还必须调整这些修改来满足在输入的最后一个符号发生 hanging 或者 looping 的情况。如果 DPDA 在读入最后一个符号之后进入接受状态，那么修改后的 DPDA 接受而不是拒绝输入。

证明 设 $P=(Q,\Sigma,\Gamma,\delta,q_0,F)$ 是一台 DPDA。首先，增加一个新的起始状态 q_{start}、一个额外的接受状态 q_{accept}、一个新状态 q_{reject}，以及其他新状态。对所有 $r\in Q$，$a\in\Sigma_\varepsilon$，以及 x，$y\in\Gamma_\varepsilon$ 实施如下修改。

首先，修改 P 使其一旦进入接受状态，就停留在接受状态直至读入下一个输入符号。对每一个 $q\in Q$，增加一个新的接受状态 q_{a}，并且若 $\delta(q,\varepsilon,x)=(r,y)$，则置 $\delta(q_{\mathrm{a}},\varepsilon,x)=(r_{\mathrm{a}},y)$。如果 $q\in F$，则修改 δ 使得 $\delta(q,\varepsilon,x)=(r_{\mathrm{a}},y)$。对每一个 $q\in Q$ 和 $a\in\Gamma$，若 $\delta(q,a,x)=(r,y)$，则置 $\delta(q_{\mathrm{a}},a,x)=(r,y)$。设 F'是新、旧接受状态的集合。

接下来，通过用一个新的特殊栈符号 \$ 初始化栈来修改 P，使其在尝试弹出空栈时拒绝。如果 P 随后在非接受状态探测到 \$，则进入 q_{reject} 并且扫描输入到末端。如果 P 在接受状态探测到 \$，则进入 q_{accept}。若还有输入处于未读状态，P 进入 q_{reject} 并且扫描输入到末端。形式化地，置 $\delta(q_{\text{start}},\varepsilon,\varepsilon)=(q_0,\$)$。对 $x\in\Gamma$ 和 $\delta(q,a,x)\neq\varnothing$，若 $q\notin F'$，则置 $\delta(q,a,\$)=(q_{\text{reject}},\varepsilon)$；若 $q\in F'$，则置 $\delta(q,a,\$)=(q_{\text{accept}},\varepsilon)$。对 $a\in\Sigma$，置 $\delta(q_{\text{reject}},a,\varepsilon)=(q_{\text{reject}},\varepsilon)$，以及 $\delta(q_{\text{accept}},a,\varepsilon)=(q_{\text{reject}},\varepsilon)$。

最后，修改 P 使其拒绝，避免在输入末端之前执行无尽的 ε-输入转移序列。对每一个 $q\in Q$ 和 $x\in\Gamma$，当 P 从状态 q 开始且 $x\in\Gamma$ 是栈顶元素时，如果 P 不再弹出 x 以下的符号也不再读入任何输入符号，则称 (q,x) 为 looping 状况。如果 P 在随后的转移中进入接受状态，则称 looping 状况是接受的，否则是拒绝的。如果 (q,x) 是接受的 looping 状况，置 $\delta(q,\varepsilon,x)=(q_{accept},\varepsilon)$，若 (q,x) 是拒绝的 looping 状况，置 $\delta(q,\varepsilon,x)=(q_{reject},\varepsilon)$。■

为简便起见，在后面的讨论中我们假设 DPDA 读入全部的输入。

2.4.1 DCFL 的性质

本小节将探究 DCFL 类的封闭性和非封闭性，并由此说明 CFL 不是 DCFL。

定理 2.26 DCFL 类在补运算下封闭。

证明思路 将一台 DFA 的接受状态和非接受状态进行交换，得到一台识别语言补集的新 DFA，因此证明正则语言类在补运算下封闭。同样的方法适用于 DPDA，但有一个问题。在输入字符串的末端，DPDA 进入转移序列的接受和非接受状态都可能接受输入。这种情况下，交换接受和非接受状态仍然会接受。

通过修改 DPDA 限制接受的出现，可以解决这个问题。对输入的每一个符号，只有当修改后的 DPDA 将要读入下一个符号时，该 DPDA 才能够进入一个接受状态。换言之，只有读入状态（总是读入输入符号的状态）才可能是接受状态。因此，只有在这些读入状态中交换接受状态和非接受状态，才能转换 DPDA 的输出。

证明 首先按照引理 2.25 的证明中的描述修改 P，令机器 $(Q,\Sigma,\Gamma,\delta,q_0,F)$ 为修改结果。这个机器总是读入全部输入字符串。此外，一旦进入一个接受状态，它停留在接受状态直到它读入下一个输入符号。

为了实现证明思路，我们需要识别读入状态。如果 DPDA 在状态 q 读入一个输入符号 $a\in\Sigma$ 而没有弹栈（即 $\delta(q,a,\varepsilon)\neq\varnothing$），那么认定 q 为一个读入状态。然而，如果 DPDA 读入 a 并且弹栈，那么根据弹出的符号决定读入操作，因此将这一步一分为二：弹出和接下来的读入。对 $a\in\Sigma$ 和 $x\in\Gamma$，如果 $\delta(q,a,x)=(r,y)$，那么增加一个新状态 q_x 并且修改 δ 使得 $\delta(q,\varepsilon,x)=(q_x,\varepsilon)$，$\delta(q_x,a,\varepsilon)=(r,y)$。认定 q_x 为一个读入状态。状态 q_x 从不弹栈，所以它的动作与栈内容无关。如果 $q\in F$，认定 q_x 为一个接受状态。最后，从所有非读入状态中移除接受状态的认定。修改后的 DPDA 等价于 P，但是对每个输入符号，当 DPDA 将要读入下一个符号时，它最多进入一个接受状态。

现在，对认定为接受的读入状态进行转换（为非接受）。修改后的 DPDA 识别语言补集。■

此定理说明一些 CFL 并不是 DCFL。若 CFL 的补不是一个 CFL，那么该 CFL 也不是 DCFL。因此，$A=\{\mathrm{a}^i\mathrm{b}^j\mathrm{c}^k\mid i\neq j \text{ 或 } j\neq k\text{，其中 } i,j,k\geqslant 0\}$ 是一个 CFL 但不是一个 DCFL。否则，$\overline{A}$ 若是一个 CFL，问题 2.30 的结果会错误地认为 $\overline{A}\cap\mathrm{a}^*\mathrm{b}^*\mathrm{c}^*=\{\mathrm{a}^n\mathrm{b}^n\mathrm{c}^n\mid n\geqslant 0\}$ 是上下文无关的。

问题 2.23 要求证明在其他常见的运算如并、交、星和逆下 DCFL 类是不封闭的。

为了简化讨论，偶尔我们会考虑将一个特定的标记符号 $\dashv$ 添加到输入字符串的末尾，将其称为**输入结束标记**（endmarked input）。我们将 $\dashv$ 添加到 DPDA 的输入字母表。在下一个定理中可以看到，添加输入结束标记不会改变 DPDA 的能力。然而，在设计 DPDA 时考虑输入结束标记，可以获知输入字符串的结束信息，从而简化设计难度。对任意语言 A，我们用**结束标记语言** $A\dashv$ 来表示字符串 $w\dashv$ 的集合，其中 $w\in A$。

定理 2.27 A 是 DCFL 当且仅当 $A\dashv$ 是 DCFL。

证明思路 证明该定理的充分性比较容易。令 DPDA P 识别 A。DPDA P'模拟 P 直到 P'读入$\dashv$，从而识别 $A\dashv$。此时，如果在前一个符号中 P 已经进入接受状态，那么 P'接受。P'不再读入$\dashv$之后的任何符号。

为了证明定理的必要性，令 DPDA P 识别$A\dashv$ 并且构造一个识别 A 的 DPDA P'。因为 P'读入其输入，因此它模拟 P。在读入每一个输入符号之前，P'判定若该符号为$\dashv$，P 是否接受。若是，P'进入一个接受状态。注意，P 可能在读入$\dashv$之后进行栈操作，因此读入$\dashv$之后需要根据栈的内容来判定 P 是否接受。当然，P'不能在任一个输入符号时弹出整个栈，因此 P'必须在不弹出栈的情况下判定 P 在读入$\dashv$之后的动作。替代方案是 P'在栈中存储额外的信息从而允许 P'立刻判定 P 是否接受。这个信息表明了从哪个状态开始 P 最终会接受，同时（可能）进行栈操作，但不再读入任何输入。

证明 我们只给出必要性证明的细节。正如证明思路所述，令 DPDA $P=(Q,\Sigma\cup\{\dashv\},\Gamma,\delta,q_0,F)$ 识别 $A\dashv$ 并且构造一台 DPDA $P'=(Q',\Sigma,\Gamma',\delta',q_0',F')$ 识别 A。首先，修改 P 使得它的每次转移都仅执行下述操作之一：读入一个输入符号；将一个符号压入栈；从栈中弹出一个符号。通过引入新状态很容易实现这些修改。

P'模拟P，同时维持一个栈内容的拷贝并交错存储栈的额外信息。每当 P'压入一个 P 的栈符号，P'随之压入一个代表P 状态子集的符号。因此，置 $\Gamma'=\Gamma\cup\mathcal{P}(Q)$。$P'$的栈中$\Gamma$ 的成员与$\mathcal{P}(Q)$ 的成员交错存储。如果 $R\in\mathcal{P}(Q)$ 是栈顶符号，那么从 R 的任一状态开始 P，P 最终会接受并且不再读入更多输入。

初始，P'将状态集合 R_0 压入栈，R_0 包含的任一状态 q 满足：当 P 从 q 开始并且栈为空，P 最终将会接受并且不再读入任何输入符号。那么 P'开始模拟 P。为了模拟一个弹出转移，P'首先弹出并抛弃栈顶符号所代表的状态集合，接下来 P'再次弹栈从而得到 P 在当前应该弹出的符号，并根据该符号判定 P 的下一次转移。模拟一个压入转移 $\delta(q,\varepsilon,\varepsilon)=(r,x)$，$P$ 在从状态 q 到状态 r 的过程中压入 x，具体操作如下。首先，P'检查栈顶的状态集合 R，然后 P'压入 x，得到集合 S。S 满足若 $q\in F$ 或者 $\delta(q,\varepsilon,x)=(r,\varepsilon)$ 且 $r\in R$，则 $q\in S$。换句话说，状态集合 S 要么立即接受，要么在弹出 x 后会进入 R 中的一个状态。最后，P'通过检查栈顶集合 R 并且当 $r\in R$ 时进入一个接受状态来模拟一个读入转移 $\delta(q,a,\varepsilon)=(r,\varepsilon)$。如果在进入这个状态时，$P'$位于输入字符串的最后，那么 P'会接受这个输入。如果 P'不是在输入字符串的最后，那么它将继续模拟 P，那么这个接受状态也必定会记录 P 的状态。因此，我们创建这个状态作为 P 原始状态的第二个拷贝，将它标记为 P'的一个接受状态。 ■

2.4.2 确定型上下文无关文法

这一节定义了确定型上下文无关文法，它对应于确定型下推自动机。我们将说明若把关注限于结束标记语言（该语言中所有字符串都以$\dashv$ 终止），则这两个模型具有等价的能力。相比于正则表达式和有穷自动机，或者 CFG 和 PDA，这些生成模型和识别模型在不需要结束标记的情况下就能准确描述同一类语言，因此确定型上下文无关文法和确定型下推自动机之间的对应关系并不强大。然而，对于 DPDA 和 DCFG，结束标记是必需的，否则等价关系就不再成立。

在确定型自动机中，计算过程的每一步决定了下一步。自动机不能对如何向前推进做出选择，因为在任何节点上都只有一种向前推进的可能性。为了用文法来定义确定性，观察发现自动机中的计算对应于文法中的派生。在一个确定型文法中，如下文所述，派生是被约束的。

CFG 中的派生开始于起始变元，根据文法规则得到一系列替换并按“自顶向下”的方式推进，直至派生得到一个终结符串。为了定义 DCFG，我们采用“自底向上”的方式，开始于一个终结符串，并反向派生，通过一系列**归约步骤**（reduce step）直至得到起始变元。每个归约步骤是一个反向替换，规则右边的终结符串和变元被其左边的相应变元所替换。被替换的串称为**归约串**（reducing string）。我们将整个反向派生过程称为一次**归约**（reduction）。确定型 CFG 则由具备确定性质的归约来定义。

更为形式化地，如果 u 和 v 分别是变元串和终结符串，用 $u \mapsto v$ 表示从 u 经过一个归约步骤得到 v。换句话说，$u \mapsto v$ 与 $v \Rightarrow u$ 含义相同。一个**从 u 到 v 的归约**（reduction from u to v）是一个序列

$$u = u_1 \mapsto u_2 \mapsto \cdots \mapsto u_k = v$$

我们称 u **可归约**（reducible）到 v，记作 $u \overset{*}{\mapsto} v$。若有 $v \overset{*}{\Rightarrow} u$，那么 $u \overset{*}{\mapsto} v$。一个**从 u 开始的归约**（reduction from u）表示一个从 u 开始至起始变元的归约。在一个**最左归约**（leftmost reduction）中，每一个归约串只在其他所有归约串完全在其左边后才归约。仔细想一下，可以看出最左归约即是反向的最右派生。

这里可以看出 CFG 确定性所包含的思想。对以 S 为起始变元的 CFG，串 w 属于其语言，w 的最左归约为：

$$w = u_1 \mapsto u_2 \mapsto \cdots \mapsto u_k = S$$

首先，规定每一个 u_i 决定下一个归约步骤 u_{i+1}。因此 w 决定了整个最左归约。这个规定只是表明文法是无歧义的。为了得到确定性，我们还需更进一步。对每一个 u_i，其下一个归约步骤必须由 u_i 的前缀唯一确定，且此前缀从头开始并且包含了归约步骤中的归约串 h。换句话说，u_i 的最左归约步骤并不依赖于 u_i 中其归约串右边的符号。

引入术语能帮助我们更准确地描述思路。令 w 是属于 CFG 语言 G 的一个字符串，令 u_i 出现在 w 的最左归约中。在归约步骤 $u_i \mapsto u_{i+1}$ 中，称规则 $T \to h$ 被反向运用。这意味着可以记作 $u_i = xhy$，$u_{i+1} = xTy$，其中 h 是归约串，x 是 u_i 的一部分并出现在 h 左侧，y 是 u_i 的一部分并出现在 h 右侧。如图 2-17 所示。

$$u_i = \overbrace{x_1 \cdots x_j}^{x}\overbrace{h_1 \cdots h_j}^{h}\overbrace{y_1 \cdots y_l}^{y} \mapsto \overbrace{x_1 \cdots x_j}^{x}\overbrace{T}^{T}\overbrace{y_1 \cdots y_l}^{y} = u_{i+1}$$

图 2-17　$xhy \mapsto xTy$ 的扩展图示

我们将 h 和它的归约规则 $T \to h$ 称作 u_i 的一个**句柄**（handle）。换句话说，出现在 $w \in L(G)$ 最左归约中的串 u_i 的一个句柄是 u_i 的归约串以及在归约中 u_i 的归约规则。有些情况下，当不需关注归约规则时，句柄仅指代归约串。称在 $L(G)$ 中某字符串的最左归约中出现的串为**有效串**（valid string）。我们只定义有效串的句柄。

如果文法有歧义，一个有效串可能有多个句柄。无歧义的文法仅由一个语法树产生字符串，因此，其最左归约、句柄都是唯一的。在这种情况下，称为有效串的唯一句柄。

若 u_i 在一个句柄之后，观察 u_i 的一部分 y。因为归约在最左边，所以 y 总是一个终结符组成的串。否则，y 应包含一个变元符号，且该变元符号仅从前一个归约步骤中产生，该归约步骤的归约串完全位于 h 的右边。但是，最左归约应该已经在更早的步骤中归约了句柄。

例 2.28　考虑文法 G_1：

$$R \to S \mid T$$
$$S \to \mathrm{a}S\mathrm{b} \mid \mathrm{ab}$$
$$T \to \mathrm{a}T\mathrm{bb} \mid \mathrm{abb}$$

它的语言是 $B \cup C$，其中 $B=\{\mathrm{a}^m\mathrm{b}^m \mid m \geqslant 1\}$，$C=\{\mathrm{a}^m\mathrm{b}^{2m} \mid m \geqslant 1\}$。在这个串 $\mathrm{aaabbb} \in L(G)$ 的最左归约中，我们将每一步的句柄标注了下划线：

$$\mathrm{aa}\underline{\mathrm{ab}}\mathrm{bb} \mapsto \mathrm{a}\underline{\mathrm{a}S\mathrm{b}}\mathrm{b} \mapsto \underline{\mathrm{a}S\mathrm{b}} \mapsto \underline{S} \mapsto R$$

相似地，串 aaabbbbbb 的一个最左归约为：

$$\mathrm{aa}\underline{\mathrm{abb}}\mathrm{bbbb} \mapsto \mathrm{a}\underline{\mathrm{a}T\mathrm{bb}}\mathrm{bb} \mapsto \underline{\mathrm{a}T\mathrm{bb}} \mapsto \underline{T} \mapsto R$$

在这两个例子中，所展现的最左归约恰巧是唯一可能的归约；但是在其他可能出现多个归约的文法中，我们必须使用一个最左归约来定义句柄。注意，aaabbb 和 aaabbbbbb 的句柄是不同的，尽管这两个串最初始的部分一致。接下来我们将会在定义 DCFG 时简要地讨论这一细节。

一台 PDA 通过它的非确定性来识别 $L(G_1)$，从而猜测它的输入是否在 B 中或在 C 中。那么，在它将 a 的句柄压入栈中后，它弹出 a 的句柄并且将每一个与 b 或者 bb 分别匹配。问题 2.25 要求证明 $L(G_1)$ 不是一个 DCFL。如果尝试令一台 DPDA 识别这种语言，会发现机器不能预先知道输入是否在 B 中或在 C 中，因此它并不知道如何将 a 的句柄与 b 的句柄匹配。将这个文法与文法 G_2 比较：

$$R \to 1S \mid 2T$$
$$S \to \mathrm{a}S\mathrm{b} \mid \mathrm{ab}$$
$$T \to \mathrm{a}T\mathrm{bb} \mid \mathrm{abb}$$

G_2 中第一个输入符号提供了这个信息。我们对 DCFG 的定义必须包含 G_2 但排除 G_1。■

例 2.29　令 G_3 为如下文法：

$$S \to T\dashv$$
$$T \to T(T) \mid \varepsilon$$

这个文法阐明了几个要点。第一，它产生一个结束标记语言。稍后我们在证明 DPDA 和 DCFG 的等价性时，会着重关注结束标记语言。第二，ε 句柄可能出现在归约中，就像在串 ()()⊣ 的最左归约中短下划线表示的那样：

$$\underline{\ }()()\dashv \mapsto \underline{T(T)}()\dashv \mapsto T()\dashv \mapsto \underline{T(T)}\dashv \mapsto \underline{T\dashv} \mapsto S$$

■

因为句柄决定归约，所以在定义 DCFG 的过程中句柄扮演着重要的角色。一旦我们知道一个串的句柄，我们就知道了下一个归约步骤。为了使接下来的定义有意义，牢记我们的目标：我们力图定义 DCFG 使得它可以与 DPDA 相对应。我们通过展示如何将 DCFG 转换成等价的 DPDA 来建立这个对应关系，反之亦然。为了使这个转换有效，DPDA 需要寻找句柄，从而寻找到归约。但是找到一个句柄可能有技巧性。看起来我们需要知道一个串的下一个归约步骤从而识别它的句柄，但是 DPDA 不需要预先知道归约。我们通过限制在 DCFG 中的句柄来解决这个问题，从而使得 DPDA 能够更为容易地找到句柄。

为了更好地说明定义，考虑某些串有多个句柄的歧义性文法。选择一个特定的句柄可能需要预先知道哪棵语法树派生了这个串，以及那些对于 DPDA 一定是无法获得的信息。我们发现 DCFG 是非歧义性的，因此句柄是独一无二的。然而，只有独一无二的句柄对定义 DCFG 来说是不够的，就如同文法 G_1 在例 2.28 中展示的那样。

为什么拥有独一无二的句柄不能说明我们有一个 DCFG？检查 G_1 中的句柄能明显地看到答案。如果 $w \in B$，则句柄是 ab；然而如果 $w \in C$，则句柄是 abb。虽然 w 决定了会出现哪种情况，但是确定句柄为 ab 还是 abb 还需要检查所有的 w，并且当一台 DPDA 需要选择句柄的时候，它还没有读完整个输入。

为了定义对应于 DPDA 的 DCFG，我们对句柄施加一个更为严格的要求。一个有效串的初始部分（从头开始并包括它的句柄）必须足以决定句柄。因此，如果我们在从左到右读入一个有效串时，只要读入句柄就可以知道我们获得了它。为识别句柄，我们不需要读入该句柄之外的东西。回忆一下一个有效串的未读部分只包括终结符，因为这个有效串已经通过一个初始终结符串的一个最左归约得到了，而未读的部分还没有处理。因此，在每一个有效串 $xh\hat{y}(\hat{y} \in \Sigma^*)$ 中 h 是独一无二的句柄时，我们说 h 是有效串 $v=xhy$ 的一个**强制句柄**（forced handle）。

定义 2.30　**确定型上下文无关文法**（deterministic context-free grammar）*是能够让每一个有效串都有一个强制句柄的上下文无关文法。*

为了简洁，我们假定在整个关于确定型上下文无关文法的部分中，CFG 的起始变元不出现在任何规则的右边，在文法中每一个变元出现在该文法语言的某个串的一个归约中，即文法不包含无用的变元。

虽然我们关于 DCFG 的定义在数学上是很精确的，但是它并不能提供任何明确的方式去判定一个 CFG 是否是确定性的。下一步我们将会给出一个准确实现这个目的的过程，称之为 DK-测试。当我们展示如何将 DCFG 转换成 DPDA 时，我们也将使用 DK-测试的构造方法使得 DPDA 可以发现句柄。

DK-测试依赖于一个简单但令人惊讶的事实。对任意 CFG G 我们能够构造一个可以识别句柄的关联 DFA DK。特别地，如果满足以下条件，DK 接受它的输入 z：

1. z 是某个有效串 $v=zy$ 的前缀；
2. z 以 v 的一个句柄作为结束。

此外，DK 的每一个接受状态表明（一组）相关联的归约规则。在一个一般性的 CFG 中，根据扩展 z 的有效 v，可能会运用多个归约规则。但是在一个 DCFG 中，如我们看到的那样，每一个接受状态对应于一个确定的归约规则。

在形式化提出 DK 并列举它的性质之后，我们会描述 DK-测试。计划是这样的，在一个 DCFG 中，所有的句柄都是强制的。因此如果 zy 是一个以 z 为前缀并且以 zy 的一个句柄为结尾的有效串，那么这个句柄是独一无二的，且它也是所有有效串 $z\hat{y}$ 的句柄。基于这些性质，每一个 DK 的接受状态一定与某个单一句柄相关联，因此与某个实际的归约规则相关联。此外，接受状态必须不能拥有一个向外的路径，该路径在读入 Σ^* 中的一个串之后可以得到一个接受状态。否则，zy 的句柄不会是独一无二的或者句柄会依赖于 y。在 DK-测试中，我们构造 DK，如果所有 G 的接受状态都有这些性质，则推断出 G 是确定性的。

为了构造 DFA DK，我们将会构造一个等价的 NFA K，通过在定理 1.19 中介绍的子集构造将 K 转换成 DK[⊖]。为了理解 K，首先考虑一个能完成更简单任务的 NFA J。它接

⊖ 名字 DK 是对"确定性 K"（deterministic K）的简化，同时 DK 也代表最早提出这个思路的人 Donald Knuth。

受每一个以任何规则的右边作为结束的输入串。构造 J 是很简单的。J 会猜测哪个规则适用，也能猜测从何处开始将输入与规则的右边相匹配。随着匹配输入，J 通过已经选好的规则右边来追踪它的进程。我们用在这个规则的对应位置放置句点的方式来表示这个进程，称其为**加点规则**（dotted rule），在其他一些资料中也称作**项**（item）。因此对每个在右边有 k 个符号的规则 $B\to u_1u_2\cdots u_k$，我们得到 $k+1$ 个加点规则：

$$\begin{gathered}B\to .u_1u_2\cdots u_k\\ B\to u_1.u_2\cdots u_k\\ \vdots\\ B\to u_1u_2\cdots .u_k\\ B\to u_1u_2\cdots u_k.\end{gathered}$$

每一个加点规则都对应于 J 的一个状态。我们用一个方框 $\boxed{B\to u.v}$ 来表示状态和相关联的加点规则 $B\to u.v$。接受状态 $\boxed{\boxed{B\to u.}}$ 对应于**完整规则**（completed rule），即以句点作为结束。对每一个规则 $B\to u$，我们为 $\boxed{B\to .u}$ 添加一个单独的由所有符号的自循环构成的起始状态以及一个 ε-转移。因此如果在输入的最后成功完成匹配，那么 J 接受。如果出现一个错误的匹配或者最后的匹配没有正好出现在输入的末尾，那么 J 的这个计算分支会拒绝。

NFA K 以相似但更为简捷的操作选择匹配规则。只有可能的归约规则才会被允许。如同 J，它的状态对应于所有的加点规则。它有一个特殊的起始状态，该状态对所有包含起始变元 S_1 的规则来说，都有到 $\boxed{S_1\to .u}$ 的 ε-转移。在其每一个计算分支中，K 将一个可能的归约规则与输入的某个子串相匹配。如果规则的右边包含变元，K 会不确定性地转到某个扩展该变元的规则。引理 2.31 形式化地展现了该思路。我们首先详细地描述 K。

转换过程在两种情况下出现：移动转移（shift-move）和 ε-转移。对每一个终结符或者变元 a 会出现移动转移，对每个规则 $B\to uav$ 有

$$\boxed{B\to u.av}\xrightarrow{a}\boxed{B\to ua.v}$$

对所有规则 $B\to uCv$ 和 $C\to r$ 会出现 ε-转移：

$$\boxed{B\to u.Cv}\xrightarrow{\varepsilon}\boxed{C\to .r}$$

接受状态是所有对应于一个完整规则的 $\boxed{\boxed{B\to u.}}$。接受状态没有向外的转换并且写成两个方框的形式。

下一个引理以及它的推论证明了 K 接受所有以串 z 的某个有效扩展的句柄作为结束的串 z。因为 K 是非确定性的，所以我们说它“可能”进入一个状态来表示 K 进入了它的非确定型的某些分支上的状态。

引理 2.31 *在输入 z 上 K 可能进入状态 $\boxed{T\to u.v}$ 当且仅当对某些 $y\in\Sigma^*$，$z=xu$ 且 $xuvy$ 是一个句柄为 uv、归约规则为 $T\to uv$ 的有效串。*

证明思路 K 通过将一个选定的规则的右边与输入的一部分进行匹配来完成操作。如果完全匹配，K 接受。如果规则的右边包含变元 C，则可能出现两种情况。如果下一个输入符号是 C，那么继续匹配选定的规则。如果 C 已经被扩展了，输入会包含由 C 派生出的符号，所以 K 非确定性地为 C 选择一个替换规则，并从这个规则右边的起始位置开始匹配。若当前选定规则的右边已经完成匹配，则 K 接受。

证明　首先我们证明充分性。假定在 w 上的 K 进入 $\boxed{T\to u.v}$。从 K 的起始状态一直到 $\boxed{T\to u.v}$ 检查 K 的路径。想象该路径如同被 ε-转移间隔的移动转移的执行过程。移动转移是共享相同规则的状态间的转移，从读入符号向右移动句点的位置。在第 i 次执行时，规则为 $S_i\to u_iS_{i+1}v_i$，此处 S_{i+1} 为下一次执行中要扩展的变元。倒数第二次执行的规则是 $S_l\to u_lTv_l$，最后一次执行的规则是 $T\to uv$。

输入 z 必须与 $u_1u_2\cdots u_lu=xu$ 是等效的，因为串 u_i 和 u 是从输入中读入的移动转移符号。令 $y'=v_l\cdots v_2v_1$，我们发现 $xuvy'$ 可以从 G 中派生出来，因为上述规则给出的派生过程就如同图 2-18 中语法树所展示的一样。

为了得到一个有效串，对 y' 中出现的所有变元进行完全扩展直到每一个变元派生出某个终结符串，将其称为结果串 y。串 $xuvy$ 是有效的，因为它出现在 $w\in L(G)$ 的一个最左归约中，即通过完全扩展 $xuvy$ 中的全部变元得到的一个终结符串。

正如图 2-19 所示，uv 是归约中的句柄，且它的归约规则是 $T\to uv$。

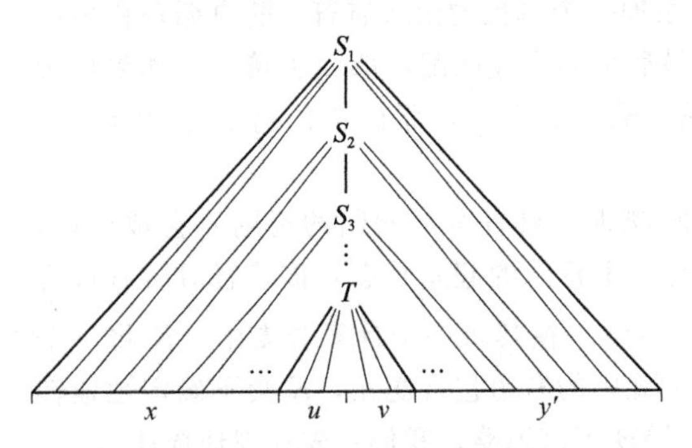

图 2-18　派生 $xuvy'$ 的语法树

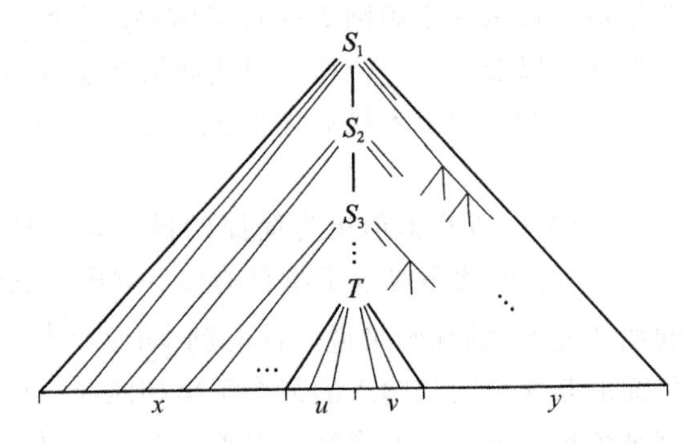

图 2-19　派生带有句柄 uv 的有效串 $xuvy$ 的语法树

现在我们证明引理的必要性。假定串 $xuvy$ 是一个带有句柄 uv 且归约规则为 $T\to uv$ 的有效串。证明 K 在输入 xu 上可能进入状态 $\boxed{T\to u.v}$。

$xuvy$ 的语法树出现在上面的图中。该语法树以起始变元 S_1 为根节点，且一定包含变元 T，因为 $T\to uv$ 是 $xuvy$ 归约过程的第一步。令 S_2，…，S_l 为如图所示的从 S_1 到 T 的路径上的变元。注意，在语法树上出现在该路径左侧的所有变元都是未扩展的，否则 uv 不会是句柄。

在这棵语法树上，根据规则 $S_i\to u_iS_{i+1}v_i$，每一个 S_i 推导出 S_{i+1}。因此对串 u_i 和 v_i 来说，文法一定包含下面的规则。

$$
\begin{aligned}
&S_1\to u_1S_2v_1\\
&S_2\to u_2S_3v_2\\
&\quad\vdots\\
&S_l\to u_lTv_l\\
&T\to uv
\end{aligned}
$$

在读入输入 $z=xu$ 时，K 包含下述从它的起始状态到状态 $\boxed{T\to u.v}$ 的路径。首先，K 执行一个 ε-转移到 $\boxed{S_1\to .u_1S_2v_1}$。下一步，当读入 u_1 的符号，K 执行对应的移动转移直到其在 u_1 的结尾进入 $\boxed{S_1\to u_1.S_2v_1}$。接下来 K 执行一个 ε-转移到 $\boxed{S_2\to .u_2S_3v_2}$，在读

入 u_2 后执行移动转移直到其达到 $\boxed{S_2 \to u_2.S_3 v_2}$，以此类推。在读入 u_l 之后 K 进入 $\boxed{S_l \to u_l.Tv_l}$，通过一个 ε-转移到 $\boxed{T \to .uv}$，并最终在读入 u 之后进入 $\boxed{T \to u.v}$。■

下面的推论说明了 K 接受所有以某个有效扩展得到的一个句柄为结尾的串。当 $u=h$，$v=\varepsilon$ 时，可由引理 2.31 得到该推论。■

推论 2.32　*在输入 z 上 K 可能进入接受状态 $\boxed{T \to h.}$ 当且仅当 $z=xh$ 且 h 是遵循归约规则 $T \to h$ 的有效串 xhy 的一个句柄。*

最后，我们通过使用定理 1.19 证明中构造的子集，并删除所有从起始状态无法达到的状态，将 NFA K 转换成 DFA DK。每一个 DK 的状态包含一个或多个加点规则。每一个接受状态包含至少一个完整规则。通过指代包含加点规则的状态，可以将引理 2.31 和推论 2.32 应用于 DK。

现在我们做好了描述 ***DK*-测试**的准备。

从一个 CFG G 开始，构造关联的 DFA DK。通过检查 DK 的接受状态，判定 G 是否是确定性的。DK-测试保证每一个接受状态包含：

1. 有且仅有一个完整的规则，
2. 在所有加点规则中句点不会紧跟一个终结符，即对 $a \in \Sigma$，没有形如 $B \to u.av$ 的加点规则。

定理 2.33　*G 通过 DK-测试当且仅当 G 是一个 DCFG。*

证明思路　我们会展示 DK-测试通过当且仅当所有的句柄是强制的。等价地，测试失败当且仅当某个句柄不是强制的。首先，假定某个有效串有一个非强制的句柄。如果我们在这个串上运行 DK，推论 2.32 说明 DK 在句柄的结尾进入一个接受状态。因为接受状态有另一个完整的规则或者有一个以终结符开始到达接受状态的向外路径，所以 DK-测试是失败的。在后一种情况中，接受状态会包含一个加点规则，在该规则中一个终结符出现在句点之后。

反过来，如果 DK-测试失败是因为一个接受状态有两个完整的规则，在这种情况下相关联的串被扩展成带有不同句柄的两个有效串。相似地，如果接受状态有一个完整的规则和一个加点规则，在这个加点规则中，终结符在句点之后，那么应用引理 2.31 能得到带有不同句柄的两个有效的扩展。构造对应于第二个规则的有效扩展有些棘手。

证明　首先来看充分性。假定 G 不是确定性的，证明 G 不能通过 DK-测试。使用有一个非强制句柄 h 的有效串 xhy。因此某个有效串 xhy' 有一个不同的句柄 $\hat{h} \neq h$，这里 y' 是一个终结符串。我们可以将 xhy' 写成 $xhy'=\hat{x}\hat{h}\hat{y}$。

如果 $xh=\hat{x}\hat{h}$，那么归约规则是不同的，因为 h 和 $\hat{h}$ 是不相同的句柄。因此，输入 xh 将 DK 传送给包含两个完整规则的某个状态，违背了 DK-测试。

如果 $xh \neq \hat{x}\hat{h}$，其中一个扩展另一个。假定 xh 是 $\hat{x}\hat{h}$ 的真前缀。如果 $\hat{x}\hat{h}$ 是更短的串，用 y 代替 y'，该论证和串的互换相同。令 q 为 DK 在输入 xh 上进入的状态。状态 q 一定是接受的，因为 h 是 xhy 的一个句柄。必有一个从 q 出发的转移箭头，因为 $\hat{x}\hat{h}$ 通过 q 将 DK 传送给一个接受状态。另外，因为 $y' \in \Sigma^+$，这个转移箭头被一个终结符所标注。这里 $y' \neq \varepsilon$ 是因为 $\hat{x}\hat{h}$ 扩展了 xh。因此 q 包含一个加点规则，在这个规则中一个终结符紧跟在句点之后，这违背了 DK-测试。

为了证明必要性，假定 G 在某个接受状态 q 不能通过 DK-测试，通过展示一个非强制

的句柄来说明 G 不是确定性的。因为 q 是接受的，它有一个完整的规则 $T\to h.$ 。令 z 是一个可以将 DK 推导至 q 的串。那么对 $y\in\Sigma^*$，有 $z=xh$，这里有效串 xhy 有带归约规则 $T\to h$ 的句柄 h。现在根据 DK-测试失败的方式，考虑两种情况。

首先，认为 q 有另一个完整的规则 $B\to\hat{h}.$ 。那么某个有效串 xhy' 必定有一个带有归约规则 $B\to\hat{h}$ 的不同句柄 $\hat{h}$。因此，h 不是一个强制句柄。

其次，认为 q 包含一个规则 $B\to u.av$，这里 $a\in\Sigma$。因为 xh 将 DK 传送给 q，得到 $xh=\hat{x}u$，这里对 $\hat{y}\in\Sigma^*$，$\hat{x}uav\hat{y}$ 是有效的，且有一个带有归约规则 $B\to uav$ 的句柄 uav。为了说明 h 是非强制的，完全扩展 v 中所有变元得到结果 $v'\in\Sigma^*$，然后令 $y'=av'\hat{y}$，注意 $y'\in\Sigma^*$。下面的最左归约说明了 xhy' 是一个有效串而 h 不是句柄。

$$xhy'=xhav'\hat{y}=\hat{x}uav'\hat{y}\overset{*}{\mapsto}\hat{x}uav\hat{y}\mapsto\hat{x}B\hat{y}\overset{*}{\mapsto}S$$

这里 S 是起始变元。我们知道 $\hat{x}uav\hat{y}$ 是有效的并且通过使用一个最右派生能够得到 $\hat{x}uav'\hat{y}$，所以 $\hat{x}uav'\hat{y}$ 也是有效的。此外，$\hat{x}uav'\hat{y}$ 的句柄要么位于 v' 中（如果 $v\neq v'$）要么就是 uav（如果 $v=v'$）。任一情况下，句柄包括 a 或者在 a 之后，而不能是 h，因为 h 全部在 a 之前。因此 h 不是一个强制句柄。 ■

当在实际中建立 DFA DK 时，直接构造会比事先构造 NFA K 更快。首先在包含起始变元的所有规则的初始位置加点，并且把这些新加点规则放入 DK 的起始状态。如果在任一规则中某个句点出现在变元 C 之前，将句点置于所有在左边有 C 的规则的初始位置，并在状态中添加这些规则，继续这个过程直到不能得到新的加点规则。对出现在句点之后的任一符号 c，添加一条标记为 c 的边指向一个新状态，该状态包含对所有 c 之前的加点规则，移动句点在 c 中位置得到的加点规则，并且添加规则来对应句点出现在变元之前时的规则。

例 2.34 这里我们说明 DK-测试对下面的文法是如何失败的（见图 2-20）。

$$S\to E\dashv$$
$$E\to E+T\mid T$$
$$T\to T\times\mathrm{a}\mid\mathrm{a}$$

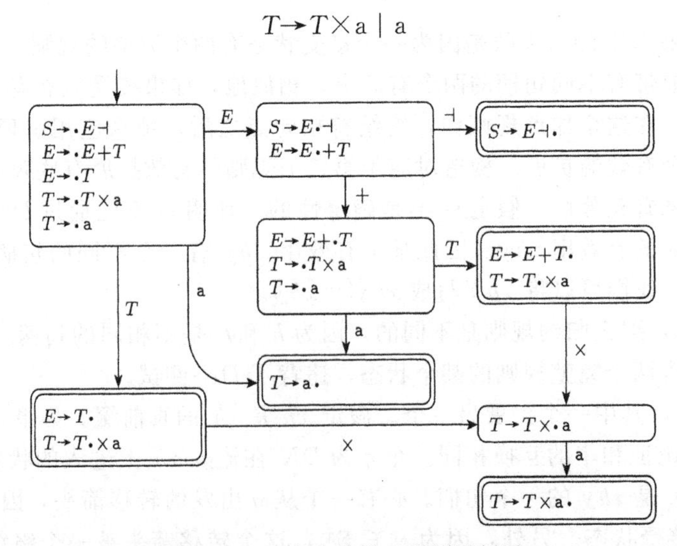

图 2-20 一个失败的 DK-测试例子

注意左下侧和右上侧第二个这两个有问题的状态。这两个状态中都有一个接受状态包含一条加点规则，并且在加点规则中一个终结符出现在句点之后。 ■

例 2.35 一个说明下面文法是 DCFG 的 DFA DK（见图 2-21）。

$$S \to T\dashv$$
$$T \to T(T) \mid \varepsilon$$

观察发现所有的接受状态都满足 DK-测试的条件。■

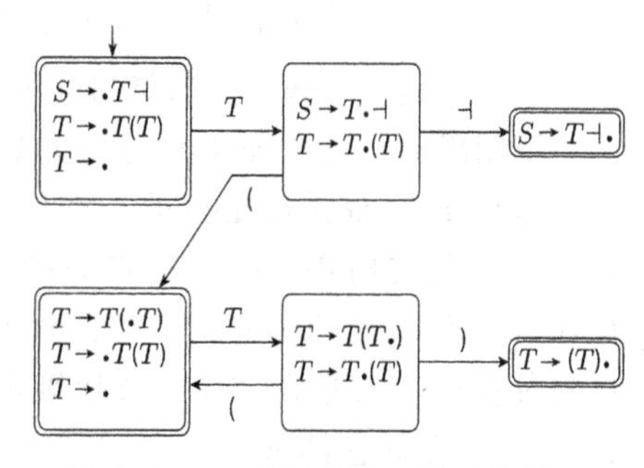

图 2-21 一个通过 DK-测试的例子

2.4.3 DPDA 和 DCFG 的关系

本小节中我们将会证明 DPDA 和 DCFG 描述相同的结束标记语言类。首先，我们将说明如何将 DCFG 转换成等价的 DPDA。这个转换在所有情况下都能进行。接着，我们将说明如何实现从 DPDA 到等价的 DCFG 的反向转换。该转换只在结束标记语言中才能进行。我们将等价性限定于结束标记语言，否则模型不等价。我们已经证明了结束标记不会影响 DPDA 可以识别的语言类，但是它们会影响 DCFG 产生的语言类。没有结束标记，DCFG 只产生 DCFL 的一个子类——它们都是前缀无关的（见问题 2.22）。注意所有的结束标记语言都是前缀无关的。

定理 2.36 *一个结束标记语言由一个确定型上下文无关文法产生，当且仅当它是确定型上下文无关的。*

我们需要证明充分性和必要性。首先我们会说明每一个 DCFG 有一个等价的 DPDA。接下来我们会说明每一个能识别结束标记语言的 DPDA 都有一个等价的 DCFG。我们用不同的引理来证明充分性和必要性。

引理 2.37 *每一个 DCFG 都有一个等价的 DPDA。*

证明思路 我们说明如何将 DCFG G 转换成一个等价的 DPDA P。P 按如下所述使用 DFA DK 进行操作。对于从输入中所读取的符号，它模拟 DK 直至 DK 接受。如定理 2.33 的证明所述，DK 的接受状态指明一个特定的加点规则，因为 G 是确定型的，并且这个规则为扩展了目前已知输入的有效串确定一个句柄。此外，因为 G 是确定型的，这个句柄适用于每一个有效扩展，特别地，如果输入属于 $L(G)$，那么这个句柄适用于对 P 的全部输入。所以 P 能使用这个句柄为它的输入串确定第一个归约步骤，尽管在此时它只是读入了它输入的一部分。

P 如何确定第二个和接下来的归约步骤？一个思路是在输入串上直接执行归约步骤，然后通过 DK 运行修改后的输入，就如同我们之前做的那样。但是输入不能修改或者重新读入，因此这个思路行不通。另一个思路是将输入拷贝到栈并在栈上执行归约步骤，但是这样的话 P 必须弹出整个栈来通过 DK 运行修改后的输入，因此修改后的输入对后面的步骤就不能持续有效了。

这里有一个小技巧，就是在栈里存储所有的 DK 的状态，而不是存储输入串。每当 P 读入一个输入符号并模拟一个在 DK 中的转移时，它通过将其压入栈来记录 DK 的状态。当其使用归约规则 $T \to u$ 来执行一个归约步骤时，它从栈中弹出 $|u|$ 个状态，展现在读入 u 之前 DK 的状态。它将 DK 重置为该状态，接下来在输入 T 上模拟 DK，并将产生的状态压入栈。之后 P 像之前读取和处理输入符号那样继续进行。

当 P 将起始变元压入栈时，它已经找到一个输入到起始变元的归约，所以它进入一个

接受状态。■

接下来我们证明定理 2.36 的必要性。

引理 2.38　每一个能识别结束标记语言的 DPDA 都有一个等价的 DCFG。

证明思路　这个证明是对引理 2.15 中将 PDA P 转换为等价 CFG G 的构造过程的修改。这里 P 和 G 是确定型的，在引理 2.15 的证明思路中，我们改变 P 来清空它的栈，并且当 P 接受时进入一个指定的接受状态 q_{accept}。一个 PDA 不能直接判定其在输入末尾是什么，所以 P 使用它的非确定性来猜测其会处于哪种情况。我们不希望在构造 DPDA P 的过程中引入非确定性。替代策略是使用一个假设，假设 $L(P)$ 是结束标记的。我们修改 P 来清空它的栈，并且在它已经读入结束标记$\dashv$之后进入原接受状态之一时进入 q_{accept}。

接下来我们应用文法构造得到 G。简单地应用原始构造于 DPDA 可以产生一个近乎确定型文法，这是因为 CFG 的派生密切对应于 DPDA 的计算过程。该文法在次要的、可修复的方式下不是确定型。

原始构造引入了形如 $A_{pq}\to A_{pr}A_{rq}$ 的规则，它们可能会引起歧义。这些规则包括的情形有：A_{pq} 产生一个串，该串将 P 从状态 p 带到状态 q，在每个状态的结尾栈都被清空，以及在中途栈被清空。替换操作对应于在一处将计算分拆。但是如果栈多次清空，那么会出现多个分拆。每个分拆会产生不同的语法树，所以产生的文法是歧义性的。通过修改文法使得计算分拆只在栈清空的最后位置发生，可以消除歧义。用一个出现在歧义性文法中的简单但类似的情况来说明：

$$S\to T\dashv$$
$$T\to TT\mid(T)\mid\varepsilon$$

该文法等价于非歧义性的、确定型的文法

$$S\to T\dashv$$
$$T\to T(T)\mid\varepsilon$$

接下来我们通过使用 DK-测试来说明修改后的文法是确定型的。文法被设计成模拟 DPDA。就像引理 2.15 的证明一样，在 P 从一个空栈上的状态 p 运行到一个空栈上的状态 q 的过程中 A_{pq} 产生这些串。我们将会使用 P 的确定性来证明 G 的确定性，这样我们会发现 P 的确定性对于定义 P 在有效串上的计算过程从而来观测它在句柄上的行为是很有用的。然后我们可以使用 P 的确定型行为来说明句柄都是强制的。

证明　认为 $P=(Q,\Sigma,\Gamma,\delta,q_0,\{q_{accept}\})$ 并构造 G。起始变元是 $A_{q_0,q_{accept}}$。构造过程包含如下 3 个部分。

1. 对每一个 $p,q,r,s\in Q,u\in\Gamma$，以及 $a,b\in\Sigma_\varepsilon$，如果 $\delta(p,a,\varepsilon)$ 包含 (r,u) 且 $\delta(s,b,u)$包含(q,ε)，那么将规则 $A_{pq}\to aA_{rs}b$ 放入 G。

2. 对每一个 $p,q,r\in Q$，将规则 $A_{pq}\to A_{pr}A_{rq}$ 放入 G。

3. 对每一个 $p\in Q$，将规则 $A_{pp}\to\varepsilon$ 放入 G。

为避免引入歧义我们对构造过程作修改：将类型 1 和类型 2 规则合并成一个实现相同效果的单一类型 1-2 规则。

1-2. 对每一个 $p,q,r,s,t\in Q,u\in\Gamma$，以及 $a,b\in\Sigma_\varepsilon$，如果 $\delta(r,a,\varepsilon)=(s,u)$且 $\delta(t,b,u)=(q,\varepsilon)$，将规则 $A_{pq}\to A_{pr}aA_{st}b$ 放入 G。

为了看到修改后的文法产生相同的语言，考虑原始文法的任一派生。对每一个由类型 2 规则 $A_{pq}\to A_{pr}A_{rq}$ 导致的替换，我们可以假定 r 是 P 在栈变为空的过程中（修改断言 2.17 的证明过程来选择 r）最右位置时的状态。那么 A_{rq} 随后的替换一定是用类型 1 规则 $A_{rq}\to aA_{st}b$ 来扩展它的。我们可以将这两个替换合并成一个单一类型 1-2 规则 $A_{pq}\to A_{pr}aA_{st}b$。

相反，在一个使用修改后文法的派生中，如果用类型 2 规则 $A_{pq}\to A_{pr}A_{rq}$ 和紧跟着的类型 1 规则 $A_{rq}\to aA_{st}b$ 来代替类型 1-2 规则 $A_{pq}\to A_{pr}aA_{st}b$，可以得到相同的结果。

现在我们用 DK-测试来证明 G 是确定型的。为了实现这一点，我们将会通过扩展 P 的输入字母表和转移函数来处理除终结符之外的变元符号，从而分析在有效串上 P 如何操作。我们把所有的符号 A_{pq} 添加到 P 的输入字母表并通过定义 $\delta(p,A_{pq},\varepsilon)=(q,\varepsilon)$ 来扩展它的转移函数 δ。令所有其他的转移包括 A_{pq} 为 $\varnothing$。为了保持 P 的确定性行为，如果 P 从输入中读入 A_{pq}，那么不允许出现 ε-输入转移。

下面的断言适用于在 $L(G)$ 中任一串 w 的派生，例如

$$A_{q_0,q_{\text{accept}}}=v_0\Rightarrow v_1\Rightarrow\cdots\Rightarrow v_i\Rightarrow\cdots\Rightarrow v_k=w$$

断言 2.39　*如果 P 读入包含一个变元 A_{pq} 的 v_i，那么它正好在读入 A_{pq} 之前进入状态 p。*

使用在 i 上的归纳，从 $A_{q_0,q_{\text{accept}}}$ 派生 v_i 的步骤数目来证明。

归纳基础：$i=0$。

在这种情况下，$v_i=A_{q_0,q_{\text{accept}}}$ 且 P 从状态 q_0 开始，所以归纳基础正确。

归纳步骤：假定断言对 i 成立，证明其对 $i+1$ 也成立。

首先考虑如下情况，$v_i=xA_{pq}y$ 且 A_{pq} 是在步骤 $v_i\Rightarrow v_{i+1}$ 中替换的变元。归纳假设表明 P 在它读入 x 之后，在读入符号 A_{pq} 之前进入状态 p。根据 G 的构造过程，替换规则可能有两种类型：

1. $A_{pq}\to A_{pr}aA_{st}b$ 或
2. $A_{pp}\to\varepsilon$。

因此根据选择的规则类型 $v_{i+1}=xA_{pr}aA_{st}by$ 或者 $v_{i+1}=xy$。在第一种情况下，当 P 在 v_{i+1} 中读入 $A_{pr}aA_{st}b$ 时，我们知道它在状态 p 开始，因为其刚刚读完 x。随着 P 在 v_{i+1} 中读入 $A_{pr}aA_{st}b$，由于替换规则的构造，它进入状态 r，s，t 和 q 组成的序列。因此，它正好在读入 A_{pr} 之前进入状态 p，并且正好在读入 A_{st} 之前进入状态 s，从而为这两种变元的出现情况建立断言。断言在 y 部分的变元出现时成立，是因为在 P 读入 b 之后它进入状态 q 然后读入串 y。在输入 v_i 上，它也在读入 y 之前进入 q，所以计算过程在 v_i 和 v_{i+1} 的 y 部分上是一致的。显然，计算过程在 x 部分也是一致的。因此，断言对 v_{i+1} 成立。在第二种情况下，没有引入新的变元，所以我们只需要观察计算过程在 v_i 与 v_{i+1} 的 x 和 y 部分上是一致的。这就证明了断言成立。

断言 2.40　*G 能通过 DK-测试。*

我们证明每一个 DK 的接受状态都满足 DK-测试的条件。选择这些接受状态中的一个。它包含一个完整的规则 R。这个完整的规则可能有下面两种形式之一：

1. $A_{pq}\to A_{pr}aA_{st}b.$
2. $A_{pp}\to.$

在这两种情况下，我们都需要证明该接受状态不会包含：

a. 另一个完整的规则，

b. 一个含有终结符紧跟在句点之后的加点规则。

我们分别考虑这四种情况。在每一种情况中，我们从考虑一个串 z 开始，DK 在 z 上到达我们所选择的接受状态。

情况 1a　R 是一个完整的类型 1-2 规则。对这个接受状态的任意一个规则来说，z 必定以这个规则中的句点之前的符号作为结束，因为 DK 在 z 上到达该状态。因此在句点之前的符号在所有这样的规则中一定是一致的。这些符号在 R 中是 $A_{pr}aA_{st}b$，所以任意其他类型 1-2 的完整规则的右边一定有相同的符号。同样左边的变元一定也是一致的，所以规则一定都是相同的。

假定接受状态包含 R 和某个类型 3 的完整 ε-规则 T。从 R 中我们知道 z 以 $A_{pr}aA_{st}b$ 结束。此外，我们知道 P 在 z 的最后弹栈，因为根据 G 的构造过程弹栈操作在 R 的那个位置执行。根据我们建立 DK 的方式，在某个状态的完整 ε-规则一定由一个加点规则推导出来，该加点规则驻留的状态满足：句点不在一开始的位置且句点之后紧接着某个变元。(一个例外出现在 DK 的开始状态，这里句点可能出现在规则的开始位置，但是这个接受状态不能是开始状态，因为它包含了一个完整的类型 1-2 规则。）这意味着在 G 中，T 由一个类型 1-2 的加点规则推导得到，在这个规则中句点在第二个变元之前。根据 G 的构造过程，一个压栈操作正好在句点之前出现。这说明 P 在 z 的最后执行了一个压入转移，这与我们之前的论断是矛盾的。所以不存在完整 ε-规则 T。另一方面，任一类型的第二个完整规则不会出现在这个接受状态。

情况 2a　R 是一个完整的 ε-规则 $A_{pp}\to.$。我们证明没有另一个完整的 ε-规则 $A_{qq}\to.$ 能够与 R 共存。如果这样的规则存在，那么之前的断言证明在读入 z 之后 P 一定在 p 中且在读入 z 之后它也一定在 q 中。因此 $p=q$，两个完整的 ε-规则是相同的。

情况 1b　R 是一个完整的类型 1-2 规则。从情况 1a 中，我们知道 P 在 z 的最后弹栈。假设接受状态也包含一个加点规则 T，在 T 中一个终结符紧跟在句点之后。从 T 中我们知道 P 不能在 z 的最后弹栈。这个矛盾说明这种情况是不会出现的。

情况 2b　R 是一个完整的 ε-规则。假设接受状态也包含一个加点规则 T，在 T 中一个终结符紧跟在句点之后。因为 T 是类型 1-2 的，所以一个变元符号之后紧接着句点，那么 z 以这个变元符号作为结束。此外，在 P 读入 z 之后，它为读入一个非 ε 输入符号做好了准备，因为一个终结符跟在句点之后。就如同在情况 1a 中，完整的 ε-规则 R 从一个类型 1-2 加点规则 S 中推导得到，在 S 中句点之后紧接着第二个变元。(再一次，这个接受状态不能是 DK 的开始状态，因为句点不在 T 的开始位置出现。）因此在 S 中某个符号 $\hat{a}\in\Sigma_\varepsilon$ 之后紧接着出现句点，所以 z 以 $\hat{a}$ 作为结束。不论是 $\hat{a}\in\Sigma$ 还是 $\hat{a}=\varepsilon$，因为 z 以一个变元符号作为结束，$\hat{a}\notin\Sigma$ 所以 $\hat{a}=\varepsilon$。因此，在 P 读入 z 之后，在它为处理 $\hat{a}$ 执行 ε-输入转移之前，它为读入一个 ε 输入做好了准备。在之前我们也证明了 P 在此刻为读入一个非 ε 输入符号做好了准备。但是不允许 DPDA 同时执行 ε-输入转移以及在给定状态和栈读入一个非 ε 输入符号的转移，所以上述情况不可能出现。因此情况 2b 不会发生。■

2.4.4　语法分析和 LR(k) 文法

确定型上下文无关语言有着重要的实际意义。它们对于成员关系和语法分析的算法都基于 DPDA，因此这些算法都是高效的，且它们包含了丰富的涵盖大多数编程语言的 CFL

类。然而，DCFG 有时在表达特殊的 DCFL 时不方便。其关于所有句柄都是强制的要求，对于设计直观的 DCFG 是个障碍。

幸运的是，一个叫作 LR(k) 的宽泛文法类让二者相得益彰。它们与 DCFG 非常近似，都允许到 DPDA 的直接转变。同时它们在很多应用上有足够的表达力。

LR(k) 文法的算法引入了**前瞻性**（lookahead）。在 DCFG 中，所有的句柄都是强制的。一个句柄只依赖于一个包括句柄的有效串上的符号，不依赖于在该句柄之后的终结符。在 LR(k)文法中，一个句柄可能也依赖于该句柄之后的符号，但只依赖于其中的前 k 个。首字母缩略词 LR(k)表示：从左到右的输入处理（Left to right input processing）、最右派生（Rightmost derivation）（或者等价地，最左归约）和前瞻的 k 个符号。

为了使其更为精确，令 h 为有效串 $v=xhy$ 的一个句柄。如果 h 对每一个有效串 $xh\hat{y}$（$xh\hat{y}$ 满足 $\hat{y}\in\Sigma^*$ 且 y 和 $\hat{y}$ 在它们前 k 个符号上是一致的）来说是独一无二的句柄，那么认为 h 是**被前瞻 k 所强制的**（forced by lookahead k）。（如果其中某个串的长度小于 k，那么一致的长度与这个短串的长度相同。）

定义 2.41 *若 **LR(k)文法**的每一个有效串的句柄都是被前瞻 k 所强制的，那么该 LR(k)文法是上下文无关文法。*

因此 DCFG 与 LR(0)文法相同。我们能够证明对任意一个 k，能将文法 LR(k) 转换成 DPDA。我们已经证明 DPDA 与 LR(0)文法等价。因此 LR(k)文法对所有 k 和所有 DCFL 的准确描述在能力上是等价的。下面的例子说明，LR(1) 文法比 DCFG 更为方便描述特定的语言。

为了避免烦琐的符号和技术性的细节，我们仅展示当 $k=1$ 时如何将 LR(k) 文法转换成 DPDA。更为一般性的转换过程在本质上与此相同。

首先，我们提出一个为 LR(1) 文法做了修改的 DK-测试的变形，我们将其称为前瞻为 1 的 DK-测试，或简记为 DK_1-测试。如之前一样，我们将构造一个 NFA，这里称为 K_1，并将其转换成 DFA DK_1。K_1 的每一个状态都有一个加点规则 $T\to u.v$ 和一个称为**前瞻符号**（lookahead symbol）的终结符 a，表示成 $\boxed{T\to u.v \quad a}$。这个状态说明 K_1 最近已经读入了串 u，如果 v 在 u 之后出现并且 a 在 v 之后出现，u 可能为句柄 uv 的一部分。

绝大部分的形式化构造工作与之前的相同。对每一个包括起始变元 S_1 和所有 $a\in\Sigma$ 的规则，开始状态有一个到 $\boxed{S_1\to .u \quad a}$ 的 ε-转移。变换转变（shift transition）在输入 x 上将 $\boxed{T\to u.xv \quad a}$ 变为 $\boxed{T\to ux.v \quad a}$，这里 x 是一个变元符号或者终结符。对每一个规则 $C\to r$，ε-转变（ε-transition）将 $\boxed{T\to u.Cv \quad a}$ 变为 $\boxed{C\to .r \quad b}$，这里 b 是能从 v 中派生出来的任意终结符串的第一个符号。如果 v 派生出 ε，那么添加 $b=a$。对完整规则 $B\to u.$ 和 $a\in\Sigma$，所有的接受状态都是 $\boxed{\boxed{B\to u. \quad a}}$。

令 R_1 是带前瞻符号 a_1 的完整规则，R_2 是带前瞻符号 a_2 的加点规则。R_1 和 R_2 是**一致的**（consistent），如果

1. R_2 是完整的且 $a_1=a_2$，或
2. R_2 不是完整的且 a_1 紧跟在句点之后。

现在我们已经做好准备来描述 DK_1-测试。构造 DFA DK_1。测试保证每一个接受状态一定不包含任意两个一致的加点规则。

定理 2.42 G 通过 DK_1-测试当且仅当 G 是一个 LR(1) 文法。

证明思路 推论 2.32 仍适用于 DK_1，因为我们可以忽略前瞻符号。■

例 2.43 这个例子说明了下面的文法通过了 DK_1-测试（见图 2-22）。回忆在例 2.34 中这个文法不能通过 DK-测试。因此它是一个 LR(1) 文法的例子而不是一个 DCFG 的例子。

$$S \to E\dashv$$
$$E \to E+T \mid T$$
$$T \to T\times \mathrm{a} \mid \mathrm{a}$$

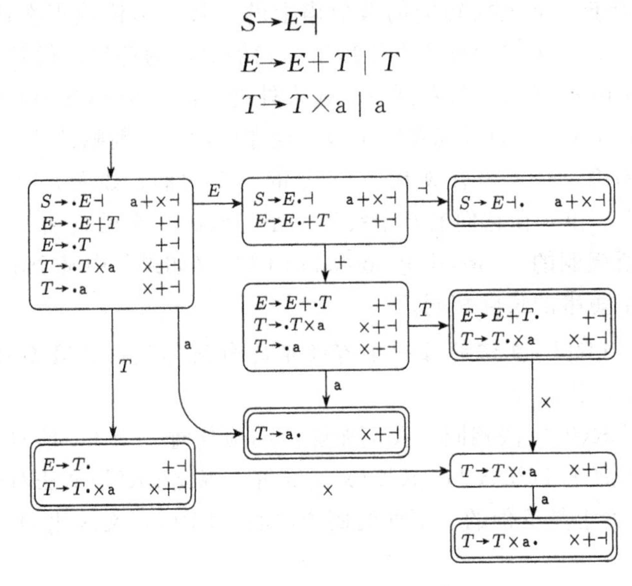

图 2-22 通过 DK_1-测试 ■

定理 2.44 结束标记语言由 LR(1) 文法生成当且仅当它是一个 DCFL。

我们已经证明了每一个 DCFL 都有一个 LR(0) 文法，因为一个 LR(0) 文法与一个 DCFG 相同。这就证明了定理的必要性。剩下的就是下面这个引理，说明了如何将 LR(1) 文法转换成 DPDA。

引理 2.45 每一个 LR(1) 文法都有一个等价的 DPDA。

证明思路 我们构造 P_1，一个我们在引理 2.45 中提到的 DPDA P 的修改版本。P_1 读入它的输入并模拟 DK_1，同时使用栈来记录若所有归约步骤应用于目前的输入，DK_1 可能进入的状态。此外，P_1 向前读入 1 个符号并将这个前瞻信息存储到它的有穷状态存储（finite state memory）中。每当 DK_1 达到一个接受状态，P_1 查询它的前瞻来判断是否执行一个归约步骤，并在有多种可能时判断执行哪一个步骤。因为文法是 LR(1)，所以只有一种选择。■

练习

2.1 回忆一下例 2.3 中给出的 CFG G_4。为方便起见，用单字母重新命名它的变元如下：

$$E \to E+T \mid T$$
$$T \to T\times F \mid F$$
$$F \to (E) \mid a$$

给出下述字符串的语法分析树和派生：

a. a　　**b.** a+a　　**c.** a+a+a　　**d.** ((a))

2.2　**a.** 利用语言 $A=\{a^m b^n c^n \mid m,n\geqslant 0\}$ 和 $B=\{a^n b^n c^m \mid m,n\geqslant 0\}$ 以及例 2.20，证明上下文无关语言类在交运算下不封闭。

b. 利用（a）和德·摩根律（定理 0.10），证明上下文无关语言类在补运算下不封闭。

[A]**2.3**　设上下文无关文法 G：

$$R\to XRX\mid S$$
$$S\to aTb\mid bTa$$
$$T\to XTX\mid X\mid \varepsilon$$
$$X\to a\mid b$$

回答下述问题：

a. G 的变元是什么？
b. G 的终结符是什么？
c. G 的起始变元是什么？
d. 给出 $L(G)$ 中的 3 个字符串。
e. 给出不在 $L(G)$ 中的 3 个字符串。
f. 是真是假：$T\Rightarrow \mathrm{aba}$。
g. 是真是假：$T\overset{*}{\Rightarrow} \mathrm{aba}$。
h. 是真是假：$T\Rightarrow T$。
i. 是真是假：$T\overset{*}{\Rightarrow} T$。
j. 是真是假：$XXX\overset{*}{\Rightarrow} \mathrm{aba}$。
k. 是真是假：$X\overset{*}{\Rightarrow} \mathrm{aba}$。
l. 是真是假：$T\overset{*}{\Rightarrow} XX$。
m. 是真是假：$T\overset{*}{\Rightarrow} XXX$。
n. 是真是假：$S\overset{*}{\Rightarrow} \varepsilon$。
o. 用普通的语言描述 $L(G)$。

2.4　设字母表 Σ 是 $\{0,1\}$，给出产生下述语言的上下文无关文法：

[A]**a.** $\{w\mid w$ 至少包含 3 个 1$\}$。
b. $\{w\mid w$ 以相同的符号开始和结束$\}$。
c. $\{w\mid w$ 的长度为奇数$\}$。
[A]**d.** $\{w\mid w$ 的长度为奇数且正中间的符号是 0$\}$。
e. $\{w\mid w=w^{\mathcal{R}}$，即 w 是一个回文$\}$。
f. 空集。

2.5　给出关于练习 2.4 中语言的下推自动机的非形式化描述和状态图。

2.6　给出产生下述语言的上下文无关文法：

[A]**a.** 字母表 {a，b} 上 a 多于 b 的所有字符串组成的集合。
b. 语言 $\{a^n b^n \mid n\geqslant 0\}$ 的补集。
[A]**c.** $\{w\#x\mid w,x\in\{0,1\}^*$ 且 $w^{\mathcal{R}}$ 是 x 的子串$\}$。
d. $\{x_1\#x_2\#\cdots\#x_k\mid k\geqslant 1$，每一个 $x_i\in\{a,b\}^*$，且存在 i 和 j 使得 $x_i=x_j^{\mathcal{R}}\}$。

[A]**2.7**　给出关于练习 2.6 中语言的 PDA 的非形式描述。

[A]**2.8**　证明在 2.1 节开始部分给出的文法 G_2 中，字符串“the girl touches the boy with the flower”有两个不同的最左派生，叙述这句话的两个不同的意思。

2.9　给出产生语言

$$A=\{a^i b^j c^k \mid i,j,k\geqslant 0 \text{ 且 } i=j \text{ 或 } j=k\}$$

的上下文无关文法。你给出的文法是歧义的吗？为什么？

2.10　给出识别练习 2.9 中语言 A 的下推自动机的非形式化描述。

2.11　用定理 2.12 中给出的过程，把练习 2.1 中的 CFG G_4 转换成等价的 PDA。

2.12　用定理 2.12 中给出的过程，把练习 2.3 中的 CFG G 转换成等价的 PDA。

2.13　设文法 $G=(V,\Sigma,R,S)$，其中 $V=\{S,T,U\}$，$\Sigma=\{0,\#\}$，R 是下述规则的集合：

$$S\to TT\mid U$$
$$T\to 0T\mid T0\mid \#$$
$$U\to 0U00\mid \#$$

a. 用普通的语言描述 $L(G)$。

b. 证明 $L(G)$ 不是正则的。

2.14 用定理 2.6 中给出的过程，把下述 CFG 转换成等价的乔姆斯基范式文法。

$$A \to BAB \mid B \mid \varepsilon$$
$$B \to 00 \mid \varepsilon$$

2.15 给出一个反例证明下述构造不能证明上下文无关语言类在星号运算下封闭。设 CFL A 由 CFG $G=(V,\Sigma,R,S)$ 产生，将 G 增加一条新规则 $S\to SS$ 并称其为 G'，这个语法可产生语言 A^*。

2.16 证明上下文无关语言类在并、连接和星号三种正则运算下封闭。

2.17 先说明如何把正则表达式直接转换成等价的上下文无关文法，然后利用练习 2.16 的结果，给出每一个正则语言都是上下文无关的另一种证明。

问题

2.18 考虑下面的 CFG G：

$$S \to SS \mid T$$
$$T \to \mathrm{a}T\mathrm{b} \mid \mathrm{ab}$$

描述 $L(G)$ 并证明 G 是歧义的。给定一个非歧义文法 H，满足 $L(H)=L(G)$，简要证明 H 是非歧义的。

***2.19** 我们定义语言 A 的旋转闭包（rotational closure）为 $RC(A)=\{yx \mid xy\in A\}$。证明 CFL 类在旋转闭包下是封闭的。

***2.20** 我们定义语言 A 的 CUT 为 $\mathrm{CUT}(A)=\{yxz \mid xyz\in A\}$。证明 CFL 类在 CUT 下不是封闭的。

2.21 证明每一个 DCFG 是一个非歧义的 CFG。

A***2.22** 证明每一个 DCFG 产生一个前缀无关语言。

***2.23** 证明 DCFL 类在下面的运算下不是封闭的：

a. 并　　**b.** 交　　**c.** 连接　　**d.** 星号　　**e.** 逆

2.24 设下面的文法为 G：

$$S \to T\dashv$$
$$T \to T\mathrm{a}T\mathrm{b} \mid T\mathrm{b}T\mathrm{a} \mid \varepsilon$$

a. 证明 $L(G)=\{w\dashv \mid w$ 包含相同个数的 a 和 b$\}$。通过使用在 w 的长度上的归纳法来证明。

b. 使用 DK-测试来证明 G 是一个 DCFG。

c. 描述 DPDA 识别 $L(G)$ 的过程。

2.25 设例 2.28 中引入的如下文法为 G_1。使用 DK-测试来证明 G_1 不是一个 DCFG。

$$R \to S \mid T$$
$$S \to \mathrm{a}S\mathrm{b} \mid \mathrm{ab}$$
$$T \to \mathrm{a}T\mathrm{bb} \mid \mathrm{abb}$$

***2.26** 设 $A=L(G)$，G_1 在问题 2.25 中已被定义。证明 A 不是一个 DCFL。（提示：假设 A 是一个 DCFL，考虑它的 DPDA P。修改 P 使其输入字母表为 $\{\mathrm{a,b,c}\}$。当它第一次进入一个接受状态时，从此时开始其假定输入中的 c 都是 b。修改的 P 能够接受什么语言？）

***2.27** 设 $B=\{\mathrm{a}^i\mathrm{b}^j\mathrm{c}^k \mid i, j, k\geqslant 0$ 且 $i=j$ 或 $i=k\}$。证明 B 不是一个 DCFL。

***2.28** 设 $C=\{ww^{\mathcal{R}} \mid w\in\{0,1\}^*\}$。证明 C 不是一个 DCFL。（提示：假设当某个 DPDA P 在其栈的最顶部的带有符号 x 的状态 q 开始时，无论 P 在此时读入了怎样的输入串，P 都不弹出在 x 下面的栈。在这种情况下，此时 P 栈的内容不会影响它接下来的行为，所以 P 接下来的行为只依赖于 q 和 x。）

***2.29** 如果我们不允许在 CFG 中有 ε-规则，那么可以简化 DK-测试。在简化后的测试中，我们只需要检查 DK 的每一个接受状态是否有一个单一的规则。证明一个不带 ε-规则的 CFG 能够通过简

化后的 DK-测试当且仅当它是一个 DCFG。

[A]**2.30** **a.** 设 C 是上下文无关语言，R 是正则语言。证明语言 $C\cap R$ 是上下文无关的。

b. 利用（a）证明语言

$$A=\{w|w\in\{\mathrm{a,b,c}\}^*\text{，且含有数目相同的 a、b 和 c}\}$$

不是上下文无关的。

*__2.31__ 设有 CFG G：

$$S\to \mathrm{a}S\mathrm{b}\,|\,\mathrm{b}Y\,|\,Y\mathrm{a}$$
$$Y\to \mathrm{b}Y\,|\,\mathrm{a}Y\,|\,\varepsilon$$

用通常的语言给出 $L(G)$ 的简单描述，并利用这个描述给出 $L(G)$ 的补集 $\overline{L(G)}$ 的 CFG。

2.32 设 $A/B=\{w\mid wx\in A\text{，且 }x\in B\}$，证明如果 A 是上下文无关语言且 B 是正则语言，则 A/B 是上下文无关语言。

*__2.33__ 对于字母表 $\Sigma=\{\mathrm{a,b}\}$，给出产生所有 a 的个数是 b 的两倍的字符串的语言的 CFG，并证明其正确性。

*__2.34__ 设 $C=\{x\#y|x,y\in\{0,1\}^*\text{，且 }x\neq y\}$，证明 C 是上下文无关语言。

*__2.35__ 设 $D=\{xy|x,y\in\{0,1\}^*\text{，且 }|x|=|y|\text{ 但 }x\neq y\}$，证明 D 是上下文无关语言。

*__2.36__ 设 $E=\{\mathrm{a}^i\mathrm{b}^j\,|\,i\neq j\text{ 且 }2i\neq j\}$，证明 E 是上下文无关语言。

2.37 对任一语言 A，令运算符 $\mathrm{SUFFIX}(A)=\{v|\text{存在串 }u\text{，使 }uv\in A\}$，证明上下文无关语言类在 SUFFIX 运算下封闭。

2.38 设 G 是一个乔姆斯基范式 CFG，证明：对于任一长度为 $n(n\geqslant 1)$ 的字符串 $w\in L(G)$，通过 CFG G 将其派生出来恰好需要 $2n-1$ 步。

*__2.39__ 设文法 $G=(V,\Sigma,R,\langle\mathrm{STMT}\rangle)$ 如下：

⟨STMT⟩→⟨ASSIGN⟩|⟨IF-THEN⟩|⟨IF-THEN-ELSE⟩

⟨IF-THEN⟩→if condition then ⟨STMT⟩

⟨IF-THEN-ELSE⟩→if condition then ⟨STMT⟩ else ⟨STMT⟩

⟨ASSIGN⟩→a：=1

Σ={if，condition，then，else，a：=1}

V={⟨STMT⟩，⟨IF-THEN⟩，⟨IF-THEN-ELSE⟩，⟨ASSIGN⟩}

G 是程序设计语言的一个片断的文法，虽然看上去很自然，但它是有歧义的。

a. 证明 G 是歧义的。

b. 给出一个与 G 产生相同语言的非歧义文法。

*__2.40__ 给出下列语言的非歧义 CFG：

a. $\{w|$对于 w 的每一个前缀，a 的个数不小于 b 的个数$\}$

b. $\{w|w$ 中 a 的个数和 b 的个数相等$\}$

c. $\{w|w$ 中 a 的个数不小于 b$\}$

*__2.41__ 证明练习 2.9 中的语言 A 是固有歧义的。

2.42 用泵引理证明下述语言不是上下文无关的：

a. $\{0^n1^n0^n1^n\,|\,n\geqslant 0\}$

[A]**b.** $\{0^n\#0^{2n}\#0^{3n}\,|\,n\geqslant 0\}$

[A]**c.** $\{w\#t|w,t\in\{a,b\}^*\text{，且 }w\text{ 是 }t\text{ 的子串}\}$

d. $\{t_1\#t_2\#\cdots\#t_k\,|\,k\geqslant 2,t_i\in\{a,b\}^*\text{，且存在 }i\neq j\text{ 使得 }t_i=t_j\}$

2.43 设语言 B 由 $\{0,1\}$ 上具有回文性质的字符串组成且 0，1 个数相同，证明 B 不是上下文无关的。

2.44 对于字母表 $\Sigma=\{1,2,3,4\}$ 上的语言 $C=\{w\in\Sigma^*\,|\text{在 }w\text{ 中，1 与 2 的个数相同，3 与 4 的个数相同}\}$，证明 C 不是上下文无关语言。

*__2.45__ 证明语言 $F=\{\mathrm{a}^i\mathrm{b}^j\mid\text{存在正整数 }k\text{，有 }i\neq kj\}$ 不是上下文无关的。

2.46 考虑语言 $B=L(G)$，其中 G 是练习 2.13 中给出的文法，定理 2.19 关于上下文无关语言的泵引理称存在关于 B 的泵长度 p。试计算 p 的最小值并验证结果的正确性。

2.47 设 G 是一个含有 b 个变元的乔姆斯基范式 CFG，证明：如果 G 派生出某个字符串时使用了至少 2^b 步，则 $L(G)$ 是无穷的。

2.48 试给出一个语言示例，它不是上下文无关的，但却满足 CFL 关于泵引理的三个条件。要求给出证明（参考问题 1.49 中关于正则语言的类似示例）。

*__2.49__ 证明下述强泵引理，要求在划分字符串 s 时，v 和 y 都非空。

如果 A 是上下文无关语言，则存在一个数 k，使得 A 中任一长度不小于 k 的字符串都可以划分成 5 段，$s=uvxyz$，且满足下述条件：

a. 对每一个 $i\geqslant 0$，$uv^ixy^iz\in A$，

b. $v\neq\varepsilon$ 且 $y\neq\varepsilon$，

c. $|vxy|\geqslant k$。

A**2.50** 参照问题 1.31 中关于 perfect shuffle 运算符的定义，证明上下文无关语言类在 perfect shuffle 运算下不封闭。

2.51 参照问题 1.32 中关于 shuffle 运算符的定义，证明上下文无关语言类在 shuffle 运算下不封闭。

*__2.52__ 对于一个语言中的任一字符串，如果串的所有前缀也在这个语言内，则称该语言是前封闭的。证明：一个无穷大的前封闭上下文无关语言 C 包含一个无穷大的正则语言子集。

*__2.53__ 理解问题 1.45 中关于 NOPREFIX(A) 及 NOEXTEND(A) 的定义并证明：

a. 上下文无关语言类在 NOPREFIX 下不封闭。

b. 上下文无关语言类在 NOEXTEND 下不封闭。

*__2.54__ 对于字母表 $\Sigma=\{1,\#\}$ 上的语言 $Y=\{w\mid w=t_1\#t_2\#\cdots\#t_k$，其中 $k\geqslant 0$，$t_i\in 1^*$，且当 $i\neq j$，有 $t_i\neq t_j\}$，证明 Y 不是上下文无关语言。

2.55 对于字符串 w 和 t，如果二者字符数相等且组成的字符相同（只是字符在串中的顺序不同），则称 $w\doteq t$。在此基础上给出 SCRAMBLE 定义如下：对字符串 w，有 SCRAMBLE(w)$=\{t\mid t\doteq w\}$，对语言 A，有 SCRAMBLE(A)$=\{t\mid$存在 $w\in A$,使得 $t\in$ SCRAMBLE(w)$\}$。

a. 证明：给定字母表 $\Sigma=\{0,1\}$，正则语言 SCRAMBLE 运算后成为上下文无关语言。

b. 当字母表包含 3 个或更多符号时会有什么样的结果？证明你的结果。

2.56 给定语言 A，B，有 $A\diamond B=\{xy\mid x\in A,y\in B,$且$|x|=|y|\}$，证明：如果 A，B 是正则语言，则 $A\diamond B$ 上下文无关。

*__2.57__ 设 $A=\{wtw^{\mathcal{R}}\mid w,t\in\{0,1\}^*$ 且$|w|=|t|\}$，证明 A 不是上下文无关语言。

2.58 设 $\Sigma=\{0,1\}$，B 为后一半中至少包含一个 1 的串的集合。换句话说，$B=\{uv\mid u\in\Sigma^*,v\in\Sigma^*1\Sigma^*,|u|\geqslant|v|\}$。

a. 设计一个能识别 B 的 PDA。

b. 设计一个能识别 B 的 CFG。

2.59 设 $\Sigma=\{0,1\}$，C_1 为在三分段中间部分包含一个 1 的所有串的语言，C_2 为在三分段中间部分包含两个 1 的所有串的语言。所以 $C_1=\{xyz\mid x,z\in\Sigma^*,y\in\Sigma^*1\Sigma^*,|x|=|z|\geqslant|y|\}$，$C_2=\{xyz\mid x,z\in\Sigma^*,y\in\Sigma^*1\Sigma^*1\Sigma^*,|x|=|z|\geqslant|y|\}$。

a. 证明 C_1 是 CFL。　　**b.** 证明 C_2 不是 CFL。

习题选解

2.3 **a.** R,X,S,T；　　**b.** a，b；

c. R；　　**d.** G 的三个字符串为 ab，ba，aab；

e. 不在 G 中的三个字符串为 a，b，ε；　　**f.** False；

g. True；　　**h.** False；

i. True；　　**j.** True；

k. False；　　**l.** True；

m. True；　　**n.** False；

o. $L(G)$ 包含所有不具有回文性质的 a、b 串。

2.4 **a.** $S \to R1R1R1R \quad R \to 0R \mid 1R \mid \varepsilon$

d. $S \to 0 \mid 0S0 \mid 0S1 \mid 1S0 \mid 1S1$

2.6 **a.** $S \to TaT$

$T \to TT \mid aTb \mid bTa \mid a \mid \varepsilon$

T 生成的字符串满足 a 的个数不少于 b 的个数，S 使得 a 的个数增加 1。

c. $S \to TX$

$T \to 0T0 \mid 1T1 \mid \# X$

$X \to 0X \mid 1X \mid \varepsilon$

2.7 **a.** PDA 用栈计算出 a 的个数减去 b 的个数的值，当计数为正数时进入接受状态。具体操作如下：PDA 扫描输入，如果栈顶为 a 时其读到 b，则将 a 弹出栈顶。如果栈顶为 b 时其读到 a，则将 b 弹出栈顶。如果栈顶值与读到的值相同，则将读到的字符压入栈。扫描结束后，如果栈顶为 a 则接受，否则拒绝。

c. PDA 扫描输入并将值压入栈直至其读到字符 #，如果没有出现 #，则拒绝。然后 PDA 在输入上随机移动，并非确定性地在某一时刻停止移动，在停止点，PDA 将下一个输入字符与栈顶符号进行比较，只要不匹配或者在栈非空的情况下已经完成对输入的扫描，则拒绝该分支。在没结束扫描输入情况下如果栈被清空，则 PDA 读取余下的输入并进入接受状态。

2.8 派生过程如下：

〈句子〉→〈名词短语〉〈动词短语〉→

〈复杂名词〉〈动词短语〉→

〈冠词〉〈名词〉〈动词短语〉→

The〈名词〉〈动词短语〉→

The girl〈动词短语〉→

The girl〈复杂动词〉〈介词短语〉→

The girl〈动词〉〈名词短语〉〈介词短语〉→

The girl touches〈名词短语〉〈介词短语〉→

The girl touches〈复杂名词〉〈介词短语〉→

The girl touches〈冠词〉〈名词〉〈介词短语〉→

The girl touches the〈名词〉〈介词短语〉→

The girl touches the boy〈介词短语〉→

The girl touches the boy〈介词〉〈复杂名词〉→

The girl touches the boy with〈复杂名词〉→

The girl touches the boy with〈冠词〉〈名词〉→

The girl touches the boy with the〈名词〉→

The girl touches the boy with the flower

另一种最左派生方法如下：

〈句子〉→〈名词短语〉〈动词短语〉→

〈复杂名词〉〈动词短语〉→

〈冠词〉〈名词〉〈动词短语〉→

The〈名词〉〈动词短语〉→

The girl 〈动词短语〉 →

The girl 〈复杂动词〉 →

The girl 〈动词〉〈名词短语〉 →

The girl touches 〈名词短语〉 →

The girl touches 〈复杂名词〉〈介词短语〉 →

The girl touches 〈冠词〉〈名词〉〈介词短语〉 →

The girl touches the 〈名词〉〈介词短语〉 →

The girl touches the boy 〈介词短语〉 →

The girl touches the boy 〈介词〉〈复杂名词〉 →

The girl touches the boy with 〈复杂名词〉 →

The girl touches the boy with 〈冠词〉〈名词〉 →

The girl touches the boy with the 〈名词〉 →

The girl touches the boy with the flower

每个派生对应不同的意思，对于第一个派生，句子的意思是女孩用花去碰男孩；第二个派生表明当女孩碰男孩时他正拿着花。

2.22 我们使用反证法证明。假定 w 和 wz 是 $L(G)$ 中两个不相同的串，这里 G 是一个 DCFG。二者都是有效串所以二者都有句柄，且这些句柄一定一致，因为我们可以写成 $w=xhy$ 和 $wz=xhyz=xh\hat{y}$，这里 h 是 w 的句柄。因此，w 和 wz 的第一个归约步骤分别产生有效串 u 和 uz。我们继续这个过程直到得到 S_1 和 S_1z，这里 S_1 是起始变元。然而 S_1 并不会出现在任何规则的右边，所以我们不能归约 S_1z。这就是一个矛盾。

2.30 **a.** 设 C 为上下文无关语言，R 为正则语言，P 为识别 C 的 PDA，D 为识别 R 的 DFA，Q 为 P 的状态集，Q' 为 D 的状态集，构造一个 PDA P' 用于识别 $C\cap R$，P' 的状态集为 $Q\times Q'$。则 P' 在实现 P 的动作的同时还能记录下 D 的状态。它能且只能接受在状态 $q\in F_P\times F_D$ 处停机的字符串 w，其中 F_P 是 P 的接受状态集，F_D 是 D 的接受状态集，因为 $C\cap R$ 能被 P' 识别，故其为上下文无关语言。

b. 设 R 是正则语言 $\mathrm{a}^*\mathrm{b}^*\mathrm{c}^*$，如果 A 是 CFL，则根据（a）有 $A\cap R$ 也是 CFL，然而对于 $A\cap R=\{\mathrm{a}^n\mathrm{b}^n\mathrm{c}^n \mid n\geqslant 0\}$，由例 2.20 得证其不是上下文无关语言，因此 A 不是上下文无关语言。

2.42 **b.** 设 $B=\{0^n\#0^{2n}\#0^{3n}\mid n\geqslant 0\}$，$p$ 为泵长度，对于字符串 $s=0^p\#0^{2p}\#0^{3p}$，我们证明 $s=uvxyz$ 不能被抽取。

v 和 y 都不可能包含 #，否则 xv^2wy^2z 将多于两个 #，如果把 s 用 # 分为三段 0^p，0^{2p}，0^{3p}，则至少有一段不能包含 v 或 y，因此 xv^2wy^2z 不在 B 中，否则不能保持三段 0 的个数的比例。

c. 设 $C=\{w\#t\mid$其中 w 是 t 的子串$,w,t\in\{a,b\}^*\}$。设 p 为泵长度，$s=\mathrm{a}^p\mathrm{b}^p\#\mathrm{a}^p\mathrm{b}^p$，我们证明字符串 $s=uvxyz$ 不能被抽取。

v 和 y 不能包含 #，否则 uv^0xy^0z 将不包含 #，从而此字符串不在 C 中。如果 v 和 y 都非空并出现在 # 的左边，则 uv^2xy^2z 因其 # 左边字符多于 # 右边字符而不在 C 中，对于 v、y 都在 # 的右边，同理有 uv^0xy^0z 也不在 C 中。对于 v、y 中有一个非空的情况，则把它们看作都出现在 # 的同一边处理。

还有一种情况是 v、y 都非空且出现在 # 的两边，这种情况下必有 v 只包含 a，y 只包含 b（由泵定理条件 3，$|vxy|\leqslant p$），从而 uv^2xy^2z 中 # 左边的 b 多于右边的 b，因此其不在 C 中。

2.50 $A=\{0^k1^k\mid k\geqslant 0\}$，$B=\{\mathrm{a}^k\mathrm{b}^{3k}\mid k\geqslant 0\}$，它们的完全间隔交叉（perfect shuffle）操作产生的语言 $C=\{(0\mathrm{a})^k(0\mathrm{b})^k(1\mathrm{b})^{2k}\mid k\geqslant 0\}$。容易看出 A 和 B 是 CFL，但 C 不是 CFL，证明如下：

如果 C 是 CFL，设 p 为其泵长度，$s=(0\mathrm{a})^p(0\mathrm{b})^p(1\mathrm{b})^{2p}$。因 s 的长度大于 p 且 $s\in C$，有 $s=uvxyz$ 满足泵定理的三个条件。C 中的字符串有 1/4 长度的 1，1/8 长度的 a，uv^2xy^2z 也应该满足这个性质，因此 vxy 必然同时包含 1 和 a，但因为它们被 $2p$ 个字符分开且 $|vxy|\leqslant p$，所以这是不可能的，从而有 C 不是上下文无关的。

第二部分

Introduction to the Theory of Computation，3e

可计算性理论

第3章

Introduction to the Theory of Computation, 3e

丘奇-图灵论题

本书第一部分已经给出了计算设备的一些模型。有穷自动机能较好地描述存储资源较少的设备，下推自动机虽然能描述具有无限存储的设备，但其“后进先出”的栈机制使其能力受到限制，还证明了这些模型对于有些非常简单的任务都不能完成。由于它们过于局限，因此不能作为计算机的通用模型。

3.1 图灵机

现在介绍一个能力更强的计算模型，该模型由图灵（Alan Turing）在 1936 年提出，称为**图灵机**（Turing machine）。图灵机与有穷自动机相似，但它有无限大容量的存储且可以任意访问内部数据。图灵机是一种更加精确的通用计算机模型，能模拟实际计算机的所有计算行为。然而图灵机也有不能解的问题，事实上，这些问题已经超出了计算理论的极限。

图灵机（图 3-1）用一个无限长的带子作为无限存储，它有一个读写头，能在带子上读、写和左右移动。图灵机开始运作时，带子上只有输入串，其他地方都是空的，如果需要保存信息，它可将这个信息写在带子上。为了读已经写下的信息，它可将读写头往回移动到这个信息所在的位置。机器不停地计算，直到产生输出为止。机器预置了接受和拒绝两种状态，如果进入这两种状态，就产生输出接受（accept）或拒绝（reject）。如果不能进入任何接受或拒绝状态，就继续执行下去，永不停止。

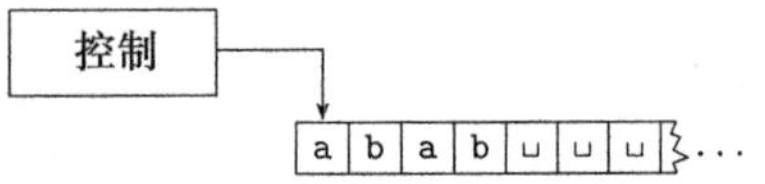

图 3-1 图灵机的示意图

下面是有穷自动机与图灵机之间的区别：

1. 图灵机在带子上既能读也能写。
2. 图灵机的读写头既能向左也能向右移动。
3. 图灵机的带子是无限长的。
4. 图灵机进入拒绝和接受状态将立即停机。

考虑图灵机 M_1，它检查语言 $B=\{w\#w \mid w\in\{0,1\}^*\}$ 的成员关系，即要设计 M_1，使得如果输入是 B 的成员，它就接受，否则拒绝。为更好地理解 M_1，假设你自己是 M_1，想象你正站在由数百万个字符构成的一英里长的一个输入上，你的任务是确定这个输入是否是 B 的成员，亦即，确定这个输入是否包含由符号 # 分开的两个相同的字符串。这个输入太长，你很难全部记住，但允许你在这个输入上来回移动，并可以做记号。一个简单的解决办法如下：在 # 两边对应的位置上来回移动，以检查它们是否匹配，并使用记号来记录对应的位置。

按上述方法设计 M_1，让读写头在输入串上多次通过，每一次匹配 # 两边的一对字符。为了记录哪些字符已经被检查过，M_1 消去所有已检查过的符号。如果最后所有的符号都被消去，意味着匹配成功，M_1 进入接受状态；如果发现一个不匹配，就进入拒绝状态。

M_1 的算法如下：

M_1＝“对于输入字符串 w：

1. 在＃两边对应的位置上来回移动。检查这些对应位置是否包含相同的符号，如不是，或者没有＃，则拒绝。为记录对应的符号，消去所有检查过的符号。
2. 当＃左边的所有符号都被消去时，检查＃的右边是否还有符号，如果是，则拒绝，否则接受。”

图 3-2 是 M_1 在输入 011000＃011000 开始之后，M_1 带子的几个非连续的快照。

对图灵机 M_1 的描述概略地说明了一般图灵机的工作方式，这里没有给出其全部细节。像引入有穷自动机和下推自动机时所做的那样，使用形式化描述可以描述图灵机的全部细节。形式化描述简短地说明图灵机模型的形式化定义中的每个部分，实际中，为避免过于烦琐，很少使用图灵机的形式化描述。

```
0 1 1 0 0 0 # 0 1 1 0 0 0 ␣ ...
x 1 1 0 0 0 # 0 1 1 0 0 0 ␣ ...
x 1 1 0 0 0 # x 1 1 0 0 0 ␣ ...
x 1 1 0 0 0 # x 1 1 0 0 0 ␣ ...
x x 1 0 0 0 # x 1 1 0 0 0 ␣ ...
x x x x x x # x x x x x x ␣ ...
                          接受
```

图 3-2 图灵机 M_1 对输入 011000＃011000 的计算示意图

3.1.1 图灵机的形式化定义

图灵机定义的核心是转移函数 δ，它说明了机器如何从一个格局走到下一格局。对于图灵机，δ 的形式如下：$Q\times\Gamma\to Q\times\Gamma\times\{\mathrm{L},\mathrm{R}\}$，亦即，若机器处于状态 q，读写头所在的带子方格内包含符号 a，则当 $\delta(q,a)=(r,b,\mathrm{L})$ 时，机器写下符号 b 以取代 a，并进入状态 r。第三个分量 L 或 R 指出在写带之后，读写头是向左（L）还是向右（R）移动。

定义 3.1 **图灵机**是一个 7 元组 $(Q,\Sigma,\Gamma,\delta,q_0,q_{\text{accept}},q_{\text{reject}})$，其中：$Q$，$\Sigma$，$\Gamma$ 都是有穷集合，并且

1. Q 是状态集。
2. Σ 是输入字母表，不包括特殊空白符号␣。
3. Γ 是带子字母表，其中，$␣\in\Gamma$，$\Sigma\subseteq\Gamma$。
4. $\delta: Q\times\Gamma\to Q\times\Gamma\times\{\mathrm{L},\mathrm{R}\}$ 是转移函数。
5. $q_0\in Q$ 是起始状态。
6. $q_{\text{accept}}\in Q$ 是接受状态。
7. $q_{\text{reject}}\in Q$ 是拒绝状态，且 $q_{\text{reject}}\neq q_{\text{accept}}$。

图灵机 $M=(Q,\Sigma,\Gamma,\delta,q_0,q_{\text{accept}},q_{\text{reject}})$ 的计算方式如下：开始时，M 以最左边的 n 个带子方格接收输入 $w=w_1w_2\cdots w_n\in\Sigma^*$，带子的其余部分保持空白（即填以空白符），读写头从最左边的带子方格开始运行，注意 Σ 不含空白符，故出现在带子上的第一个空白符表示输入的结束。M 开始运行后，计算根据转移函数所描述的规则进行。如果 M 试图将读写头从带子的最左端再向左移出，即使转移函数指示的是 L，读写头也停在原地不动。计算一直持续到它进入接受或拒绝状态，此时停机。如果二者都不发生，则 M 将永远运行下去。

图灵机计算过程中，当前状态、当前带子内容和读写头当前位置组合在一起，称为图灵机的**格局**（configuration），常以特殊方式表示。对于状态 q 和带子字母表 Γ 上的两个字

符串 u 和 v，以 uqv 表示如下格局：当前状态是 q，当前带子内容是 uv，读写头的当前位置是 v 的第一个符号，带子上 v 的最后一个符号以后的符号都是空白符。例如，$1011q_7 01111$ 表示如下格局：当前带子内容是 101101111，当前状态是 q_7，读写头当前在第二个 0 上。图 3-3 示意了处于这个格局的图灵机。

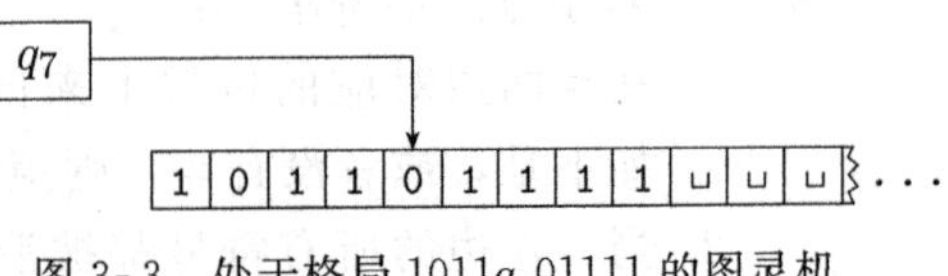

图 3-3 处于格局 $1011q_7 01111$ 的图灵机

对图灵机计算方式进行形式化，如果图灵机能合法地从格局 C_1 一步进入 C_2，则称格局 C_1 **产生**（yields）格局 C_2，这个概念的形式化定义如下：

设 a，b 和 c 是 Γ 中的符号，u 和 v 是 Γ^* 中的字符串，q_i 和 q_j 是状态，则 uaq_ibv 和 uq_jacv 是两个格局。如果转移函数满足 $\delta(q_i,b)=(q_j,c,\mathrm{L})$，则说

$$uaq_ibv \text{ 产生 } uq_jacv$$

这说明了图灵机左移的情形，下面是右移情形。如果 $\delta(q_i,b)=(q_j,c,\mathrm{R})$，则说

$$uaq_ibv \text{ 产生 } uacq_jv$$

当读写头处于格局的两个端点之一时，会发生特殊变化。对于左端点，如果转移是向左移动，则格局 q_ibv 产生格局 q_jcv（因为不允许机器从带子的最左端移出）；如果转移是向右移动，这个格局产生 cq_jv。对于右端点，格局 uaq_i 等价于 $uaq_i␣$，因为已假设：在带子上没有描述的部分都是空格。这样，就能像以前一样处理了，因为此时读写头已不再处于带子的右端点。

M 在输入 w 上的**起始格局**（start configuration）是格局 q_0w，表示机器处于起始状态 q_0，并且读写头处于带子的最左端位置。在**接受格局**（accepting configuration）里，状态是 q_{accept}。在**拒绝格局**（rejecting configuration）里，状态是 q_{reject}。接受和拒绝状态都是**停机格局**（halting configuration），它们都不再产生新的格局。因为机器只在接收或拒绝状态下才停机，因此可以等价地将转移函数记为 δ：$Q'\times\Gamma\rightarrow Q\times\Gamma\times\{\mathrm{L},\mathrm{R}\}$，其中 Q' 是去掉状态 q_{accept} 与状态 q_{reject} 的 Q。图灵机 M **接受**（accept）输入 w，如果存在格局的序列 C_1，C_2，…，C_k 使得：

1. C_1 是 M 在输入 w 上的起始格局；
2. 每一个 C_i 产生 C_{i+1}；
3. C_k 是接受格局。

M 接受的字符串的集合称为 **M 的语言**（language of M），或被 **M 识别的语言**（language recognized by M），记为 $L(M)$。

定义 3.2 如果一个语言能被某一图灵机识别，则称该语言是**图灵可识别的**（Turing-recognizable）[⊖]。

在输入上运行一个图灵机时，可能出现三种结果：接受、拒绝或循环。这里**循环**（loop）仅仅指机器不停机，而不一定是这个词的字面所指的那样，永远以同样方式重复同样的步骤。循环动作可能是简单的，也可能是复杂的，但都不会导致停机状态。

对于一个输入，图灵机有两种方式不接受它：一种是进入拒绝状态而拒绝它，另一种是进入循环。有时候，很难区分机器是进入了循环还是需要耗费长时间的运行，因此，我

⊖ 有些课本称之为递归可枚举语言。

们更喜欢对所有输入都停机的图灵机，它们永不循环，称这种机器为**判定器**（decider），因为它们总能决定是接受还是拒绝。对于可以识别某个语言的判定器，称其**判定**（decide）该语言。

定义 3.3　如果一个语言能被某一图灵机判定，则称它是**图灵可判定的**（Turing decidable），简称**可判定的**（decidable）[⊖]。

下面给出一些可判定语言的例子，每一个可判定语言都是图灵可识别的。在第 4 章，我们将给出一些图灵可识别但不可判定的语言例子。

3.1.2　图灵机的例子

像处理有穷自动机和下推自动机那样，为了形式化地描述一个特定图灵机，可以详细指明它的七个部分。但除了最小的机器外，这种细节层次的描述对于大多数图灵机来说是烦琐的，所以这里仅仅给出较高层次的描述，因为这已经足够精确，并且容易理解得多。注意，需要记住，每个较高层次的描述实际上只是它的形式化描述的一个速写，只要耐心和细致，总能形式化地描述本书中每个图灵机的所有细节。

为帮助你在形式化描述和较高层次描述之间建立联系，在下面两个例子中给出状态图。如果熟悉这样的联系，可以忽略这些图。

例 3.4　描述图灵机 M_2，它判定的语言是所有由 0 组成、长度为 2 的方幂的字符串，即 $A=\{0^{2^n} \mid n\geqslant 0\}$。

M_2 =“对于输入字符串 w：

1. 从左往右扫描整个带子，隔一个字符消去一个 0。
2. 如果在第 1 步之后，带子上只剩下唯一的一个 0，则接受。
3. 如果在第 1 步之后，带子上包含不止一个 0，并且 0 的个数是奇数，则拒绝。
4. 读写头返回至带子的最左端。
5. 转到第 1 步。”

每重复一次第 1 步，消去一半个数的 0。由于在第 1 步中，机器扫描了整个带子，故它能够知道它看到的 0 的个数是奇数还是偶数。如果是大于 1 的奇数，则输入中所含的 0 的个数不可能是 2 的方幂，此时机器就拒绝。但是，如果看到的 0 的个数是 1，则输入中所含的 0 的个数肯定是 2 的方幂，此时机器就接受。

下面给出 $M_2=(Q,\Sigma,\Gamma,\delta,q_1,q_{\text{accept}},q_{\text{reject}})$ 的形式化描述：

- $Q=\{q_1,q_2,q_3,q_4,q_5,q_{\text{accept}},q_{\text{reject}}\}$，
- $\Sigma=\{0\}$，
- $\Gamma=\{0,\text{x},\sqcup\}$。
- 将 δ 描述成状态图（见图 3-4）。
- 开始、接受和拒绝状态分别是 q_1，q_{accept} 和 q_{reject}。

在这个状态图中，从 q_1 向 q_2 转移时出现了标记 $0\rightarrow\sqcup$，R。它表示：当状态为 q_1 且读写头读 0 时，机器的状态变为 q_2，在带子上当前位置写下 $\sqcup$，并向右移动读写头，换句话说，$\delta(q_1,0)=(q_2,\sqcup,\text{R})$。在从 q_3 到 q_4 的转移中，为清晰起见，使用了简略记法 $0\rightarrow\text{R}$，它表示：

⊖ 在些课本称之为**递归语言**。

当机器正在读 0 且状态为 q_3 时，向右移动，但不改变带子，因此 $\delta(q_3,0)=(q_4,0,R)$。

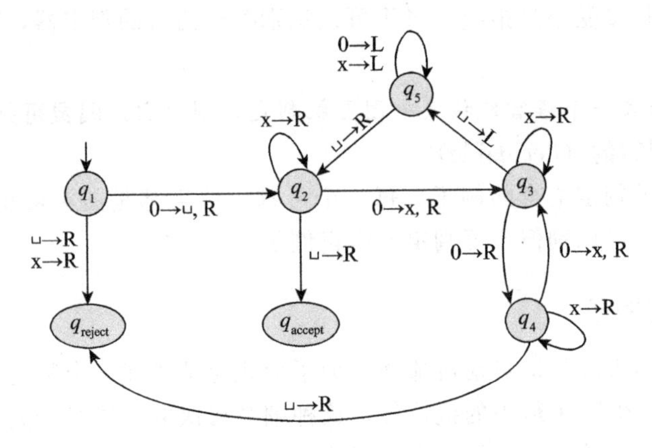

图 3-4　图灵机 M_2 的状态图

机器的开始动作是：在带子中第一个 0 上写下空白符号，这样，在第 4 步中，它将能发现带子的左端点。一般使用更具有提示性的符号（如♯）作为左端点的定界符，但这里使用空白符，是为了保持带子字母表的规模较小，从而使状态图保持较小规模。例 3.6 给出了发现带子的左端点的另一个方法。

我们给出这个机器在输入 0000 上运行的例子，起始格局是 $q_1 0000$。下面是机器所进入的格局序列，应先从上到下再从左到右地读这个序列。

$q_1 0000$	$\sqcup q_5 \mathrm{x0x} \sqcup$	$\sqcup x q_5 \mathrm{xx} \sqcup$
$\sqcup q_2 000$	$q_5 \sqcup \mathrm{x0x} \sqcup$	$\sqcup q_5 \mathrm{xxx} \sqcup$
$\sqcup \mathrm{x} q_3 00$	$\sqcup q_2 \mathrm{x0x} \sqcup$	$q_5 \sqcup \mathrm{xxx} \sqcup$
$\sqcup \mathrm{x0} q_4 0$	$\sqcup \mathrm{x} q_2 \mathrm{0x} \sqcup$	$\sqcup q_2 \mathrm{xxx} \sqcup$
$\sqcup \mathrm{x0x} q_3 \sqcup$	$\sqcup \mathrm{xx} q_3 \mathrm{x} \sqcup$	$\sqcup \mathrm{x} q_2 \mathrm{xx} \sqcup$
$\sqcup \mathrm{x0} q_5 \mathrm{x} \sqcup$	$\sqcup \mathrm{xxx} q_3 \sqcup$	$\sqcup \mathrm{xx} q_2 \mathrm{x} \sqcup$
$\sqcup \mathrm{x} q_5 \mathrm{0x} \sqcup$	$\sqcup \mathrm{xx} q_5 \mathrm{x} \sqcup$	$\sqcup \mathrm{xxx} q_2 \sqcup$
		$\sqcup \mathrm{xxx} \sqcup q_{\mathrm{accept}}$

例 3.5　在本节的开头，已给出了图灵机 M_1 的非形式化描述，下面给出其形式化描述 $M_1=(Q,\Sigma,\Gamma,\delta,q_1,q_{\mathrm{accept}},q_{\mathrm{reject}})$，它判定的语言是 $B=\{w\#w \mid w\in\{0,1\}^*\}$。

- $Q=\{q_1,\cdots,q_8,q_{\mathrm{accept}},q_{\mathrm{reject}}\}$，
- $\Sigma=\{0,1,\#\}$ 且 $\Gamma=\{0,1,\#,\mathrm{x},\sqcup\}$。
- 用状态图描述 δ（见图 3-5）。
- 开始、接受和拒绝状态分别是 q_1、q_{accept} 和 q_{reject}。

图 3-5 描绘了图灵机 M_1 的状态图，其中，对于 q_3 到自身的转移，你能看到标记 0，1→R，它表示当机器在状态 q_3 且读 0 或 1 时，保持状态 q_3 不动，读写头向右移动。它不改变带子上的符号。

第 1 步由状态 q_1 到 q_7 实现，第 2 步由其余状态实现。为简化状态图，没有在图中显示拒绝状态，也没有显示到拒绝状态的转移。这种转移隐含地意味着在下列情形下发生：一个状态对某个特殊符号没有向外的转移。例如，对于状态 q_5，没有画出由♯向外的箭头，因此，当状态为 q_5 且读写头下的符号为♯时，就进入拒绝状态 q_{reject}。对于这些转移

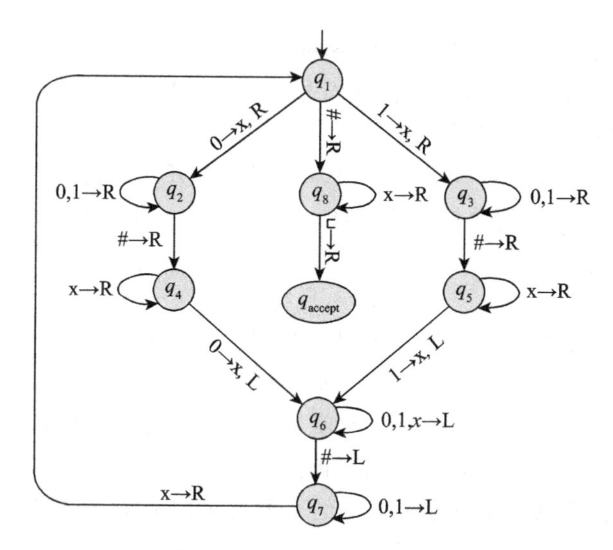

图 3-5　图灵机 M_1 的状态图

函数，如果读写头向右移，机器便进入拒绝状态。■

例 3.6　图灵机 M_3 做一些初等算术，它判定语言 $C=\{a^i b^j c^k \mid i\times j=k, 且\ i,j,k\geqslant 1\}$。

M_3 ="对于输入字符串 w：

1. 从左往右扫描输入，确认输入具有形式 $a^+b^+c^+$，否则拒绝。
2. 读写头返回到带子的左端点。
3. 消去一个 a，并向右扫描直到 b 出现。在 b 与 c 之间来回移动，成对地消去 b 和 c，直到把所有的 b 都消去。如果 c 已经全被消去后还有 b，则拒绝。
4. 如果还有 a 未消去，则恢复所有已消去的 b，再重复第 3 步。如果所有的 a 都已被消去，则检查所有的 c 是否都已被消去。如果是则接受，否则拒绝。"

现在仔细检查 M_3 的四个步骤。在第 1 步，机器的运行就像有穷自动机一样，当读写头从左往右移动时，没有必要去写，只要用它的状态来跟踪输入字符串，看其是否具有适当的形式即可。

步骤 2 似简实妙。这个图灵机怎么才能找到输入带子的左端点呢？找到输入的右端点是容易的，因为输入以空白符终止。但开始时，左端点并没有终止符，机器发现其带子左端点的一种方法是：当读写头从左端点的符号开始运行时，就以某种方式对这个符号作个标记，这样，若机器想要它的读写头回到左端点时，就可以向左扫描直到发现这个记号。例 3.4 说明了这种方法，它以空白符作为带子左端点的标记。

常常利用图灵机模型的定义中提供的条件来发现带子左端点。回忆一下，如果机器试图让其读写头移出带子的左端点，它就待在原地不动，可利用这个特点来设置左端点探测器。为了探测读写头是否正在左端点上，机器可以在当前位置写下一个特殊符号，同时在控制器中记下它取代的符号，然后试着让读写头向左移。如果它还在这个特殊符号上，则这次左移没有成功，由此可知，读写头肯定在左端点上；如果已不在这个特殊符号上，而在另一个不同的符号上，则带子上这个位置的左边肯定还有符号，这就完成了探测。在进一步运行之前，必须保证已将那个改变了的符号还原为原来的符号。

对于第 3、4 步分别使用不同状态可以直接实现它们。■

例 3.7　图灵机 M_4 解所谓的**元素区分问题**（element distinctness problem）。给出由 {0，1} 组成的字符串系列，字符串之间用符号＃隔开，M_4 的任务是：如果此序列中的所有字符串都不同，则接受。此语言是：

$$E=\{\#x_1\#x_2\#\cdots\#x_l \mid x_i\in\{0,1\}^*,\text{且对任意 } i\neq j,\text{有 } x_i\neq x_j\}$$

机器 M_4 将 x_1 与 x_2 到 x_l进行比较，然后将 x_2 与 x_3 到 x_l进行比较，依此类推。M_4 判定这个语言的非形式化描述如下。

M_4＝“对于输入 w：

1. 在最左端的带子符号的顶上做个记号。如果此带子符号是空白符，则接受。如果此符号是＃，则进行下一步。否则，拒绝。
2. 向右扫描至下一个＃，并在其顶上做第二个记号。如果在遇到空白符之前没有遇到＃，则带子上只有 x_1，因此接受。
3. 通过来回移动，比较做了记号的＃的右边的两个字符串，如果它们相等，则拒绝。
4. 将两个记号中右边的那个向右移到下一＃上。如果在碰到空白符之前没有遇到＃，则将左边的记号向右移到下一个＃上，并且将右边记号移到后面的＃上。如果这时右边记号还找不到＃，则所有的字符串都已经比较过了，因而接受。
5. 转到第 3 步继续执行。”

M_4 阐述了对带子符号做标记的技术。在第 2 步，它在一个符号的顶上放置了一个记号（本例中，这个符号是＃）。实际上，该机器的带子字母表中有两个不同的符号：＃和 $\dot{\#}$。“机器在＃顶上放置了一个记号‘．’”的含义是：它将带有点的＃写在这个位置。“把这个记号去掉”的含义是：机器写下了那个没有点的符号＃。一般说来，可能需要在各种不同的带子符号上做记号，要做到这一点，只要带子字母表中包含这些符号的带点形式即可。■

从以上这些例子中可以得出如下结论：描述的语言 A，B，C 和 E 都是可判定的。由于每个可判定语言都是图灵可识别的，所以这些语言都是图灵可识别的。而要说明一个语言图灵可识别但不可判定，则比较困难，将在第 4 章中介绍。

3.2　图灵机的变形

其他形式的图灵机还很多，例如含有多个带子的或非确定性的图灵机，它们被称为图灵机模型的**变形**（variant），原来的模型与它所有合理的变形有着同样的能力，也即识别相同的语言类。本节将描述这些变形并证明它们在识别能力上的等价性。虽然它们的定义有了变化，但它们的能力却没有改变，在形式变化中保持不变的性质称为**稳健性**（robustness）。有穷自动机和下推自动机在某种程度上都是稳健的模型，但图灵机更具惊人的稳健性。

为说明图灵机模型的稳健性，先对转移函数的形式在允许范围内做小改动。在原来的定义中，转移函数强迫读写头在每一步之后都要向左或向右移动，不能仅仅待着不动，如果允许图灵机读写头有保持不动的能力，则转移函数应有如下的形式：$\delta: Q\times\Gamma\rightarrow Q\times\Gamma\times\{\mathrm{L},\mathrm{R},\mathrm{S}\}$。这个特点能否使图灵机能够识别更多的语言呢？也即能否增强它的识别能力呢？当然不能，因为我们能将任何具有这个特点的图灵机转变为一个没有这个特点的图灵机，做法是：用两个转移替代每一个“待着不动”的转移，第一个是向右移动，第二个是向左返回。

这个例子包含了证明各种变形图灵机之间等价性的关键：为证明两个模型是等价的，只要证明它们能相互模拟即可。

3.2.1 多带图灵机

多带图灵机（multitape Turing machine）很像普通图灵机，只是有多个带子，每个带子都有自己的读写头，用于读和写。开始时，输入出现在第一个带子上，其他的带子都是空白的。转移函数改为允许多个带子同时进行读、写和移动读写头，其形式为：

$$\delta: Q\times\Gamma^k\to Q\times\Gamma^k\times\{\mathrm{L},\mathrm{R},\mathrm{S}\}^k$$

此处 k 是带子的个数。表达式

$$\delta(q_i,a_1,\cdots,a_k)=(q_j,b_1,\cdots,b_k,\mathrm{L},\mathrm{R},\cdots,\mathrm{L})$$

指的是：若机器处于状态 q_i，读写头 1 到 k 所读的符号分别是 a_1 到 a_k，则机器转移到状态 q_j，各读写头分别写下符号 b_1 到 b_k，并按此式所指示的那样移动每个读写头。

多带图灵机看上去比普通图灵机的能力强，但可以证明它们是等价的。回忆一下：若两个机器识别相同的语言，则它们是等价的。

定理 3.8　每个多带图灵机等价于某一个单带图灵机。

证明　将一个多带图灵机 M 转换为一个与之等价的单带图灵机 S，关键是怎样用 S 来模拟 M。

假设 M 有 k 个带子，S 把此 k 个带子的信息都存储在它的唯一带子上，并以此来模拟 k 个带子的效果。它用一个新的符号 # 作为定界符，以分开不同带子的内容。除了带子内容之外，S 还必须记录每个读写头的位置。为此，它在一个符号的顶上加个点，以此来标记读写头在其带子上的位置，S 把它们想象为虚拟带子和虚拟读写头。像以前一样，加点的带子符号应是已经加进带子字母表的新符号。图 3-6 说明了怎样用一个带子来表示三个带子。

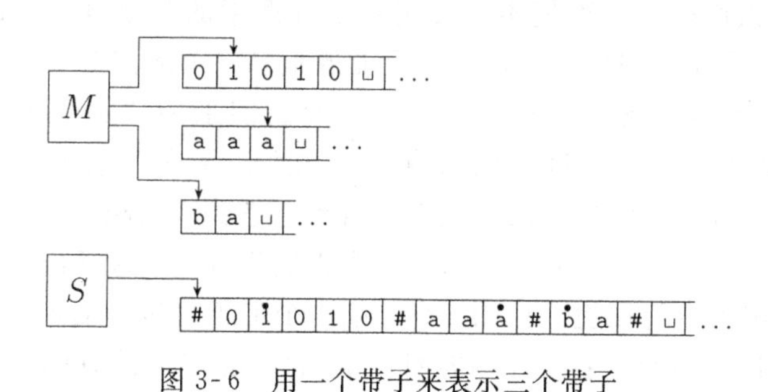

图 3-6　用一个带子来表示三个带子

$S=$ “对于输入 $w=w_1\cdots w_n$：

1. S 在自己的带子上放入

$$\#\dot{w}_1 w_2\cdots w_n\#\dot{\sqcup}\#\dot{\sqcup}\#\cdots\#$$

此格式表示了 M 的全部 k 个带子的内容。

2. 为了模拟多带机的一步移动，S 在其带子上从标记左端点的第一个 # 开始扫描，一直扫描到标记右端点的第（$k+1$）个 #，其目的是确定虚拟读写头下的符号。然后 S 进行第二次扫描，并根据 M 的转移函数指示的运行方式更新带子。

3. 任何时候，只要 S 将某个虚拟读写头向右移动到某个 # 上面，就意味着 M 已将自己相应的读写头移动到了其所在的带子中的空白区域上，即以前没有读过的区域上。因此，S 在这个带子方格上写下空白符，并将这个带子方格到最右端的各个带子方格中的内容都向右移动一格。然后再像之前一样继续模拟。” ■

推论 3.9　一个语言是图灵可识别的，当且仅当存在多带图灵机识别它。

证明　一个图灵可识别语言可由一个普通的（单带）图灵机识别，这个普通图灵机是多带图灵机的一个特例，这就证明了此推论的一个方向。另一个方向可由定理 3.8 得证。 ■

3.2.2　非确定型图灵机

非确定型图灵机有如其名：在计算过程中，机器可以在多种可能性动作中选择一种继续进行。它的转移函数具有如下形式：

$$\delta: Q\times\Gamma\to P(Q\times\Gamma\times\{\mathrm{L},\mathrm{R}\})$$

其计算是一棵树，不同分支对应着机器不同的可能性动作。如果计算的某个分支导致接受状态，则机器接受该输入。如果需要复习非确定性，参看 1.2 节，现在证明非确定性不会影响图灵机模型的识别能力。

定理 3.10　每个非确定型图灵机都等价于某一个确定型图灵机。

证明思路　用确定型图灵机 D 来模拟非确定型图灵机 N 的证明思路是：让 D 试验 N 的非确定型计算的所有可能分支。若 D 能在某个分支到达接受状态，则接受；否则 D 的模拟将永不终止。

将 N 在输入 w 上的计算看作一棵树，树的每个分支代表非确定型图灵机的一个分支，结点是 N 的一个格局，根是起始格局，图灵机 D 在这棵树上搜索接受格局。仔细地引导搜索是非常重要的，以免 D 不能访问整棵树。一个诱人（但是坏）的想法是：D 使用“深度优先”策略搜索此树，这种搜索需要记录下其搜索的某个分支下的所有子分支，然后再转去搜索另一个分支。如果这样，D 有可能要记录一个无限分支，因而要无限记录下去，也就不能发现在其他分支上的接受格局。为此我们采用“宽度优先”策略搜索整棵树，这个策略是：在搜索一个深度内的所有分支之后，再去搜索下一个深度内的所有分支。此方法能保证 D 可以访问树的所有结点，直到它遇到接受格局。

证明　模拟确定型图灵机 D 有三个带子，根据定理 3.8，这等价于只有一个带子。机器 D 将这三个带子用于专门用途。见图 3-7。第一个带子只包含输入串，且不再改变；第二个带子存放 N 的带子中的内容，此内容对应 N 的非确定型计算的某个分支；第三个带子记录 D 在 N 的非确定型计算树中的位置。

首先考虑第三个带子上表示的数据。N 的每个格局确定一个集合，它是由此格局可能转移到的所有下一格局组成，这些下一格局是由 N 的转移函数指定的。N 的非确定型计算中的每个结点最多有 b 个子结点，其中 b 是上述集合中最大的集

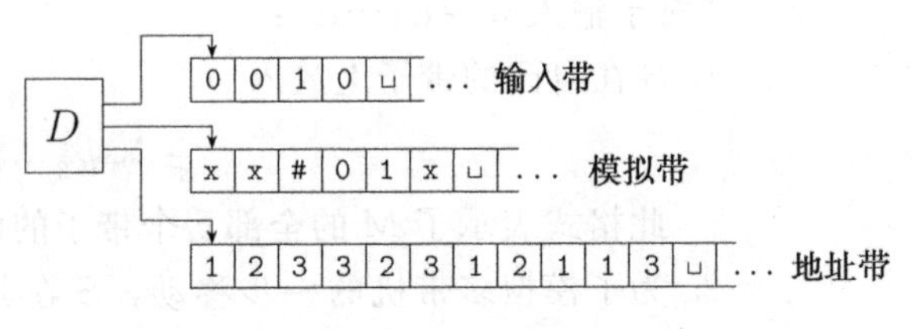

图 3-7　确定型图灵机 D 模拟非确定型图灵机 N

合所含的元素个数。对树的每个结点，可以给其分配一个地址，它是字母表$\Gamma_b=\{1,2,\cdots,b\}$上的一个串。例如，把地址231分配给按以下方式到达的结点：从根出发走到它的第二个子结点，再由此走到第三个子结点，最后由此走到第一个子结点。此串中的数字告诉我们：在模拟N的非确定型计算的一个分支时下一步应做什么。如果一个格局拥有的选择太少，则一个符号可能不对应任何选择，此种情况下，地址将无效，不对应任何结点。第三个带子上包含Γ_b上的一个串，它代表N的计算树中的如下分支：起点是根，终点是此串表示的地址所对应的结点，除非这个地址是无效的。空串是树根地址。D的描述如下：

1. 开始时，第一个带子包含输入w，第二和第三个带子都是空的。

2. 把第一个带子复制到第二个带子上，并将第三个带子的字符串初始化为ε。

3. 用第二个带子去模拟N在输入w上的非确定型计算的某个分支。在N的每一步动作之前，查询第三个带子上的下一个数字，以决定在N的转移函数所允许的选择中作何选择。如果第三个带子上没有符号剩下，或这个非确定型的选择是无效的，则放弃这个分支，转到第4步。如果遇到拒绝格局也转到第4步。如果遇到接受格局，则接受这个输入。

4. 在第三个带子上，用字符串顺序的下一个串来替代原有的串。转到第2步，以模拟N的计算的下一个分支。 ■

推论 3.11 一个语言是图灵可识别的，当且仅当存在非确定型图灵机识别它。

证明 确定型图灵机自然是一个非确定型图灵机，此推论的一个方向由此立刻得证。另一个方向可由定理3.10得证。 ■

可以修改定理3.10的证明，使得如果N在计算的所有分支上都能停机，则D也总能停机。如果对所有输入所有分支都停机，则称这个非确定型图灵机是一个**判定器**（decider）。练习3.3要求以这种方式修改此证明，以得到定理3.10的下列推论。

推论 3.12 一个语言是可判定的，当且仅当存在非确定型图灵机判定它。

3.2.3 枚举器

前面的脚注曾经提到，有人使用术语*递归可枚举语言*来代替图灵可识别语言。这个术语起源于称为**枚举器**（enumerator）的机器，它是图灵机的一种变形。概略地说，枚举器是带有打印机的图灵机，图灵机把打印机当作输出设备，从而可以打印串。每当图灵机想在打印序列中增加一个串时，就把此串送到打印机。练习3.4要求给出枚举器的形式定义。图3-8给出了这个模型的示意图。

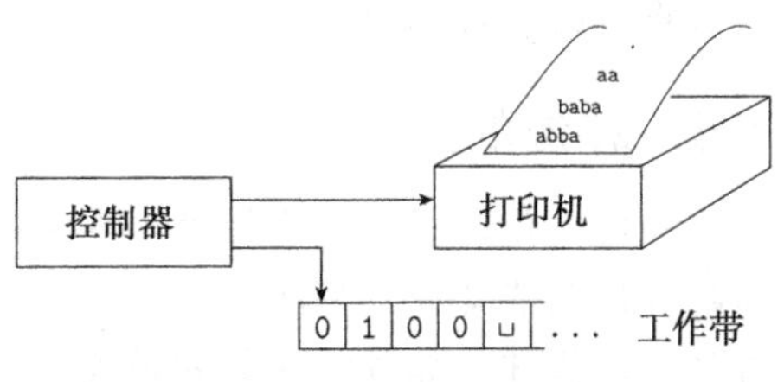

图3-8　枚举器的示意图

枚举器E以空白输入的工作带开始运行，如果不停机，它可能会打印出串的一个无限序列。枚举器E所枚举的语言是最终打印出的串的集合，而且E可能以任意顺序生成这个语言中的串，甚至还会有重复。下面建立枚举器和图灵可识别语言间的联系。

定理 3.13 一个语言是图灵可识别的，当且仅当存在枚举器枚举它。

证明 首先证明：如果有枚举器E枚举语言A，则有图灵机M识别A。图灵机M按如下方式运行：

M="对于输入 w：

1. 运行 E。每当 E 输出一个串时，将之与 w 比较。

2. 如果 w 曾经在 E 的输出中出现过，则接受。"

显然，M 接受在 E 的输出序列中出现过的那些串。

现在证明另一个方向。设 $s_1, s_2, s_3, \cdots$ 是 $\Sigma*$ 中的所有可能的串，如果图灵机 M 识别语言 A，则为 A 构造枚举器 E 如下：

E="忽略输入。

1. 对 $i=1,2,3,\cdots$，重复下列步骤。

2. 对 $s_1, s_2, \cdots, s_i$ 中的每一个，M 以其作为输入运行 i 步。

3. 如果有计算接受，则打印出相应的 s_j。"

如果 M 接受串 s，它终将出现在 E 生成的打印列表中。事实上，它将在此列表中出现无限多次，因为每一次重复步骤 1，M 在每一个串上都从头开始运行。这个过程有使 M 在所有可能的输入上并行运行的效果。■

3.2.4　与其他模型的等价性

至此，已经介绍了图灵机的多种变形，并证明了它们在能力上是等价的。人们还提出了许多其他的通用计算模型，其中的一些与图灵机十分相似，而另一些则相差甚远，但都具有图灵机的本质特征，即可以无限制地访问无限的存储器，这个特征把它们和有穷自动机、下推自动机等能力较弱的模型区别开来。值得注意的是，已经证明：具有此特点的所有模型在能力上都是等价的，只要它们满足一些合理的必要条件即可[⊖]。

为理解这种现象，考虑程序设计语言中的类似情形。许多程序设计语言（如 Pascal 和 LISP）从类型和结构上看，它们相去甚远，那么一个算法是否只能在其中一个上执行而不能在另一个上执行呢？当然不是，我们既能将 LISP 编译到 Pascal，也能将 Pascal 编译到 LISP，这意味着两个语言描述了完全相同的算法类，其他合理的程序设计语言也是一样。计算模型间的普遍等价性也基于完全同样的原因，任意两个满足合理条件的计算模型都能相互模拟，从而在能力上是等价的。

这种等价现象有着重要的哲学内涵，虽然计算模型是多种多样的，但它们所描述的算法类只有一个。单个计算模型的定义有一定的随意性，但从根本上说它所描述的算法类是自然的，因为它和其他模型所描述的类是一样的。这种现象对于数学也有深远的意义，下一节将对此进行说明。

3.3　算法的定义

非形式化地说，算法是为实现某个任务而构造的简单指令集。在日常用语中，算法有时称为过程或处方。算法在数学中也起着重要的作用，古代数学文献中包含了各种各样任务的算法描述，如寻找素数和最大公因子、在当代数学中，更是充满了算法。

虽然算法在数学中已有很长的历史，但在 20 世纪之前，算法概念本身一直没有精确的定义。当时的数学家对下述问题只有直观的认识：什么是算法？在使用和描述算法时应依赖什么？这种直观认识对深入理解算法是不够的。下面的故事说明了算法的精确定义对

⊖　例如，"在一步中只能执行有限的工作量"就是这样一个条件。

一个重要数学问题是多么的关键。

3.3.1 希尔伯特问题

1900 年，数学家希尔伯特在巴黎举行的世界数学家大会上发表了至今仍然著名的演说。在演说中，他提出了 23 个数学问题，并认为它们是对下一个世纪的挑战，其中的第 10 个问题就是关于算法的。

在描述这个问题之前，先简单讨论**多项式**（polynomial）。一个多项式是一些**项**（term）的和，其中每个项都是一个常数和一些变元的积，常数称为**系数**（coefficient）。例如，

$$6 \cdot x \cdot x \cdot x \cdot y \cdot z \cdot z = 6x^3yz^2$$

是一个项，其系数是 6；又如，

$$6x^3yz^2 + 3xy^2 - x^3 - 10$$

是一个多项式，它有四个项和三个变元 x、y 和 z。本节讨论中，只考虑系数是整数的多项式。多项式的一个**根**（root）是对它的变元的一个赋值，使得此多项式的值为 0。上述多项式的一个根是 $x=5$，$y=3$ 和 $z=0$，这个根是个**整数根**（integral root），因为所用的变元都被赋予整数值。有些多项式有整数根，有些则没有。

希尔伯特第 10 问题旨在设计一个算法来检测一个多项式是否有整数根。他没有用算法这个术语，而是用这样一句短语："通过有限多次运算就可以决定的过程"[⊖]。有意思的是，从希尔伯特对这个问题的陈述中可以看出，他明确地要求设计一个算法，因此，他明显地假设这样的算法存在，人们所要做的只是找到它。

现在我们知道，这个任务没有算法，它在算法上是不可解的。但对于那个时期的数学家来说，以他们对算法的直观认识，得出这样的结论是不可能的。这个直观概念也许适用于给出一些任务的算法，但若将之用于证明某个特定任务的算法不存在，就毫无用处了。证明算法不存在需要给出算法的明确的定义，第 10 问题的进展必须等待这样的定义。

在丘奇（Alonzo Church）和图灵（Alan Turing）于 1936 年写的文章中，这样的定义终于被给出。丘奇使用称为λ-演算的记号系统来定义算法，图灵使用机器来做同样的事情。这两个定义后来被证明是等价的，算法的非形式化概念和精确定义之间的这个联系从此被称为**丘奇-图灵论题**（Church-Turing thesis），如图 3-9 所示。

算法的直观概念	等于	图灵机算法

图 3-9 丘奇-图灵论题

丘奇-图灵论题提出的算法定义是解决希尔伯特第 10 问题所必需的。1970 年，马提亚塞维齐（Yuri Matijasevic）在戴维斯（Matin Davis）、普特纳姆（Hilary Putnam）和罗宾逊（Julia Robinson）等人工作的基础上，证明了检查多项式是否有整数根的算法是不存在的。第 4 章将介绍一种技术，它可以被用来证明这个结论及证明另外一些问题也是算法上不可解的。

现在用上述术语来重新陈述希尔伯特第 10 问题，这样做有助于一些论题的引入，这些论题将在第 4 章和第 5 章中讨论。设

⊖ 从德语原文翻译。

$$D=\{p \mid p \text{ 是有整数根的多项式}\}$$

本质上，希尔伯特第 10 问题是问：集合 D 是不是可判定的？答案是否定的。作为比较，先证明 D 是图灵可识别的。在证明之前，先讨论一个简单问题，它与希尔伯特第 10 问题非常类似，所不同的是现在仅考虑只有一个变元的多项式，如 $4x^3-2x^2+x-7$。设

$$D_1=\{p \mid p \text{ 是有整数根的 } x \text{ 的多项式}\}$$

下面是识别 D_1 的图灵机 M_1：

M_1＝“输入是关于变元 x 的一个多项式 p。

1. 当 x 相继被设置为值 0，1，－1，2，－2，3，－3，…时，求 p 的值。一旦求得 $p=0$，就接受。”

如果 p 有整数根，M_1 最终将找到它，从而接受；如果 p 没有整数根，则 M_1 将永远运行下去。对于多个变元的情形，可以设计一个类似的图灵机 M 来识别 D，只是 M 要检查多个变元所有可能取的整数值。

M_1 和 M 都是识别器而非判定器。M_1 可以被转换成 D_1 的判定器，因为可以算出一个上界，使得一个单变元的所有根都在这个上界内，这样，只要在这个上界以内进行搜索即可。在问题 3.10 中要求证明：一个多项式的根一定在下列值之间：

$$\pm k\frac{c_{\max}}{c_1}$$

其中 k 是此多项式中项的个数，$c_{\max}$ 是绝对值最大的系数，c_1 是最高次项的系数。如果在这个上界内找不到根，则机器就*拒绝*。马提亚塞维齐（Matijasevisc）定理表明：对于多变元多项式，计算这样的上界是不可能的。

3.3.2 描述图灵机的术语

现在到了计算理论研究的转折点。讨论对象还是图灵机，但从现在起，真正焦点是算法，而图灵机只是被用作算法定义的一个精确模型。我们将忽略图灵机本身的广博理论，也不过多地浪费时间在图灵机的低层次程序设计上。我们只需要相信图灵机刻画了所有的算法。

在承认这一点的前提下，下面将图灵机算法的描述方式标准化。在研究开始时，人们总要问：在描述算法时，什么样的详细程度是适当的？学生通常也会问这样的问题，特别在他们准备着手解题和做练习时更会这样问。描述的详细程度有三种：第一种是形式化描述，即详尽地写出图灵机的状态、转移函数等，这是最低层次、最详细程度的描述；第二种描述的抽象水平要高一些，称为*实现描述*，这种方法使用日常语言来描述图灵机的动作，如怎么移动读写头、怎么在带子上存储数据等，这种程度的描述没有给出状态和转移函数的细节；第三种是*高层次描述*，它也是使用日常语言来描述算法，但忽略了实现的细节，这种程度的描述不再需要提及机器如何管理它的带子或读写头。

本章已经给出了许多图灵机的描述，它们都是形式化描述或实现描述的例子。使用较低层次的图灵机进行描述有助于理解图灵机并增强使用它们的信心，一旦有了这样的信心，就足以进行高层次描述。

下面描述图灵机的格式和记号。图灵机的输入总是一个串，如果想以一个对象而不是字符串作为输入，必须先将那个对象字符串化。串能很容易地表达多项式、图、文法、自动机及这些对象的任意组合。可以设计一个图灵机来对这些串进行适当的解码，使之被解

释为所希望的对象。对象 O 编码成字符串的记号是 $\langle O\rangle$，如果有多个对象 $O_1,O_2,\cdots,O_k$，它们的编码是一个串，记为 $\langle O_1,O_2,\cdots,O_k\rangle$。可用多种合理的方式进行编码，选择哪一种并不重要，因为图灵机总能将一种编码转化成另一种。

描述图灵机算法的格式是带引号的文字段，且排成锯齿形状。将算法分成几个步骤，每个步骤可能包括图灵机计算的许多步，用更深的缩进方式来指示算法的分块结构。算法的第一行描述机器的输入，如果输入描述仅仅被写成 w，则这个串就被当作输入。如果输入描述的是一个对象的编码 $\langle A\rangle$，则暗示图灵机需要首先检查此输入是否确实是所要的对象的编码，如果不是，则拒绝它。

例 3.14　设 A 是由表示连通无向图的串构成的语言。回忆一下，如果一个图从任意顶点出发都可以沿着边走到其他所有顶点，则称这个图是**连通的**（connected）。记 A 为

$$A=\{\langle G\rangle \mid G\text{ 是连通无向图}\}$$

下面是判定 A 的图灵机 M 的一个高层次描述：

M=“输入是图 G 的编码 $\langle G\rangle$：

1. 选择 G 的第一个顶点，并标记之。
2. 重复下列步骤，直到没有新的顶点可作标记。
3. 对于 G 的每一个顶点，如果能通过一条边将其连到另一个已被标记的顶点，则标记该顶点。
4. 扫描 G 的所有顶点，确定它们是否都已作了标记。如果是，则接受，否则拒绝。”

作为附加练习，下面检查图灵机 M 的一些实现细节。今后一般不给出这些细节，也没有必要这样做，除非有这样的明确要求。首先，必须了解 $\langle G\rangle$ 是怎样将图 G 编码成一个串的。考虑如下的编码方式：先是 G 的顶点序列，后面紧跟 G 的边序列。顶点由一个十进制数表示，边由一对表示它的两个端点的十进制数表示。图 3-10 描绘了这样一个图和它的编码。

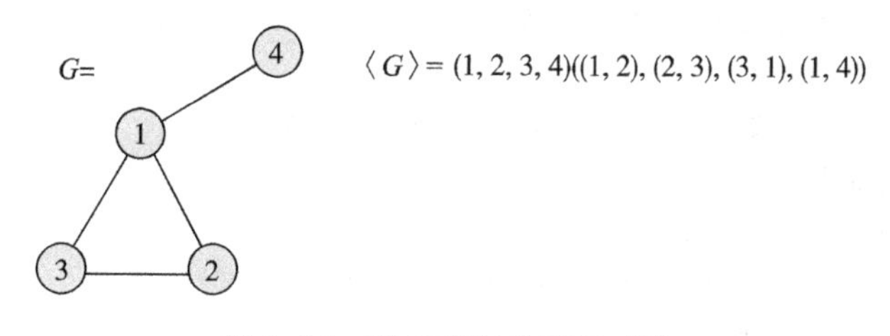

图 3-10　图 G 和它的编码 $\langle G\rangle$

当 M 收到输入 $\langle G\rangle$ 时，立即对其进行检查，以确定它是否是某个图的正确编码。为此，M 首先扫描带子，确定是否有两个序列，并检查它们的格式是否都正确。第一个序列应该是不相同的十进制数的序列，第二个序列应该是十进制数对的序列。然后 M 检查以下两项：顶点序列应该不包含重复元素；出现在边序列中的每个顶点也应该出现在顶点序列中。对于前一项，可以使用例 3.7 给出的图灵机 M_4 来检查元素是否不同，并用类似的方法实现对第二项的检查。如果输入通过了这些检查，它就是某个图的编码。完成了对输入的检查后，M 继续运行，并进入第 1 步。

对于第 1 步，M 在最左端的数字上加个点来对第一个顶点作标记。

对于第 2 步，M 扫描顶点序列以发现一个未加点的顶点 n_1，并以另一种方法对其进行标记，比如说，在它的第一个符号下画一条线。然后，M 再次扫描顶点序列来发现一个已带点的顶点 n_2，并在其下划线。

然后 M 扫描边序列。对于每一个边，M 检查那两个带下划线的顶点 n_1 和 n_2，看其是否在这条边中出现。如果是，则 M 在 n_1 上加点，并去掉其下划线，再回到第 2 步的开头，然后继续运行。如果不是，则 M 检查边序列中的下一个边，如果没有多余的边，则 $\{n_1, n_2\}$ 不是 G 的边。然后它把 n_2 下划线移动到下一个带点的顶点上，现在称这个顶点为 n_2。再重复本段中的步骤，并像以前一样检查这个新的对 $\{n_1, n_2\}$ 是否是一条边。如果已没有多余的带点的顶点，则 n_1 就没有被连到任何带点的顶点上。然后 M 重新设置下划线，使得 n_1 是下一个不带点的顶点，n_2 是第一个带点的顶点，重复本段中的步骤。如果还没有多余的不带点的顶点，则 M 未能发现任何新的顶点可以加点，故转入第 4 步。

对于第 4 步，M 扫描顶点序列，检查是否都已被加点。如果是，则进入接受状态，否则进入拒绝状态。这就完成了图灵机 M 的描述。 ■

练习

3.1 此练习与图灵机 M_2 有关，例 3.4 给出了它的描述及状态图。在下列每个输入串上，给出 M_2 所进入的格局序列：

a. 0　　[A]**b.** 00　　**c.** 000　　**d.** 000000

3.2 此练习与图灵机 M_1 有关，例 3.5 给出了它的描述及状态图。在下列每个输入串上，给出 M_1 所进入的格局序列：

[A]**a.** 11　　**b.** 1#1　　**c.** 1##1　　**d.** 10#11

e. 10#10

[A]**3.3** 修改定理 3.10 以得到推论 3.12 的证明，即证明一个语言是可判定的当且仅当有非确定型图灵机判定它。（可以假设关于树的下列定理成立：如果一棵树中的每个结点只有有限多个子结点，且此树的每一个分支只有有限多个结点，则此树本身只有有限多个结点。）

3.4 给出枚举器的一个形式化定义。可将其看作一种双带图灵机，用它的第二个带子作为打印机。包括它所枚举的语言的定义。

[A]**3.5** 检查图灵机的形式化定义，回答下列问题并解释你的推理：

a. 图灵机能在它的带子上写下空白符吗？

b. 带子字母表 Γ 和输入字母表 Σ 能相同吗？

c. 图灵机的读写头能在连续的两步中处于同一个位置吗？

d. 图灵机能只包含一个状态吗？

3.6 定理 3.13 证明了一个语言是图灵可识别的当且仅当有枚举器枚举它。为什么不能用下列更简单的算法作为充分性的证明？像以前一样，$s_1, s_2, \cdots$ 是 Σ^* 中的所有串。

$E=$ “忽略输入，

1. 对于 $i=1,2,3,\cdots$，重复下列步骤。
2. 在 s_i 上运行 M。
3. 如果接受，则打印出 s_i。”

3.7 下面描述的不是一个合法的图灵机，解释为什么。

$M_{\text{bad}}=$“在输入 $\langle p\rangle$ 上，其中 p 为变元 $x_1, \cdots, x_k$ 上的一个多项式：

1. 让 $x_1, \cdots, x_k$ 取所有可能的整数值。
2. 对所有这些取值求 p 的值。

3. 只要某个取值使得 p 为0，则接受，否则拒绝。”

3.8 下面的语言都是字母表 $\{0,1\}$ 上的语言，以实现层次的描述给出判定这些语言的图灵机：

[A]**a.** $\{w \mid w$ 包含相同个数的0和1$\}$。

b. $\{w \mid w$ 所包含的0的个数是1的个数的两倍$\}$。

c. $\{w \mid w$ 所包含的0的个数不是1的个数的两倍$\}$。

问题

[A]**3.9** 设 A 是仅含一个串 s 的语言，其中：

$$s=\begin{cases}0 & \text{如果火星上没有任何生命}\\ 1 & \text{如果火星上发现生命}\end{cases}$$

A是可判定的吗？为什么？在本题中，假设“火星上是否有生命”这一问题的答案只有“有”或“没有”两种。

3.10 设多项式 $c_1x^n+c_2x^{n-1}+\cdots+c_nx+c_{n+1}$ 有根 $x=x_0$，$c_{\max}$ 是 c_i 的最大绝对值。证明

$$|x_0|<(n+1)\frac{c_{\max}}{|c_1|}$$

***3.11** 证明：不能在带子的输入区域写的单带图灵机只能识别正则语言。

***3.12** 证明每一个无穷图灵可识别语言都有一个无穷可判定子集。

***3.13** 证明：一个语言是可判定的，当且仅当有枚举器以标准字符串顺序枚举这个语言。

***3.14** 设图灵可识别语言 $B=\{\langle M_1\rangle,\langle M_2\rangle,\cdots\}$ 由图灵机的描述组成，证明存在一个以图灵机作为输入字符的图灵可识别语言 C，使得在 B 中的每一个图灵机在 C 中也有一个图灵机与之等价，反之亦然。

3.15 证明图灵可识别语言类在下列运算下封闭：

[A]**a.** 并　　**b.** 连接　　**c.** 星号　　**d.** 交　　**e.** 同态

3.16 证明可判定语言类在下列运算下封闭：

[A]**a.** 并　　**b.** 连接　　**c.** 星号　　**d.** 补　　**e.** 交

[A]**3.17** **只写一次图灵机**（write-once Turing machine）是一个单带图灵机，它在每个带子方格上最多只能改变其内容一次（包括带子上的输入区）。证明图灵机模型的这个变形等价于普通的图灵机模型。（提示：首先考虑如下图灵机：可以修改带子方格最多两次，使用多个带子。）

3.18 **双无限带图灵机**（Turing machine with doubly infinite tape）与普通图灵机相似，所不同的是它的带子向左和向右都是无限的。此带子在开始时，除了包括输入区域外，其他都填以空白符，计算也像通常一样定义，只是在它向左移动时不会遇到带子的端点。证明这种类型的图灵机识别图灵可识别语言类。

3.19 **左复位图灵机**（Turing machine with left reset）和普通图灵机类似，只是它的转移函数具有下列形式：

$$\delta: Q\times\Gamma\rightarrow Q\times\Gamma\times\{\mathrm{R},\mathrm{RESET}\}$$

如果 $\delta(q,a)=(r,b,\mathrm{RESET})$，则当机器处于状态 q 且读 a 时，在带子上写下 b 并进入状态 r 后，读写头就跳到带子的左端点。注意，这样的机器没有将它的读写头向左移动一个符号的普通能力。证明左复位图灵机识别图灵可识别语言类。

3.20 **以停留代替左移图灵机**（Turing machine with stay put instead of left）和普通图灵机类似，只是它的转移函数具有下列形式：

$$\delta: Q\times\Gamma\rightarrow Q\times\Gamma\times\{\mathrm{R},\mathrm{S}\}$$

在任何时候，机器可以将读写头向右移，或让其停留在原地不动。证明这样的图灵机与普通图灵机不等价，这样的图灵机识别什么语言类？

3.21 **队列自动机**（queue automaton）类似于下推自动机，只是栈换成了队列，队列是只能从左边写

入符号从右边读出的带子，每次写操作（推）往队列的左端增加一个字符，每次读操作（拉）从队列的右端读取一个字符并随即将其从带子上删除。和下推自动机一样，队列自动机的输入被放在一条单独的只读输入带上，且读写头只能在输入带上从左向右移动，输入带在输入字符串后跟一空白字符以标识输入的结束位置。队列自动机在对输入进行操作的过程中，只要进入一个接受状态，机器就接受。证明一个语言能被一个确定型队列自动机识别当且仅当该语言是图灵可识别的。

3.22 设 k-PDA 表示有 k 个栈的下推自动机。因此，0-PDA 就是一个 NFA，1-PDA 就是通常的 PDA。已经知道 1-PDA 比 0-PDA 更强（识别更大的语言类）。

a. 证明 2-PDA 比 1-PDA 更强。

b. 证明 3-PDA 不比 2-PDA 更强。

（提示：用两个栈来模拟一个图灵机带。）

习题选解

3.1 **b.** $q_1 00$，$\sqcup q_2 0$，$\sqcup \mathrm{x} q_3 \sqcup$，$\sqcup q_5 \mathrm{x} \sqcup$，$q_5 \sqcup \mathrm{x} \sqcup$，$\sqcup q_2 \mathrm{x} \sqcup$，$\sqcup \mathrm{x} q_2 \sqcup$，$\sqcup \mathrm{x} \sqcup q_{\mathrm{accept}}$

3.2 **a.** $q_1 11$，$\mathrm{x} q_3 1$，$\mathrm{x}1 q_3 \sqcup$，$\mathrm{x}1 \sqcup q_{\mathrm{reject}}$。

3.3 证明推论的两个方向。首先，如果语言 L 是可判定的，则它能被一个确定型图灵机判定，而确定型图灵机自然是一个非确定型图灵机。其次，如果语言 L 能被一个非确定型图灵机 N 所判定，那么按如下步骤修改定理 3.10 的证明中给出的确定型图灵机 D。将步骤 4 移到步骤 5。增加新的步骤 4：如果 N 的所有非确定性的分支都被拒绝，则拒绝。

现在讨论新的图灵机 D' 是 L 的判定器。如果 N 接受它的输入，D' 也最终会找到一个接受分支并接受。如果 N 拒绝它的输入，则它的所有分支将因其为判定器而停止并拒绝。因此，每个分支有有限个结点，每个结点代表 N 的一步计算。所以根据前面练习给出的关于树的描述可知，N 在一个输入上的完整计算树是有限的。从而，当这棵树遍历完后 D' 将停止并拒绝。

3.5 **a.** 是。带子字母表 Γ 包括 $\sqcup$，图灵机能在带子上写下 Γ 中的任何字符。

b. 不是。Σ 从不含 $\sqcup$，但 Γ 总是包括 $\sqcup$。因此它们不能相等。

c. 是。若图灵机试图从带子的左端点向左移动读写头，则读写头保持原来位置不变。

d. 不是。任何图灵机必须包括两个可区分的状态 q_{accept} 和 q_{reject}，因此，一个图灵机至少包括两个状态。

3.8 **a.** “对于输入串 w：

1. 扫描带子并对第一个未标记的 0 进行标记。如果没有发现未被标记的 0，则转到第 4 步，否则，读写头返回至带子的左端点。
2. 扫描带子并对第一个未标记的 1 进行标记。如果没有发现未被标记的 1，则拒绝。
3. 读写头返回至带子左端点，并转到第 1 步继续执行。
4. 读写头返回至带子左端点，扫描带子以发现是否存在未被标记的 1。如果没有则接受，否则拒绝。”

3.9 语言 A 是语言 $\{0\}$ 或语言 $\{1\}$ 之一，这两个语言都是有穷的，因此是可判定的。如果不能判定上述两个语言哪一个是 A，也就不能描述出 A 的判定器。但是，可以给出两个图灵机，其中必有一个是 A 的判定器。

3.15 **a.** 对任意两个图灵可识别语言 L_1、L_2 及其对应的图灵识别机 M_1、M_2，构造图灵机 M' 识别 L_1 与 L_2 的并集。

“对于输入 w：

1. 逐步地在 w 上交替地运行 M_1 和 M_2。任何一个接受，则 M' 接受。如果两个机器都停机并拒绝，则 M' 拒绝。”

如果 M_1 或 M_2 接受 w，则因为接受图灵机在有限步达到接受状态，从而 M' 也接受 w。注意：如果 M_1、M_2 都拒绝或者任何一个处于循环状态，则 M' 将一直循环下去。

3.16 **a.** 对于任意两个可判定语言 L_1 和 L_2，设图灵机 M_1 和 M_2 分别判定它们。构造图灵机 M' 来判定语言 L_1 和 L_2 的并集：

"对于输入 w：

1. 在 w 上运行 M_1。如果它接受，则接受。
2. 在 w 上运行 M_2。如果它接受，则接受，否则拒绝。"

如果 M_1 或 M_2 接受 w，则 M' 接受 w。如果二者都拒绝，则 M' 拒绝。

3.17 首先用一个两次写图灵机模拟一个普通图灵机。两次写图灵机将整个带子的字符串内容拷贝到带子右边的空白部分（也即在带子上第一个空白字符处开始对带子上的字符串进行拷贝），来模拟原来机器的一步操作。机器逐字符拷贝并对其进行标记，这个过程会对每个带子方格进行两次操作。第一次写字符，第二次紧接着对这个字符进行标记，以标识其已经被拷贝。原来图灵机的读写头位置在带子上进行标记，当把方格中的内容拷贝到这个位置或者其旁边时，带子的内容根据原来图灵机的规则进行更新。

用一次写图灵机进行模拟时，其操作同两次写图灵机，只是原来带子上的每个方格现在用两个方格表示，第一个存储原来带子上的符号，第二个存储在拷贝过程中做上标记的字符。输入不能用两个格子代表一个字符，因此，在第一次带子被拷贝时，就直接在输入字符上进行标记。

第 4 章

Introduction to the Theory of Computation, 3e

可判定性

第 3 章引入了图灵机作为通用计算机模型，并根据丘奇-图灵论题，用图灵机定义了算法概念。

本章开始研究算法求解问题的能力。我们将证明，有些问题算法上能够求解，但另一些则不能。本章旨在研究算法可解性的局限。也许不少人对算法可解性已知之甚多，因为计算机科学的绝大部分是研究可求解问题的。但这一章里断言有些问题是不可解的，这可能会让人感到意外。

通常，人们追求问题的答案，而在此时试图证明该问题的不可解性似乎没有什么用处。但是研究不可解性的理由有二：第一，知道问题在算法上是不可解的，就不必浪费力量去寻找不存在的解法，进而可以把精力花在改变或简化问题，以便找到简化问题的算法解上。像任何工具一样，计算机也有能力上的局限。要想很好地使用计算机，必须正确地认识它的能力和局限。第二，能锻炼人的能力，即使你处理的问题都是可解的，了解不可解性也能激发你的想象，并帮助你全面而透彻地理解什么是计算。

4.1 可判定语言

本节将给出一些算法上可判定的语言的例子。我们将关注涉及自动机和文法的语言。例如，提出一个算法来检测一个串是否是一个上下文无关语言（context-free language，CFL）中的元素。关注这些语言是有趣的，因为：首先，某些问题是和应用相关的。例如测试一个上下文无关文法是否可生成某一个串，这一问题就和程序设计语言中的程序识别及编译有关。此外，某些涉及自动机和文法的问题在算法上却是不可判定的。开始举的例子很可能是可判定的，而这或许有助于你领会一些不可判定的例子。

4.1.1 与正则语言相关的可判定性问题

首先介绍与有穷自动机有关的计算问题。我们将给出算法来检测一个有穷自动机是否接受一个串、一个有穷自动机的语言是否为空以及两个有穷自动机是否等价等问题。

因为已经建立了处理语言的术语，故为方便起见，就用语言来表示各种计算问题。例如 **DFA 接受问题**（acceptance problem)，检测一个特定的确定型有穷自动机是否接受一个事先给定的串，此问题可表示为语言 A_{DFA}，它包含了所有 DFA 的编码以及 DFA 接受的串的编码。令

$$A_{\text{DFA}}=\{\langle B,w\rangle \mid B\text{ 是 DFA 并且接受输入串 }w\}$$

问题“DFA B 是否接受输入 w”与问题“$\langle B,w\rangle$ 是否是 A_{DFA}的元素”是相同的。类似地，其他一些计算问题也可表示成检查语言的成员隶属关系，证明这个语言是可判定的与证明这个计算问题是可判定的是同一回事。

下面的定理将证明 A_{DFA}是可判定的，因而也就证明了问题“一个给定的有穷自动机是否接受一个给定的串”是可判定的。

定理 4.1 A_{DFA}是一个可判定语言。

证明思路 证明思路非常简单。只要设计一个判定A_{DFA}的图灵机M即可。

M=“对于输入$\langle B,w\rangle$，其中B是DFA，w是串：

1. 在输入w上模拟B。
2. 如果模拟以接受状态结束，则接受；如果以非接受状态结束，则拒绝。”

证明 我们仅提及证明中的某些实现细节。如果你对某个标准程序设计语言很熟悉，那就想一想，怎样写一个程序来执行这个模拟。

首先检查输入$\langle B,w\rangle$，它表示输入串w和DFA B。B的一个合理的表示方法是简单地列出它的五个元素Q、Σ、δ、q_0及F。当M收到输入时，首先检查它是否正确地表示了DFA B和串w。如果不是，则拒绝。

然后M直接执行模拟。用在带子上写下信息的方法，它可以记录B在输入w上运行时的当前状态和当前位置。运行开始时，B的当前状态是q_0，读写头的当前位置是w的最左端符号。状态和位置的更新是由转移函数δ决定的。当M处理完w的最后一个符号时，如果B处于接受状态，则M接受这个输入；如果不是，则M拒绝。 ■

对非确定型有穷自动机，可以证明类似的定理。设

$$A_{NFA}=\{\langle B,w\rangle \mid B\text{ 是 NFA 并且接受输入串 } w\}$$

定理 4.2 A_{NFA}是一个可判定语言。

证明 构造一个判定A_{NFA}的图灵机N。可以将N设计成与M一样，只是将模拟DFA改为模拟NFA。但我们不这样做。下面说明一个新想法：用M作为N的子程序。因为M被设计成只接收DFA作为输入，故N先将作为输入所收到的NFA转换成DFA，然后再将它传给M。

N=“对于输入$\langle B,w\rangle$，其中B是NFA，w是串：

1. 用定理1.19所给的转换过程将NFA B转换成一个等价的DFA C。
2. 在输入$\langle C, w\rangle$上像定理4.1那样运行图灵机M。
3. 如果M接受，则接受，否则拒绝。”

第2步中，“运行图灵机M”的含义是：将M作为一个子程序加进N的设计中。 ■

可以类似地测定一个正则表达式是否派生一个给定的串。设

$$A_{REX}=\{\langle R,w\rangle \mid R\text{ 是正则表达式}, w\text{ 是串}, R\text{ 派生 } w\}$$

定理 4.3 A_{REX}是一个可判定语言。

证明 下面的图灵机P判定A_{REX}。

P=“在输入$\langle R,w\rangle$上，其中R是正则表达式，w是串：

1. 用定理1.28所给的转换过程将正则表达式R转换成一个与之等价的NFA A。
2. 在输入$\langle A,w\rangle$上运行图灵机N。
3. 如果N接受，则接受；如果N拒绝，则拒绝。” ■

定理4.1、4.2和4.3说明，对于可判定性，用DFA、NFA或正则表达式表达图灵机都是等价的，因为图灵机能将它们的编码进行互相转换。

现在转向与有穷自动机有关的另一种问题：有穷自动机语言的空性质测试。在以前的定理中，常常必须检查一个有穷自动机是否接受一个特定的串。在下面的证明中，要检查一个有穷自动机是否根本不接受任何串。令

$$E_{\text{DFA}}=\{\langle A\rangle \mid A\text{ 是一个 DFA，且 }L(A)=\varnothing\}$$

定理 4.4　E_{DFA}是一个可判定语言。

证明　DFA 接受一个串当且仅当：从起始状态出发，沿着此 DFA 的箭头方向，能够到达一个接受状态。为检查这个条件，设计一个使用标记算法的图灵机 T，此算法已在例 3.14 中使用过。

T="对于输入 $\langle A\rangle$，其中 A 是一个 DFA：

1. 标记 A 的起始状态。
2. 重复下列步骤，直到所有状态都被标记。
3. 对于一个状态，如果有一个到达它的转移是从某个已经标记过的状态出发的，则将其标记。
4. 如果没有接受状态被标记，则接受，否则拒绝。"　■

下一个定理证明：检查两个 DFA 是否识别同一个语言是可判定的。设

$$EQ_{\text{DFA}}=\{\langle A,B\rangle \mid A\text{ 和 }B\text{ 都是 DFA，且 }L(A)=L(B)\}$$

定理 4.5　EQ_{DFA}是一个可判定语言。

证明　用定理 4.4 来证明本定理。下面由 A 和 B 来构造一个新的 DFA C，使得 C 只接受这样的串：A 或 B 接受但不是都接受。这样如果 A 和 B 识别相同的语言，则 C 不接受任何串。C 的语言是

$$L(C)=(L(A)\cap\overline{L(B)})\cup(\overline{L(A)}\cap L(B))$$

此处$\overline{L(A)}$是 $L(A)$ 的补集，这个表达式称为 $L(A)$ 和 $L(B)$ 的**对称差**（symmetric difference），见图 4-1。这里，对称差是有用的，因为 $L(C)=\varnothing$ 当且仅当 $L(A)=L(B)$。已经证明：正则语言类在补、并和交下是封闭的。这些证明所使用的构造可以用来构造 C。这些构造都是算法，可以由图灵机来执行。一旦完成了 C 的构造，就可用定理 4.4 来检查 $L(C)$ 是否为空。如果它是空的，$L(A)$与 $L(B)$ 必定相等。

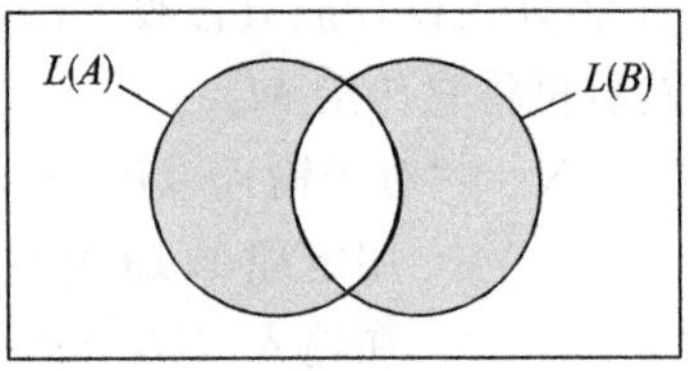

图 4-1　$L(A)$ 与 $L(B)$ 的对称差

F="对于输入 $\langle A,B\rangle$，其中 A 和 B 都是 DFA，

1. 如上描述的那样构造 DFA C。
2. 在输入 $\langle C\rangle$ 上运行定理 4.4 中的图灵机 T。
3. 如果 T 接受，则接受；如果 T 拒绝，则拒绝。"　■

4.1.2　与上下文无关语言相关的可判定性问题

下面描述两个算法，一个检查某个 CFG 是否派生一个特定的串，另一个检查某一 CFG 的语言是否为空。设

$$A_{\text{CFG}}=\{\langle G,w\rangle \mid G\text{ 是 CFG，}w\text{ 是串，}G\text{ 派生 }w\}$$

定理 4.6　A_{CFG}是一个可判定语言。

证明思路　对于 CFG G 和串 w，要检查 G 是否产生 w。一个思路是：让 G 遍历所有派生，以确定哪一个是 w 的派生。但这个思路行不通，因为这样可能要检查无限多个派生。如果 G 不产生 w，这个算法将不终止。这个思路给出的图灵机只是 A_{CFG}的一个识别器，而非判定器。

为将这个图灵机变成一个判定器，需要保证算法只检查有限多个派生。问题 2.38 证明了如果 G 是一个乔姆斯基范式，则 w 的任意派生都是 $2n-1$ 步，其中 n 是 w 的长度。此时，为确定 G 是否产生 w，只需检查步长在 $2n-1$ 内的派生即可，这样的派生只有有限多个。而用在 2.1 节给出的过程，就可将 G 转换成乔姆斯基范式。

证明 识别 A_{CFG}的图灵机 S 如下：

S="对于输入 $\langle G,w\rangle$，其中，G 是一个 CFG，w 是一个串：

1. 将 G 转换成一个与之等价的乔姆斯基文法。
2. 列出所有 $2n-1$ 步的派生，其中 n 是 w 的长度，除非 $n=0$，此时列出一步以内的派生。
3. 如果这些派生中有一个产生 w，则接受；如果没有，则拒绝。" ■

检查一个 CFG 是否产生一个特定串和程序设计语言的编译密切相关。图灵机 S 中的算法效率非常低，并且永远不会在实际中使用，但它很容易描述，且这里并不关心效率。在本书的第 3 部分将强调算法的运行时间和存储使用。定理 7.14 的证明将描述一个更有效的算法来识别一般的上下文无关语言。对识别确定型上下文无关语言还可望获得更高的效率。

在定理 2.12 中已经给出了 CFG 和 PDA 之间的相互转换过程。因此，此处关于 CFG 问题的可判定性讨论完全适用于 PDA。

现在讨论 CFG 语言的空性质测试问题。如对待 DFA 那样，可以证明：检查一个 CFG 是否不派生任何串是可判定的。设

$$E_{\mathrm{CFG}}=\{\langle G\rangle \mid G \text{ 是一个 CFG,且 } L(G)=\varnothing\}$$

定理 4.7 E_{CFG}是一个可判定语言。

证明思路 先给出一个容易想到但行不通的想法：试用定理 4.6 中的图灵机 S。此定理告诉我们，能够检查一个 CFG 是否产生某个特定串。为确定 $L(G)=\varnothing$是否成立，似乎可以让图灵机 S 一个一个地检查所有可能的 w。但 w 有无限多，故这个算法将永远检查下去，永不停止。我们需要另想办法。

为检查一个文法的语言是否为空，需要检查起始变元能否产生一个终结符串。算法解决的是一个更一般的问题，它不仅检查起始变元，而且检查每一个变元，以确定这个变元能否产生一个终结符串。在确定某个变元能够产生一个终结符串后，算法就将这个变元作上标记，以记录这个信息。

算法先在文法中的所有终结符上作标记，然后扫描所有的文法规则。如果发现某个规则允许用符号串来取代一个变元，且符号串中的所有符号都已被作过标记，则算法知道，这个变元也能被作上标记。这样继续下去，直到找不到可以作标记的变元为止。下面的图灵机 R 实现这个算法。

证明

R="对于输入 $\langle G\rangle$，其中 G 是一个 CFG：

1. 将 G 中所有的终结符全都作上标记。
2. 重复下列步骤，直到找不到可以作标记的变元。
3. 如果 G 有规则 $A\to U_1U_2\cdots U_K$，且 $U_1,U_2,\cdots,U_K$ 中的每个符号都已被作过标记，则将变元 A 作标记。
4. 如果起始变元没有被标记，则接受；否则拒绝。" ■

下面讨论检查两个上下文无关文法是否派生同一个语言的问题。设

$$EQ_{CFG}=\{\langle G,H\rangle \mid G \text{ 和 } H \text{ 都是 CFG，且 } L(G)=L(H)\}$$

对有穷自动机，定理 4.5 给出了判定语言 EQ_{DFA} 的算法。在证明 EQ_{DFA} 是可判定时，使用了 E_{DFA} 的判定过程。对于上下文无关语言，可能有人认为，因为 E_{CFG} 也是可判定的，似乎可以用类似方法来证明 EQ_{CFG} 是可判定的。但这个思路有问题。练习 2.2 已经证明，上下文无关语言类在补和交运算下不封闭。事实上，EQ_{CFG} 不是可判定的，这可用将在第 5 章中介绍的一种技术来证明。

现在来证明上下文无关语言都可以用图灵机来判定。

定理 4.8　*每个上下文无关语言都是可判定的。*

证明思路　设 A 是一个 CFL。目标是证明 A 是可判定的。一个（行不通的）思路是：将 A 的一个 PDA 直接转换成图灵机，这并不难做到，因为图灵机的带子的功能更强，用来模拟栈是容易的。A 的这个 PDA 可能是非确定型的，这看上去也不会有问题，因为可将其转换为非确定型图灵机，而任何非确定型图灵机都可转化为与之等价的确定型图灵机。然而还是有困难，PDA 计算的某些分支可能会永远进行，即不停地在栈上读和写而不能停机。这样一来，模拟它的图灵机也就有不停机的计算分支，因而这个图灵机就不是一个判定器。故必须有不同的思路。本定理的证明使用了判定 A_{CFG} 的图灵机 S，这个图灵机是在定理 4.6 中设计的。

证明　设 G 是 A 的一个 CFG。下面设计一个判定 A 的图灵机 M_G，它在自己内部建立 G 的一个备份。其工作方式如下：

M_G＝"对于输入 w：

1. 在输入 $\langle G, w\rangle$ 上运行图灵机 S。
2. 如果该机器接受，则接受；若拒绝，则拒绝。" ■

至此，本课程描述了四个主要语言类：正则的、上下文无关的、可判定的和图灵可识别的，定理 4.8 在它们之间的关系图中画出了最后一条连线。图 4-2 描述了这个关系。

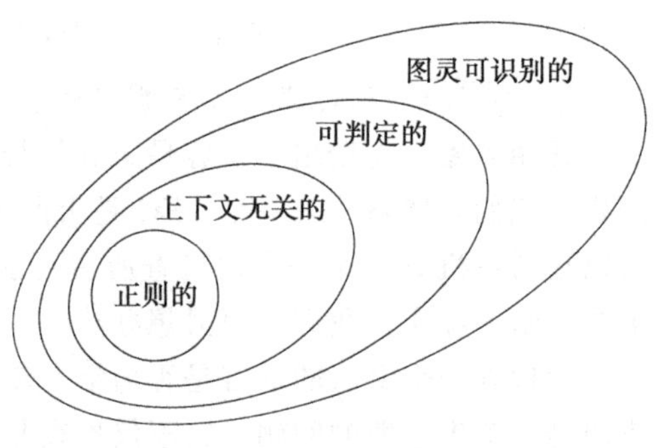

图 4-2　语言类间的关系

4.2　不可判定性

本节将证明算法不可解的问题是存在的，这是计算理论中最具哲学意义的定理之一。计算机看上去是如此强大，使得人们相信所有问题最终都能被其解决。可是上述定理说明，本质上计算机的能力是有局限的。

什么样的问题是计算机不能解的呢？不可解问题是否深奥得仅藏于理论科学家的心中呢？不！现在已经证明，甚至一些人们非常希望解决的普通问题都是计算上不可解的。

不可解问题之一是：假设你有一个计算机程序，还有一个说明书，精确地说明了此程序将做什么（例如，说明此程序将把一串数列进行排序）。你要做的是：验证该程序正像说明书所说的那样运行（即它是正确的）。因为程序和说明书都是像数学一样的精确对象，你希望将验证过程自动化，即将这些对象提供给一个适当设计的计算机来验证。但你将会失望，因为一般的软件验证问题用计算机是不能解决的。

本节和第 5 章都将介绍一些不可解问题，目的是帮助你了解这类不可解问题并学习证

明不可解性的技巧。

现在介绍第一个不可解性定理。下面的语言是不可判定的：检查一个图灵机是否接受一个给定的串问题。类似于 A_{DFA} 和 A_{CFG}，记之为 A_{TM}。但 A_{DFA} 和 A_{CFG} 是可判定的，A_{TM} 却不是。

令

$$A_{TM}=\{\langle M,w\rangle \mid M\text{是一个图灵机，且接受}w\}$$

定理 4.9 A_{TM} 是不可判定的。

先证明 A_{TM} 是图灵可识别的。这样，本定理表明识别器确实比判定器更强大。要求图灵机（TM）在所有输入上都停机限制了它能够识别的语言种类。下面的图灵机 U 识别 A_{TM}。

U="对于输入 $\langle M,w\rangle$，其中 M 是一个图灵机，w 是一个串：

1. 在输入 w 上模拟 M；
2. 如果 M 进入接受状态，则接受；如果 M 进入拒绝状态，则拒绝。"

注意，如果 M 在 w 上循环，则机器 U 在输入 $\langle M,w\rangle$ 上循环，这就是 U 不判定 A_{TM} 的原因。假如 M 知道自己在 w 上不停机，这种情况下它会拒绝。然而，算法本身无法做这样的决定。待会儿我们会看到这种情况。

图灵机 U 自身也很有意思，它是所谓*通用图灵机*的一个例子。通用图灵机是图灵于1936年首次提出的，之所以称之为"通用"，是因为它能够模拟任何其他图灵机，只要知道其描述即可。通用图灵机在开发早期的程序存储式计算机过程中曾起过重要作用。

4.2.1 对角化方法

A_{TM} 不可判定性的证明使用了所谓的对角化技术，此方法由数学家康托（Georg Cantor）在1873年提出。康托那时关心的是测量无限集合的规模问题。假如有两个无限集合，怎么才能说其中一个比另一个大，或者说有相同的规模呢？当然，对于有限集合，回答这样的问题很简单。只要数一数某个有限集合中元素的个数，所得的数就是它的规模。但是，如果试图去数一个无限集合中的元素个数，将永远也数不完。所以不能用计数的方法来确定无限集合的相对规模。

例如，对所有偶数的集合和 $\{0,1\}$ 上所有串的集合，这两个集合都是无限的，因而比任何有限集合都大。但它们中是否有一个比另一个更大呢？怎么比较它们的相对规模呢？

康托对此提出了一个非常好的解决办法。他注意到：对于两个有限集合，如果其中一个集合的元素能与另一集合的元素配对，则它们有相同的规模。这个方法没有凭借计数就比较了规模，因而可以将此思想推广到无限集合上。这是它更准确的含义。

定义 4.10 设 A 和 B 是两个集合，f 是从 A 到 B 的函数。如果 f 从不将两个不同元素映射到同一个对象，即只要 $a\neq b$ 就有 $f(a)\neq f(b)$，则称 f 是**一对一**映射（one-to-one）的。如果 f 能击中 B 的每个元素，即：对 B 的每个元素 b，都存在 $a\in A$，使得 $f(a)=b$，则称 f 是**满映射**（onto，surjective）。如果存在函数 $f:A\to B$，f 是一对一映射又是满映射，则称集合 A 和 B 有**相同**规模。而既是一对一映射又是满映射的函数称为**对应**（correspondence）。在对应中，A 的每个元素映射到 B 的唯一一个元素，且 B 的每个元素都有 A 的唯一一个元素映射到它。对应就是将 A 的元素与 B 的元素进行配对的方法。

一对一映射又称为**单射**（injective），对应又称为**双射**（bijective）。

例 4.11　设 **N** 是自然数集合 $\{1,2,3,\cdots\}$，$\mathcal{E}$是偶自然数的集合 $\{2,4,6,\cdots\}$。用康托的关于集合规模的定义可以看到：**N** 和 $\mathcal{E}$ 有相同的规模。从 **N** 映射到 $\mathcal{E}$ 的对应 f 是 $f(n)=2n$。借助于表 4-1 能更容易地看清 f。

表 4-1　N 到ϵ的对应 f

n	$f(n)$
1	2
2	4
3	6
⋮	⋮

这个例子似乎令人意外。直观上，$\mathcal{E}$ 似乎比 **N** 小，因为 $\mathcal{E}$ 是 **N** 的一个真子集。但由于能够将 **N** 的元素与 $\mathcal{E}$ 的元素进行配对。故可以下结论说这两个集合有相同的规模。■

定义 4.12　如果一个集合 A 是有限的或者与 **N** 有相同的规模，则称 A 是**可数的**（countable）。

例 4.13　现在介绍一个更令人意外的例子。设 $\mathbf{Q}=\left\{\frac{m}{n} \mid m,n\in\mathbf{N}\right\}$是正有理数集合，**Q** 看上去似乎比 **N** 大得多，然而按照定义，这两个集合的规模相同。下面先给出 **Q** 到 **N** 的一个对应，这证明了 **Q** 是可数的，从而也就证明了本结论。给出一个 **Q** 到 **N** 的对应的简单方法是：先列出 **Q** 的所有元素，然后将此序列中的第一个元素与 **N** 中的 1 配对，将第二个元素与 2 配对，依此类推。注意，必须保证 **Q** 中的每个元素在此序列中只出现一次。

为得到这样的序列，构造下面包含所有正有理数的矩阵，如图 4-3 所示。第 i 行包含所有分子为 i 的数，第 j 列包含所有分母为 j 的数。故$\frac{i}{j}$出现在第 i 行和第 j 列交叉处。

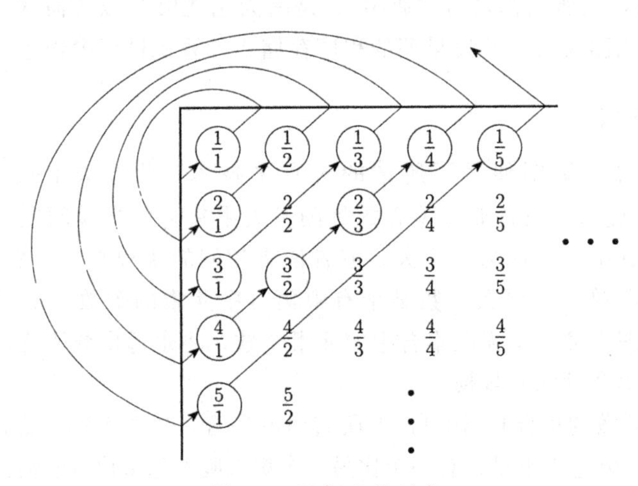

图 4-3　N 与 Q 的对应

现在将此矩阵转化成一个序列。一个（行不通的）思路是：序列以第一行的所有元素开始。但因为第一行是无限的，序列将不会到达第二行，故此思路不好。换用下面的方法：从角落开始，排列在对角线上的所有元素，这些对角线已经附加在图 4-3 中。第一条对角线只包含一个元素$\frac{1}{1}$，第二条对角线包含两个元素$\frac{2}{1}$和$\frac{1}{2}$，所以此序列的前三个元素是$\frac{1}{1}$，$\frac{2}{1}$和$\frac{1}{2}$。第三条对角线上有麻烦，它包含$\frac{3}{1}$，$\frac{2}{2}$和$\frac{1}{3}$。如果简单地将它们加到序列中，就重复了$\frac{1}{1}=\frac{2}{2}$。为避免重复，忽略引起重复的元素。所以仅仅加入两个新元素$\frac{3}{1}$和$\frac{1}{3}$。以这种方法继续下去，就得到 **Q** 的所有元素的一个序列。■

看过N与Q的对应之后，你也许会认为，可以证明任意两个无限集合都有相同规模。毕竟只要给出一个对应即可，这个例子也说明了确实存在某些不可思议的对应。但是，还是有一些集合因为太大了，故没有与N的对应。这样的集合称为**不可数的**（uncountable）。

实数集便是一个不可数集合的例子。**实数**（real number）是用十进制表示的数。数$\pi=3.1415926\cdots$和$\sqrt{2}=1.4142135\cdots$都是实数。设**R**是实数集合。康托证明了**R**是不可数的。下面用对角线方法证明之。

定理 4.14 **R**是不可数的。

证明 为证明**R**是不可数的，必须证明在**N**与**R**之间不存在对应。下面用反证法证明之：假设在**N**与**R**间存在对应f，现在的任务是证明它没有应有的性质。因为它是一个对应，所以必能将**N**的所有元素与**R**的所有元素进行配对。如果能找到**R**中的一个x和**N**中的任何元素都不能配对，则找到了矛盾。

为此，实际构造出这样一个x。方法为：在选择它的每一位数字时，都使得x不同于某个实数，且此实数已与**N**中一个元素配对。这样就能保证x不同于任何已配对的实数。

表4-2 假定存在的N与R间的对应f

n	$f(n)$
1	3.14159…
2	55.55555…
3	0.123455…
4	0.500000…
⋮	⋮

用一个例子来说明这个思路。假设对应f存在，且设$f(1)=3.14159\cdots$，$f(2)=55.55555\cdots$，$f(3)=\cdots$，等等。则f将自然数1与3.14159…配对，将2与55.55555…配对，依此类推。表4-2给出了此假定存在的f的一些值，f联系了**N**和**R**。

只要给出x的十进制表示，则x就可以构造出来。所构造的x是在0与1之间的一个数，所以重要的是小数点后面的数字。要保证对每个n都有$x\neq f(n)$。为保证$x\neq f(1)$，只要保证x的第一位小数不同于$f(1)=3.14159\cdots$的第一位小数，即不是数字1，随意地令它为4。为保证$x\neq f(2)$，只要保证x的第二位小数不同于$f(2)=55.5\underline{5}5555\cdots$的第二位小数，即不是数字5，任意地令它为6；$f(3)=0.12\underline{3}45\cdots$的第三位小数是3，故可取$x$的第三位小数是任一个不为3的数字，比如4。沿着表4-2中f的对角线，以这种方法继续下去，就能够得到x的所有数字，如表4-3所示。不难知道，对任意n，x都不是$f(n)$，因为x与$f(n)$在第n个小数位上不同。（有一个小问题。有些数，如0.1999…和0.2000…，虽然它们的十进制表示不同，但它们却相同。只要在构造x时不选数字0和9，就可避免这个问题。） ■

表4-3 x的取法

n	$f(n)$	
1	$3.\underline{1}4159\cdots$	
2	$55.5\underline{5}555\cdots$	
3	$0.12\underline{3}455\cdots$	$x=0.4641\cdots$
4	$0.500\underline{0}0\cdots$	
⋮	⋮	

上述定理对计算理论有着重要的应用，它表明有些语言是不可判定的，甚至不是图灵可识别的，原因是：有不可数个语言，却只有可数个图灵机。由于一个图灵机只能识别一个语言，而语言比图灵机更多，故有些语言不能用任何的图灵机识别。这样的语言就不是图灵可识别的，正如下面推论所说。

推论 4.15 存在不能被任何图灵机识别的语言。

证明 为证明所有图灵机构成的集合是可数的，首先证明：对任意的字母表Σ，其上所有串的集合Σ^*是可数的。这是因为，对每个自然数n，长度为n的串只有有限多个。

我们先写下长度为 0 的所有串，再写下长度为 1 的所有串，再写下长度为 2 的所有串，依此类推，这样就能构造出 Σ^* 的序列。

由所有图灵机构成的集合是可数的，原因是：每个图灵机有一个编码，它是一个串 $\langle M\rangle$。只要去掉那些不是图灵机合法编码的串，就得到了所有图灵机的序列。

为证明由所有语言构成的集合是不可数的，首先证明由所有无限二进制序列构成的集合是不可数的。所谓的*无限二进制序列*是指由 0 或 1 构成的无限序列。以 $\mathcal{B}$ 记所有无限二进制序列构成的集合。可以通过对角化方法来证明 $\mathcal{B}$ 是不可数的，此法类似于定理 4.14 所用的方法，只不过那时是证明 $\mathbf{R}$ 是不可数的。

设 $\mathcal{L}$ 是字母表 Σ 上所有语言的集合。只要给出 $\mathcal{L}$ 与 $\mathcal{B}$ 的一个对应，就证明了这两个集合有相同的规模，也就证明 $\mathcal{L}$ 是不可数的。设 $\Sigma^*=\{s_1,s_2,s_3,\cdots\}$。每个语言 $A\in\mathcal{L}$在 $\mathcal{B}$ 中都有唯一的一个相应序列：如果 $s_i\in A$，则此序列的第 i 位为 1；如果 $s_i\notin A$，则此序列的第 i 位为 0。此序列被称为 A 的**特征序列**（characteristic sequence）。例如，如果 A 是字母表 {0，1} 上以 0 开始的串构成的语言，则其特征序列 χ_A 是：

$$
\begin{aligned}
\Sigma^* &= \{\varepsilon,0,1,00,01,10,11,000,001,\cdots\};\\
A &= \{\quad 0, \quad\quad 00,01, \quad\quad\quad 000,001,\cdots\};\\
\chi_A &= 010110011\cdots
\end{aligned}
$$

令函数 $f:\mathcal{L}\to\mathcal{B}$为：$f(A)$ 是 A 的特征序列，则 f 是一对一且满映射的，即是一个对应。因为$\mathcal{B}$是不可数的，故$\mathcal{L}$也是不可数的。

至此，已证明了所有语言的集合与所有图灵机的集合之间不能有对应。因此可以下结论说：存在不能被任何图灵机识别的语言。■

4.2.2　不可判定语言

至此，我们已为证明定理 4.9 做了充分准备，现在证明下列语言的不可判定性：

$$A_{\mathrm{TM}}=\{\langle M,w\rangle \mid M \text{ 是一个图灵机,且 } M \text{ 接受 } w\}$$

证明　假设 A_{TM}是可判定的，下面将由之导出矛盾。设 H 是 A_{TM}的判定器。令 M 是一个图灵机，w 是一个串。在输入 $\langle M,w\rangle$ 上，如果 M 接受 w，则 H 就停机且接受 w；如果 M 不接受 w，则 H 也会停机，但拒绝 w。换句话说，H 是一个图灵机，使得：

$$H(\langle M,w\rangle)=\begin{cases}\text{接受} & \text{如果 } M \text{ 接受 } w\\ \text{拒绝} & \text{如果 } M \text{ 不接受 } w\end{cases}$$

现在来构造一个新的图灵机 D，它以 H 作为子程序。当 M 被输入它自己的描述 $\langle M\rangle$ 时，图灵机 D 就调用 H，以了解 M 将做什么。一旦得到这个信息，D 就反着做，即：如果 M 接受，它就拒绝；如果 M 不接受，它就接受。下面是 D 的描述。

D="对于输入 $\langle M\rangle$，其中 M 是一个图灵机：

1. 在输入 $\langle M,\langle M\rangle\rangle$ 上运行 H。
2. 输出与 H 输出的相反结论，即如果 H 接受，就拒绝；如果 H 拒绝，就接受。"

不要被"在一个机器上运行它自己的描述"这个表示法所困扰，这类似于以一个程序本身作为输入来运行这个程序，这在实际中确实时有发生。例如，编译器是翻译其他程序的程序。Python 语言的编译器也许就是以 Python 写的，所以"在一个程序本身上运行这个程序"是有意义的。总而言之，

$$D(\langle M\rangle)=\begin{cases}\text{接受} & \text{如果 } M \text{ 不接受}\langle M\rangle \\ \text{拒绝} & \text{如果 } M \text{ 接受}\langle M\rangle\end{cases}$$

当以 D 的描述 $\langle D\rangle$ 作为输入来运行 D 自身时，结果会怎样呢？我们得到：

$$D(\langle D\rangle)=\begin{cases}\text{接受} & \text{如果 } D \text{ 不接受}\langle D\rangle \\ \text{拒绝} & \text{如果 } D \text{ 接受}\langle D\rangle\end{cases}$$

不论 D 做什么，它都被迫相反地做，这显然是一个矛盾。所以，图灵机 D 和图灵机 H 都不存在。 ■

回顾一下上述证明步骤。先假设图灵机 H 判定 A_{TM}；然后用 H 来构造一个图灵机 D，它接受输入 $\langle M\rangle$，当且仅当 M 不接受输入 $\langle M\rangle$；最后在 D 自身上运行 D。因此，这些机器发生下列动作：

- H 接受 $\langle M,w\rangle$ 当且仅当 M 接受 w。
- D 拒绝 $\langle M\rangle$，当且仅当 M 接受 $\langle M\rangle$。
- D 拒绝 $\langle D\rangle$，当且仅当 D 接受 $\langle D\rangle$。

最后一行是矛盾的。

在定理 4.9 的证明中，什么地方有对角化呢？只要检查一下图灵机 H 和图灵机 D 的行为表就清楚了。在这些表中，将所有图灵机 $M_1,M_2,\cdots$沿列方向排列，将它们的描述 $\langle M_1\rangle$，$\langle M_2\rangle$，…沿行方向排列。表值说明了所在行中的机器是否接受所在列中的输入，如接受，则表值为 accept；如拒绝或在此输入上循环，则表值为空白。图 4-4 编排了所有的表值以说明上述想法：

而在图 4-5 中，表值是 H 的运行结果，其输入与图 4-4 对应位置一致。例如，如果 M_3 不接受输入 $\langle M_2\rangle$，则在第 M_3 行和第 $\langle M_2\rangle$ 列交叉处的表值是 reject，因为 H 拒绝输入 $\langle M_3,\langle M_2\rangle\rangle$。

	$\langle M_1\rangle$	$\langle M_2\rangle$	$\langle M_3\rangle$	$\langle M_4\rangle$	$\cdots$
M_1	accept		accept		
M_2	accept	accept	accept	accept	
M_3					$\cdots$
M_4	accept	accept			
$\vdots$		$\vdots$			

图 4-4 如果 M_i 接受 $\langle M_j\rangle$，则 (i,j) 的表值是 accept

	$\langle M_1\rangle$	$\langle M_2\rangle$	$\langle M_3\rangle$	$\langle M_4\rangle$	$\cdots$
M_1	accept	reject	accept	reject	
M_2	accept	accept	accept	accept	$\cdots$
M_3	reject	reject	reject	reject	
M_4	accept	accept	reject	reject	
$\vdots$		$\vdots$			

图 4-5 (i,j) 的表值是 H 在输入 $\langle M_i,\langle M_j\rangle\rangle$ 上的值

图 4-6 是在图 4-5 中加入 D。根据假设，H 是一个图灵机，所以 D 也是一个图灵机，因此必定在所有图灵机的序列 $M_1,M_2,\cdots$中出现。注意，D 按对角线表值的相反值计算。在问号处产生矛盾，那里的表值必须与它自己相反。

	$\langle M_1\rangle$	$\langle M_2\rangle$	$\langle M_3\rangle$	$\langle M_4\rangle$	$\cdots$	$\langle D\rangle$	$\cdots$
M_1	accept	reject	accept	reject		accept	
M_2	accept	accept	accept	accept	$\cdots$	accept	$\cdots$
M_3	reject	reject	reject	reject		reject	
M_4	accept	accept	reject	reject		accept	
$\vdots$			$\vdots$		$\ddots$		
D	reject	reject	accept	accept		?	
$\vdots$			$\vdots$				$\ddots$

图 4-6 如果 D 在此图中出现，在问号处产生矛盾

4.2.3 一个图灵不可识别语言

上节介绍了一个不可判定的语言：A_{TM}。现在介绍另一个语言，此语言甚至不是图灵可识别的。注意，A_{TM}还不是这样的语言，因

为已经证明 A_{TM}是图灵可识别的。下面的定理表明：如果一个语言和它的补都是图灵可识别的，则此语言也是可判定的。这样，对任何不可判定语言，它或它的补至少有一个不是图灵可识别的。回想一下，一个语言的补是由不在此语言中的所有串构成的语言。如果一个语言是一个图灵可识别语言的补集，则称它是**补图灵可识别的**（co-Turing-recognizable）。

定理 4.16　一个语言是可判定的，当且仅当它既是图灵可识别的，也是补图灵可识别的。

换句话说，一个语言是可判定的，当且仅当它和它的补都是图灵可识别的。

证明　要证明两个方向。首先，如果 A 是可判定的，很容易看出 A 和它的补 $\overline{A}$ 都是图灵可识别的，因为任何可判定语言都是图灵可识别的，且任何可判定语言的补也是可判定的。

下面证另一个方向。如果 A 和 $\overline{A}$ 都是图灵可识别的，令 M_1 是 A 的识别器，M_2 是 $\overline{A}$ 的识别器。下列图灵机 M 是 A 的判定器：

M=“对于输入 w：

1. 在输入 w 上并行运行 M_1 和 M_2。
2. 如果 M_1 接受，就接受；如果 M_2 接受，就拒绝。”

并行地运行两个机器指的是：M 有两个带，一个模拟 M_1，另一个模拟 M_2。此时，M 交替地模拟两个机器的一步，一直持续到其中之一接受。

现在证明 M 确实判定 A。任一个串 w 要么在 A 中，要么在 $\overline{A}$ 中。所以，M_1 和 M_2 必定有一个接受 w。因为只要 M_1 或 M_2 接受，M 就停机，所以 M 总会停机，因而它是个判定器。还有，M 接受所有在 A 中的串，拒绝所有不在 A 中的串，故 M 是 A 的判定器，因而 A 是可判定的。■

推论 4.17　$\overline{A_{TM}}$不是图灵可识别的。

证明　A_{TM}是图灵可识别的。如果$\overline{A_{TM}}$也是图灵可识别的，则 A_{TM}将是可判定的。但定理 4.9 说 A_{TM}不是可判定的，所以$\overline{A_{TM}}$肯定不是图灵可识别的。■

练习

4.1　对于下图所示的 DFA M，回答下列问题，并说明理由。

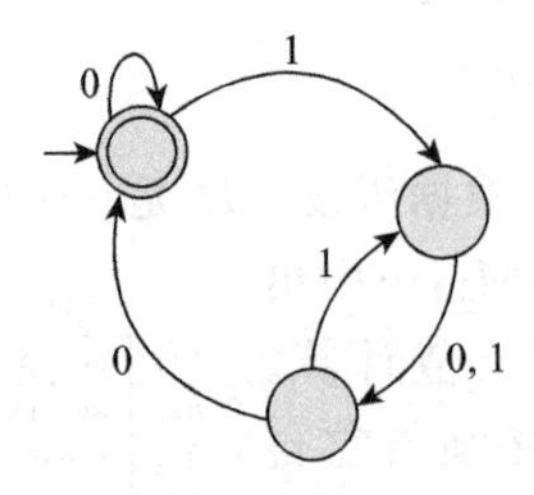

a. $\langle M, 0100\rangle \in A_{DFA}$?　　b. $\langle M, 011\rangle \in A_{DFA}$?

c. $\langle M\rangle \in A_{DFA}$?　　d. $\langle M, 0100\rangle \in A_{REX}$?

e. $\langle M\rangle \in E_{DFA}$?　　f. $\langle M, M\rangle \in EQ_{DFA}$?

4.2　考虑一个 DFA 和一个正则表达式是否等价的问题。将这个问题表述为一个语言并证明它是可判定的。

4.3　设 ALL_{DFA}=$\{\langle A\rangle \mid A$ 是一个 DFA，且 $L(A)=\Sigma^*\}$。证明 ALL_{DFA}是可判定的。

4.4 设 $A\varepsilon_{CFG}=\{\langle G\rangle|G$ 是一个生成 ε 的 CFG}。证明 $A\varepsilon_{CFG}$ 是可判定的。

[A]**4.5** 设 $E_{TM}=\{\langle M\rangle|M$ 是一个图灵机，且 $L(M)=\varnothing\}$。证明 E_{TM} 的补 $\overline{E_{TM}}$ 是图灵可识别的。

4.6 设 X 是集合 $\{1,2,3,4,5\}$，Y 是集合 $\{6,7,8,9,10\}$。以表 4-4 描述函数 $f:X\to Y$ 和函数 $g:X\to Y$。回答下列每一个问题，并对给出否定的答案说明理由。

[A]**a.** f 是一对一的吗？

b. f 是满映射的吗？

c. f 是对应的吗？

[A]**d.** g 是一对一的吗？

e. g 是满映射的吗？

f. g 是对应的吗？

表 4-4 函数 f 和 g

n	$f(n)$	$g(n)$
1	6	10
2	7	9
3	6	8
4	7	7
5	6	6

4.7 设 $\mathcal{B}$ 是 $\{0,1\}$ 上所有无限序列的集合。用对角化方法证明 $\mathcal{B}$ 是不可数的。

4.8 设 $T=\{(i,j,k)|i,j,k\in\mathbf{N}\}$。证明 T 是可数的。

4.9 回想一下定义 4.10 中采用的定义集合具有相同规模的方法，并证明“有相同规模”是一个等价关系。

问题

4.10 引理 2.25 的证明中提到对 DPDA P，当 P 从状态 q 开始，$x(x\in\Gamma)$ 是栈顶符号时，若它从不弹出任何 x 以下的符号，也不读入任何输入符号，则称 (q,x) 是 looping 状况。对 $F=\{\langle P,q,x\rangle|(q,x)$ 是一个对于 P 的 looping 状况}，证明 F 是可判定的。

4.11 对于 CFL G 中的变元 A，如果它在某个字符串 $w(w\in G)$ 的派生中出现，则称 A 是**可用的**（usable）。给定一个 CFG G 和一个变元 A，考虑测试 A 是否为可用的这样一个问题。将该问题形式化为一个语言，并证明它是可判定的。

4.12 设 A 是由某些图灵机的描述构成的一个图灵可识别语言 $\{\langle M_1\rangle,\langle M_2\rangle,\cdots\}$，其中每个 M_i 都是判定器。求证：若判定器 M_i 的描述在 A 中，那么存在可判定语言 D，但它不能被任何 M_i 所判定。（提示：考虑 A 的一个枚举器或许有用。）

4.13 设 $C_{CFG}=\{\langle G,k\rangle|G$ 是一个 CFG，且 $L(G)$ 恰好包含 k 个字符串，其中 $k\geqslant 0$ 或 $k=\infty\}$，证明 C_{CFG} 是可判定的。

4.14 设 $C=\{\langle G,x\rangle|G$ 是一个 CFG，x 是某个 $y\in L(G)$ 的子串}，证明 C 是可判定的。（提示：使用 E_{CFG} 的判定器是个好方法。）

*__4.15__ 设 $E=\{\langle M\rangle\ |M$ 是一个 DFA，它接受 1 比 0 多的串}，证明 E 是可判定的。（提示：一些关于 CFL 的定理对此会有帮助。）

*__4.16__ 设 $PAL_{DFA}=\{\langle M\rangle|M$ 是一个接受某些回文的 DFA}，证明 PAL_{DFA} 是可判定的。（提示：一些关于 CFL 的定理对此会有帮助。）

[A]*__4.17__ 设 $BAL_{DFA}=\{\langle M\rangle\ |M$ 是一个 DFA，它接受含有相同个数的 0 和 1 的串}，证明 BAL_{DFA} 是可判定的。（提示：一些关于 CFL 的定理对此会有帮助。）

4.18 下推自动机的一个**无用状态**（useless state）是指在任何输入上都不会进入的状态。考虑检查一个下推自动机是否有无用状态的问题。将这个问题形式化为一个语言，并证明它是可判定的。

[A]*__4.19__ 对于那些可以从两个不同计算分支接受某些字符串的 NFA，称其是**有二义的**（ambiguous）。设 $AMBIG_{NFA}=\{\langle N\rangle|N$ 是一个有二义的 NFA}，证明 $AMBIG_{NFA}$ 是可判定的。（建议：一种较好的解决方法是先构造一个适当的 DFA，然后在其上运行 E_{DFA}。）

4.20 设 $S=\{\langle M\rangle|M$ 是 DFA，且只要接受 w，就接受 $w^R\}$。证明 S 是可判定的。

4.21 设 $PREFIX\text{-}FREE_{REX}=\{R|R$ 是一个正则表达式，且 $L(R)$ 是前缀无关的}。证明 $PREFIX\text{-}FREE_{REX}$ 是可判定的。为什么相似的方法无法证明 $PREFIX\text{-}FREE_{CFG}$ 是可判定的？

4.22 设 A 和 B 是两个不交的语言。称语言 C **分离**（separate）A 和 B，如果 $A\subseteq C$ 且 $B\subseteq\overline{C}$。证明任意

两个不交的补图灵可识别语言都可由某个可判定语言分离。

*4.23　证明可判定的语言类在同态下不封闭。

*4.24　设 C 是一个语言。证明 C 是图灵可识别的，当且仅当存在一个可判定语言 D，使得 $C=\{x \mid \exists y(\langle x,y\rangle \in D)\}$。

4.25　检查两个 DFA 在规模小于或等于某个数的所有串上的运行，并以此方法证明 EQ_{DFA} 是可判定的。计算这样的一个数。

4.26　设 $A=\{\langle R\rangle \mid R$ 是一个正则表达式，其所描述的语言中至少有一个串 w 以 111 为子串（即有 x 和 y 使得 $w=x111y$）$\}$。证明 A 是可判定的。

*4.27　证明确定一个 CFG 是否生成 1^* 中的所有串的问题是可判定的。换言之，证明 $\{\langle G\rangle \mid G$ 是 $\{0,1\}$ 上的一个 CFG，且 $1^* \subseteq L(G)\}$ 是一个可判定语言。

A4.28　设 $\Sigma=\{0,1\}$，证明确定一个 CFG 是否生成 1^* 中的串的问题是可判定的。换言之，证明 $\{\langle G\rangle \mid G$ 是 $\{0,1\}$ 上的一个 CFG，且 $1^* \cap L(G) \neq \varnothing\}$ 是一个可判定语言。

4.29　设 $A=\{\langle R,S\rangle \mid R$ 和 S 是正则表达式，且 $L(R) \subseteq L(S)\}$，证明 A 是可判定的。

A4.30　设 $A=\{\langle M\rangle \mid M$ 是 DFA，它不接受任何包含奇数个 1 的串$\}$，证明 A 是可判定的。

4.31　设 $INFINITE_{PDA}=\{\langle M\rangle \mid M$ 是一个 PDA，且 $L(M)$ 是一个无限语言$\}$。证明 $INFINITE_{PDA}$ 是可判定的。

A4.32　设 $INFINITE_{DFA}=\{\langle A\rangle \mid A$ 是一个 DFA，且 $L(A)$ 是一个无限语言$\}$。证明 $INFINITE_{DFA}$ 是可判定的。

习题选解

4.1　**a.** 是。DFA M 接受 0100。　　**b.** 否。M 不接受 011。

c. 否。输入只有一个组成部分，因此形式不正确。

d. 否。前半部分不是正则表达式，因此输入的形式不正确。

e. 否。M 的语言非空。　　**f.** 是。M 接受和它自身相同的语言。

4.5　设 $s_1, s_2, \cdots$ 是 Σ^* 上的所有字符串。下述图灵机识别 $\overline{E_{TM}}$。

"对于输入 $\langle M\rangle$，其中 M 是一个图灵机：

1. 对 $i=1,2,3,\cdots$，重复下面步骤。
2. 在每个输入 $s_1, s_2, \cdots, s_i$ 上，M 运行 i 步。
3. 如果 M 接受了其中任意一个，则接受。否则，继续。"

4.6　**a.** 否。因为 $f(1)=f(3)$，所以 f 不是一对一的。

d. 是。g 是一对一的。

4.17　由所有具有相同个 0 和 1 的字符串构成的语言是一个上下文无关语言，可以由文法 $S \to 1S0S \mid 0S1S \mid \varepsilon$ 来生成。设 P 是可识别该语言的一个 PDA，构造一个 BAL_{DFA} 的图灵机 M，其操作过程如下：对于输入 $\langle B\rangle$，此处 B 是一个 DFA，用 B 和 P 构造一个新的 PDA R，它能够识别属于 B 和 P 的语言的交集；然后测试 R 的语言是否为空；如果该语言为空，则拒绝，否则，接受。

4.19　下面的过程将判定 $AMBIG_{NFA}$。对于给定的 NFA N，可以设计一个 DFA D 来模拟 N，当且仅当 N 沿着两个不同计算分支接受某串时，D 接受该串。然后用 E_{DFA} 的判定器来确定 D 是否接受所有的串。

构造 D 的方法类似于在定理 1.19 的证明中从 NFA 到 DFA 的变换过程。我们通过在每个活动状态上摆放小石子的方法来模拟 N。首先，在初始状态以及与初始状态沿 ε 转移可到达的状态上摆放一个红色的石子，然后按照 N 的变迁过程，移动、添加、去掉石子，并保持这些石子的颜色。不论何时，只要有两个或两个以上的石子移动到同一状态上，就把这些石子换为蓝色的。当读完输入后，如果是蓝色的石子在 N 的接受状态，或者有红色石子在 N 的两个不相同的接受状态上，则接受。

DFA D 的状态对应于石子的每种可能的位置。对于 N，每个状态都有三种可能：其上所放的是红色石子、蓝色石子或是没有石子，因此，如果 N 有 n 个状态的话，D 将有 3^n 个状态。我们定义了它的初始状态、接受状态和转移函数来实现模拟。

4.28 参考问题 2.30，如果 C 是上下文无关语言且 R 是正则语言，那么 $C \cap R$ 是上下文无关的。因此 $1^* \cap L(G)$ 是上下文无关的。下面的图灵机判定这个问题的语言。

"对于输入 $\langle G \rangle$：

1. 构造 CFG H，使得 $L(H)=1^* \cap L(G)$。
2. 用定理 4.7 中 E_{CFG} 的判定器 R 测试是否 $L(H)=\varnothing$。
3. 如果 R 接受，则拒绝；如果 R 拒绝，则接受。"

4.30 下面的图灵机判定 A

"对于输入 $\langle M \rangle$：

1. 构造一个 DFA O 接受每个包含奇数个 1 的串。
2. 构造 DFA B，使得 $L(B)=L(M) \cap L(O)$。
3. 使用定理 4.4 中 E_{DFA} 的判定器 T 测试是否 $L(B)=\varnothing$。
4. 如果 T 接受，则接受；如果 T 拒绝，则拒绝。"

4.32 下面的图灵机 I 可判定 $INFINITE_{DFA}$。

$I=$"对于输入 $\langle A \rangle$，此处 A 是一个 DFA：

1. 令 k 是 A 的状态数。
2. 构造一个 DFA D，接受所有长度不小于 k 的串。
3. 构造一个 DFA M，使得 $L(M)=L(A) \cap L(D)$。
4. 使用定理 4.4 的 E_{DFA} 判定器 T，测试 $L(M)=\varnothing$。
5. 如果 T 接受，则拒绝；如果 T 拒绝，则接受。"

这个算法是可行的，因为可以接受无限多个串的 DFA 必定可以接受任意长的串。因此该算法能够接受这样的一些 DFA。反之，以 k 表示 DFA 的状态数，则如果该算法接受一个 DFA，那么此 DFA 可接受长度为 k 或大于 k 的串。而这个串也许能够用正则表达式的泵引理所抽出，从而获得无限多个接受的串。

可归约性

在第 4 章已经确定采用图灵机作为通用计算机的模型，并介绍了几个在图灵机上可解的问题，还给出了一个计算上不可解的问题，即 A_{TM}。本章讨论另外几个不可解问题。在讨论过程中，将介绍一个基本方法，可用来证明问题是计算上不可解的，这个方法称为**可归约性**（reducibility）。

归约（reduction）旨在将一个问题转化为另一个问题，且使得可以用第二个问题的解来解第一个问题。在日常生活中，虽然不这样称呼，但时常会遇到可归约性问题。

例如，在一个新城市中认路，如果有一张地图，事情就容易了。这样，就将城市认路问题归约为得到地图问题。

可归约性总是涉及两个问题，称之为 A 和 B。如果 A 可归约到 B，就可用 B 的解来解 A。在上述例子中，A 是城市认路问题，B 是得到地图问题。注意，可归约性说的不是怎样去解 A 或 B，而是在知道 B 的解时怎么去解 A。

下面是可归约性的更深入的例子。从波士顿到巴黎的旅行问题可归约到买这两个城市间的飞机票问题，进而又可归约到挣得买飞机票的钱问题。此问题还可归约到找工作问题。

数学问题中也有可归约性。例如，测量一个矩形的面积问题可归约到测量它的长和宽问题，解线性方程组问题可归约到求矩阵的逆问题。

当根据可判定性来对问题进行分类时，可归约性起着重要作用。在本书的后面，它也在复杂性理论中起着重要的作用。当 A 可归约到 B 时，解 A 不可能比解 B 更难，因为 B 的一个解给出了 A 的一个解。根据可计算性理论，如果 A 可归约到 B，且 B 是可判定的，则 A 也是可判定的。等价地，如果 A 是不可判定的，且可归约到 B，则 B 也是不可判定的。后者在证明许多问题的不可判定性时起着关键作用。

简单地说，下面方法可用来证明一个问题是不可判定的：先证明另外一个问题是不可判定的，再将此问题归约到它。

5.1 语言理论中的不可判定问题

A_{TM}是不可判定的，即确定一个图灵机是否接受一个给定的输入问题是不可判定的。下面考虑一个与之相关的问题：$HALT_{TM}$，即确定一个图灵机对给定的输入是否停机（通过接受或拒绝）问题。这个问题被称为**停机问题**（halting problem）。若将 A_{TM}归约到 $HALT_{TM}$，就可利用 A_{TM}的不可判定性来证明停机问题的不可判定性。设

$$HALT_{TM}=\{\langle M,w\rangle \mid M \text{ 是一个图灵机,且对输入 } w \text{ 停机}\}$$

定理 5.1 $HALT_{TM}$是不可判定的。

证明思路 用反证法。假设 $HALT_{TM}$是可判定的，下面用这个假设来证明 A_{TM}是可判定的，这与定理 4.9 矛盾。关键步骤是证明 A_{TM}可归约到 $HALT_{TM}$。

假设图灵机 R 判定 $HALT_{TM}$。利用 R 可以构造一个判定 A_{TM}的图灵机 S。为了感受

构造 S 的方法，假设你就是 S，你的任务是判定 A_{TM}。当给你一个形如 $\langle M,w\rangle$ 的输入时，如果 M 接受 w，你必须输出接受；如果 M 进入循环或拒绝 w，你必须输出拒绝。当你在 w 上试着模拟 M 时，如果它接受或拒绝，你可以照着做。但是你不能确定 M 是否在循环，并且当 M 循环时，你的模拟将不会终止。这下坏了，因为你是一个判定器，因此不允许循环。故这个思路行不通。

现在换用“有个判定 $HALT_{TM}$ 的图灵机 R”这个假设。使用 R，你可以检查 M 对 w 是否停机。如果 R 指出 M 对 w 不停机，你就拒绝，因为 $\langle M,w\rangle$ 不在 A_{TM} 中。如果 R 指出 M 对 w 确实停机，你就模拟它，而不会有死循环的危险。

这样，如果图灵机 R 存在，就能判定 A_{TM}，但已经知道 A_{TM} 是不可判定的。由此矛盾即可得到“R 不存在”这个结论，从而 $HALT_{TM}$ 是不可判定的。

证明 为得到矛盾，假设图灵机 R 判定 $HALT_{TM}$，由之可以构造图灵机 S 来判定 A_{TM}，其构造如下：

S=“在输入 $\langle M,w\rangle$ 上，此处 $\langle M,w\rangle$ 是图灵机 M 和串 w 的编码：

1. 在输入 $\langle M,w\rangle$ 上运行图灵机 R。
2. 如果 R 拒绝，则拒绝。
3. 如果 R 接受，则在 w 上模拟 M，直到它停机。
4. 如果 M 已经接受，则接受；如果 M 已经拒绝，则拒绝。”

显然，如果 R 判定 $HALT_{TM}$，则 S 判定 A_{TM}。因为 A_{TM} 是不可判定的，故 $HALT_{TM}$ 也必定是不可判定的。 ■

定理 5.1 说明了证明问题的不可判定性的方法，此方法对大多数不可判定性证明都适用，只是除了 A_{TM} 本身的不可判定性证明之外，它是由对角化方法直接证明的。

为进一步使用可归约性方法来证明不可判定性，现在介绍另外一些定理及相应的证明。设

$$E_{TM}=\{\langle M\rangle \mid M \text{ 是一个图灵机，且 } L(M)=\varnothing\}$$

定理 5.2 E_{TM} 是不可判定的。

证明思路 使用定理 5.1 的反证法，设法推导出矛盾。假设 E_{TM} 是可判定的，以此来证明 A_{TM} 是可判定的——矛盾。设 R 是判定 E_{TM} 的一个图灵机，考虑怎样用 R 来构造判定 A_{TM} 的图灵机 S。当 S 收到输入 $\langle M,w\rangle$ 时，它应该怎样运行呢？

构造 S 的一个想法是：在输入 $\langle M\rangle$ 上运行 R 且看它是否接受。如果是，则知道 $L(M)$ 是空集，因此也就知道 M 不接受 w。如果 R 拒绝 $\langle M\rangle$，则能知道的所有事情只是 $L(M)$ 不空，即 M 接受某个串，但还是不能知道 M 是否接受这个特定的串 w。故需要新的方法。

现在不在 $\langle M\rangle$ 上运行 R，取而代之的是在 $\langle M\rangle$ 的一个修改型上运行 R。先修改 $\langle M\rangle$，使得除了 w 之外，M 对所有串都拒绝；但在输入 w 上，它如常运行。现在，此修改型所能识别的唯一的串就是 w，故它的语言不空当且仅当它接受 w。然后再用 R 来测定这个修改型是否识别空语言。为此，向 R 提供那个修改型机器的描述，如果它接受，则此修改型机器不接受任何串，因而 M 也就不接受 w。

证明 先用标准术语来写在证明思路中描述的那个修改型机器 M_1。

M_1=“在输入 x 上：

1. 如果 $x \neq w$，则拒绝。

2. 如果 $x = w$，则在输入 w 上运行 M，当 M 接受时，就接受。”

这个机器以 w 作为它的描述的一部分。检查 $x = w$ 是否成立的方法很显然，即扫描输入并且一个字符一个字符地将它与 w 进行比较，就可确定它们是否相同。

再假设图灵机 R 判定 E_{TM}。如下构造判定 A_{TM} 的图灵机 S：

S =“在输入 $\langle M, w\rangle$ 上，此处 $\langle M, w\rangle$ 是图灵机 M 和串 w 的编码：

1. 用 M 和 w 的描述来构造上述图灵机 M_1。

2. 在输入 $\langle M_1\rangle$ 上运行 R。

3. 如果 R 接受，则拒绝；如果 R 拒绝，则接受。”

注意，S 必须真的能够从 M 和 w 的描述来计算 M_1 的描述。它也确实能够做到，这是因为：只要在 M 中增加一个额外的状态来执行 $x = w$ 的检查即可。

如果 R 是 E_{TM} 的判定器，则 S 就是 A_{TM} 的判定器。而 A_{TM} 的判定器是不存在的，故我们知道 E_{TM} 必定是不可判定的。■

另一个与图灵机有关的计算问题也很有意思，该问题是：给定一个图灵机和一个可由某个更简单的计算模型识别的语言，测定此图灵机是否识别此语言。例如，令 $REGULAR_{TM}$ 是测定一个给定的图灵机是否有一个与之等价的有穷自动机问题，则这个问题与测定一个给定的图灵机是否识别一个正则语言的问题相同。设

$$REGULAR_{TM} = \{\langle M\rangle \mid M \text{ 是一个图灵机，且 } L(M) \text{ 是一个正则语言}\}$$

定理 5.3 $REGULAR_{TM}$ 是不可判定的。

证明思路 像以前不可判定性定理的证明一样。这个证明还是使用从 A_{TM} 出发的归约。先假设 $REGULAR_{TM}$ 是由图灵机 R 判定的，再用这个假设构造一个判定 A_{TM} 的图灵机 S。现在不明显的是：怎样使用 R 来帮助 S 实现它的任务。虽然不明显，但还是能够做到。

构造 S 的思路是：先取 S 的输入为 $\langle M, w\rangle$，再修改 M 使得修改后的图灵机识别一个正则语言，当且仅当 M 接受 w。称此修改后的图灵机为 M_2。设计 M_2 使得：当 M 不接受 w 时，它识别非正则语言 $\{0^n1^n \mid n \geqslant 0\}$；当 M 接受 w 时，它识别正则语言 Σ^*。必须说明 S 是怎样从 M 和 w 来构造 M_2 的。方法是：M_2 自动接受所有在 $\{0^n1^n \mid n \geqslant 0\}$ 中的串，另外，如果 M 还接受 w，则 M_2 就接受所有其他的串。

注意，构造图灵机 M_2 的目的并不是为了在某个输入上实际地运行——一个常见的错误混淆。构造 M_2 仅仅是为了将 M_2 的描述输入给假设存在的 $REGULAR_{TM}$ 的判定器。一旦这个判定器返回它的答案，那么就能根据这个答案判断 M 是否接受 w。这样就判定了 A_{TM}，这是个矛盾。

证明 设 R 是判定 $REGULAR_{TM}$ 的一个图灵机，下面构造判定 A_{TM} 的图灵机 S。S 的运行方式如下：

S =“对于输入 $\langle M, w\rangle$，其中 M 是图灵机，w 是串：

1. 构造下述图灵机 M_2：

　M_2 =‘在输入 x 上：

　　a. 如果 x 具有形式 0^n1^n，则接受。

　　b. 如果 x 不具有此形式，则在输入 w 上运行 M。若 M 接受 w，则接受。’

2. 在输入 $\langle M_2\rangle$ 上运行 R。

3. 如果 R 接受，则接受；如果 R 拒绝，则拒绝。” ■

可类似地证明，检查一个图灵机的语言是不是下列语言都是不可判定的：上下文无关语言、可判定语言甚至有限语言。事实上，关于这个问题有一个更一般性的结果，称为**赖斯定理**（Rice's theorem）。它指出：测定语言的任何一个性质是否可由图灵机识别都是不可判定的。问题 5.16 给出了赖斯定理。

到目前为止，证明语言的不可判定性所用的方法都是从 A_{TM} 出发的归约。但在证明某些语言的不可判定性时，从另外一个不可判定语言（如 E_{TM}）出发进行归约有时候更加方便。定理 5.4 证明，检查两个图灵机的等价性是一个不可判定的问题。当然，可以使用从 A_{TM} 出发的归约来证明它，但下面给出一个从 E_{TM} 出发的归约，作为证明不可判定性的另一类型的例子。设

$$EQ_{TM}=\{\langle M_1,M_2\rangle \mid M_1 \text{ 和 } M_2 \text{ 都是图灵机，且 } L(M_1)=L(M_2)\}$$

定理 5.4 EQ_{TM} 是不可判定的。

证明思路 假设 EQ_{TM} 是可判定的。如果能给出从 E_{TM} 到 EQ_{TM} 的归约，就证明了 E_{TM} 也是可判定的。构造这个归约的思路很简单，E_{TM} 是检查一个图灵机的语言是否为空的问题。EQ_{TM} 是测定两个图灵机的语言是否相同的问题。如果两个语言中碰巧有一个为空，只要测定另一个机器的语言是否为空即可，即问题 E_{TM}。故当两个机器中有一个是用来识别空语言时，问题 E_{TM} 就是问题 EQ_{TM} 的一个特例。这个想法使得构造归约变得很容易。

证明 设图灵机 R 判定 EQ_{TM}。如下构造判定 E_{TM} 的图灵机 S：

S=“对于输入 $\langle M\rangle$，其中 M 是图灵机：

1. 在输入 $\langle M, M_1\rangle$ 上运行 R，其中 M_1 是拒绝所有输入的图灵机。
2. 如果 R 接受，则接受；如果 R 拒绝，则拒绝。”

如果 R 判定 EQ_{TM}，则 S 判定 E_{TM}。但由定理 5.2，E_{TM} 是不可判定的。故 EQ_{TM} 也必定是不可判定的。 ■

利用计算历史的归约

计算历史方法是证明 A_{TM} 可归约到某些语言的重要技术。在证明某个问题的不可判定性时，如果此问题涉及检查某样东西的存在性，则此方法常常很有用。例如，此方法曾用来证明希尔伯特第 10 问题的不可判定性。希尔伯特第 10 问题是检查一个多项式的整数根的存在性。

图灵机在输入上的计算历史就是当这个图灵机处理此输入时所经过的格局序列。它是这个机器所经历的计算的完整记录。

定义 5.5 设 M 是一个图灵机，w 是一个输入串。M 在 w 上的一个**接受计算历史**（accepting computation history）是一个格局序列 $C_1,C_2,\cdots,C_l$，其中 C_1 是 M 在 w 上的起始格局，C_l 是 M 的一个接受格局，且每个 C_i 都是 C_{i-1} 的合法结果，即符合 M 的规则。M 在 w 上的一个**拒绝计算历史**（rejecting computation history）可类似定义，只是 C_l 应是一个拒绝格局。

计算历史都是有限序列。如果 M 在 w 上不停机，则 M 在 w 上既没有接受也没有拒绝计算历史存在。确定型机器在任何给定的输入上最多只有一个计算历史。非确定型机器即使在单个输入上也可能有多个计算历史，它们与各个计算分支相对应。但在目前，我们继

续将注意力集中在确定型机器。使用计算历史方法的第一个例子是，证明所谓的线性界限自动机的不可判定性。

定义 5.6 **线性界限自动机**（linear bounded automaton，LBA）是一种受到限制的图灵机，它不允许其读写头离开包含输入的带子区域。如果此机器试图将它的读写头移出输入的两个端点，则读写头就保持在原地不动。这与普通图灵机的读写头不会离开带子的左端点的方式一样。

线性界限自动机是只有有限存储的图灵机，如图 5-1 所示。它只能解这样的问题，其所需要的存储不得超过用作输入的带子区域。使用一个比输入字母表要大一些的带子字母表，就能使得可用存储增加到常数倍。也就是说，对于长度为 n 的输入，可用存储量关于 n 是线性的。这就是此模型的名称的由来。

尽管线性界限自动机的存储受到限制，但它仍然十分强大。例如，A_{DFA}，A_{CFG}，E_{DFA}和 E_{CFG}的判定器都是 LBA。每个 CFL 都可由一个 LBA 来判定。事实上，要提出一个不能由 LBA 来判定的可判定语言还需颇费一番周折。只有到第 9 章时，才能介绍一个可以做到这一点的技术。

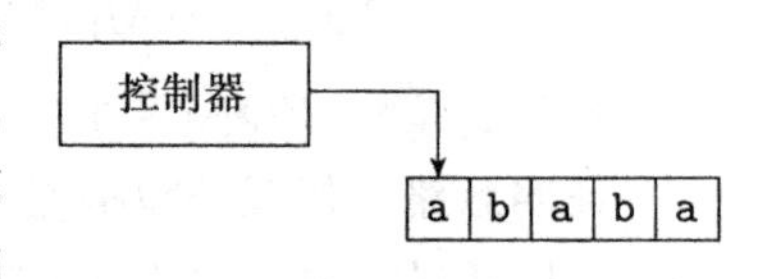

图 5-1 线性界限自动机的图示

设 A_{LBA}是判定 LBA 是否接受它的输入的问题。尽管 A_{LBA}与不可判定问题 A_{TM}在图灵机被限制为 LBA 时是相同的，我们还是可以证明 A_{LBA}是可判定的。设

$$A_{LBA}=\{\langle M,w\rangle \mid M\text{ 是一个接受串 }w\text{ 的 LBA}\}$$

在证明 A_{LBA}的可判定性之前，证明下面的引理是有用的。它指出：当一个 LBA 的输入是一个长度为 n 的串时，只能有有限多个格局。

引理 5.7 设 M 是有 q 个状态和 g 个带子符号的 LBA。对于长度为 n 的带子，M 恰有 qng^n 个不同的格局。

证明 M 的格局就像计算中间的一个快照。格局由控制状态、读写头位置和带子内容组成。这里，M 有 q 个状态。它的带子长度是 n，所以读写头可能处于 n 个位置之一，且 g^n 个带子符号串可能出现在带子上。此三个量的乘积就是带长为 n 的 M 的格局总数。 ■

定理 5.8 A_{LBA}是可判定的。

证明思路 为了判定 LBA M 是否接受输入 w，在 w 上模拟 M。在模拟过程中，如果 M 停机且接受或拒绝，则相应地接受或拒绝。如果 M 在 w 上循环，困难就出现了。只有知道已进入循环时，才能停机且拒绝。

调查 M 何时陷入循环的思路是：当 M 在 w 上计算时，它从一个格局进入另一个格局。如果 M 曾经重复过一个格局，它将继续一再地重复这个格局，因此就陷入了循环。因为 M 是一个 LBA，故可利用的带子方格的数量是有限的。由引理 5.7，在这个有限量的带子上，M 只可能处于有限多个格局中。所以，要使 M 不进入曾经进入过的任何格局，就只有有限多个格局可以选择。引理 5.7 给出了所能选择的最大格局数 k，通过在 M 上模拟 k 步，就能知道 M 是否进入了循环。如果到那时 M 还没有停机，它肯定陷入了循环。

证明 判定 A_{LBA}的算法如下：

L="对于输入 $\langle M,w\rangle$，其中 M 是 LBA，w 是串：

1. 在 w 上模拟 M qng^n 步，或者直到它停机。

2. 如果M停机，则当它接受时接受，拒绝时拒绝。如果它还没有停机，就拒绝。”

如果M在w上运行qng^n步还没有停机，根据引理5.7，它必定在重复某个格局，即陷入了循环。这就是算法为什么在此情形下拒绝的原因。 ■

定理5.8说明了LBA和图灵机有一个本质的不同：对LBA，接受问题是可判定的，但对图灵机来说却不是。然而涉及LBA的另外一些问题仍是不可判定的，其中之一是空性质问题，即$E_{LBA}=\{\langle M\rangle | M$是一个LBA，且$L(M)=\emptyset\}$。为证明$E_{LBA}$是不可判定的，要用计算历史方法给出一个归约。

定理5.9 E_{LBA}是不可判定的。

证明思路 证明使用从A_{TM}出发的归约。要证明：如果E_{LBA}是可判定的，则A_{TM}也是可判定的。现在假设E_{LBA}是可判定的，怎么使用这个假设来判定A_{TM}呢？

对于图灵机M和输入串w，通过构造一个LBA B，再检查$L(B)$是否为空，就可确定M是否接受w。B识别的语言包含了M在w上的所有接受计算历史。如果M接受w，这个语言就包含一个串，因此是非空的。如果M不接受w，这个语言就是空的。如果能确定B的语言是否为空，显然就能确定M是否接受w。

现在描述怎样从M和w构造B。注意，不仅需要证明B的存在性，还必须证明一个图灵机如何从给定的M和w的描述产生B的描述。

如同前面给出的不可判定性证明中的归约，构造B的目的是为了将B的描述输入给假设存在的E_{LBA}的判定器，而不是在某个输入上运行它。

设x是M在w上的一个接受计算历史，构造B，使之接受输入x。回忆一下，M的一个接受计算历史是M在接受某个串w时经历的格局序列$C_1,C_2,\cdots,C_l$。出于证明的需要，将接受计算历史表示成单个串，格局间以符号#相互隔开，如图5-2所示。

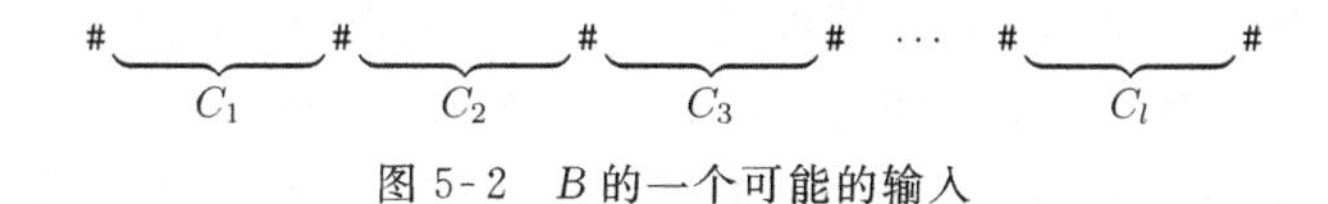

图5-2 B的一个可能的输入

LBA B按如下方式运行。如果x是M在w上的一个接受计算历史，则当B收到输入x时，应该接受。首先，B根据分界符将x分解为串$C_1,C_2,\cdots,C_l$。然后B检查C_i是否满足接受计算历史的三个条件：

1. C_1是M在w上的起始格局。
2. 每个C_{i+1}都是C_i的合法结果。
3. C_l是M的一个接受格局。

M在w上的起始格局C_1应该是串$q_0w_1w_2\cdots w_n$，其中q_0是M在w上的起始状态。这个串是直接装在B中的，所以B能够检查第一个条件。接受格局是包含状态q_{accept}的格局，所以B只要通过扫描C_l看能否找到q_{accept}，就可检查第三个条件。第二个条件的检查是最困难的，对每对相邻的格局，B要检查C_{i+1}是否为C_i的合法结果。这个步骤包括：除了C_i中读写头下的位置及其相邻位置外，验证C_i和C_{i+1}是相同的，而上述几个位置必须根据转移函数来更新。B通过在C_i和C_{i+1}的相应位置间来回移动，验证更新是否适当。为了在来回移动时记录当前位置，B用点在带子上标记当前位置。最后，如果条件1、2和3都满足，则B接受输入。

将判定器的答案反过来，就能得到M是否接受w的答案。这样就判定了A_{TM}，这是个矛盾。

证明　现在构造从 A_{TM} 到 E_{LBA} 的归约。假设图灵机 R 判定 E_{LBA}。如下构造判定 A_{TM} 的图灵机 S：

S="对于输入 $\langle M,w\rangle$，其中 M 是图灵机，w 是串：

1. 如在证明思路中所描述的那样从 M 和 w 构造 LBA B。
2. 在输入 $\langle B\rangle$ 上运行 R。
3. 如果 R 拒绝，则接受；如果 R 接受，则拒绝。"

如果 R 接受 $\langle B\rangle$，则 $L(B)=\varnothing$。这样，M 在 w 上就没有接受计算历史，M 也就不接受 w。因此，S 就拒绝 $\langle M,w\rangle$。类似地，如果 R 拒绝 $\langle B\rangle$，则 B 的语言不空。B 能够接受的唯一串是 M 在 w 上的接受计算历史。这样，M 必定接受 w。相应地，S 也就接受 $\langle M,w\rangle$。图 5-3 是检查这样一个图灵机计算历史的示意图。■

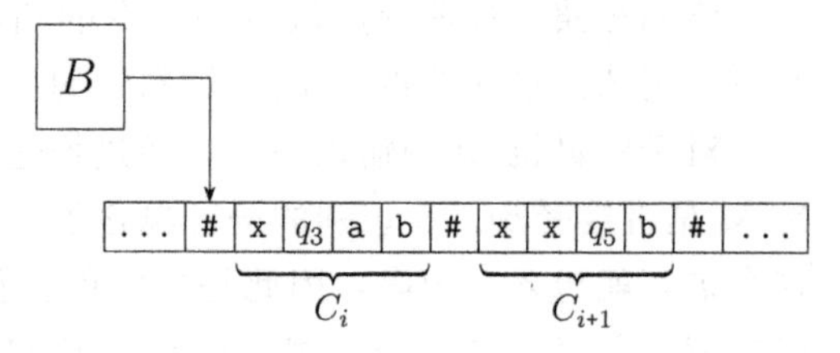

图 5-3　检查一个图灵机计算历史的 LBA B

使用计算历史的归约技术，还能建立有关上下文无关文法和下推自动机问题的不可判定性。回忆一下，定理 4.7 介绍了一个算法来判定一个上下文无关文法是否派生串，即判定 $L(G)=\varnothing$ 是否成立。与此相关，现在要证明问题"测定一个上下文无关文法是否派生所有可能的串"是不可判定的。证明这个问题不可判定是证明上下文无关文法等价性问题不可判定的重要步骤。设

$$ALL_{CFG}=\{\langle G\rangle \mid G\text{ 是一个 CFG 且 }L(G)=\Sigma^*\}$$

定理 5.10　ALL_{CFG} 是不可判定的。

证明　用反证法。为得到矛盾，假设 ALL_{CFG} 是可判定的，用这个假设来证明 A_{TM} 是可判定的。其证明与定理 5.9 的证明类似，只是稍微复杂一些，绕了一点点弯。这是一个从 A_{TM} 出发利用计算历史的归约。但由于技术上的原因，对计算历史的表示做了些修改，后面将解释这样做的原因。

现在来描述怎样运用 ALL_{CFG} 的判定过程来判定 A_{TM}。对于图灵机 M 和输入串 w，首先构造一个 CFG G，使得它派生所有串当且仅当 M 不接受 w。所以，如果 M 接受 w，则存在一个特别的串，G 不派生它。这个串应该是——猜猜看——M 在 w 上的接受计算历史。即设计 G，使之派生所有不是 M 在 w 上接受计算历史的串。

为了使得 CFG G 派生所有不是 M 在 w 上接受计算历史的串，采用下面的策略。一个串不能成为接受计算历史的原因可能有多个。将 M 在 w 上的接受计算历史表示成 $\#C_1\#C_2\#\cdots\#C_l\#$，其中 C_i 是 M 在 w 上计算的第 i 步的格局。然后 G 派生出满足下述条件的所有串：

1. 不以 C_1 开始。
2. 不以一个接受格局结束。
3. 在 M 的规则下，某个 C_i 不恰好派生 C_{i+1}。

如果 M 不接受 w，就没有接受计算历史存在，故所有串都因这样或那样的问题而不能成为接受计算历史，因此 G 将派生所有串，这正是所希望的。

现在来认真考虑 G 的实际构造。不是真的构造 G，而是构造一个 PDA D，因为可以使用定理 2.12 中的构造将 D 转换为一个 CFG。这样做是因为，就我们的目的而言，设计

一个 PDA 要比设计一个 CFG 容易。D 以非确定的分支计算开始，猜测前面的三个条件中哪一个被拿来检查。它以一个分支检查输入串的开始部分是否为 C_1，如果不是，则接受。以另一个分支检查输入串是否以一个包含接受状态 q_{accept} 的格局结束，如果不是，则接受。

第三个分支的作用是：如果某个 C_i 不恰好派生 C_{i+1}，就接受。其工作方式如下：首先扫描输入，直到它非确定性地确定它已到达 C_i。第二步，它将 C_i 推进栈里，直至由符号 # 标记的结尾。第三步，D 弹出栈与 C_{i+1} 比较。除了读写头附近位置外，它们应该相同。读写头附近位置的更改应由 M 的转移函数决定。最后，如果发现不匹配或不适当的更改，D 就接受。

这个思路存在的问题是：当 D 将 C_i 弹出栈时，它处于相反的顺序，因而不适合与 C_{i+1} 比较。前面提到的绕弯就在此处。换一种方法来写接受计算历史，使得每隔一个格局就以相反的顺序出现。奇数位置保持向前的顺序写，但偶数位置向后写。这样形式的一个接受计算历史如图 5-4 所示。

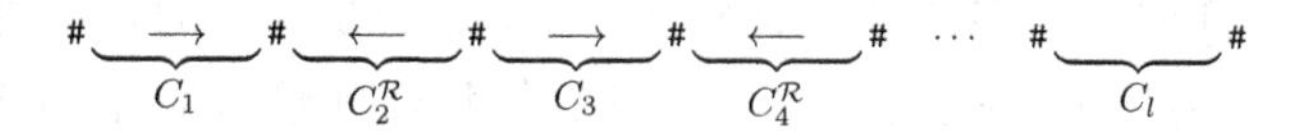

图 5-4 每隔一个格局就以相反的顺序出现

若 PDA D 以此修改后的方式将格局推进栈，则当它们再弹出时，其顺序就适合与下一个格局进行比较了。D 的设计就是要使得接受那些不是接受计算历史的任何修改后的串。 ■

在练习 5.1 中，可以使用定理 5.10 来证明 EQ_{CFG} 是不可判定的。

5.2 一个简单的不可判定问题

本节将证明：不可判定性现象不仅仅局限于自动机的问题。我们将给出一个关于串操作的不可判定问题，称为**波斯特对应问题**（Post Correspondence Problem，PCP）。

可以很容易地将这个问题描述成一种游戏——多米诺骨牌。每个骨牌由两个串构成，一边一个。单个骨牌看上去像

$$\left[\frac{\mathrm{a}}{\mathrm{ab}}\right]$$

一簇骨牌看起来像

$$\left\{\left[\frac{\mathrm{b}}{\mathrm{ca}}\right],\left[\frac{\mathrm{a}}{\mathrm{ab}}\right],\left[\frac{\mathrm{ca}}{\mathrm{a}}\right],\left[\frac{\mathrm{abc}}{\mathrm{c}}\right]\right\}$$

任务是将这些骨牌进行排列（允许重复），使得在阅读顶部符号后得到的串与阅读底部符号后得到的串相同。这样的排列称为一个**匹配**（match）。例如，下面的排列就是这个游戏的一个匹配。

$$\left[\frac{\mathrm{a}}{\mathrm{ab}}\right]\left[\frac{\mathrm{b}}{\mathrm{ca}}\right]\left[\frac{\mathrm{ca}}{\mathrm{a}}\right]\left[\frac{\mathrm{a}}{\mathrm{ab}}\right]\left[\frac{\mathrm{abc}}{\mathrm{c}}\right]$$

阅读顶部后得到串 abcaaabc，与阅读底部后得到的相同。可以将骨牌变形，使得顶部和底部对应符号整齐地排列，以便更容易表示匹配。

a	b	c	a	a	a	b	c
a	b	c	a	a	a	b	c

对某些骨牌簇，不可能找到这样的匹配。例如，簇

$$\left\{\left[\frac{\mathrm{abc}}{\mathrm{ab}}\right],\left[\frac{\mathrm{ca}}{\mathrm{a}}\right],\left[\frac{\mathrm{acc}}{\mathrm{ba}}\right]\right\}$$

不可能包含匹配，因为顶部的每个串都比底部对应的串长。

波斯特对应问题是：确定一簇骨牌是否有一个匹配。这个问题在算法上是不可解的。

在形式描述这个定理和给出它的证明之前，先来精确地描述这个问题，然后表示成一个语言。骨牌簇 P 是 PCP 的一个实例：

$$P=\left\{\left[\frac{t_1}{b_1}\right],\left[\frac{t_2}{b_2}\right],\cdots,\left[\frac{t_k}{b_k}\right]\right\}$$

匹配是一个序列 $i_1,i_2,\cdots,i_l$，使得 $t_{i_1}t_{i_2}\cdots t_{i_l}=b_{i_1}b_{i_2}\cdots b_{i_l}$。问题是确定 P 是否有匹配。令

$$\mathrm{PCP}=\{\langle P\rangle \mid P\text{ 是波斯特对应问题的一个实例，且 }P\text{ 有匹配}\}$$

定理 5.11　PCP 是不可判定的。

证明思路　虽然证明有许多技术上的细节，但概念还是简单的，主要技术是由 A_{TM} 出发利用接受计算历史的归约。证明：从任意的图灵机 M 和输入 w 都能构造一个实例 P，使得匹配都是 M 在 w 上的接受计算历史。这样，如果能确定这个实例是否有一个匹配，就能确定 M 是否接受 w。

但是怎么构造 P 使得匹配都是 M 在 w 上的接受计算历史呢？在 P 中选择骨牌，使得每形成一个匹配，便模拟一次 M。且在匹配中，每个骨牌都将一个格局中的一个或多个位置与下一个格局中的相应位置连接起来。

在构造之前，先处理三个小的技术要点。（在第一次通读时，不要过于担心这些。）第一，为了方便 P 的构造，假设 M 在 w 上从不试图将它的读写头移出带子的左端点。这要求首先改变 M 以防止这样的行为。第二，如果 $w=\varepsilon$，则在构造中使用串␣替代 w。第三，修改 PCP，要求匹配都从第一个骨牌开始，即：

$$\left[\frac{t_1}{b_1}\right]$$

稍后将说明怎么去掉这个要求。我们称这个问题为**修改了的波斯特对应问题（MPCP）**。设

$$\mathrm{MPCP}=\{\langle P\rangle \mid P\text{ 是波斯特对应问题的一个实例，}P\text{ 有一个从第一个骨牌开始的匹配}\}$$

现在进入证明细节，即设计 P 来模拟 M 在 w 上的动作。

证明　假设图灵机 R 判定 PCP。构造 S 来判定 A_{TM}。令

$$M=(Q,\Sigma,\Gamma,\delta,q_0,q_{\mathrm{accept}},q_{\mathrm{reject}})$$

其中 Q，Σ，Γ，δ 分别是 M 的状态集、输入字母表、带子字母表和转移函数。

S 构造 PCP 的一个实例 P，使得 P 有一个匹配当且仅当 M 接受 w。为此，S 首先构造 MPCP 的一个实例 P'。下面以七个部分来描述这个构造，每个部分完成在 w 上模拟 M 的一个特定方面。在构造过程中，为了解释我们正在做什么，用一个例子插在构造中。

第 1 部分：构造以下列方式开始：

$$\text{将}\left[\frac{\#}{\#q_0w_1w_2\cdots w_n\#}\right]\text{放入 }P'\text{ 作为第一张骨牌}\left[\frac{t_1}{b_1}\right]$$

因为 P' 是 MPCP 的一个实例，故匹配必须以这张骨牌开始。底部串以 M 在 w 上接

受计算历史中的第一个格局 $C_1=q_0w_1w_2\cdots w_n$ 开始，如图 5-5 所示。

到目前为止，只得到一个部分匹配，其底部串由 $\#q_0w_1w_2\cdots w_n\#$ 构成，顶部串只有 #。为获得匹配，必须扩展顶部串来匹配底部串。用新骨牌来做这样的扩展。这些新的骨牌强迫模拟 M 的一次单步运行，使得 M 的下一个格局出现在底部串的扩展中。

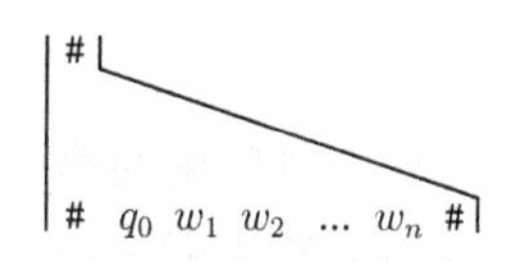

图 5-5　MPCP 匹配的开始

第 2、3 和 4 部分在 P' 中增加的骨牌在模拟中起主要作用。第 2 部分处理读写头向右运动，第 3 部分处理读写头向左运动，第 4 部分处理不与读写头相邻的带子方格。

第 2 部分：对于每一个 a，$b\in\Gamma$ 和 q，$r\in Q$，其中 $q\neq q_{\text{reject}}$，

$$\text{如果 } \delta(q,a)=(r,b,\text{R})\text{，则将}\left[\frac{qa}{br}\right]\text{放入 } P' \text{ 中}$$

第 3 部分：对于每一个 a，b，$c\in\Gamma$ 和 q，$r\in Q$，其中 $q\neq q_{\text{reject}}$，

$$\text{如果 } \delta(q,a)=(r,b,\text{L})\text{，则将}\left[\frac{cqa}{rcb}\right]\text{放入 } P' \text{ 中}$$

第 4 部分：对于每一个 $a\in\Gamma$，将 $\left[\frac{a}{a}\right]$ 放入 P' 中。

现补充一个虚拟的例子来说明到目前为止我们已经构造了些什么。设 $\Gamma=\{0,1,2,\sqcup\}$。假设 w 是串 0100，M 的起始状态是 q_0。在状态 q_0 且读 0 时，假设转移函数指示 M 进入状态 q_7，在带子上写下 2，并将它的读写头向右移动。即，$\delta(q_0,0)=(q_7,2,\text{R})$。

第 1 部分将如下骨牌放入 P' 中：

$$\left[\frac{\#}{\#q_0 0100\#}\right]=\left[\frac{t_1}{b_1}\right]$$

且匹配以如下方式开始：

q_0 0 1 0 0

另外，因为 $\delta(q_0,0)=(q_7,2,\text{R})$，第 2 部分放置如下骨牌：

$$\left[\frac{q_0 0}{2q_7}\right]$$

因为 0，1，2，⊔是 Γ 的成员，故第 4 部分将下列骨牌放入 P' 中：

$$\left[\frac{0}{0}\right],\ \left[\frac{1}{1}\right],\ \left[\frac{2}{2}\right]\text{和}\left[\frac{\sqcup}{\sqcup}\right]$$

这一步与第 5 部分一起使得匹配得到如下扩展：

q_0 0 1 0 0
q_0 0 1 0 0 # 2 q_7 1 0 0

这样，第 2、3 和 4 部分的骨牌使得我们能够通过"在第一个格局之后增加第二个格局"的方法来扩展匹配。希望这个过程能够继续下去，即增加第三个格局，然后第四个格局，等等。为此，需要增加一个新的骨牌来复制符号 #。

第 5 部分：

$$将\left[\frac{\#}{\#}\right]和\left[\frac{\#}{\sqcup\#}\right]放入 P' 中$$

这两个骨牌中的第一个使我们能复制符号 #，它是分隔格局的标记。第二个骨牌使我们能在格局的末端增加一个空白符 ⊔，以此来模拟右边的无限多个空格，这些空格在写格局时被压缩了。

接着上面的例子，假设在状态 q_7 且读 1 时，M 进入状态 q_5，在带子上写下 0，并将读写头向右移动，即 $\delta(q_7,1)=(q_5,0,\mathrm{R})$。则在 P' 中有骨牌

$$\left[\frac{q_7 1}{0 q_5}\right]$$

最后的那个匹配被扩展到

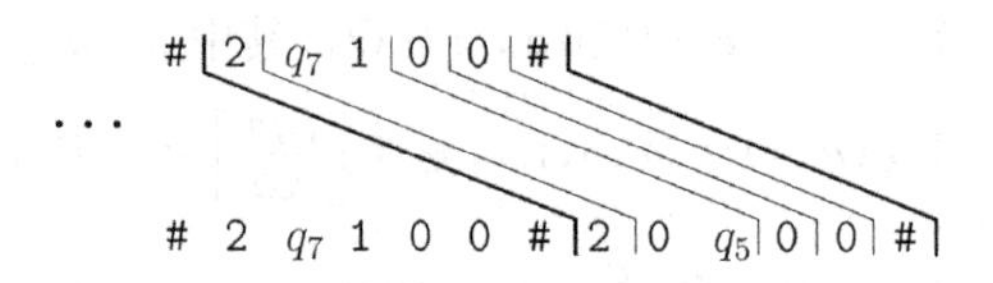

再假设在状态 q_5 且读 0 时，M 进入状态 q_9，在带子上写下 2，并将它的读写头向左移动。故 $\delta(q_5,0)=(q_9,2,\mathrm{L})$。则有骨牌

$$\left[\frac{0q_5 0}{q_9 02}\right],\ \left[\frac{1q_5 0}{q_9 12}\right],\ \left[\frac{2q_5 0}{q_9 22}\right]和\left[\frac{\sqcup q_5 0}{q_9 \sqcup 2}\right]$$

第一个骨牌与本构造有关，因为读写头左边的符号是 0。前面的部分匹配就被扩展成

```
           # 2 0 q5 0 0 #
...
# 2 0 q5 0 0 # 2 q9 0 2 0 #
```

注意，构造匹配就是在 w 上模拟 M，这个过程要一直进行到 M 到达停机状态。如果出现了接受状态，则希望这个部分匹配的顶部“赶上”底部，从而使得这个匹配得以完成。为此，再增加如下骨牌。

第 6 部分：对于每一个 $a\in\Gamma$，

$$将\left[\frac{a q_{\text{accept}}}{q_{\text{accept}}}\right]和\left[\frac{q_{\text{accept}} a}{q_{\text{accept}}}\right]放入 P' 中$$

这个步骤的效果是：在图灵机停机后增加一些“伪步骤”。这里，读写头“吃掉”一些邻近的符号直到没有符号剩下。再继续前面的例子，假设到机器以接受状态停机的地方为止的部分匹配是

```
                   #
...
# 2 1 q_accept 0 2 #
```

刚才增加的骨牌允许匹配如下继续进行：

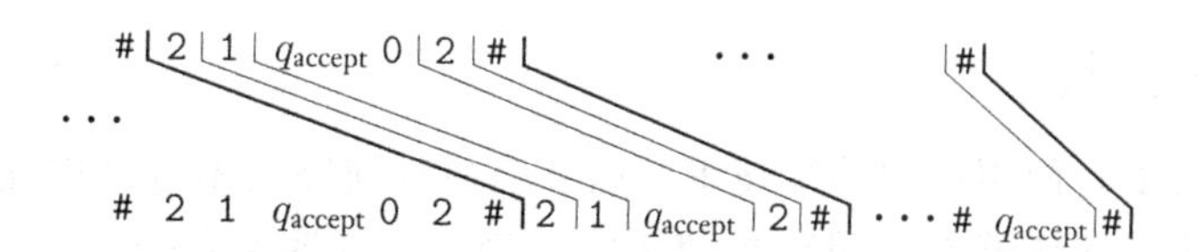

第 7 部分：最后增加如下骨牌

$$\left[\frac{q_{\text{accept}}\#\#}{\#}\right]$$

来完成匹配：

$$\cdots\ \#\ q_{\text{accept}}\ \#\ \#$$
$$\#\ q_{\text{accept}}\ \#\ \#$$

这就结束了整个 P'的构造。注意 P'是 MPCP 的一个实例，而正是凭借 MPCP，匹配才模拟了 M 在 w 上的计算。为完成证明，回忆一下，MPCP 与 PCP 的不同之处在于：匹配需要以序列中的第一个骨牌开始。如果将 P'看作 PCP 的一个实例，而不是看作 MPCP 的一个实例，则无论 M 是否接受 w，显然它都有一个匹配。你能发现它吗？（提示：它非常短。）

现在说明怎么将 P'转化为 PCP 的实例 P，使之仍然模拟 M 在 w 上的运行。这时用了一点技术上的窍门。思路是：以“第一个骨牌开始”为要求，并且将这个要求直接放入问题，使其自动成为强制性的。这样，就不需要明确地提出这个要求。为此引入一些记号。

设 $u=u_1u_2\cdots u_n$ 是一个长度为 n 的串。定义★u、u★和★u★是如下三个串：

$$\bigstar u = * u_1 * u_2 * u_3 * \cdots * u_n$$
$$u\bigstar = u_1 * u_2 * u_3 * \cdots * u_n *$$
$$\bigstar u\bigstar = * u_1 * u_2 * u_3 * \cdots * u_n *$$

这里，★u 是在 u 中的每个字母前增加符号 *，u★是在 u 中的每个字母后增加符号★，★u★是在 u 中每个字母的前和后都增加符号 *。为将 P'转换为 PCP 的一个实例 P，做下面的事情：如果 P'是如下的簇：

$$\left\{\left[\frac{t_1}{b_1}\right],\left[\frac{t_2}{b_2}\right],\left[\frac{t_3}{b_3}\right],\cdots,\left[\frac{t_k}{b_k}\right]\right\}$$

就令 P 是如下的簇：

$$\left\{\left[\frac{\bigstar t_1}{\bigstar b_1\bigstar}\right],\left[\frac{\bigstar t_1}{b_1\bigstar}\right],\left[\frac{\bigstar t_2}{b_2\bigstar}\right],\cdots,\left[\frac{\bigstar t_k}{b_k\bigstar}\right],\left[\frac{\bigstar\diamond}{\diamond}\right]\right\}$$

此时若再将 P 看作 PCP 的实例，就可以看到，可能形成匹配的唯一的骨牌是第一个骨牌

$$\left[\frac{\bigstar t_1}{\bigstar b_1\bigstar}\right]$$

因为它是顶部和底部以相同符号（即 *）开始的唯一的骨牌。除了强迫以第一个骨牌开始匹配以外，* 的使用并不影响可能的匹配，因为它们被原来的符号相互隔开，原来的符号现在出现在匹配的偶数位。骨牌

$$\left[\frac{\bigstar\diamond}{\diamond}\right]$$

是用来让顶部在匹配的最后再增加一个 *。 ■

5.3 映射可归约性

前面已经说明了，使用可归约性技术可以证明各种问题的不可判定性。本节将可归约性这个概念形式化，这样就能更精确地使用它，例如，证明某些语言不是图灵可识别的，此外还可应用于复杂性理论中。

将一个问题归约为另一个问题的概念可以用多种方式来形式定义，选择使用哪种方式要根据具体应用情况。我们的选择是一种简单方式的可归约性，叫作**映射可归约性**[⊖] (mapping reducibility)。

粗略地说，"用映射可归约性将问题 A 归约为问题 B" 指的是，存在一个可计算函数，它将问题 A 的实例转换成问题 B 的实例。如果有了这样一个转换函数（称为*归约*），就能用 B 的解决方案来解 A。原因是，A 的任何一个实例可以这样来解：首先用这个归约将 A 转换为 B 的一个实例，然后应用 B 的解决方案。映射可归约性的一个精确定义在下文中介绍。

5.3.1 可计算函数

图灵机计算函数的方式是：将函数的输入放在带子上，开始运行，并以停机后的带子作为函数的输出。

定义 5.12 函数 $f:\Sigma^* \rightarrow \Sigma^*$ 是一个**可计算函数** (computable function)，如果有某个图灵机 M，使得在每个输入 w 上 M 停机，且此时只有 $f(w)$ 出现在带子上。

例 5.13 整数上所有通常的算术运算都是**可计算函数**。例如，可以制造一个机器，它以 $\langle m, n\rangle$ 为输入且返回 m 与 n 的和 $m+n$。在这里不给出细节，而把它们当作练习。■

例 5.14 可计算函数可以是机器的描述之间的变换。例如，如果 $w=\langle M\rangle$ 是图灵机 M 的编码，则可以有一个可计算函数 f，以 w 为输入，且返回一个图灵机的描述 $\langle M'\rangle$。M' 是一个与 M 识别相同语言的机器，但 M' 从不试图将它的读写头移出它的带子的左端点。函数 f 通过在 M 的描述中加入一些状态来完成这个任务。如果 w 不是图灵机的合法编码，f 就返回 ϵ。■

5.3.2 映射可归约性的形式化定义

现在定义映射可归约性。同以往一样，以语言来表示计算问题。

定义 5.15 语言 A 是**映射可归约**到语言 B 的，如果存在可计算函数 $f:\Sigma^* \rightarrow \Sigma^*$ 使得对每个 w，

$$w \in A \Leftrightarrow f(w) \in B$$

记做 $A \leqslant_m B$。称函数 f 为从 A 到 B 的**归约**。

图 5-6 说明了映射可归约性。

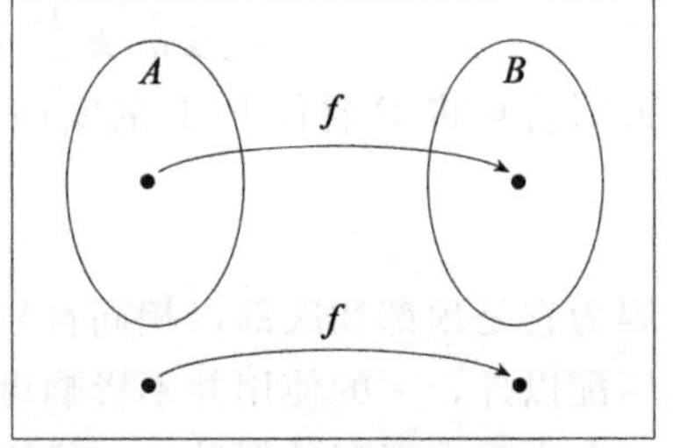

图 5-6　将 A 归约到 B 的函数 f

A 到 B 的映射归约提供了将 A 的成员测试问题转化为 B 的成员测试问题的方法。为了检查是否有 $w\in A$，可使用这个归约 f 将 w 映射到 $f(w)$，然后检查是否 $f(w)\in B$。术语映射归约来自于提供归约手段的函数或映射。

⊖ 有些教科书称之为**多一可归约性** (many-one reducibility)。

如果一个问题映射可归约到第二个问题，且第二个问题先前已被解决，那就能得到原来问题的解。定理5.16说明这个思路。

定理5.16 如果 $A \leqslant_m B$ 且 B 是可判定的，则 A 也是可判定的。

证明 设 M 是 B 的判定器，f 是从 A 到 B 的归约。A 的判定器 N 的描述如下：

N="对于输入 w：

1. 计算 $f(w)$。
2. 在 $f(w)$ 上运行 M，输出 M 的输出。"

显然，如果 $w \in A$，则 $f(w) \in B$，因为 f 是从 A 到 B 的归约。因此，只要 $w \in A$，则 M 接受 $f(w)$。故 N 的运行正如所求。 ■

定理5.16的下列推论是证明不可判定性的主要工具。

推论5.17 如果 $A \leqslant_m B$ 且 A 是不可判定的，则 B 也是不可判定的。

前面的一些证明使用了可归约性方法。回顾这些证明就可得到映射可归约性的一些例子。

例5.18 定理5.1使用从 A_{TM} 出发的一个归约，证明了 $HALT_{TM}$ 是不可判定的。这个归约说明了如何用 $HALT_{TM}$ 的判定器给出 A_{TM} 的判定器。以下展示从 A_{TM} 到 $HALT_{TM}$ 的映射可归约性，为此必须提供一个可计算函数 f，它使用形如 $\langle M,w \rangle$ 的输入，返回形如 $\langle M',w' \rangle$ 的输出，使得

$$\langle M,w \rangle \in A_{TM} \text{ 当且仅当 } \langle M',w' \rangle \in HALT_{TM}$$

下面的机器 F 计算了归约 f：

F="对于输入 $\langle M, w \rangle$：

1. 构造下列图灵机 M'。

   M'='对于输入 x：

   a. 在 x 上运行 M。
   b. 如果 M 接受，则接受。
   c. 如果 M 拒绝，则进入循环。'

2. 输出 $\langle M',w \rangle$。"

对于形式不正确的输入串在此还有一些小问题，就是如果图灵机 F 确定某输入对于输入行的描述"对于输入 $\langle M,w \rangle$："来说形式不正确，因而此输入不在 A_{TM} 中，那么这个图灵机输出的串也不在 $HALT_{TM}$ 中。可是所有不在 $HALT_{TM}$ 中的串都将被处理。应当指出，通常而言，当我们描述一个图灵机进行 A 到 B 的归约时，都假定形式不正确的输入串已经被映射到 B 之外了。 ■

例5.19 定理5.11中的波斯特对应问题是不可判定的，其证明中包含了两个映射归约。它首先证明了 $A_{TM} \leqslant_m$ MPCP，然后又证明了 MPCP $\leqslant_m$ PCP。对这两种情形，都能容易地得到实际的归约函数，且能容易地证明它们是映射归约。如练习5.6所示，映射可归约性是传递的，故这两个归约合起来蕴涵 $A_{TM} \leqslant_m$ PCP。 ■

例5.20 在定理5.4的证明中，隐含了一个从 E_{TM} 到 EQ_{TM} 的映射归约。此归约 f 将输入 $\langle M \rangle$ 映射到输出 $\langle M,M_1 \rangle$，其中 M_1 是拒绝所有输入的机器。 ■

例5.21 本节定义了映射可归约性的形式概念，本章的前面部分所使用的可归约性都是非形式概念。定理5.2证明 E_{TM} 是不可判定的，这个证明说明了映射可归约性的形式

概念与可归约性的非形式概念之间的差别。E_{TM}的不可判定性是通过将A_{TM}归约到它来证明的。现在来看看能否将这个归约转换为映射归约。

根据原来的归约可以很容易地构造函数 f，它以 $\langle M,w\rangle$ 为输入，产生输出 $\langle M_1\rangle$，其中 M_1 就是在那个证明中描述的图灵机。但 M 接受 w 当且仅当 $L(M_1)$ 不空，故 f 是从 A_{TM} 到 $\overline{E_{TM}}$ 的映射归约。它还证明了 E_{TM} 是不可判定的，因为可判定性不受求补的影响。但它没有给出从 A_{TM} 到 E_{TM} 的映射归约。事实上，没有这样的归约存在。练习 5.5 要求证明这个结论。 ■

映射可归约性对求补运算是敏感的，这对用可归约性来证明某些语言的不可识别性非常重要。也可以使用映射可归约性来证明某些问题不是图灵可识别的。下列定理与定理 5.16 十分相似。

定理 5.22　*如果 $A\leqslant_m B$，且 B 是图灵可识别的，则 A 也是图灵可识别的。*

此定理的证明与定理 5.16 的证明类似，只是将 M 和 N 改为识别器而非判定器。

推论 5.23　*如果 $A\leqslant_m B$，且 A 不是图灵可识别的，则 B 也不是图灵可识别的。*

作为这个推论的一个典型应用，设 A 是 A_{TM} 的补集 $\overline{A_{TM}}$。由推论 4.17 知，$\overline{A_{TM}}$ 不是图灵可识别的。由映射可归约性的定义不难看出：$A\leqslant_m B$ 与 $\overline{A}\leqslant_m \overline{B}$ 有相同的含义：为证明 B 不是可识别的，可以证明 $A_{TM}\leqslant_m \overline{B}$。还可以使用映射可归约性来证明某些问题既不是图灵可识别的，也不是补图灵可识别的，就像下面的定理那样。

定理 5.24　*EQ_{TM} 既不是图灵可识别的，也不是补图灵可识别的。*

证明　首先证明 EQ_{TM} 不是图灵可识别的。为此，只要证明 A_{TM} 可归约到 $\overline{EQ_{TM}}$ 即可。归约函数 f 如下：

F＝“对于输入 $\langle M,w\rangle$，其中 M 是图灵机，w 是串：

　1. 构造下列两个机器 M_1 和 M_2。

　　M_1＝‘对于任何输入：

　　　a. 拒绝。’

　　M_2＝‘对于任何输入：

　　　a. 在 w 上运行 M，如果它接受，就接受。’

　2. 输出 $\langle M_1, M_2\rangle$。”

这里，M_1 什么也不接受。如果 M 接受 w，则 M_2 接受每一个输入，故两个机器不等价。相反，如果 M 不接受 w，则 M_2 什么也不接受，故它们是等价的。这样 f 将 A_{TM} 归约到 $\overline{EQ_{TM}}$，这正是我们所希望的。

为了证明 $\overline{EQ_{TM}}$ 不是图灵可识别的，只要给出一个从 A_{TM} 到 $\overline{EQ_{TM}}$ 的补（即 EQ_{TM}）的归约。因此要证明 $A_{TM}\leqslant_m EQ_{TM}$。下面的图灵机 G 计算归约函数 g。

G＝“对于输入 $\langle M,w\rangle$，其中 M 是图灵机，w 是串：

　1. 构造下列两个机器，M_1 和 M_2。

　　M_1＝‘对于任何输入：

　　　a. 接受。’

　　M_2＝‘对于任何输入：

　　　a. 在 w 上运行 M。

b. 如果它接受，就接受。'

2. 输出 $\langle M_1, M_2\rangle$。"

f 和 g 之间的唯一差别在机器 M_1 上。在 f 中，机器 M_1 总是拒绝，而在 g 中，它总是接受。在 f 和 g 中，M 接受 w 当且仅当 M_2 接受所有串。在 g 中，M 接受 w 当且仅当 M_1 和 M_2 等价。这就是 g 是从 A_{TM} 到 EQ_{TM} 的归约的原因。■

练习

5.1 证明 EQ_{CFG} 是不可判定的。

5.2 证明 EQ_{CFG} 是补图灵可识别的。

5.3 请找出下面波斯特对应问题（PCP）实例中的一个匹配：

$$\left\{\left[\frac{ab}{abab}\right],\left[\frac{b}{a}\right],\left[\frac{aba}{b}\right],\left[\frac{aa}{a}\right]\right\}$$

5.4 如果 $A\leqslant_m B$ 且 B 是一个正则语言，这是否蕴涵着 A 也是一个正则语言？为什么？

[A]**5.5** 证明 A_{TM} 无法映射归约到 E_{TM}。换句话说，也就是证明没有可计算函数可以将 A_{TM} 归约为 E_{TM}。（提示：用 A_{TM} 和 E_{TM} 的一些已知的矛盾和事实来证明。）

[A]**5.6** 证明 $\leqslant_m$ 是一个传递关系。

[A]**5.7** 证明：如果 A 是图灵可识别的，且 $A\leqslant_m \overline{A}$，则 A 是可判定的。

[A]**5.8** 在定理 5.11 的证明中，修改了图灵机 M，使得它永不试图将其读写头移出带子的左端点。假设如果不做这样的修改，将不得不对 PCP 做怎样的修改来处理这种情形？

问题

5.9 设 $AMBIG_{CFG}=\{\langle G\rangle \mid G$ 是歧义的 CFG$\}$。证明 $AMBIG_{CFG}$ 是不可判定的。（提示：使用来自 PCP 的归约。给定一个 PCP 的实例

$$P=\left\{\left[\frac{t_1}{b_1}\right],\left[\frac{t_2}{b_2}\right],\cdots,\left[\frac{t_k}{b_k}\right]\right\}$$

用下列规则构造一个 CFG G：

$$S\to T\mid B$$
$$T\to t_1Ta_1\mid\cdots\mid t_kTa_k\mid t_1a_1\mid\cdots\mid t_ka_k$$
$$B\to b_1Ba_1\mid\cdots\mid b_kBa_k\mid b_1a_1\mid\cdots\mid b_ka_k$$

其中 $a_1, \cdots, a_k$ 是新的终结符号。证明这个归约可行。）

5.10 证明当且仅当 $A\leqslant_m A_{TM}$ 时，A 是图灵可识别的。

5.11 证明当且仅当 $A\leqslant_m 0^*1^*$ 时，A 是可判定的。

5.12 设 $J=\{w \mid$ 对于某个 $x\in A_{TM}$ 有 $w=0x$，或对于某个 $y\in\overline{A_{TM}}$ 有 $w=1y\}$。证明 J 和 $\overline{J}$ 都不是图灵可识别的。

5.13 给出一个不可判定语言 B 的例子，使得 $B\leqslant_m \overline{B}$。

5.14 定义**二头有穷自动机**（two-headed finite automaton，2DFA）为确定型有穷自动机，它有两个双向只读头，只读头部从输入带的左端点开始，可以独立地向左或向右移动。2DFA 的带子是有限的，正好包含输入和两个额外空白带子方格。这两个空白带子方格一个在左端点，一个在右端点，它们被用作定界符。2DFA 通过进入一个特殊的接受状态来接受它的输入。例如，2DFA 可以识别语言 $\{a^nb^nc^n \mid n\geqslant 0\}$。

a. 设 $A_{2DFA}=\{\langle M,x\rangle \mid M$ 是个 2DFA 且接受 $x\}$。证明 A_{2DFA} 是可判定的。

b. 设 $E_{2DFA}=\{\langle M\rangle \mid M$ 是个 2DFA 且 $L(M)=\varnothing\}$。证明 E_{2DFA} 不是可判定的。

5.15 一个**二维有穷自动机**（two-dimensional finite automaton，2DIM-DFA）的定义如下：输入是个 $m\times n$ 矩形（对任意 $m, n\geqslant 2$）。沿着矩形边界的方格包含符号 #，而内部方格包含输入字母表 Σ 中

的符号。转移函数 $\delta: Q\times(\Sigma\cup\{\#\})\rightarrow Q\times\{L,R,U,D\}$ 用来指示下一个状态和读写头的新位置（左，右，上，下）。当它进入事先设定的接受状态中的某一个时，机器就接受。如果它试图移出输入矩形或永不停机，它就拒绝。如果两个这样的机器接受相同的矩形，那么它们是等价的。考虑检查两个这样的机器是否等价的问题。将这个问题表达成语言，并证明它是不可判定的。

A*5.16 **赖斯定理** 设 P 是任何图灵机的语言的非平凡属性。证明确定某一图灵机的语言是否具有属性 P 这一问题是不可判定的。更正式地说，设 P 是一个语言，它由图灵机的描述组成，且 P 满足下列两个条件：首先，P 是非平凡的——它包含某些图灵机的描述，但不是所有的；其次，P 是图灵机的语言的属性——无论何时 $L(M_1)=L(M_2)$，当且仅当 $\langle M_2\rangle\in P$ 时，有 $\langle M_1\rangle\in P$，此处的 M_1 和 M_2 是任意图灵机。证明 P 是一个不可判定语言。

5.17 证明在问题 5.16 中的两个条件对于证明 P 的不可判定性是不可缺少的。

5.18 使用问题 5.16 中的赖斯定理，证明下列语言是不可判定的：

A**a.** $INFINITE_{TM}=\{\langle M\rangle | M$ 是一个图灵机，且 $L(M)$ 是一个无限语言$\}$。

b. $\{\langle M\rangle | M$ 是一个图灵机，且 $1011\in L(M)\}$。

c. $ALL_{TM}=\{\langle M\rangle | M$ 是一个图灵机，且 $L(M)=\Sigma^*\}$。

5.19 对于任意自然数 x，设

$$\begin{cases} 3x+1 & x\text{ 为奇数} \\ x/2 & x\text{ 为偶数} \end{cases}$$

如果从整数 x 开始，对 f 进行迭代，将可以获得如下序列：x，$f(x)$，$f(f(x))$，…，当碰到 1 便停止。例如，如果 $x=17$，则可以得到序列 17，52，26，13，40，20，10，5，16，8，4，2，1。大量的计算机测试显示，在 1 到一个正整数的区间内任选一点作为起始点，都可以得到一个以 1 为结尾的序列。但是，是否以任意的正整数为起始点所得到的序列都能以 1 为结尾还尚未得证，此问题被称为 $3x+1$ 问题。

假设图灵机 H 可以判定 A_{TM}，请用 H 来描述另一个图灵机，该图灵机能够满足 $3x+1$ 问题。

5.20 证明下列两种语言是不可判定的：

a. $OVERLAP_{CFG}=\{\langle G,H\rangle | G$ 和 H 均是 CFG，且 $L(G)\cap L(H)\neq\emptyset\}$。（提示：与问题 5.9 的提示相同。）

b. $PREFIX\text{-}FREE_{CFG}=\{\langle G\rangle | G$ 是一个 CFG，且 $L(G)$ 是前缀无关的$\}$。

5.21 考虑这样的问题：确定 PDA 是否接受某些形式为 $\{ww | w\in\{0,1\}^*\}$ 的串，用计算历史的方法证明该问题是不可判定的。

5.22 设 $X=\{\langle M,w\rangle | M$ 是一个单带图灵机，且 M 从不修改带子上包含输入 w 的那一部分$\}$。请问 X 是可判定的吗？证明你的结论。

5.23 对 CFG G 中的变元 A，如果 A 出现在某字符串 $w\in G$ 的所有派生中，则称 A 是**必要的**（necessary）。设 $NECESSARY_{CFG}=\{\langle G,A\rangle | A$ 是 G 的一个必要变元$\}$。

a. 证明 $NECESSARY_{CFG}$ 是图灵可识别的。

b. 证明 $NECESSARY_{CFG}$ 是不可判定的。

*5.24 对一个 CFG，如果移除其任何一个规则都会改变其产生的语言，则称该 CFG 是最小的。设 $MIN_{CFG}=\{\langle G\rangle | G$ 是一个最小的 CFG$\}$。

a. 证明 MIN_{CFG} 是图灵可识别的。

b. 证明 MIN_{CFG} 是不可判定的。

5.25 设 $T=\{\langle M\rangle | M$ 是一个图灵机，每当 M 接受 w 时，M 也接受 $w^{\mathcal{R}}\}$，证明 T 是不可判定的。

A**5.26** 考虑这样的问题：一个双带图灵机，当它在输入 w 上运行时，检查它是否在第二条带子上写下一个非空白符。将这个问题形式化为一个语言，并证明它是不可判定的。

A**5.27** 考虑这样的问题：一个双带图灵机，检查在计算任意输入串的过程中它是否在第二条带子上写下一个非空白符。将这个问题形式化为一个语言，并证明它是不可判定的。

5.28 考虑这样的问题：一个单带图灵机，检查在计算任意输入串的过程中它是否在非空白符上写下一个空白符。将这个问题形式化为一个语言，并证明它是不可判定的。

5.29 图灵机的一个**无用状态**（useless state）是对任何输入它都不会进入的状态。考虑检查一个图灵机是否有无用状态的问题。将这个问题形式化为一个语言，并证明它是不可判定的。

5.30 考虑这样的问题：检查图灵机在输入 w 上当其读写头处于带子最左方格时，是否曾经试图将读写头向左移。将这个问题形式化为一个语言，并证明它是不可判定的。

5.31 考虑这样的问题：检查图灵机在输入 w 上是否曾经在计算过程的某个地方试图将读写头向左移。将这个问题形式化为一个语言，并证明它是可判定的。

5.32 设 $\Gamma=\{0,1,\sqcup\}$ 是此问题中所有图灵机的带子字母表。下面是**勤劳函数**（busy beaver function）BB:**N**→**N** 的定义：对于 k 的每个取值，考虑所有有 k 个状态的图灵机，当以空白带为开始时该图灵机停机。设 $BB(k)$ 是这些图灵机的带子上所留下的 1 的最大个数，证明 BB 是不可计算函数。

5.33 证明波斯特对应问题 P（P）在一元字母表上（即在字母表 $\Sigma=\{1\}$ 上）是可判定的。

5.34 证明波斯特对应问题 P（P）在二元字母表上（即在字母表 $\Sigma=\{0,1\}$ 上）是不可判定的。

5.35 对于简易波斯特对应问题（silly Post Correspondence Problem，SPCP），在每个对中，顶部的串与其底部的串长度相同，证明 SPCP 是可判定的。

5.36 证明存在 $\{1\}^*$ 的子集是不可判定的。

习题选解

5.5 为了得到矛盾，我们假定通过归约 f 有 $A_{\mathrm{TM}}\leqslant_{\mathrm{m}} E_{\mathrm{TM}}$。根据映射可归约的定义，用同样的归约函数 f 可得出 $\overline{A_{\mathrm{TM}}}\leqslant_{\mathrm{m}}\overline{E_{\mathrm{TM}}}$，然而 $\overline{E_{\mathrm{TM}}}$ 是图灵可识别的（参见练习 4.5 的解答），$\overline{A_{\mathrm{TM}}}$ 却不是图灵可识别的，这与定理 5.22 矛盾。

5.6 假定 $A\leqslant_{\mathrm{m}} B$，$B\leqslant_{\mathrm{m}} C$，那么有可计算函数 f 和 g 使得 $x\in A\Leftrightarrow f(x)\in B, y\in B\Leftrightarrow g(y)\in C$。考虑复合函数 $h(x)=g(f(x))$，构造一个图灵机按以下方式计算 h：首先，用一个图灵机模拟 f，输入为 x，输出为 y（由于已经假设 f 是可计算的，所以这样的图灵机是存在的）；然后，用一个图灵机模拟 g，输入为 y，输出为 $h(x)=g(f(x))$，因此 h 是可计算函数，且 $x\in A\Leftrightarrow h(x)\in C$。故此，通过归约函数 h 有 $A\leqslant_{\mathrm{m}} C$。

5.7 假定 $A\leqslant_{\mathrm{m}}\overline{A}$，那么通过同样的映射归约有 $\overline{A}\leqslant_{\mathrm{m}} A$。因为 A 是图灵可识别的，所以根据定理 5.22 可推出 $\overline{A}$ 也是图灵可识别的，再由定理 4.16 可以推出 A 是可判定的。

5.8 需要处理这样的情况：读写头已经到达带子的最左端格子上，但仍然试图向左移动。为此对于每个 q，$r\in Q$ 和 a，$b\in\Gamma$，可增加如下的骨牌：

$$\left[\frac{\#qa}{\#rb}\right]$$

此处 $\delta(q,a)=(r,b,\mathrm{L})$。此外，若读写头在第一步试图向左移动，则将第一个骨牌替换为

$$\left[\frac{\#}{\#\#q_0w_1w_2\cdots w_n}\right]$$

5.16 用反证法，设 P 是满足属性的可判定语言，并设 R_P 就是一个判定 P 的图灵机。现在证明如何通过构造图灵机 S，用 R_P 来判定 A_{TM}。首先设 $T_\varnothing$ 是一个总是拒绝的图灵机，即 $L(T_\varnothing)=\varnothing$。不失一般性，可以假定 $\langle T_\varnothing\rangle\notin P$，因为若 $\langle T_\varnothing\rangle\in P$，那么就可以用 $\overline{P}$ 替代 P 来进行了。由于 P 是非平凡的，所以存在一个图灵机 T 使得 $\langle T\rangle\in P$。下面利用 R_P 能够区别 $T_\varnothing$ 和 T 的能力设计一个可以判定 A_{TM} 的图灵机 S：

S="对于输入 $\langle M,w\rangle$：

1. 用 M 和 w 构造下面的图灵机 M_w。

   M_w='对于输入 x：

a. 在 w 上模拟 M，如果停机和拒绝，那么拒绝。

如果接受，则进入第 2 阶段。

b. 在 x 上模拟 T，如果接受，那么接受。'

2. 用图灵机 R_P 确定是否有 $\langle M_w\rangle\in P$。如果返回是，那么接受；如果返回否，那么拒绝。"

如果 M 接受 w，那么图灵机 M_w 可以模拟 T。如果 M 接受 w 还接受 $\varnothing$，那么 $L(M_w)$ 等于 $L(T)$。因此，当且仅当 M 接受 w 时 $\langle M_w\rangle\in P$。

5.18 a. $INFINITE_{TM}$ 是一个关于图灵机描述的语言，它满足赖斯定理的两个条件：首先，由于某些图灵机有无限的语言，但另一些却没有，所以它是非平凡的；其次，它仅仅依赖于语言。所以如果两个图灵机识别同一个语言，那么这两个图灵机要么都有，或要么都没有相应的描述在 $INFINITE_{TM}$ 之中。因此，由赖斯定理可以推出 $INFINITE_{TM}$ 是不可判定的。

5.26 设 $B=\{\langle M,w\rangle \mid M$ 是一个双带图灵机，当 M 运行在 w 上时，它在其第二个带子上写一个非空白符$\}$。证明 A_{TM} 可归约到 B。为了得到矛盾，设图灵机 R 可判定 B。构造图灵机 S，它用 R 来判定 A_{TM}。

$S=$"对于输入 $\langle M,w\rangle$：

1. 用 M 构造下面的双带图灵机 T。

$T=$'对于输入 x：

a. 在 x 上用第一个带子模拟 M。

b. 如果模拟表明 M 接受，则在第二个带子上写一个非空白符。'

2. 在 $\langle T,w\rangle$ 上运行 R，确定在输入 w 上 T 是否在第二个带子上写了一个非空白符。

3. 如果 R 接受，则 M 接受 w，因此接受，否则拒绝。"

5.27 设 $C=\{\langle M\rangle \mid M$ 是双带图灵机，当它运行在某些输入上时，它在其第二个带子上写一个非空白符$\}$。证明 A_{TM} 可归约到 C。为了得到矛盾，设图灵机 R 可判定 C。构造图灵机 S，它用 R 来判定 A_{TM}。

$S=$"对于输入 $\langle M,w\rangle$：

1. 用 M 和 w 构造下面的双带图灵机 T_w。

$T_w=$'对于任何输入：

a. 在 w 上用第一个带子模拟 M。

b. 如果模拟表明 M 接受，则在第二个带子上写一个非空白符。'

2. 在 $\langle T_w\rangle$ 上运行 R，确定 T_w 是否在第二个带子上写了一个非空白符。

3. 如果 R 接受，则 M 接受 w，因此接受；否则拒绝。"

可计算性理论的高级专题

本章更深入地研究可计算性理论中的下列四个专题：(1) 递归定理；(2) 逻辑理论；(3) 图灵可归约性；(4) 描述复杂性。除了在逻辑理论一节的结尾应用了递归定理外，本章各节基本上相互独立。本书中第三部分也不依赖于本章的内容。

6.1 递归定理

递归定理（recursion theorem）是一个数学结论，在可计算性理论的高级研究中起着重要的作用。它与数理逻辑、自再生系统理论以及计算机病毒都有联系。

为介绍递归定理，考察与生命科学相关的一个悖论，此悖论是关于制造这样一个机器，它要构造它自己的复制品。这个悖论可以概述如下：

1. 生物都是机器。
2. 生物都能自再生。
3. 机器不能自再生。

第一句话是现代生物学的一个宗旨，人们认为生物体是以机械方式运作的。第二句话明显成立，自再生能力是每个生物物种的本质特征。对第三句话作如下讨论。考虑构造其他机器的一个机器，比如生产小汽车的自动生产线。原材料从一端进入，加工机器人根据指令运行，完整的汽车从另一端出来。

可以断言，在如下意义下，生产线肯定要比它制造的汽车复杂：设计生产线要比设计汽车更困难。这个结论必然是真的，因为生产线的设计中除了含有加工机器人的设计之外，还含有汽车的设计。同样的原因适用于构造机器 B 的机器 A：A 肯定要比 B 复杂。但一个机器不会比它自己更复杂。因此没有机器能够制造它自己，故自再生是不可能的。

怎么才能解决这个悖论呢？答案很简单：第三句是不正确的。制造能生产自己的机器是可能的，递归定理就是说明怎么做到这一点。

6.1.1 自引用

本节从制造一个图灵机开始，此图灵机忽略输入，且打印出它自己的描述。我们称这个机器为 *SELF*。为描述 *SELF*，需要下面的引理。

引理 6.1 *存在可计算函数 $q:\Sigma^* \to \Sigma^*$，对任意串 w，$q(w)$ 是图灵机 P_w 的描述，P_w 打印出 w，然后停机。*

证明 一旦懂得这个引理的叙述，证明就容易了。显然，可以任取一个字符串 w，然后从它构造一个图灵机，使得此图灵机将 w 内装在一个表中。这样，当此图灵机开始运行后，它只要简单输出 w 即可。下列图灵机 Q 计算 $q(w)$：

Q="对于输入串 w：

1. 构造下列图灵机 P_w：

   P_w='对于任意输入：

a. 抹去输入。

b. 在带上写下 w。

c. 停机。’

2. 输出 $\langle P_w \rangle$。” ■

图灵机 $SELF$ 有两个部分，分别叫作 A 和 B。将 A 和 B 想象成两个分离的过程，它们一起组成 $SELF$。我们希望 $SELF$ 打印出 $\langle SELF \rangle = \langle AB \rangle$。

A 部分首先运行，再根据完成情况将控制传给 B。A 的任务是打印出 B 的描述。反过来，B 的任务是打印出 A 的描述，结果就是希望的 $SELF$ 的描述。这两个任务相似，但它们的实现却不同。先来说明怎么构造 A 部分。

使用机器 $P_{\langle B \rangle}$ 来定义 A，其中 $P_{\langle B \rangle}$ 用函数 q 在 $\langle B \rangle$ 处的值 $q(\langle B \rangle)$ 描述，这样，A 部分是一个打印出 $\langle B \rangle$ 的图灵机。A 的描述依赖于是否已经有了 B 的描述，所以在构造出 B 之前，无法完成 A 的描述。

对于 B 部分，你也许十分想用 $q(\langle A \rangle)$ 来定义，但这不可行。这样做将是用 A 来定义 B，而定义 A 又要根据 B。此即所谓*循环定义*（circular definition），是违背逻辑法则的。用另一种方法来定义 B，使之能打印 A：B 从 A 产生的输出来计算 A。

定义 $\langle A \rangle$ 是 $q(\langle B \rangle)$。下面是棘手部分：如果 B 能得到 $\langle B \rangle$，它就能应用 q 来得到 $\langle A \rangle$。但 B 怎么做才能得到 $\langle B \rangle$ 呢？当 A 结束时，它被留在带子上。所以 B 只要看着带子就能得到 $\langle B \rangle$。在计算 $q(\langle B \rangle) = \langle A \rangle$ 之后，B 将之加到带子的前面，然后将 A 和 B 组合成一个机器并在带子上写下它的描述 $\langle AB \rangle = \langle SELF \rangle$。总之，

$A = P_{\langle B \rangle}$，且

$B=$“对于输入 $\langle M \rangle$，其中 M 是一个图灵机的一部分：

1. 计算 $q(\langle M \rangle)$。

2. 将其结果与 $\langle M \rangle$ 结合来组成一个完整的图灵机描述。

3. 打印这个描述，然后停机。”

至此，完成了 $SELF$ 的构造。图 6-1 为 $SELF$ 的示意图。

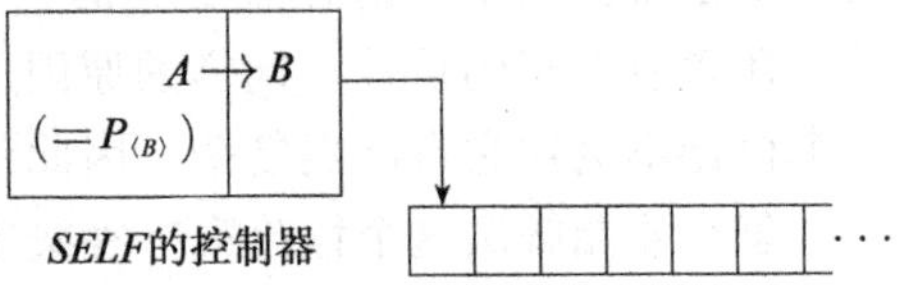

A → B
(= $P_{\langle B \rangle}$)
SELF的控制器

图 6-1　$SELF$ 的示意图，一个打印它自己的描述的图灵机

如果现在运行 $SELF$，能观察到如下动作：

1. 首先 A 运行，它在带子上打印 $\langle B \rangle$；

2. B 开始运行，它查看带子，找到它的输入 $\langle B \rangle$；

3. B 计算 $q(\langle B \rangle) = \langle A \rangle$，然后将之与 $\langle B \rangle$ 合并，构成图灵机 $SELF$ 的描述 $\langle SELF \rangle$；

4. B 打印这个描述，且停机。

容易用任何程序设计语言实现这个构造，即得到一个程序，输出就是它自己。甚至用普通的英语都能做到这一点。假如想构造一个英语句子，它要求读者打印出与这个句子相同的句子。一个方法是造下面的句子：

打印这个语句

这个语句有我们想要的含义，因为它指示读者打印出这个语句本身。但它没有明确地翻译成程序设计语言，因为这个句子中的自引用词“这个”通常没有对应物。但在构造这样的句子时，也不是非要用自引用词不可。考虑下面的变换：

打印下面语句的两个副本，在第二个副本上加引号：

“打印下面语句的两个副本，在第二个副本上加引号：”

在这个句子中，自引用词被一个同样的构造所取代，这样的构造曾被用来制造图灵机 *SELF*。本引理中，*B* 部分的构造是如下的句子：

打印下面语句的两个副本，在第二个副本上加引号：

A 部分与之相同，只是用引号将之括起来。*A* 提供了 *B* 的一个副本给 *B*，所以 *B* 就可以像图灵机一样来处理那个副本。

递归定理提供了以任意程序设计语言实现自引用词“这个”的能力。利用这个能力，任何程序设计语言都有引用它自己的描述的能力。下面将看到它的一些应用，在讨论应用之前，先给出递归定理本身的叙述。递归定理扩展了在构造 *SELF* 时使用过的技术，使得一个程序不仅能得到它自己的描述，而且还能用这个描述继续进行计算，而不是仅仅将之打印出来。

定理 6.2（递归定理）设 T 是计算函数 $t: \Sigma^* \times \Sigma^* \to \Sigma^*$ 的一个图灵机。则存在计算函数 $r: \Sigma^* \to \Sigma^*$ 的一个图灵机 R，使得对每一个 w，有：

$$r(w)=t(\langle R\rangle, w)$$

初看之下，此定理的叙述技术性很强，但实际上，它代表的事情很简单。为了制造一个能得到自己的描述，并用它计算图灵机，只需要制造一个在上述定理中称为 T 的图灵机，使之以自己的描述作为输入的一部分。然后递归定理就产生一个新的机器 R，它和 T 一样运行，只是 R 的描述被自动地装在 T 中。

证明　此证明与 *SELF* 的构造类似，分三部分 A、B 和 T 来构造图灵机 R，其中 T 由定理的叙述给出。图 6-2 是 R 的图示。

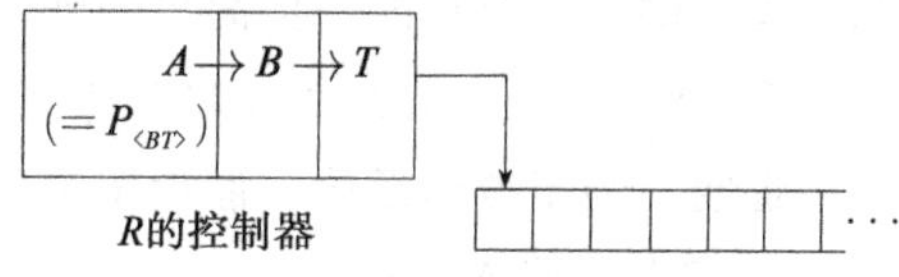

图 6-2　R 的图示

A 是由 $q(\langle BT\rangle)$ 描述的图灵机 $P_{\langle BT\rangle}$。为了保持输入 w，我们重新设计 q，使得 $P_{\langle BT\rangle}$ 印出任何预先在带子上存在的串的输出。在 A 运行之后，带子上包含 $w\langle BT\rangle$。

B 还是如下的过程：检查带子，并将 q 应用于带子内容，结果是 $\langle A\rangle$。然后 B 将 A、B 和 T 组合成一个图灵机并得到它的描述 $\langle ABT\rangle=\langle R\rangle$。最后，描述的编码和 w 结合，在带子上形成结果串 $\langle R, w\rangle$，并将控制传给 T。■

6.1.2　递归定理的术语

递归定理指出图灵机可以输出自己的描述，然后还能用它继续进行计算。初一看，这个能力只是对一些无意义的任务有用，如制造一个打印它自己的备份的机器。实际上，下面会介绍递归定理是解决某些与算法理论有关的问题的有力工具。

在设计图灵机算法时，可用如下方式使用递归定理。如果你正在设计一个图灵机 M，则可以在 M 的算法的非形式描述中包含如下短语：“得到自己的描述 $\langle M\rangle$”。一旦得到自己的描述，M 就能像使用其他已计算出来的值一样使用这个描述。例如，M 可以简单打印出 $\langle M\rangle$，就像前面在图灵机 *SELF* 遇到的一样；或者计算 $\langle M\rangle$ 中的状态数；或模拟 $\langle M\rangle$。为了说明这个方法，用递归定理来描述机器 *SELF*：

SELF=“对于任意输入：

1. 利用递归定理得到它自己的描述 $\langle SELF\rangle$。
2. 打印 $\langle SELF\rangle$。”

递归定理展示了怎样实现“获得自己的描述”的构造。为了产生机器 *SELF*，首先写

下以下机器 T：

T="对于输入 $\langle M,w\rangle$：

1. 打印 $\langle M\rangle$ 并停机。"

图灵机 T 得到图灵机 M 和它输入的串 w 的描述，它打印了 M 的描述 $\langle M\rangle$。然后递归定理展示怎样获得在输入 w 上的图灵机 R，像 T 在输入 $\langle R,w\rangle$ 上那样操作。因此 R 打印出 R 的描述，恰好是机器 $SELF$ 所需要得到的。

6.1.3 应用

计算机病毒（computer virus）是一个计算机程序，它被设计成在计算机中传播它自己。顾名思义，它与生物病毒有许多共同的地方。计算机病毒作为一段代码而单独存在时，是不活动的，但是，当把它适当地放入宿主计算机从而"感染"它时，它就变得很活跃，传染它自己的副本给其他易受感染的机器。很多媒介都能传播病毒，包括互联网络和可存取磁盘。为了实现自复制的基本任务，一个病毒可能就包含递归定理的证明中所描述的结构。

现在讨论用递归定理来证明的三个定理，还有一个应用出现在6.2节的定理6.15中。

首先回到 A_{TM} 不可判定性的证明。以前在定理4.9中曾用康托对角化法证明过它，递归定理提供了一个新的、更简单的证明方法。

定理 6.3　A_{TM} 是不可判定的。

证明　为了得到矛盾，假设图灵机 H 可判定 A_{TM}。构造下列图灵机 B。

B="对于输入 w：

1. 由递归定理得到自己的一个描述 $\langle B\rangle$。
2. 在输入 $\langle B,w\rangle$ 上运行 H。
3. 得到与 H 相反的结果，即：如果 H 拒绝，则接受；如果 H 接受，则拒绝。"

对输入 w，B 的结果与 H 相反，所以 H 不可能判定 A_{TM}。证毕。 ■

下面是递归定理的另一个应用。

定义 6.4　如果 M 是一个图灵机，则 M 的描述 $\langle M\rangle$ 的长度是描述 M 的串中所含符号的个数。如果没有与 M 等价的图灵机有更短的描述，则称 M 是**最小的**（minimal）。令

$$MIN_{TM}=\{\langle M\rangle \mid M\text{ 是一个最小图灵机}\}$$

定理 6.5　MIN_{TM} 不是图灵可识别的。

证明　假设图灵机 E 枚举 MIN_{TM}，然后试图来得到矛盾。构造下列图灵机 C。

C="对于输入 w：

1. 由递归定理得到它自己的一个描述 $\langle C\rangle$。
2. 运行枚举器 E，直到一个比 C 的描述更长的机器 D 出现。
3. 在输入 w 上模拟 D。"

因为 MIN_{TM} 是无限的，故 E 的序列中必定含有图灵机，其描述比 C 的描述更长。因此，C 的第二步最终将在某个图灵机 D 上终止，且 D 比 C 更长。然后 C 就模拟 D，且与之等价，因为 C 比 D 短且与之等价，故 D 不可能是最小的，但 D 又在 E 产生的序列中出现，这样就得到了矛盾。 ■

递归定理的最后一个应用是一类不动点定理。函数的一个**不动点**（fixed point）是一

个值，函数施加在该值上，得到的结果还是它。现在考虑图灵机描述的可计算的转换函数，我们将证明：对任意一个这样的转换，都存在一个图灵机，使得它的行为不随这个转换而改变。这个定理被称为递归定理的不动点形式。

定理 6.6　设 $t:\Sigma^* \to \Sigma^*$ 是一个可计算函数，则存在一个图灵机 F，使得 $t(\langle F\rangle)$ 描述一个与 F 等价的图灵机。这里假设如果串不是一个正确的图灵机编码，那么它描述的图灵机立即拒绝。

在这个定理中，t 起着转换的作用，F 是不动点。

证明　设 F 是下列图灵机。

F="对于输入 w：

1. 由递归定理得到它自己的一个描述 $\langle F\rangle$。
2. 计算 $t(\langle F\rangle)$ 得到一个图灵机 G 的描述。
3. 在输入 w 上模拟 G。"

显然，$\langle F\rangle$ 和 $t(\langle F\rangle)=\langle G\rangle$ 描述了等价的图灵机，因为 F 模拟 G。■

6.2　逻辑理论的可判定性

数理逻辑是数学的一个分支，它研究数学本身。它关心如下的问题：什么是定理？什么是证明？什么是真？算法能判定哪些命题是真的呢？所有真命题都是可证的吗？在这个丰富而迷人的领域中，我们将接触某些专题。

我们关心的焦点是这样的问题：能否确定一个数学命题是真还是假以及这种问题的可判定性。答案依赖于命题勾勒的数学域。我们将检查两个域：对于其中一个，能给出算法来判定真假；对于另一个，这个问题是不可判定的。

首先需要建立一个精确的语言来将这些问题形式化。我们的要求是能够考虑如下数学命题：

1. $\forall q \exists p \forall x,y[p>q \wedge (x,y>1 \to xy\neq p)]$
2. $\forall a,b,c,n\,[(a,b,c>0 \wedge n>2) \to a^n+b^n\neq c^n]$
3. $\forall q \exists p \forall x,y\,[p>q \wedge (x,y>1 \to (xy\neq p \wedge xy\neq p+2))]$

命题1称，有无限多个素数存在，在大约2300年以前的欧几里得时代，就已知道这个命题是真的。命题2称为费马大定理（Fermat's last theorem），这个命题在1994年由安德鲁·威尔士（Andrew Wiles）证明为真。最后，命题3称，有无限多个素数对[⊖]存在，这被称为孪生素数猜想（twin prime conjecture）。它到现在还未被解决。

为了研究能否将确定真命题的过程自动化，首先把命题都仅仅看作串，再定义一个语言，这个语言由所有的真命题组成；然后问：这个语言是否是可判定的。

为了将之进一步精确化，现在描述这个语言的字母表：

$$\{\wedge, \vee, \neg, (,), \forall, x, \exists, R_1, \cdots, R_k\}$$

符号 $\wedge$，$\vee$，$\neg$ 称为**布尔运算**（Boolean operation）；"（"和"）"是**括号**（parenthesis）；符号 $\forall$ 和 $\exists$ 是**量词**（quantifier）；符号 x 用来代表**变元**[⊜]（variable）；符号 $R_1,\cdots,R_k$ 称为

⊖ 素数对是指两个差为2的素数。

⊜ 如果在同一个公式中写多个变元，使用符号 w，y，z 或 x_1，x_2，x_3 等。为了保持字母表的有限性，不罗列所有无限多个可能。取而代之，只罗列变量符号 x，使用 x 串来指示其他变元，如 xx 代表 x_2，xxx 代表 x_3，等等。

关系（relation）。

公式（formula）是这个字母表上的良构串。为完整起见，这里将概略地叙述**良构公式**[1]（well-formed formula）的技术上的定义。你可以忽略这部分内容从下一段继续，不影响学习。形如 $R_i(x_1,\cdots,x_j)$ 的串是**原子公式**（atomic formula）。值 j 是关系符号 R_i 的**元数**（arity）。一个良构公式中所有出现的相同关系符号必须有相同的元数。据此，一个串 ϕ 如满足以下条件，则是一个公式：

1. 是一个原子公式；
2. 具有形式 $\phi_1 \wedge \phi_2$ 或 $\phi_1 \vee \phi_2$ 或 $\neg \phi_1$，其中 ϕ_1 和 ϕ_2 是更小的公式；
3. 具有形式 $\exists x_i[\phi_1]$ 或 $\forall x_i[\phi_1]$，其中 ϕ_1 是更小的公式。

数学命题中的量词可能出现在任何地方。它的**辖域**（scope）是公式的如下部分：紧跟在量词化变元后的一对括号中的部分。现在假设所有公式都是**前束范式**（prenex normal form），即所有量词都出现在公式的前面。没有被量词的辖域所约束的变元称为**自由变元**（free variable）。没有自由变元的公式称为**句子**（sentence）或**命题**（statement）。

例 6.7 在下列公式中，只有最后一个是句子：

1. $R_1(x_1) \wedge R_2(x_1,x_2,x_3)$
2. $\forall x_1[R_1(x_1) \wedge R_2(x_1,x_2,x_3)]$
3. $\forall x_1 \exists x_2 \exists x_3[R_1(x_1) \wedge R_2(x_1,x_2,x_3)]$ ■

建立了公式的语法之后，现在来讨论它们的含义。布尔运算和量词与通常的含义相同。为了确定变元和关系符号的含义，需要说明两个方面：一个是**论域**（universe），覆盖变元可能的取值；另一个是将关系符号指定为确定的关系。正如 0.2 节所描述的，关系是从论域上的 k 元组到 {TRUE，FALSE} 的函数。关系符号的元数必须和指派给它的关系和元数一致。

论域连同关系到关系符号的指派一起称为**模型**[2]（model）。形式上，我们说一个模型 $\mathcal{M}$ 是一个元组 $(U,P_1,\cdots,P_k)$，其中 U 是论域，P_1 到 P_k 是指派给符号 R_1 到 R_k 的关系。有时称下列公式的集合为**模型语言**：这些公式只使用此模型指派的关系符号，且对每个关系符号，使用正确的元数。如果 ϕ 是某个模型语言中的句子，则 ϕ 在这个模型中不为真就为假。如果 ϕ 在模型 $\mathcal{M}$ 中为真，则说 $\mathcal{M}$ 是 ϕ 的一个模型。

如果你感到这些概念难以理解，请将注意力集中在叙述它们的目的上，即我们想建立一个陈述数学命题的精确语言，使得我们能问：某个算法能否确定哪些是真命题、哪些是假命题？下面的例子应能有助于理解。

例 6.8 设 ϕ 是句子 $\forall x \forall y[R_1(x,y) \vee R_1(y,x)]$，模型 $\mathcal{M}_1=(\mathbf{N},\leqslant)$ 是如下的模型：它的论域是自然数集，它将“小于或等于”关系分配给符号 R_1。显然 ϕ 在 $\mathcal{M}_1$ 中为真，因为对任意两个自然数 a 和 b，$a\leqslant b$ 和 $b\leqslant a$ 必有一个成立。但如果 $\mathcal{M}_1$ 将“小于”关系（而不是“小于或等于”关系）指派给 R_1，则 ϕ 将不真，因为当 x 和 y 相等时，它不再成立。

如果事先知道什么关系将指派给 R_i，就可以使用这个关系的惯用记号来代替 R_i，且按习惯，如果习惯上有，就使用中缀记法而不是前缀记法。这样，对于模型 $\mathcal{M}_1$，可以将

---

[1] 良构公式在有些书中被称为合式公式。——译者注
[2] 模型又被称为解释或结构。

ϕ 写成 $\forall x \forall y\ [x \leqslant y \vee y \leqslant x]$。■

例 6.9 设 $\mathcal{M}_2$ 是如下的模型：它的论域是实数集 **R**，且将关系 PLUS 指派给 R_1，其中：只要当 $a+b=c$ 时 $\text{PLUS}(a,b,c)=\text{TRUE}$，则 $\mathcal{M}_2$ 是 $\phi=\forall y \exists x\ [R_1(x,x,y)]$ 的一个模型。但如果用 **N** 代替 **R** 作为 $\mathcal{M}_2$ 的论域，则此句子为假。

如同前一个例子，因为事先已经知道加法关系将指派给 R_1，故可将 ψ 写为 $\forall y \exists x\ [x+x=y]$ 以取代 $\forall y \exists x\ [R_1(x,x,y)]$。■

如例 6.9 说明的那样，可以用关系来表示函数，如用关系代替加法函数。类似地，还可以用关系来表示常量，像 0 和 1。

现在给出最后一个定义，为下一节做准备。如果$\mathcal{M}$是一个模型，这个模型语言中所有真句子的集合称为$\mathcal{M}$的**理论系统**，简称为理论，记为 $\text{Th}(\mathcal{M})$。

6.2.1 一个可判定的理论

数论是最古老、最困难的数学分支之一。许多关于自然数及其加法和乘法运算的命题看起来很简单，但几个世纪以来，数学家对此都束手无策，如前面提到的孪生素数猜想。

数理逻辑最值得庆贺的发展之一是：在哥德尔工作的基础上，丘奇证明了存在这样的数论命题，使得没有算法能够判定它的真假。形式上，以 $(\mathbf{N},+,\times)$ 标记如下的模型：它的论域是自然数集[⊖]，具有通常的 + 和 × 关系。丘奇证明了这个模型的理论 $\text{Th}(\mathbf{N},+,\times)$ 是不可判定的。

在研究这个不可判定理论之前，先来介绍一个可判定理论。设 $(\mathbf{N},+)$ 是一个同样的模型，只是没有 × 关系。它的理论是 $\text{Th}(\mathbf{N},+)$，例如公式 $\forall x \forall y\ [x+x=y]$ 是真的，因而是 $\text{Th}(\mathbf{N},+)$ 的一个元素。但公式 $\forall y \exists x [x+x=y]$ 是假的，因而不是 $\text{Th}(\mathbf{N},+)$ 的一个元素。

定理 6.10 $\text{Th}(\mathbf{N},+)$ 是可判定的。

证明思路 此证明是第 1 章介绍的有穷自动机理论的一个有意思的、非平凡的应用。我们要用到问题 1.37 中关于有穷自动机的如下事实：如果输入符合某种特定形式，则有穷自动机能够做加法。输入并行地描述三个数，方法是：用一个符号来表示每个数中的一位，此符号取自一个含 8 个符号的字母表。下面将用的方法是这个方法的一个推广，用含 2^i 个符号的字母表中的符号来表示数的 i 元组。

下面给出一个算法，对输入为 $(\mathbf{N},+)$ 的语言中的句子 ϕ，检查其在模型中是否为真。设

$$\phi=Q_1 x_1 Q_2 x_2 \cdots Q_l x_l [\psi]$$

其中：$Q_1,\cdots,Q_l$ 表示 $\forall$ 或 $\exists$，ψ 是一个无量词的公式，且含有变元 $x_1,\cdots,x_l$。对于从 0 到 l 的每一个值 i，令公式 ϕ_i 为

$$\phi_i = Q_{i+1} x_{i+1} Q_{i+2} x_{i+2} \cdots Q_l x_l [\psi]$$

这样，$\phi_0=\phi$，且 $\phi_l=\psi$。

公式 ϕ_i 有 i 个自由变元，对于 $a_1,\cdots,a_i \in \mathbf{N}$，在 ϕ_i 中用 $a_1,\cdots,a_i$ 替换变元 $x_1,\cdots,x_i$，得到的句子记为 $\phi_i(a_1,\cdots,a_i)$。

⊖ 为了方便，本章将 **N** 的通常定义改变成 $\{0,1,2,\cdots\}$。

对于从 0 到 l 的每一个值 i，算法构造了一个有穷自动机 A_i，它识别如下串的集合：这些串表示使 ϕ_i 为真的数的 i 元组。算法先直接构造 A_l，构造方法是解问题 1.37 所用方法的推广。然后，对从 l 向下到 1 的每个 i，它用 A_i 构造 A_{i-1}。最后，一旦得到 A_0，算法就检查 A_0 是否接受空串。如果接受，则 ϕ 为真，算法也就接受。

证明 对 $i>0$，定义字母表

$$\Sigma_i = \left\{ \begin{bmatrix} 0 \\ \vdots \\ 0 \\ 0 \end{bmatrix}, \begin{bmatrix} 0 \\ \vdots \\ 0 \\ 1 \end{bmatrix}, \begin{bmatrix} 0 \\ \vdots \\ 1 \\ 0 \end{bmatrix}, \begin{bmatrix} 0 \\ \vdots \\ 1 \\ 1 \end{bmatrix}, \cdots, \begin{bmatrix} 1 \\ \vdots \\ 1 \\ 1 \end{bmatrix} \right\}$$

则 Σ_i 包含了所有由 0 和 1 构成的 i 元列向量。Σ_i 上的每个串表示 i 的二进制整数（沿行读）。令 $\Sigma_0=\{[\ ]\}$，其中 [ ] 是一个符号。

现在介绍判定 Th(**N**,+) 的算法。对于输入 ϕ（其中 ϕ 为句子），算法如下运行：写下 ϕ，且对从 0 到 l 的每个 i，如同在证明思路中介绍的那样定义 ϕ_i。再对每个这样的 i，由 ϕ_i 构造有穷自动机 A_i，使得只要 $\phi_i(a_1,\cdots,a_i)$ 为真，它就接受 Σ_i 上对应于 i 元组 $a_1,\cdots,a_i$ 的串。A_i 的构造如下：

为构造第一个机器 A_l，注意到 $\phi_l=\psi$ 是原子公式的布尔组合。Th(**N**,+) 的语言中，原子公式只有单个加法。对每个这样的单个加法，可以构造一个有穷自动机来计算这样的单个加法所对应的关系，然后将这些有穷自动机组合起来，就能给出自动机 A_l。这样做要涉及正则语言类对于交、并和补的封闭性，以计算原子公式的布尔组合。

接下来说明怎么由 A_{i+1} 来构造 A_i。如果 $\phi_i=\exists x_{i+1}\phi_{i+1}$，则构造 A_i 使得它的运行几乎与 A_{i+1} 一样，区别在于 A_i 非确定地猜 a_{i+1} 的值，而不是将它作为输入的一部分而接收。

更精确地说，对于 A_{i+1} 的每个状态，A_i 包含一个与之对应的状态；且 A_i 还包含一个新的起始状态。每当 A_i 读下列符号时，

$$\begin{bmatrix} b_1 \\ \vdots \\ b_{i-1} \\ b_i \end{bmatrix}$$

这里每个 $b_i\in\{0,1\}$ 是数 a_i 的某一位，它非确定地猜测 $z\in\{0,1\}$，且在下列输入符号上模拟 A_{i+1}。

$$\begin{bmatrix} b_1 \\ \vdots \\ b_{i-1} \\ b_i \\ z \end{bmatrix}$$

最初，A_i 非确定地猜测 a_{i+1} 的引导位，这些引导位对应于 a_1 到 a_i 中隐藏的引导 0。猜测的方法是：从它新的起始状态到所有状态非确定性地使用 ε- 转移进行分叉，这些状态是 A_{i+1} 以 Σ_{i+1} 中下列符号的串为输入、从它的开始状态所能到达的所有状态。

$$\left\{\begin{bmatrix}0\\ \vdots\\ 0\\ 0\end{bmatrix},\begin{bmatrix}0\\ \vdots\\ 0\\ 1\end{bmatrix}\right\}$$

显然，如果存在 a_{i+1}，使得 A_{i+1} 接受 $(a_1,\cdots,a_{i+1})$，则 A_i 接受 $(a_1,\cdots,a_i)$。

如果 $\phi_i=\forall x_{i+1}\phi_{i+1}$，它等价于 $\neg\exists x_{i+1}\neg\phi_{i+1}$。首先构造识别语言 A_{i+1} 的补的有穷自动机，然后应用上述对于∃量词的构造，最后再一次应用补来得到 A_i。

有穷自动机 A_0 接受某个输入，当且仅当 ϕ_0 为真。所以算法的最后步骤是检查 A_0 是否接受 ε。如果是，则 ϕ 为真，且算法接受它；否则，就拒绝。 ■

6.2.2 一个不可判定的理论

如前所述，Th(**N**,+,×) 是一个不可判定的理论，不存在算法能够判定数学命题的真假，即使限制到（**N**,+,×）的语言上也是如此。这个定理在哲学上具有极大的重要性，因为它说明了数学不能被机械化。现在陈述这个定理，但只给出一个简短的证明概要。

定理 6.11 *Th(**N**,+,×) 是不可判定的。*

虽然这个定理的证明包含很多细节，但在概念上并不困难。它使用了第4章中介绍的不可判定性证明的模式，即通过将 A_{TM} 归约到 Th(**N**,+,×) 来证明 Th(**N**,+,×) 的不可判定性，也使用了计算历史的方法。归约的存在性依赖于下列引理。

引理 6.12 *设 M 是一个图灵机，w 是一个串，从 M 和 w 能构造（**N**,+,×）的语言中的公式 $\phi_{M,w}$，使得它只包含单个自由变元 x，且句子 $\exists x\phi_{M,w}$ 为真当且仅当 M 接受 w。*

证明思路 公式 $\phi_{M,w}$ “说” x（经过适当编码）是 M 在 w 上的一个接受计算历史。当然，x 实际上只是一个相当大的整数，但它表示计算历史的方式可以使用+和×运算来检查。

$\phi_{M,w}$ 的实际构造太复杂，难于在这里介绍。它在带有+和×运算的计算历史中抽取个体符号来检查 M 在 w 上的起始格局是否正确，检查每个格局是否是它前一个格局的合法转移，最后检查最后的格局是否被接受。

定理 6.11 的证明 下面给出一个从 A_{TM} 到 Th(**N**,+,×) 的映射归约。这个归约应用引理 6.12 从输入 $\langle M,w\rangle$ 构造公式 $\phi_{M,w}$，然后它输出句子 $\exists x\phi_{M,w}$。 ■

下面大致说明值得庆贺的哥德尔（Kurt Gödel's）*不完全性定理*（incompleteness theorem）的证明。非形式地，这个定理称：任何关于数论可证性概念的形式系统中都含有不可证的真命题。

粗略地说，一个命题 ϕ 的**形式证明**（formal proof）π 是命题的一个序列 $S_1,S_2,\cdots,S_l$，其中 $S_l=\phi$，且每个 S_i 都是如下得到的：由它前面的一些命题和一些关于数的基本公理，应用简单而精确的应用规则得到。为节省篇幅，本书没有定义这个证明的概念，就我们的目的而言，关于证明的下面两个合理性质已足够使用：

1. 命题证明的正确性可以由机器来检查。形式上表示，$\{\langle\phi,\pi\rangle\mid\pi$ 是 ϕ 的一个证明$\}$ 是可判定的。

2. 证明系统是可靠的，即一个命题如果是可证的（即有一个证明），则它为真。

如果一个可证性系统满足这两个条件，则下面三个定理成立。

定理 6.13 Th(**N**,+,×) 中可证命题的集合是图灵可识别的。

证明 如果 ϕ 是可证的，则下列算法 P 接受其输入 ϕ。算法 P 使用在可证性性质 1 中所说的证明检查器，检查每个可能成为 ϕ 的证明的候选串。如果发现一个候选串正是一个证明，则接受它。 ■

现在使用前面的定理来证明不完全性定理。

定理 6.14 Th(**N**,+,×) 中存在不可证的真命题。

证明 用反证法。假设所有真命题都是可证的，利用这个假设来构造判定命题是否为真的算法 D，与定理 6.11 矛盾。

对于输入 ϕ，算法 D 如下运行：在输入 ϕ 和 $\neg\phi$ 上并行地运行定理 6.13 的证明中给出的算法 P。这两个命题总有一个为真，根据假设，总有一个是可证的。因而 P 在其中一个输入上停机。根据可证性性质 2，如果 ϕ 是可证的，则 ϕ 为真；如果 $\neg\phi$ 是可证的，则 ϕ 为假。所以算法 D 能判定 ϕ 的真假性。 ■

作为本节的最后一个定理，用递归定理明确地给出 (**N**,+,×) 的语言中的一个句子，它为真，但却不可证。定理 6.14 说明存在这样的句子，但没有像现在所做的这样，将它实际地描述出来。

定理 6.15 本定理的证明中描述的句子 $\psi_{\text{unprovable}}$ 是不可证的。

证明思路 使用递归定理得到自引用，构造一个句子，称“这个句子是不可证的”。

证明 设 S 是如下运行的图灵机。

S=“对于任意的输入：

1. 由递归定理得到它自己的描述 $\langle S\rangle$。
2. 用引理 6.12 构造句子 $\psi=\neg\exists c[\psi_{S,0}]$。
3. 在输入 ψ 上运行定理 6.13 给出的算法 P。
4. 如果上一步接受，就接受。”

设 $\psi_{\text{unprovable}}$ 是算法 S 的第二步所描述的句子 ψ。ψ 为真，当是仅当 S 不接受 0（串 0 是随意选择的）。

如果 S 能找到 $\psi_{\text{unprovable}}$ 的一个证明，S 就接受 0，这个句子也就因之为假。一个假句子是不能被证明的，所以这种情形不可能发生。剩下的唯一的可能性是 S 不能找到 $\psi_{\text{unprovable}}$ 的证明，因而 S 不接受 0。但我们已宣布过 $\psi_{\text{unprovable}}$ 为真。 ■

6.3 图灵可归约性

第 5 章引入可归约性概念，其核心思想是利用一个问题的解来解另一个问题。如果 A 可归约到 B，且可以找到 B 的一个解，就能得到 A 的一个解。随后，又描述了映射可归约性（mapping reducibility），它是可归约性的一个特殊形式。但映射可归约性是否已经在最广泛的意义下完全刻画了可归约性的直观概念呢？没有。

例如，考虑两个语言 A_{TM} 和 $\overline{A_{\text{TM}}}$，直观上，它们能够互相归约，因为它们中任一个问题的解都可被用来求解另一个问题，只要将答案反过来即可。但是，$\overline{A_{\text{TM}}}$ 不能映射可归约到 A_{TM}，因为 A_{TM} 是图灵可识别的，而 $\overline{A_{\text{TM}}}$ 却不是。现在将介绍一种更广义的可归约性，叫作**图灵可归约性**（Turing reducibility），它更深刻地刻画了可归约性的直观概念。

定义 6.16 语言 B 的一个**谕示**（oracle）是一个能够报告某个串 w 是否为 B 的成员的外部装置。一个**谕示图灵机**（oracle Turing machine）是一种修改过的图灵机，它有询问一个谕示的额外能力。记 M^B 为对语言 B 有谕示的谕示图灵机。

我们不关心谕示的内部工作机制。使用"谕示"这个术语就意味着一种神奇的能力，意味着将考虑不能由普通算法判定的语言的谕示，如下面例子所示。

例 6.17 考虑 A_{TM} 的一个谕示。带 A_{TM} 的谕示的一个谕示图灵机比普通的图灵机能判定更多的语言，这样的图灵机能够判定 A_{TM} 自身（显然成立），它只要对输入询问它的谕示即可。它也能判定 E_{TM}，即图灵机的空性质检查问题，用的是下面称为 $T^{A_{TM}}$ 的过程：

$T^{A_{TM}}$ ="对于输入 $\langle M\rangle$，其中 M 是一个图灵机：

1. 构造下面图灵机 N：

   N= '对任意输入：

   a. 对 Σ^* 中的所有串并行运行 M。

   b. 如果 M 接受它们中的任何一个串，则接受。'

2. 询问谕示以确定 $\langle N,0\rangle \in A_{TM}$ 是否成立。

3. 如果谕示回答'不'，则接受；如果回答'是'，则拒绝。" ■

如果 M 的语言不空，则 N 将接受每个输入，特别地，将接受 0。从而谕示将回答"是"，且 $T^{A_{TM}}$ 将拒绝。相反地，如果 M 的语言是空的，则 $T^{A_{TM}}$ 将接受。所以 $T^{A_{TM}}$ 判定 E_{TM}。我们说 E_{TM} 是**相对于 A_{TM} 可判定的**（decidable relative）。这就给我们带来图灵可归约性的定义。

定义 6.18 语言 A **图灵可归约**（Turing reducible）到 B，如果 A 相对于 B 是可判定的，记作 $A\leqslant_T B$。

例 6.17 证明 E_{TM} 图灵可归约到 A_{TM}。图灵可归约性满足可归约性的直观概念，下面定理证明之。

定理 6.19 如果 $A\leqslant_T B$ 且 B 是可判定的，则 A 也是可判定的。

证明 如果 B 是可判定的，则可以用判定 B 的实际过程来替换 B 的谕示。这样就用判定 A 的普通图灵机取代了判定 A 的谕示图灵机。 ■

图灵可归约性是映射可归约性的一个推广。如果 $A\leqslant_m B$，则 $A\leqslant_T B$，因为此映射归约可以被用来给出一个相对于 B 判定 A 的谕示图灵机。

带 A_{TM} 的谕示的谕示图灵机十分强大，它能解许多不能由普通图灵机解决的问题。但即使是这样一个强大的图灵机，也不能判定所有语言（参见练习 6.4）。

6.4 信息的定义

算法和信息是计算机科学中的基本概念。但丘奇-图灵论题在给出算法的广泛而实用的定义的时候，却没有关于信息的同等广泛的定义。不同于单一而广泛的定义，使用的是多个依据应用的定义。在本节中，用可计算性理论来给出一个定义信息的方法。

以一个例子开始。考虑下列两个二进制数序列的信息量：

$$A=0101010101010101010101010101010101010101$$

$$B=1110010110100011101010000111010011010111$$

直观上，序列 A 包含较少的信息，因为它只是将 01 重复了 20 次。相比之下，序列 B

看起来包含了更多的信息。

上例表明了将要介绍的信息定义背后的思想。包含在一个对象中的信息量将被定义为这个对象的最小表示或描述的大小。对象的描述是指这个对象的精确且无歧义的特征，使得单从这个描述就能重新产生那个对象。这样，序列 A 包含了很少的信息，因为它有一个很短的描述，然而，序列 B 看起来包含了更多的信息，因为它看起来没有简明的描述。

在确定对象的信息量的时候，为什么只考虑*最短*的描述呢？我们总是可以通过在描述中放置对象的一个副本的方式来描述一个对象，比如一个串。用此方法，能以含 B 的一个副本的一个 40 位长的表来描述前面的串 B。这种描述永远不会比对象本身短，也不会告诉我们关于信息量的任何东西。但是，一个真的较短的描述蕴涵着包含在对象中的信息可以被压缩到更小，所以信息量也就不可能更大。因而最短的描述的大小决定了信息量。

为了将这个直观思想形式化，须做一些准备。首先，将注意力集中于这样的对象，它们是由二进制数构成的串，其他对象可以表示为由二进制数构成的串，所以这个条件并没有限制理论的范围。第二，我们只考虑这样的描述，它们是由二进制数构成的串。利用这些要求，可以很容易地对比对象的长度与它描述的长度。下节将考虑所允许描述的类型。

6.4.1　极小长度的描述

许多类型的描述语言可以用来定义信息。选择使用什么样的语言影响着定义的特征，我们的描述语言是基于算法的。

用算法来描述串的方法之一是：先构造一个图灵机，使得若它以空白带开始运行，就能打印出这个串；然后将此图灵机本身也表示成一个串。这样，表示图灵机的串就是原来那个串的一个描述。这个方法的缺点是，图灵机不能用它的转换函数简明地表示信息表。表示一个 n 位的串也许就要用到 n 个状态和要有 n 行的转换函数表，这将导致一个相对我们的目的来说过长的描述。因此使用下列更简洁的描述语言。

用图灵机 M 和它的二进制数的输入 w 来描述二进制数的串 x，描述的长度是表示 M 和 w 的组合长度。对于将多个对象编码成一个二进制数串 $\langle M,w\rangle$，采用常用的记号来记这个描述。但这里必须格外注意编码操作 $\langle\cdot,\ \cdot\rangle$，因为产生的结果必须是简明的。方法是：定义串 $\langle M,w\rangle$ 为 $\langle M\rangle w$，即直接将二进制数串 w 简单连接到 M 的二进制编码的后面。除了下一段中叙述的微妙之处外，M 的二进制编码 $\langle M\rangle$ 可以使用任何标准方法。（在第一遍阅读中，不要担心这个微妙之处。你可以暂且忽略下一段和图 6-3。）

将 w 连接到 $\langle M\rangle$ 的后面来产生 x 的一个描述，如果 $\langle M\rangle$ 结束和 w 开始的地方不能从这个描述自身分辨出来的话，那么将可能会遇到麻烦。如果这样，就可能有多个对描述 $\langle M\rangle w$ 进行划分的方法，这些方法都会产生语法上正确的图灵机和一个输入，从而这个描述将是含糊的，因此也是无效的。用来避免这个问题的方法是：保证在 $\langle M\rangle w$ 中能确定 $\langle M\rangle$ 和 w 的分界位置。做到这点的一种方法是：将 $\langle M\rangle$ 的每一位写两遍，即将 0 写成 00，将 1 写成 11，再在其后写下 01 来标记分界位置。图 6-3 说明了这个思想，此图描绘了某个串 x 的描述 $\langle M,w\rangle$。

$$\langle M,w\rangle=\underbrace{11001111001100\cdots1100}_{\langle M\rangle}\ \overbrace{01}^{\text{分界符}}\ \underbrace{01101011\cdots010}_{w}$$

图 6-3　串 x 的描述 $\langle M,\ w\rangle$ 的格式示例

既然已定下了描述语言，下面就要定义一个测量串的信息量的度量。

定义 6.20 设 x 是二进制数的串，x 的**最小描述**（minimal description）（记为 $d(x)$）是最短的串 $\langle M,w\rangle$，其中：图灵机 M 在输入 w 上停机时，x 在带子上。如果有多个这样的串存在，则在其中选择字典序下的第一个串。x 的**描述复杂性**[⊖]（descriptive complexity）记为 $K(x)$，是

$$K(x) = |\ d(x)\ |$$

换句话说，$K(x)$ 是 x 的最小描述的长度。$K(x)$ 的定义是为了刻画串 x 中的信息量这个直观概念的。接下来，建立关于描述复杂性的一些简单结果。

定理 6.21 $\exists c\,\forall x\,[K(x)\leqslant|x|+c]$。

这个定理称，一个串的描述复杂性最多比它的长度多一个固定的常量，这个常量是通用的，即不依赖于这个串。

证明 为证明此定理给出的 $K(x)$ 的上界，只需给出一个不长于这个上界的 x 的描述。x 的最小描述可能比这个描述更短，但不会更长。

考虑串 x 的下列描述。设 M 是这样一个图灵机：它一启动就停机。此图灵机计算恒等函数——输出与输入是一样的函数。x 的一个描述是 $\langle M\rangle x$。令 c 是 $\langle M\rangle$ 的长度，就可完成证明。■

定理 6.21 说明了怎么使用图灵机的输入来表示这样的信息：在存储而不是使用此图灵机的转换函数时，此信息要求一个真正大的描述。它与我们的直觉是一致的，即一个串包含的信息量不可能（实质性地）多于它的长度。类似地，直觉也告诉我们，串 xx 包含的信息不会真的多于 x 所包含的信息。下面的定理验证了这个事实。

定理 6.22 $\exists c\,\forall x\,[K(xx)\leqslant K(x)+c]$。

证明 考虑下列图灵机 M，它要形如 $\langle N,w\rangle$ 的输入，其中 N 是一个图灵机，w 是它的一个输入。

M=“对于输入 $\langle N,\ w\rangle$，其中 N 是一个图灵机，w 是一个串：

1. 在 w 上运行 N 直到停止，且产生输出串 s。
2. 输出串 ss。”

xx 的一个描述是 $\langle M\rangle d(x)$。回忆一下，$d(x)$ 是 x 的最小描述，这个描述的长度是 $|\langle M\rangle|+|d(x)|$，即为 $c+K(x)$，其中 c 是 $\langle M\rangle$ 的长度。■

下面检查串 x 和 y 的连接 xy 的描述复杂性与它们的单个复杂性间的关系。定理 6.21 可能会使我们相信，连接的复杂性最多是单个复杂性的和（加上一个固定的常量），但实际上组合两个描述的代价是导致了一个更大的上界，如下面的定理所述。

定理 6.23 $\exists c\,\forall x,y\,[K(xy)\leqslant 2K(x)+K(y)+c]$。

证明 构造图灵机 M，它将输入 w 拆成两个单独的描述。在第二个描述 $d(y)$ 出现以前，第一个描述 $d(x)$ 的所有位都被写两遍且以 01 结束，如图 6-3 所示。在得到两个描述之后，它们就开始运行，得到串 x 与 y 及产生 xy。

显然，xy 的这个描述的长度是 x 的复杂性的两倍加上 y 的复杂性，再加上描述 M 的固定常量 c。此和为

⊖ 描述复杂性有时也称**柯尔莫哥洛夫**（Kolmogorov）**复杂性**或**柯尔莫哥洛夫-伽廷**（Kolmogorov-Chaitin）**复杂性**。

$$2K(x)+K(y)+c$$

这就完成了证明。 ■

可以用一个更有效的方法来指出两个描述之间的分离之处，从而可以稍微改进这个定理。这是一个避免双写 $d(x)$ 的数位的方法。用二进制整数表示 $d(x)$ 的长度，但它已被双写，使得它不同于 $d(x)$。这个描述仍然包含足够的信息来对之进行解码，从而得到 x 和 y 的描述。现在，它的长度最多为

$$2\log_2(K(x))+K(x)+K(y)+c$$

还可以做一些不大的改进。但如问题 6.19 所指出的，不能达到界 $K(x)+K(y)+c$。

6.4.2　定义的优化

下面，在描述复杂性的初等性质的基础上发挥某些直觉，来讨论此定义的一些特点。

在用算法来定义描述复杂性的所有可能的方法中，刚才关于 $K(x)$ 的定义具有一个优化性质。假如将一般的**描述语言**（description language）看作一个可计算函数 $p:\Sigma^*\to\Sigma^*$，并定义 x 相对于 p 的最小描述为满足 $p(s)=x$ 的标准字符串顺序中的第一个串 s，记为 $d_p(x)$。因此，s 是 x 最短描述按字典序排列的第一个。定义 $K_p(x)=|d_p(x)|$。

例如，将一个程序设计语言（比如 Python（编码成二进制数））看作描述语言，则 $d_{\text{Python}}(x)$ 将是输出 x 的最小 Python 程序，$K_{\text{Python}}(x)$ 将是这个极小程序的长度。

下面的定理说明，任何此种类型的描述语言都不会明显地比原先定义的图灵机和输入语言更简洁。

定理 6.24　对任何描述语言 p，存在一个只与 p 有关的常量 c，使得

$$\forall x[K(x)\leqslant K_p(x)+c]$$

证明思路　用 Python 例子来说明证明思路。假设 x 有一个短的 Python 描述 w。令 M 是一个能解释 Python 的图灵机，且以 x 的 Python 程序 w 作为输入。则 $\langle M,w\rangle$ 是 x 的一个描述，且它比 x 的 Python 描述只大一个固定的量。多出的长度是 Python 解释器 M。

证明　对于输入语言 p，考虑下列图灵机 M：

M=“对于输入 w：

　　1. 输出 $p(w)$。”

则 $\langle M\rangle d_p(x)$ 是 x 的一个描述，它的长度至多比 $K_p(x)$ 大一个固定常量，此常量为 $\langle M\rangle$ 的长度。 ■

6.4.3　不可压缩的串和随机性

定理 6.21 证明了串的最小描述绝不会比串本身长太多。对于某些信息稀疏的串，它们的描述可能要短得多。是不是某些串没有更短的描述呢？换句话说，是不是某些串的最小描述实际上和串本身一样长呢？下面将证明这样的串是存在的。对于这些串，简单地将它们写出来就是最简洁的描述。

定义 6.25　设 x 是一个串，如果

$$K(x)\leqslant|x|-c$$

则称 x 是 **c 可压缩的**（c-compressible）。如果 x 不是 c 可压缩的，则称 x 是**不可压缩 c 的**（incompressible by c）。如果 x 是不可压缩 1 的，则称 x 是**不可压缩的**（incompressible）。

换言之，如果 x 有一个比它的长度短 c 位的描述，则 x 是 c 可压缩的。否则，x 是不可压缩 c 的。最后，如果 x 没有比它本身更短的描述，则 x 是不可压缩的。先来证明不可压缩的串是存在的，然后再讨论它们的一些有意思的性质。特别地，将证明不可压缩的串看起来就像是随机抛硬币得到的串。

定理 6.26　*对于每个长度，都存在不可压缩的串。*

证明思路　长度为 n 的串的个数比长度小于 n 的描述的个数要大。每个描述最多描述一个串。所以某个长度为 n 的串不能由任何长度小于 n 的描述来描述。这个串就是不可压缩的。

证明　长度为 n 的二进制数串的个数是 2^n，每个描述都是一个非空的二进制数串，故长度小于 n 的描述的个数最多为长度小于等于 $n-1$ 的串的个数之和，即：

$$\sum_{0\leqslant i\leqslant n-1} 2^i = 1+2+4+8+\cdots+2^{n-1} = 2^n-1$$

所以较短描述的个数小于长度为 n 的串的个数。因此，至少有一个长度为 n 的串是不可压缩的。■

推论 6.27　*至少有 $2^n-2^{n-c+1}+1$ 个长度为 n 的串是不可压缩 c 的。*

证明　在定理 6.26 证明基础上扩展，每个 c 可压缩串的描述的长度至多为 $n-c$。这样，最多有 $2^{n-c+1}-1$ 个描述会出现。因此，长度为 n 的 2^n 个串中最多有 $2^{n-c+1}-1$ 个串有这样的描述。剩下的至少 $2^n-(2^{n-c+1}-1)$ 个串都是不可压缩 c 的。■

不可压缩的串有许多性质，这些性质都是我们希望随机选择串所具有的。例如，可以证明：长度为 n 的不可压缩串大致含有相同个数的 0 和 1。长度为 n 的串可能含有连续为 0 的子串，这种子串的最大长度大致为 $\log_2 n$，这些正如我们希望在随机串中发现的那样。证明这样的命题将把我们带到远离主题的组合数学和概率论，但下面将证明的定理构成这些命题的基础。

这个定理表明，对于任何可计算性质，如果它对“几乎所有”的串都成立，则对所有足够长的不可压缩串也成立。如 0.2 节提到的那样，关于串的一个**性质**就是一个简单函数 f，它将串映射到 {TRUE，FALSE}。如果长度为 n、值为 FALSE 的串所占的部分在 n 增大时趋向于 0，就说一个性质对**几乎所有串成立**。一个计算性质如果对几乎所有的串都成立，则对随机选择的长串也可能成立。因此随机串和不可压缩串都有这样的性质。

定理 6.28　*设 f 是一个对几乎所有串成立的性质，则对任意 $b>0$，性质 f 只在有限多个不可压缩 b 的串上的值是 FALSE。*

证明　设 M 是下列算法：

M=“对于输入 i，其中 i 是一个二进制整数：

1. 在标准字符串顺序下，找到使得 $f(s)$=FALSE 的第 i 个串 s。
2. 输出串 s。”

可以用 M 来得到不具有性质 f 的串的更短描述，方法如下：设 x 是这样的串，将所有不具有性质 f 的串排成一个序列，序列是按字符串顺序排序（即，按长度排列，对同一长度的按字典序排列）。令 i_x 是 x 在这个序列中的位置或**序标**（index）。则 $\langle M, i_x\rangle$ 是 f 的一个描述。这个描述的长度为 $|i_x|+c$，其中 c 是 $\langle M\rangle$ 的长度。因为没有性质 f 的串较少，故 x 的序标是小的，它的相应描述也是短的。

任取数 $b>0$。选择 n，使得：在所有长度小于或等于 n 的串中，至多有 $1/2^{b+c+1}$ 不具

有性质 f。所有足够大的 n 都满足这个条件，因为 f 对几乎所有的串成立。令 x 是长度为 n 的没有性质 f 的串，长度小于等于 n 的串有 $2^{n+1}-1$ 个，因此，

$$i_x \leqslant \frac{2^{n+1}-1}{2^{b+c+1}} \leqslant 2^{n-b-c}$$

从而 $|i_x| \leqslant n-b-c$，故 $\langle M, i_x \rangle$ 的长度至多为 $(n-b-c)+c=n-b$。这意味着

$$K(x) \leqslant n-b$$

这样，使得不具有性质 f 的每个足够长的 x 都是可压缩 b 的。因此，只有有限多个不具有性质 f 的串是不可压缩 b 的。证毕。■

现在是展示一些不可压缩串的适当时候了。但如问题 6.16 所要求证明的那样，复杂性测度 K 是不可计算的。而且，根据问题 6.17，没有算法能够一般性判定串是不是不可压缩的。确实，根据问题 6.18，它们没有无限子集是图灵可识别的，所以没有办法得到长的不可压缩串，即使有，也没有办法来检查这个串是不是不可压缩的。下面的定理描述了一些几乎是不可压缩的串，但它也没有提供明确的展示方法。

定理 6.29　存在常量 b，使得对每个串 x，x 的最小描述 $d(x)$ 都是不可压缩 b 的。

证明　考虑下列图灵机 M：

M="对于输入 $\langle R, y\rangle$，其中 R 是一个图灵机，y 是一个串：

1. 在 y 上运行 R，且在它的输出不具有形式 $\langle S, z\rangle$ 时，拒绝。
2. 在 z 上运行 S，且将它的输出放在带子上后停机。"

令 b 为 $|\langle M\rangle|+1$，证明 b 满足本定理。如不然，则对某个串 x，$d(x)$ 是 b 可压缩的。从而

$$|d(d(x))| \leqslant |d(x)|-b$$

但 $\langle M\rangle d(d(x))$ 是 x 的一个描述，它的长度至多为

$$|\langle M\rangle|+|d(d(x))| \leqslant (b-1)+(|d(x)|-b)=|d(x)|-1$$

x 的这个描述比 $d(x)$ 更短。这与后者的最小性矛盾。■

练习

6.1　用一个实际的程序设计语言（或它的一个合理的近似）写一个本质上反映递归定理的例子，它将其自身打印出来。

6.2　证明：MIN_{TM} 的任何无限子集都不是图灵可识别的。

[A]6.3　证明：如果 $A \leqslant_{\text{T}} B$ 且 $B \leqslant_{\text{T}} C$，则 $A \leqslant_{\text{T}} C$。

6.4　设 $A_{\text{TM}'}=\{\langle M, w\rangle \mid M$ 是一个谕示图灵机，M^{A}_{TM} 接受串 $w\}$。证明：A'_{TM} 相对 A_{TM} 是不可判定的。

[A]6.5　命题 $\exists x \forall y[x+y=y]$ 是否为 $\text{Th}(\mathbf{N},+)$ 的成员？为什么？$\exists x \forall y[x+y=x]$ 呢？

问题

6.6　对每个 $m>1$，令 $\mathbf{Z}_m=\{0,1,2,\cdots,m-1\}$，且令 $\mathcal{F}_m=(\mathbf{Z}_m,+,\times)$ 是如下模型：它的论域是 $\mathbf{Z}_m$，它有对应于模 m 计算的 $+$ 和 $\times$ 关系。证明：对每个 m，理论 $\text{Th}(\mathcal{F}_m)$ 是可判定的。

6.7　证明：对于任意两个语言 A 和 B，存在语言 J 使得 $A \leqslant_{\text{T}} J$ 且 $B \leqslant_{\text{T}} J$。

6.8　证明：对任意语言 A，存在语言 B，使得 $A \leqslant_{\text{T}} B$ 且 $B \not\leqslant_{\text{T}} A$。

***6.9**　证明：存在两个语言 A 和 B 是图灵不可比的，即使得 $A \not\leqslant_{\text{T}} B$ 且 $B \not\leqslant_{\text{T}} A$。

***6.10**　设 A 和 B 是两个不交的语言。如果 $A \subseteq C$ 且 $B \subseteq \overline{C}$，则称语言 C 分离 A 和 B。描述两个不交的图灵可识别语言，使得它们不可由任何的可判定语言分离。

6.11 证明$\overline{EQ_{\mathrm{TM}}}$可由一个带$A_{\mathrm{TM}}$的谕示的图灵机识别。

6.12 在推论 4.15 中，我们证明了所有语言构成的集合是不可数的。利用这个结果证明：存在不可由带A_{TM}的谕示的谕示图灵机来识别的语言。

6.13 回忆一下 5.2 节定义的波斯特对应问题及其相关的语言 PCP。证明 PCP 相对于A_{TM}是可判定的。

6.14 说明怎么使用A_{TM}的谕示来计算串的描述复杂性$K(x)$。

6.15 使用问题 6.14 的结论来给出一个相对于A_{TM}的谕示是可计算的函数f，使得对每一个n，$f(n)$是一个长度为n的不可压缩串。

6.16 证明函数$K(x)$不是可计算函数。

6.17 证明不可压缩串的集合是不可判定的。

6.18 证明不可压缩串的集合不包含无限的图灵可识别子集。

6.19 证明：对任意c，存在串x和y，使得$K(xy)>K(x)+K(y)+c$。

6.20 设$S=\{\langle M\rangle \mid M$是一个图灵机并且$L(M)=\{\langle M\rangle\}\}$。证明$S$和$\overline{S}$都不是图灵可识别的。

6.21 设$R\subseteq \mathbf{N}^k$是一个k元关系。如果可以给出一个带k个自由变元$x_1,\cdots,x_k$的公式ϕ使得对所有$a_1,\cdots,a_k\in\mathbf{N}$，$\phi(a_1,\cdots,a_k)$只在$a_1,\cdots,a_k\in R$时为真，则称$R$在$\mathrm{Th}(\mathbf{N},+)$中是**可定义的**(definable)。证明下述每个关系在$\mathrm{Th}(\mathbf{N},+)$中是可定义的。

[A]**a.** $R_0=\{0\}$

b. $R_1=\{1\}$

[A]**c.** $R_= =\{(a,a)\mid a\in\mathbf{N}\}$

d. $R_< =\{(a,b)\mid a,b\in\mathbf{N}$ 并且 $a<b\}$

6.22 描述两个不同的图灵机M和N，使得以任意输入开始时，M输出$\langle N\rangle$，且N输出$\langle M\rangle$。

6.23 在递归定理的不动点形式（定理 6.6）中，令变换t是互换图灵机描述中的状态q_{accept}和q_{reject}得到的函数。给出t的不动点的一个例子。

***6.24** 证明：$EQ_{\mathrm{TM}}\not\leq_m \overline{EQ_{\mathrm{TM}}}$。

[A]**6.25** 用递归定理给出问题 5.16 中赖斯定理的另一种证明。

[A]**6.26** 给出下列句子的一个模型：

$$\begin{aligned}\phi_{\mathrm{eq}} = &\ \forall x[R_1(x,x)]\\ &\wedge\ \forall x,y[R_1(x,y)\leftrightarrow R_1(y,x)]\\ &\wedge\ \forall x,y,z[(R_1(x,y)\wedge R_1(y,z))\rightarrow R_1(x,z)]\end{aligned}$$

6.27 设ϕ_{eq}如问题 6.26 所定义，给出下列句子的一个模型：

$$\begin{aligned}\phi_{\mathrm{lt}} = &\ \phi_{\mathrm{eq}}\\ &\wedge\ \forall x,y[R_1(x,y)\rightarrow \neg R_2(x,y)]\\ &\wedge\ \forall x,y[\neg R_1(x,y)\rightarrow (R_2(x,y)\oplus R_2(y,x))]\\ &\wedge\ \forall x,y,z[(R_2(x,y)\wedge R_2(y,z))\rightarrow R_2(x,z)]\\ &\wedge\ \forall x\exists y[R_2(x,y)]\end{aligned}$$

[A]**6.28** 设$(\mathbf{N},<)$是有论域$\mathbf{N}$和“小于”关系的模型，证明$\mathrm{Th}(\mathbf{N},<)$是可判定的。

习题选解

6.3 设M_1^B判定A，M_2^C判定B。用谕示图灵机M_3，使得M_3^C判定A。机器M_3模拟M_1，每次M_1向它的谕示查询串x，机器M_3检验是否$x\in B$并将结果提供给M_1。因为M_3没有B的谕示且不能直接执行检验，因此它在输入x上模拟M_2以获得那些信息。因为机器M_3和M_2使用相同的谕示C，因此M_3能获得M_2直接查询的结果。

6.5 命题$\exists x \forall y[x+y=y]$是Th(**N**,+)的成员，因为在论域**N**上关于“+”的标准解释下，这个命题是真的。回忆我们在本章中令$\mathbf{N}=\{0,1,2,\cdots\}$，故可取$x=0$。$\exists x \forall y[x+y=x]$不是Th(**N**,+)的成员，因为命题对这个模型不再是真的。比如，x取论域中的任意值，$y=1$，都会引起$x+y=x$为假。

6.21 **a.** R_0在Th(**N**,+)中是可定义的，因为$\phi_0(x)=\forall y[x+y=y]$。

c. $R_=$在Th(**N**,+)中是可定义的，因为$\phi_=(u,v)=\forall x[\phi_0(x)\to x+u=v]$。

6.25 用反证法。假设有图灵机X判定性质P，P满足赖斯定理的条件。这些条件中有一条如下：存在图灵机A和B，满足$\langle A\rangle\in P$且$\langle B\rangle\notin P$。用A和B构造图灵机R：

R=“在输入w上：

1. 使用递归定理获得自己的描述$\langle R\rangle$。
2. 在$\langle R\rangle$上运行X。
3. 如果X接受$\langle R\rangle$，在w上模拟B。如果X拒绝$\langle R\rangle$，在w上模拟A。”

如果$\langle R\rangle\in P$，那么X接受$\langle R\rangle$且$L(R)=L(B)$。但是$\langle B\rangle\notin P$，与$\langle R\rangle\in P$矛盾，因为P和图灵机有相同的语言。如果$\langle R\rangle\notin P$，我们得到一个类似的矛盾。因此，我们的初始假设是错误的，每个满足赖斯定理的条件的性质是不可判定的。

6.26 命题ϕ_{eq}用等号关系给出三个条件。模型(A,R_1)是ϕ_{eq}的一个模型，其中A是任何域，R_1是A上的等价关系。例如，A是整数域$\mathbf{Z}$，$R_1=\{(i,i)\mid i\in\mathbf{Z}\}$就是一个模型。

6.28 把Th(**N**,<)归约到Th(**N**,+)，这我们已经证明是可判定的。证明如何把(**N**,<)的语言上的句子ϕ_1转换成(**N**,+)的语言上的句子ϕ_2，当它们在各自的模型中同时保持真或假。对ϕ_1中$i<j$的每个出现，用ϕ_2中的公式$\exists k[(i+k=j)\wedge(k+k\neq k)]$代替，这里的$k$每次都是不同的变量。

句子ϕ_2与句子ϕ_1是相等的，因为“i小于j”意味着我们对i增加一个非0值就能得到j。判定Th(**N**,+)的算法需要把ϕ_2写成前束范式，需要一点点额外工作。新的存在量词带到了句子的前面，为此，这些量词必须穿过句子中出现的布尔运算。量词穿过$\wedge$和$\vee$时不改变，而穿过$\neg$时$\exists$变为$\forall$，$\forall$变为$\exists$。这样$\neg\exists k\psi$变成等价的表达式$\forall k\neg\psi$，$\neg\forall k\psi$变成$\exists k\neg\psi$。

第三部分

Introduction to the Theory of Computation，3e

复杂性理论

第7章

Introduction to the Theory of Computation，3e

时间复杂性

如果求解一个问题需要过量的计算资源（时间或存储量），那么即使它在理论上是可判定的，实际上它仍然可能是不可解的。本书的最后这一部分介绍计算复杂性理论——一门研究求解计算问题所需要的时间、存储量或者其他资源的理论。先从时间开始。

本章旨在介绍时间复杂性理论的基础知识。首先要介绍一种度量求解问题时所需时间的方法，然后介绍怎样根据所需要的时间来给问题分类，最后讨论某些可判定问题需要耗费极大量时间的情况，以及当遇到这样的问题时该怎样识别它们。

7.1 度量复杂性

考察下列例子。语言 $A=\{0^k1^k \mid k\geqslant 0\}$。显然 A 是一个可判定的语言。单带图灵机需要多少时间来判定 A 呢？考察下面判定 A 的单带图灵机 M_1。我们给出该图灵机的低级描述，包括读写头在带子上的实际运动，从而可以计算出 M_1 运行时所经过的步数。

M_1 =“对输入串 w：

1. 扫描带子，如果在1的右边发现0，就拒绝。
2. 如果带子上既有0也有1，就重复下一步。
3. 扫描带子，删除一个0和一个1。
4. 如果所有1都被删除以后还有0，或者所有0都被删除以后还有1，就拒绝。否则，如果在带子上既没有剩下0也没有剩下1，就接受。”

我们将分析判定 A 的图灵机 M_1 的算法所需的时间。对此，首先介绍一些术语和记法。

在一个特定的输入上，算法所使用的步数可能与若干参数有关。例如，如果输入是一个图，则步数可能依赖于图的结点数、边数和最大度数，或者这些因素的组合，或者它们与其他因素的某种组合。为了简单起见，把算法的运行时间纯粹作为表示输入字符串的长度的函数来计算，而不考虑其他参数。在**最坏情况分析**（worst-case analysis）中，即这里考察的形式，考虑在某特定长度的所有输入上的最长运行时间。在**平均情况分析**（average-case analysis）中，考虑在某特定长度的所有输入上的运行时间的平均值。

定义7.1 令 M 是一个在所有输入上都停机的确定型图灵机。M 的**运行时间**（running time）或者**时间复杂度**（time complexity）是一个函数 $f:\mathbf{N}\rightarrow\mathbf{N}$，其中 $\mathbf{N}$ 是非负整数集合，$f(n)$ 是 M 在所有长度为 n 的输入上运行时所经过的最大步数。若 $f(n)$ 是 M 的运行时间，则称 M 在时间 $f(n)$ 内运行，M 是 $f(n)$ 时间图灵机。通常使用 n 表示输入的长度。

7.1.1 大 O 和小 o 记法

因为算法的精确运行时间通常是一个复杂的表达式，所以一般只是估计它的趋势和级别。通过一种被称为**渐近分析**（asymptotic analysis）的方便的估计形式，可以试图了解算法在长输入上的运行时间。为此，只考虑算法运行时间的表达式的最高次项，而忽略该项的系数和其他低次项，因为在长输入上，最高次项的影响相比其他项占据主导地位。

例如，函数 $f(n)=6n^3+2n^2+20n+45$ 有四项，最高次项是 $6n^3$。忽略系数 6，称 f 渐近地不大于 n^3。表达这种关系的**渐近记法**（asymptotic notation）或**大 O 记法**（big-O notation）是 $f(n)=O(n^3)$。在下面的定义中，把这一概念形式化。令 $\mathbf{R}^+$ 是大于 0 的实数集。

定义 7.2 设 f 和 g 是两个函数 $f, g: \mathbf{N} \rightarrow \mathbf{R}^+$。称 $f(n)=O(g(n))$，若存在正整数 c 和 n_0，使得对所有 $n \geqslant n_0$ 有

$$f(n) \leqslant cg(n)$$

当 $f(n)=O(g(n))$ 时，称 $g(n)$ 是 $f(n)$ 的**上界**（upper bound），或更准确地说，$g(n)$ 是 $f(n)$ 的**渐近上界**（asymptotic upper bound），以强调没有考虑常数因子。

直观地讲，$f(n)=O(g(n))$ 意味着如果忽略一个常数因子的差别，那么 f 将小于或者等于 g。可以把 O 看作代表一个隐藏的常数。在实践中，大部分可能碰到的函数 f 都有一个明显的最高次项 h。在这种情况下，写成 $f(n)=O(g(n))$，这里 g 是不带系数的 h。

例 7.3 设 $f_1(n)$ 是函数 $5n^3+2n^2+22n+6$。保留最高次项 $5n^3$，并且舍去它的系数 5，得到 $f_1(n)=O(n^3)$。

验证一下这个结果是否满足上面的形式定义。为此令 c 等于 6，n_0 等于 10，则对于所有 $n \geqslant 10$，有 $5n^3+2n^2+22n+6 \leqslant 6n^3$。

此外，有 $f_1(n)=O(n^4)$，因为 n^4 比 n^3 大，所以它也是 f_1 的一个渐近上界。

但是，$f_1(n)$ 不等于 $O(n^2)$。不论给 c 和 n_0 赋什么值，始终不能满足定义的要求。■

例 7.4 大 O 记法以一种特别的方式与对数相互影响。通常写对数时必须指明基数（或称为对数的底），如 $x=\log_2 n$。这里基数 2 表明该等式等价于等式 $2^x=n$。$\log_b n$ 的值随着基数 b 的改变而乘以相应的常数倍，因为有恒等式 $\log_b n=\log_2 n / \log_2 b$。所以，写 $f(n)=O(\log n)$ 时不必再指明基数，因为最终要忽略常数因子。

令 $f_2(n)$ 是函数 $3n\log_2 n+5n\log_2\log_2 n+2$。此时有 $f_2(n)=O(n\log n)$，因为 $\log n$ 比 $\log\log n$ 更占支配地位。■

大 O 记法也可以出现在算术表达式中，如表达式 $f(n)=O(n^2)+O(n)$。此时符号 O 的每一次出现都代表一个不同的隐蔽的常数。因为 $O(n^2)$ 相比 $O(n)$ 更占支配地位，所以该表达式等价于 $f(n)=O(n^2)$。当符号 O 出现在如表达式 $f(n)=2^{O(n)}$ 中的指数上时，含义也一样。该表达式代表 2^{cn} 的一个上界，其中 c 是某个常数。

在某些分析中会出现表达式 $f(n)=2^{O(\log n)}$。由恒等式 $n=2^{\log_2 n}$ 得 $n^c=2^{c\log_2 n}$，可以看出 $2^{O(\log n)}$ 代表 n^c 的一个上界，其中 c 是常数。表达式 $n^{O(1)}$ 以另一种方式代表了同样的界，因为表达式 $O(1)$ 代表不超过某个固定常数的值。

我们经常导出形如 n^c 的界，其中 c 是大于 0 的常数。这种界称为**多项式界**（polynomial bound）。形如 $2^{(n^\delta)}$ 的界当 δ 是大于 0 的实数时，称为**指数界**（exponential bound）。

与大 O 记法相伴的有**小 o 记法**（small-o notation）。大 O 记法指一个函数渐近地不大于另一个函数。要说一个函数渐近地小于另一个函数，则用小 o 记法。大 O 与小 o 记法的区别类似于 $\leqslant$ 与 $<$ 之间的区别。

定义 7.5 设 f 和 g 是两个函数 $f, g: \mathbf{N} \rightarrow \mathbf{R}^+$。如果

$$\lim_{n\to\infty}\frac{f(n)}{g(n)}=0$$

则称 $f(n)=o(g(n))$。换言之，$f(n)=o(g(n))$ 意味着对于任何实数 $c>0$，存在一个数 n_0，使得对所有 $n\geqslant n_0$，$f(n)<cg(n)$。

例 7.6 容易验证下面的等式。

1. $\sqrt{n}=o(n)$
2. $n=o(n\log(\log n))$
3. $n\log(\log n)=o(n\log n)$
4. $n\log n=o(n^2)$
5. $n^2=o(n^3)$

但是，$f(n)$ 不会等于 $o(f(n))$。 ■

7.1.2 分析算法

本小节分析语言 $A=\{0^k1^k \mid k\geqslant 0\}$ 对应的图灵机算法。为了便于阅读，这里重述一遍此算法。

M_1 ="对输入串 w：

1. 扫描带子，如果在 1 的右边发现 0，就拒绝。
2. 如果带子上既有 0 也有 1，就重复下一步。
3. 扫描带子，删除一个 0 和一个 1。
4. 如果删除所有 1 后还有 0，或者所有 0 都被删除以后还有 1，就拒绝。否则，如果在带子上既没有剩下 0 也没有剩下 1，就接受。"

为了分析 M_1，把它的四个步骤分开来考虑。步骤 1 中，机器扫描带子以验证输入的形式是 0^*1^*。执行这次扫描需要 n 步。如前面约定的，通常用 n 表示输入的长度。将读写头重新放置在带子的左端另外需要 n 步。所以这一步骤总共需要 $2n$ 步。用大 O 记法，称这一阶段需要 $O(n)$ 步。注意，在机器描述中没有提及重新放置读写头的操作。渐近记法允许在机器描述中忽略那些对运行时间的影响不超过常数倍的操作细节。

在步骤 2 和 3 中，机器反复扫描带子，在每一次扫描中删除一个 0 和一个 1。每一次扫描需要 $O(n)$ 步。因为每一次扫描删除两个符号，所以最多扫描 $n/2$ 次。于是步骤 2 和 3 需要的全部时间是 $(n/2)O(n)=O(n^2)$ 步。

在步骤 4 中，机器扫描一次来决定是接受还是拒绝。这一步需要的时间最多是 $O(n)$。

所以，M_1 在长度为 n 的输入上总共耗时为 $O(n)+O(n^2)+O(n)$，或 $O(n^2)$。换言之，它的运行时间是 $O(n^2)$。这就完成了对该机器的时间分析。

为了根据时间需求来给语言分类，下面定义一些记法。

定义 7.7 令 $t:\mathbf{N}\to\mathbf{R}^+$ 是一个函数。定义**时间复杂性类**（time complexity class）$\mathrm{TIME}(t(n))$ 为由 $O(t(n))$ 时间的图灵机判定的所有语言的集合。

回忆语言 $A=\{0^k1^k \mid k\geqslant 0\}$。前面的分析表明，因为 M_1 在时间 $O(n^2)$ 内判定 A，而 $\mathrm{TIME}(n^2)$ 包括所有在时间 $O(n^2)$ 内可以判定的语言，所以 $A\in\mathrm{TIME}(n^2)$。

是否存在渐近更快地判定 A 的机器呢？换言之，是否对于某个 $t(n)=o(n^2)$，A 属于 $\mathrm{TIME}(t(n))$？在每一次扫描中删除两个 0 和两个 1，而不仅仅是各一个，就可以减少运行时间，因为这么做把扫描次数减少了一半。但是这样只使得运行时间提高了2倍，不影响渐近运行时间。下面的机器 M_2 采用不同的方法，可以渐近更快地判定 A。它表明 $A \in \mathrm{TIME}(n \log n)$。

M_2 ="对输入串 w：

1. 扫描带子，如果在1的右边发现0，就拒绝。
2. 只要在带子上还有0和1，就重复下面的步骤。
3. 扫描带子，检查剩余的0和1的总数是偶数还是奇数。若是奇数，就拒绝。
4. 再次扫描带子，从第一个0开始，隔一个删除一个0；然后从第一个1开始，隔一个删除一个1。
5. 如果带子上不再有0和1，就接受。否则，拒绝。"

在分析 M_2 之前，先来验证它的确可以判定 A。在步骤4中，每执行一次扫描，剩余的0的总数就减少一半，其他的0被删除了。因此，如果开始时有13个0，那么在步骤4执行一次以后就只剩下6个0。随后每次执行分别剩下3个、1个和0个0。该步骤对1的数目有同样的效果。

现在来检查在每次执行步骤3时0和1的数目的奇偶性。再次假定开始时有13个0和13个1。第一次执行步骤3时，有奇数个0（因为13是奇数）和奇数个1，以后每次执行时分别只剩下偶数个（6个）、然后是奇数个（3个）、又是奇数个（1个）0和1。由于步骤2指定的循环条件，当剩下0个0或0个1时，步骤3不再被执行。对于得到的奇偶序列（奇、偶、奇、奇），如果把偶替换成0，把奇替换成1，并且反排这个序列，就得到1101，即13，这是开始时0和1的数目的二进制表示。该奇偶序列总是以反排的方式给出二进制表示。

当步骤3检查剩下的0和1的总数是偶数时，实际上是在检查0数目的奇偶性与1数目的奇偶性是否一致。如果这两个奇偶性始终一致，那么0和1的数目的二进制表示就一致，从而这两个数目就相等。

为了分析 M_2 的运行时间，首先注意，每一步骤都消耗 $O(n)$ 的时间，然后确定每一步骤需要执行的次数。步骤1和5执行一次，共需要 $O(n)$ 的时间。步骤4在每一次执行时至少删除一半的0和1，所以至多 $1+\log_2 n$ 次循环就可以把全部字符删除。于是步骤2、3和4总共消耗时间 $(1+\log_2 n)O(n)$，即 $O(n\log n)$。M_2 的运行时间是 $O(n)+O(n\log n)=O(n\log n)$。

前面已经证明 $A \in \mathrm{TIME}(n^2)$，而现在有更好的界，即 $A \in \mathrm{TIME}(n\log n)$。这个结果在单带图灵机上不可能进一步改进。实际上，单带图灵机在 $o(n\log n)$ 时间内判定的语言都是正则语言，问题7.20要求证明这一点。

如果图灵机有第二条带子，就可以在 $O(n)$ 时间（也称为**线性时间**（liner time））内判定语言 A。下面的双带图灵机 M_3 在线性时间内判定 A。机器 M_3 的运行方式和上面那些判定 A 的机器不同，它只是简单地将所有0复制到第二条带子上，然后拿来和1进行匹配。

M_3 ="对输入串 w：

1. 扫描带子1，如果在1的右边发现0，就拒绝。
2. 扫描带子1上的0，直到第一个1时停止，同时把0复制到带子2上。
3. 扫描带子1上的1直到输入的末尾。每次从带子1上读到一个1，就在带子2

上删除一个 0，如果在读完 1 之前所有的 0 都被删除，就拒绝。

4. 如果所有的 0 都被删除，就接受。如果还有 0 剩下，就拒绝。”

这个机器分析起来很简单。四个步骤的每一步明显地需要 $O(n)$ 步，所以全部运行时间是 $O(n)$，因而是线性的。注意，这是可能的最好运行时间，因为光是读输入就需要 n 步。

总结一下关于 A 的时间复杂度的结果，即判定 A 所需要的时间。给出一个单带图灵机 M_1，能够在时间 $O(n^2)$ 内判定 A，而一个更快的单带图灵机 M_2，能够在时间 $O(n\log n)$ 内判定 A。问题 7.20 的证明将指出，不存在更快的单带图灵机。随后将给出一个双带图灵机 M_3，能够在时间 $O(n)$ 内判定 A。因此 A 在单带图灵机上的时间复杂度是 $O(n\log n)$，在双带图灵机上是 $O(n)$。注意，A 的复杂度与选择的计算模型有关。

上面的讨论突出了复杂性理论与可计算性理论之间的一个重大区别。在可计算性理论中，丘奇-图灵论题断言，所有合理的计算模型都是等价的，即它们所判定的语言类都是相同的。在复杂性理论中，模型的选择影响语言的时间复杂度，如在一个模型上线性时间内可判定的语言在另一个模型上就不一定是线性时间内可判定的。

在复杂性理论中，根据计算问题的时间复杂度来对问题分类。但是用哪种模型来度量时间呢？同一个语言在不同的模型上可能需要不同的时间。

幸运的是，对于典型的确定型模型，时间需求的差别不是太大。所以，只要分类体系对复杂性上相对较小的差异不是很敏感，那么对确定型模型的选择就关系不大。在下面几节中，将进一步讨论这一想法。

7.1.3　模型间的复杂性关系

现在考察计算模型的选择怎样影响语言的时间复杂度。考察三种模型：单带图灵机、多带图灵机和非确定型图灵机。

定理 7.8　设 $t(n)$ 是一个函数，$t(n)\geqslant n$。则每一个 $t(n)$ 时间的多带图灵机都和某一个 $O(t^2(n))$ 时间的单带图灵机等价。

证明思路　此定理的证明思想非常简单。回忆一下，定理 3.8 说明了怎样把一个多带图灵机转变为一个模拟它的单带图灵机。分析这种模拟，确定它需要多少额外的时间。证明模拟多带机的每一步最多需要单带机的 $O(t(n))$ 步。因此总共需要时间为 $O(t^2(n))$ 步。

证明　设 M 是一个在时间 $t(n)$ 内运行的 k 带图灵机。构造一个在时间 $O(t^2(n))$ 内运行的单带图灵机 S。

机器 S 模拟 M 运行，正如定理 3.8 所描述的那样。回忆一下，S 用它的一条带子表示 M 的所有 k 条带子的内容。这些带子连续存放，M 的读写头的位置都标在恰当的方格上。

开始时，S 让它的带子形成表示 M 的所有带子的格式，然后模拟 M 的步骤。为了模拟 M 的一步，S 扫描带子上的所有信息，确定在 M 的读写头下的符号。然后 S 再次扫描带子，更新带子内容和读写头位置。如果 M 的读写头向右移动到带子上以前没有读到的位置，那么 S 必须增加分配给这条带子的存储空间。为此，它把自己的带子的一部分向右移动一格。

现在来分析这种模拟。对于 M 的每一步，机器 S 两次扫描带子上活跃的部分。第一次获取决定下一步动作所必需的信息；第二次完成这一步的动作，S 的带子上活跃部分的

长度决定了 S 扫描一次需要多长时间，所以必须确定这个长度的上界。为此取 M 的 k 条带子上活跃部分的长度之和。因为在 $t(n)$ 步中，如果 M 的读写头在每一步都向右移动，则 M 用掉 $t(n)$ 个带子方格。若它还向左移，则不用那么多，所以每一个活跃部分的长度最多是 $t(n)$。于是 S 扫描一次它的活跃部分需要 $O(t(n))$ 步。

模拟 M 的每一步，S 执行两次扫描，还可能最多向右移动 k 次。每一次用时 $O(t(n))$，所以，模拟 M 的一步操作，S 总共耗时 $O(t(n))$。

现在来界定模拟所需要的全部时间。在开始阶段，S 让它的带子形成恰当的格式，这需要 $O(n)$ 步。随后，S 模拟 M 的 $t(n)$ 步操作，每模拟一步需要 $O(t(n))$ 步，所以模拟部分需要 $t(n)\times O(t(n))=O(t^2(n))$ 步。因此，整个 M 的模拟过程需要 $O(n)+O(t^2(n))$ 步。

假定 $t(n)\geqslant n$（这是合理的假定，因为如果时间更少，M 连输入都读不完），则 S 的运行时间是 $O(t^2(n))$，证毕。■

下面考察对非确定型单带图灵机的类似定理。证明这种机器所判定的语言在确定型单带图灵机上也是可判定的，但需要更多的时间。在此之前，必须定义非确定型图灵机的运行时间。回忆一下，一个非确定型图灵机当它的所有计算分支在所有输入上都停机时，成为一个判定机。

定义 7.9　设 N 是一个非确定型图灵机，并且是个判定机。N 的**运行时间**（running time）是函数 $f:\mathbf{N}\rightarrow\mathbf{N}$，其中 $f(n)$ 是在任何长度为 n 的输入上所有计算分支中的最大步数，如图 7-1 所示。

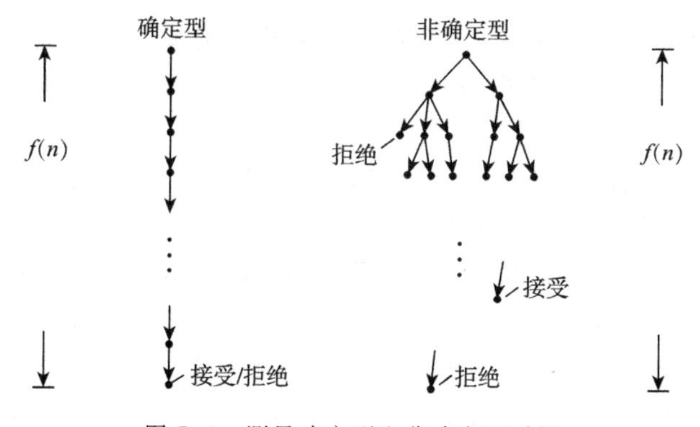

图 7-1　测量确定型和非确定型时间

非确定型图灵机运行时间的定义不是用来对应任何实际的计算设备的。相反，稍后将说明，它是一个有用的数学定义，有助于刻画一类重要的计算问题的复杂性。

定理 7.10　设 $t(n)$ 是一个函数，$t(n)\geqslant n$。则每一个 $t(n)$ 时间的非确定型单带图灵机都与某一个 $2^{O(t(n))}$ 时间的确定型单带图灵机等价。

证明　设 N 是一个在时间 $t(n)$ 内运行的非确定型图灵机，同定理 3.10 的证明一样，构造确定型图灵机 D，D 通过搜索 N 的非确定型计算树来模拟 N。现在分析这种模拟。

在长度为 n 的输入上，N 的非确定型计算树的每一个分支的长度最多是 $t(n)$，树的每一个结点最多有 b 个子女，其中 b 是 N 的转移函数所决定的合法选择的最大值。因此树叶的总数最多是 $b^{t(n)}$。

模拟过程以宽度优先法探查这棵树。换言之，在访问深度为 $d+1$ 的结点之前，

先访问所有深度为 d 的结点。定理 3.10 的证明中给出的算法当访问某个结点时，就从根出发下行到那个结点。这种做法效率很低，但即使改进这种低效率也不会使当前定理发生改变，所以不用改进它。树中结点的总数小于最大叶数的两倍，因此用 $O(b^{t(n)})$ 作为它的上界。从根出发下行到一个结点的时间是 $O(t(n))$。因此，D 的运行时间是 $O(t(n)b^{t(n)})=2^{O(t(n))}$。

正如定理 3.10 中所描述的，图灵机 D 有三条带子。按照定理 7.8，把它转变为单带图灵机最多使运行时间乘方。这样，单带模拟机的运行时间是 $(2^{O(t(n))})^2=2^{O(2t(n))}=2^{O(t(n))}$，定理得证。■

7.2　P 类

定理 7.8 和定理 7.10 显示出一个重要的差别。一方面，问题的时间复杂度在确定型单带和多带图灵机上最多是平方或多项式的差异；另一方面，在确定型和非确定型图灵机上，问题的时间复杂度最多是指数的差异。

7.2.1　多项式时间

运行时间的多项式差异可以认为是较小的，而指数差异则被认为是大的。看一下为什么要选择区分多项式和指数，而不是选择别的某两类函数。

首先，注意到典型的多项式（如 n^3）与典型的指数（如 2^n）在增长率上存在巨大的差异。例如，令 n 是 1000，这是一个算法输入的合理规模。在这种情况下，n^3 是 10 亿，虽然是大数，但还可以处理。然而，2^n 则是一个比宇宙中的原子数还大得多的数。多项式时间算法就很多目的而言是足够快了，而指数时间算法则很少使用。

典型的指数时间算法来源于通过搜索解空间来求解问题，这称为**蛮力搜索**（brute-force search）。例如，分解一个数为素数因子的一种方法是搜遍所有可能的因子。搜索空间的规模是指数的，所以这种搜索需要指数时间。有时候，通过更深入地理解问题，可以避免蛮力搜索，从而可能会找到更实用的多项式时间算法。

所有合理的确定型计算模型都是**多项式等价的**（polynomially equivalent），也就是说，它们中任何一个模型都可以模拟另一个，而运行时间只增长多项式倍。当称所有合理的确定型模型都多项式等价时，我们并不是想定义什么是*合理的*。但是在心里有一个概念，它足够广泛，能容纳那些和实际计算机运行时间近似的模型。例如，定理 7.8 表明确定型单带和多带图灵机模型是多项式等价的。

从现在起，我们关注时间复杂性理论中不受运行时间仅有多项式差异影响的方面。忽略这样的差异让我们可以不依赖于选择具体计算模型来研究理论。记住，我们的目标是给出计算的基本性质，而不是图灵机或其他特殊模型的性质。

读者可能感到忽略运行时间的多项式差异是荒谬的。实际上，程序员当然在乎这种差异，而且他们拼命干就是为了能让程序运行快两倍。但是，前面介绍渐近记法的时候，忽略了常数因子。现在又建议忽略比这大得多的多项式差异，如时间 n 和 n^3 这样的差异。

决定忽略多项式差异并不是说这样的差异不重要，相反，时间 n 和 n^3 之间的差异是重要的。但是某些问题（如因数分解问题）是多项式的还是非多项式的确实与多项式差异无关，而且这些问题也很重要。在这里仅仅关注这种类型的问题。撇开树看森林并不意味着一样比另一样更重要——它只是提供一种不同的视角。

现在给出复杂性理论中的一个重要定义。

定义 7.11 *P是确定型单带图灵机在多项式时间内可判定的语言类。换言之，*

$$P=\bigcup_{k}\mathrm{TIME}(n^k)$$

在理论中，P 类扮演核心的角色，它的重要性在于：

1. 对于所有与确定型单带图灵机多项式等价的计算模型来说，P 是不变的。
2. P 大致对应于在计算机上实际可解的那一类问题。

第1条表明，在数学上，P 是一个稳健的类，它不受所采用的具体计算模型的影响。

第2条表明，从实用的观点看，P 是恰当的。当一个问题在 P 中的时候，就有办法在时间 n^k（k 是常数）内求解它。至于这么长时间是否实用就依赖于 k 和实际的应用情况。当然，n^{100} 的运行时间不太可能有任何实际应用。不管怎样，把多项式时间作为实际可解性的标准已经被证明是有用的。一旦为某个原先似乎需要指数时间的问题找到了多项式时间算法，则一定是了解了它的某些关键的方面，通常就能进一步降低它的复杂性，达到实用的程度。

7.2.2 P中的问题举例

当给出多项式时间算法的时候，给出的是算法的高层描述，没有提及具体计算模型的特点。这样做回避了带子和读写头运动的烦琐细节。在描述算法的时候，需遵从一定的习惯，以便可以分析它的多项式性。

我们继续把算法描述成带编号的步骤。在图灵机上实现算法的一个步骤通常需要图灵机的许多步。因此，我们必须敏感于图灵机实现算法每一步的步数和算法的步骤总数。

当分析一个算法，证明它在多项式时间内运行时，需要做两件事。首先，必须为算法在长为 n 的输入上运行时所需要的步骤数给出多项式上界（一般用大 O 记法）。其次，必须考察算法描述中的每一步，保证它们都可以由合理的确定型模型在多项式时间内实现。在描述算法时，仔细确定它的步骤，以使第二部分分析容易进行。当两部分工作都完成以后，就可以下结论：算法在多项式时间内运行。因为已经证明它需要多项式个步骤，所以每一步骤可以在多项式时间内完成，而多项式的组合还是多项式。

需要注意的是问题所用的编码方法。我们继续采用括号记法〈·〉来指出把一个或多个对象变成字符串的合理编码，而不规定任何具体的编码方法。现在，合理的方法就是允许在多项式时间内把对象编码/解码为自然的内部表示或其他合理的编码。对于图、自动机及类似事物的熟知的编码方法都是合理的。但请注意，编码数字的一进制记法（如数字17编码为一进制字符串11111111111111111）是不合理的，因为它比真正合理的编码（如以任何 $k\geqslant 2$ 为基的记法）大指数倍。

本章碰到的许多计算问题都包含图的编码。图的一种合理编码是它的结点和边的列表，另一种是**相邻矩阵**（adjacency matrix），其中若从结点 i 到结点 j 有边，则第 (i,j) 项为1，否则为0。当分析图上的算法时，运行时间可能会根据结点数而不是表示图的大小来计算。在合理的图表示方法中，表示的大小是结点数的多项式。因此，如果分析某个算法，并证明它的运行时间是结点数的多项式（或指数），那么就知道它是输入长度的多项式（或指数）了。

第一个问题与有向图有关。有向图 G 包含结点 s 和 t，如图7-2所示。$PATH$ 问题就

是要确定是否存在从 s 到 t 的有向路径。令

$$PATH=\{\langle G,s,t\rangle \mid G\text{ 是具有从 } s \text{ 到 } t \text{ 的有向路径的有向图}\}$$

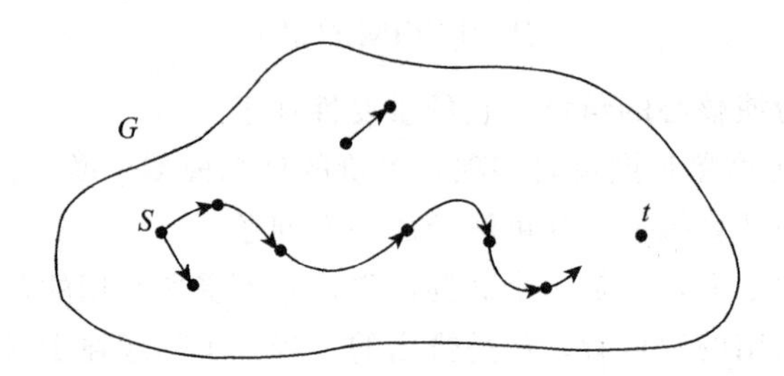

图 7-2　$PATH$ 问题：存在从 s 到 t 的路径吗

定理 7.12　$PATH\in P$。

证明思路　通过给出判定 $PATH$ 的多项式时间算法来证明该定理。在描述算法之前，要注意到该问题的蛮力算法是不够快的。

$PATH$ 的蛮力算法通过考察 G 中所有可能的路径来确定是否存在从 s 到 t 的有向路径。一条可能路径就是 G 中长度最多为 m 的结点序列，m 是 G 中的结点数。（如果从 s 到 t 存在有向路径，那么就存在长度不超过 m 的有向路径，因为路径上不需要重复结点。）但是这些可能的路径数是 m^m，这是 G 中结点数的指数倍。因此该蛮力算法消耗指数时间。

为了获得 $PATH$ 的多项式时间算法，必须设法避免蛮力搜索。一种办法是采用图搜索方法，如宽度优先搜索。连续标记 G 中从 s 出发，长度为 1，2，3，直到 m 的有向路径可达的所有结点。用多项式可以容易地界定该策略的运行时间。

证明　$PATH$ 的一个多项式时间算法 M 运行如下：

M="对输入 $\langle G,s,t\rangle$，G 是包含结点 s 和 t 的有向图：

1. 在结点 s 上做标记。
2. 复重下面步骤 3，直到不再有结点被标记。
3. 扫描 G 的所有边。如果找到一条边 (a,b)，a 被标记而 b 没有被标记，那么标记 b。
4. 若 t 被标记，则接受；否则，拒绝。"

分析该算法，证明它在多项式时间内运行。显然，步骤 1 和 4 只执行一次。步骤 3 最多执行 m 次，因为除最后一次外，每一次执行都要标记 G 中的一个未标记的结点。所以用到的总步骤数最多是 $1+1+m$，是 G 的规模的多项式。

M 的步骤 1 和 4 很容易用任何合理的确定型模型在多项式时间内实现。步骤 3 需要扫描输入，检查某些结点是否被标记，这也容易在多项式时间内实现。所以 M 是 $PATH$ 的多项式时间算法。■

看另一个多项式时间算法的例子。称两个数是**互素的**（relatively prime），若 1 是能同时整除它们的最大整数。例如，10 和 21 是互素的，虽然它们自己都不是素数。但是 10 和 22 不是互素的，因为它们都能被 2 整除。令 $RELPRIME$ 代表检查两个数是否互素的问题，即

$$RELPRIME=\{\langle x,y\rangle \mid x\text{ 与 } y\text{ 互素}\}$$

定理 7.13　$RELPRIME\in P$。

证明思路　解决该问题的一种算法是搜遍这两个数的所有可能的公因子，如果没有发现大于1的公因子，就接受。然而，用二进制或其他任何以 k 为基的记法（$k\geqslant 2$）表示的数字的大小是它表示长度的指数倍。因此该蛮力算法需要搜遍指数多个可能的因子，消耗指数的运行时间。

我们改用一种古老的数值过程来求解该问题，称为**欧几里得算法**（Euclidean algorithm），以此计算最大公因子。两个自然数 x 和 y 的**最大公因子**（greatest common divisor）记为 gcd(x,y)，是能同时整除 x 和 y 的最大整数。例如 gcd(18,24)=6。显然，x 和 y 是互素的充分必要条件是 gcd$(x,y)=1$。在证明中把欧几里得算法描述为算法 E，它使用函数 mod，x mod y 等于用 y 去整除 x 所得的余数。

证明　欧几里得算法 E 如下：

E="对输入 $\langle x,y\rangle$，x 和 y 是二进制表示的自然数：

1. 重复下面的操作，直到 $y=0$。
2. 　　赋值 $x\leftarrow x \bmod y$。
3. 　　交换 x 和 y 的值。
4. 输出 x。"

算法 R 以 E 为子程序求解 $RELPRIME$。

R="对输入 $\langle x, y\rangle$，x 和 y 是二进制表示的自然数：

1. 在 $\langle x, y\rangle$ 上运行 E。
2. 若结果为1，就接受；否则，就拒绝。"

显然，若 E 在多项式时间内运行且正确，则 R 也在多项式时间内运行且正确。所以只需分析 E 的时间和正确性。该算法的正确性是众所周知的，不在这里进一步讨论它。

为了分析 E 的时间复杂度，首先证明步骤2的每一次执行（除了第一次有可能例外）都把 x 的值至少减少一半。执行步骤2以后，由函数 mod 的性质知 $x<y$。步骤3后，有 $x>y$，因为这两个值已经交换。于是当步骤2随后执行时有 $x>y$。若 $x/2\geqslant y$，则 $x \bmod y<y\leqslant x/2$，x 至少减少一半。若 $x/2<y$，则 $x \bmod y=x-y<x/2$，x 至少减少一半。

每一次执行步骤3都使 x 和 y 的值相互交换，所以每两次循环就使得 x 和 y 原先的值至少减少一半。于是步骤2和3执行的最大次数是 $2\log_2 x$ 和 $2\log_2 y$ 中较小的那一个。这两个对数与表示的长度成正比，步骤的执行次数是 $O(n)$。E 的每一步仅消耗多项式时间，所以整个运行时间是多项式的。■

最后一个多项式时间算法的例子表明，每一个上下文无关语言是多项式时间可判定的。

定理7.14　每一个上下文无关语言都是 P 的成员。

证明思路　定理4.8证明了每一个CFL都是可判定的，并且为每一个CFL给出了判定算法。如果那个算法在多项式时间内运行，那么本定理作为推论就必然成立。回忆一下那个算法，看它运行得是否够快。

令 L 是一个由CFG G 产生的CFL，G 是乔姆斯基范式。由问题2.38知：因 G 是乔姆斯基范式，故任何得到字符串 w 的推导都有 $2n-1$ 步，n 是 w 的长度。当给 L 的判定机输入长为 n 的字符串时，它通过试遍所有可能的 $2n-1$ 步推导来判定 L。如果其中有一个得到 w 的推导，该判定机就接受；否则，就拒绝。

分析一下该算法可知，它不能在多项式时间内运行。k 步推导的数量可能达到 k 的指数，所以该算法可能需要指数时间。

为了获得多项式时间算法，在此介绍一种强有力的技术，称为**动态规划**（dynamic programming）。这种技术通过累积小的子问题的信息来解决大的问题。把子问题的解都记录下来，这样就只需对它求解一次。为此，把所有子问题编成一张表，当碰到它们时，把它们的解系统地填入表格。

在本例中，考虑 G 的每一个变元是否产生 w 的每一个子串这样的子问题。算法把子问题的解填入一张 $n\times n$ 表格。对于 $i\leqslant j$，表的第 (i,j) 项包含产生子串 $w_iw_{i+1}\cdots w_j$ 的所有变元。$i>j$ 的表项没有使用。

算法为 w 的每一子串填写表项。首先为长为 1 的子串填写表项，然后是长为 2 的子串，依此类推。它利用短子串的表项内容来辅助确定长子串的表项内容。

例如，假定该算法已经确定了由哪些变元产生所有长度不超过 k 的子串。为了确定变元 A 是否产生某一长为 $k+1$ 的子串，算法把该子串以 k 种可能方式分裂为非空的两段。对于每一种分裂方式，算法考察每一条规则 $A\rightarrow BC$，利用以前计算的表项来确定是否 B 产生第一段而且 C 产生第二段。如果 B 和 C 都产生各自的段，那么 A 就产生该子串，并且被加入相关联的表项。算法从长为 1 的串开始，对规则 $A\rightarrow b$ 考察表格。

证明　下面的算法 D 实现了这一证明思路。令 G 是产生 CFL L 的乔姆斯基范式的 CFG。假设 S 是起始变元。（回忆一下，空串在乔姆斯基范式文法中被特殊处理。算法在步骤 1 中处理 $w=\varepsilon$ 的特殊情况。）注释写在方括号中。

D=“对输入 $w=w_1\cdots w_n$：

1. 若 $w=\varepsilon$ 且 $S\rightarrow\varepsilon$ 是一条规则，则接受。否则拒绝。　[$w=\varepsilon$ 的情况]
2. 　对 $i=1\sim n$：　[考察每一长为 1 的子串]
3. 　　对每一变元 A：
4. 　　　检查 $A\rightarrow b$ 是否是一条规则，其中 $b=w_i$。
5. 　　　若是，把 A 放入 $table(i,i)$。
6. 　对 $l=2\sim n$：　[l 是子串的长度]
7. 　　对 $i=1\sim n-l+1$：　[i 是子串的起始位置]
8. 　　　令 $j=i+l-1$。　[j 是子串的结束位置]
9. 　　　对 $k=i\sim j-1$：　[k 是分裂位置]
10. 　　　　对每一条规则 $A\rightarrow BC$：
11. 　　　　　若 $table(i,k)$ 包含 B 且 $table(k+1,j)$ 包含 C，则把 A 放入 $table(i,j)$。
12. 若 S 在 $table(1,n)$ 中，则接受；否则，拒绝。”

现在分析 D。每一步很容易在多项式时间内运行。步骤 4 和 5 最多运行 nv 次，其中 v 是 G 中的变元数，是与 n 无关的固定常数；因此这两步运行 $O(n)$ 次。步骤 6 最多运行 n 次。步骤 6 每运行一次，步骤 7 最多运行 n 次。步骤 7 每运行一次，步骤 8 和 9 最多运行 n 次。步骤 9 每运行一次，步骤 10 运行 r 次，这里 r 是 G 的规则数，是另一个固定常数。所以步骤 11（即该算法的内层循环）运行 $O(n^3)$ 次。总计 D 执行 $O(n^3)$ 步。■

7.3　NP 类

如 7.2 节所揭示的，许多问题可以避免蛮力搜索而获得多项式时间解法。但是，在某些其他问题（包括许多有趣而有用的问题）中，避免蛮力搜索的努力还没有成功，求解它们的多项式时间算法还没有找到。

为什么对这些问题寻找多项式时间算法还没有取得成功呢？我们不知道这个重要问题的答案是什么。可能这些问题具有基于未知原理的多项式时间算法，但至今还没有被发现，或者它们中的某些问题就是不能在多项式时间内解决。它们可能是固有地难计算的。

关于该问题的一个不寻常的发现是，许多问题的复杂性是联系在一起的。发现其中一个问题的多项式时间算法可以用来解决整个一类问题。从一个例子开始来理解这一现象。

有向图 G 中的**哈密顿路径**（Hamiltonian path）是通过每个结点恰好一次的有向路径。考虑这样一个问题：验证一个有向图是否包含一条哈密顿路径连接着两个指定的结点，如图 7-3 所示。令

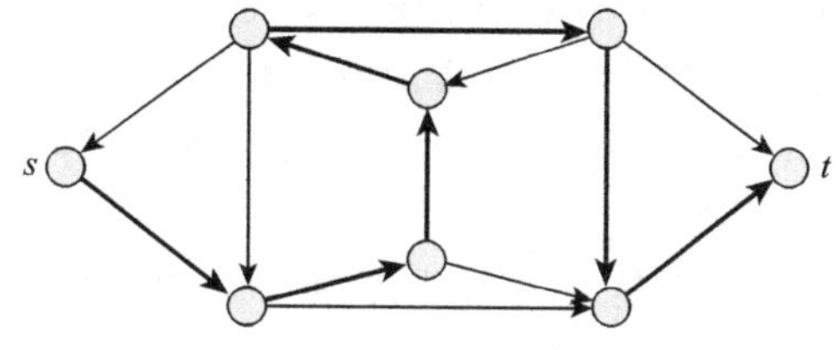

图 7-3　哈密顿路径经过每个结点恰好一次

$$HAMPATH=\{\langle G,s,t\rangle \mid G\text{ 是包含从 } s \text{ 到 } t \text{ 的哈密顿路径的有向图}\}$$

通过修改定理 7.12 给出的 $PATH$ 的蛮力算法，很容易获得 $HAMPATH$ 问题的指数时间算法。只需增加一项检查，验证可能的路径是哈密顿路径。没有人知道 $HAMPATH$ 是否能在多项式时间内求解。

$HAMPATH$ 问题还具有一个特点，称为**多项式可验证性**（polynomial verifiability），这对于理解它的复杂性很重要。虽然还不知道一种快速（即多项式时间）的方法来确定图中是否包含哈密顿路径，但是如果以某种方式（可能采用指数时间算法）找到这样的路径，就能很容易让人相信它的存在，这只需给出它即可。换言之，验证哈密顿路径的存在性可能比确定它的存在性容易得多。

另一个多项式可验证的问题是合数性。回忆一下，当一个自然数是两个大于 1 的整数的乘积时，称该自然数为**合数**（composite）（即合数就是非素数的数）。令

$$COMPOSITES=\{x \mid x=pq\text{，整数 } p,q>1\}$$

虽然不知道判定该问题的多项式时间算法，但是能轻易地验证一个数是合数——只需要该数的一个因子即可。最近，发现了一个可验证某数是素数还是合数的多项式时间算法，但它比前面提到的合数性验证方法更复杂。

有些问题可能不是多项式可验证的。例如，$\overline{HAMPATH}$，即 $HAMPATH$ 问题的补问题。尽管能够（以某种方式）判定图中没有哈密顿路径，但如果不采用原先做判定时用的那个指数时间算法，就没有其他办法让别人验证它的不存在性。下面是形式化的定义。

定义 7.15　语言 A 的**验证机**（verifier）是一个算法 V，这里

$$A=\{w \mid \text{对某个字符串 } c\text{，}V\text{ 接受}\langle w,c\rangle\}$$

因为只根据 w 的长度来度量验证机的时间，所以**多项式时间验证机**（polynomial time verifier）在 w 的长度的多项式时间内运行。若语言 A 有一个多项式时间验证机，则称它为**多项式可验证的**（polynomially verifiable）。

验证机利用额外的信息（在定义 7.15 中用符号 c 表示）来验证字符串 c 是 A 的成员。该信息称为 A 的成员资格**证书**（certificate）或**证明**（proof）。注意，对于多项式验证机，证书具有多项式的长度（w 的长度），因为这是该验证机在它的时间界限内所能访问的全部信息长度。把该定义应用到语言 $HAMPATH$ 和 $COMPOSITES$ 上。

对于 *HAMPATH* 问题，字符串 $\langle G,s,t\rangle \in HAMPATH$ 的证书就只是一条从 s 到 t 的哈密顿路径。对于 *COMPOSITES* 问题，合数 x 的证书只是它的一个因子。在这两种情况下，当把证书交给验证机以后，它就能在多项式时间内检查输入是否在语言中。

定义 7.16　NP 是具有多项式时间验证机的语言类。

NP 类是重要的，因为它包含许多具有实际意义的问题。从前面的讨论可知，*HAMPATH* 和 *COMPOSITES* 都是 NP 的成员。*COMPOSITES* 也是 NP 的子集 P 的成员，但要证明这个更强的结论非常困难。术语 *NP* 即**非确定型多项式时间**（nondeterministic polynomial time），来源于使用非确定型多项式时间图灵机的另一特征。在 NP 中的问题有时被称为 NP 问题。

下面是一个在非确定型多项式时间内判定 *HAMPATH* 问题的非确定型图灵机（NTM）。回忆一下，在定义 7.9 中，定义非确定型机器的时间为最长计算分支所用的时间。

N_1＝"对输入 $\langle G,s,t\rangle$，这里 G 是包含结点 s 和 t 的有向图：

1. 写一列 m 个数 $p_1,p_2,\cdots,p_m$，m 是 G 的结点数。列中每一个数都是从 1 到 m 中非确定地挑选。
2. 在列中检查重复性，若发现有重复，则*拒绝*。
3. 检查 $s=p_1$ 和 $t=p_m$ 是否都成立。若有一个不成立，则*拒绝*。
4. 对于 1 到 $m-1$ 中的每一个 i，检查（p_i,p_{i+1}）是否是 G 的一条边。若有一个不是，则*拒绝*。否则，所有检查都通过了，*接受*。"

为了分析该算法并且验证它在非确定型多项式时间内运行，考察它的每一步骤。在步骤 1 中，非确定的选择显然在多项式时间内运行。在步骤 2 和 3 中，每一步是一次简单的检查，所以合起来它们仍在多项式时间内运行。最后，步骤 4 显然也在多项式时间内运行。于是，该算法在非确定型多项式时间内运行。

定理 7.17　一个语言在 NP 中，当且仅当它能被某个非确定型多项式时间图灵机判定。

证明思路　我们证明怎样把一个多项式时间验证机转化为等价的多项式时间 NTM 以及怎样反向转化。NTM 通过猜想证书来模拟验证机，验证机通过把接受分支作为证书来模拟 NTM。

证明　对于该定理从左向右的方向，设 $A\in$ NP，要证 A 被多项式时间 NTM N 判定。由 NP 的定义，存在 A 的多项式时间验证机 V。假设 V 是一个在时间 n^k 内运行的图灵机，构造 N 如下：

N＝"对长为 n 的输入 w：

1. 非确定地选择最长为 n^k 的字符串 c。
2. 在输入 $\langle w,c\rangle$ 上运行 V。
3. 若 V 接受，则*接受*；否则*拒绝*。"

为了证明该定理的另一个方向，假设 A 被多项式时间 NTM N 判定，构造多项式时间验证机 V 如下：

V＝"对输入 $\langle w,c\rangle$，这里 w，c 是字符串：

1. 在输入 w 上模拟 N，把 c 的每一个符号看作是对每一步所做的非确定性选择的描述（正如在定理 3.10 的证明中那样）。

2. 若 N 的当前计算分支接受，则接受；否则拒绝。” ■

类似于确定型时间复杂性类 TIME($t(n)$)，定义非确定型时间复杂性类 NTIME($t(n)$)。

定义 7.18 NTIME($t(n)$)=$\{L \mid L$ 是一个被 $O(t(n))$ 时间的非确定型图灵机判定的语言$\}$。

推论 7.19 NP=$\bigcup_k$NTIME(n^k)。

NP 类对于合理的非确定型计算模型的选择不敏感，因为所有这些模型都是多项式等价的。在描述和分析非确定型多项式时间算法时，遵循前面的确定型多项式时间算法的习惯。非确定型多项式时间算法的每一步必须在合理的非确定型计算模型上，在非确定的多项式时间内应该可以明显地实现。分析算法以证明每一分支最多使用多项式个步骤。

7.3.1 NP 中的问题举例

无向图中的一个**团**（clique）是一个子图，其中每两个结点都有边相连。k **团**（k-clique）就是包含 k 个结点的团。图 7-4 展示一个包含 5 团的图。

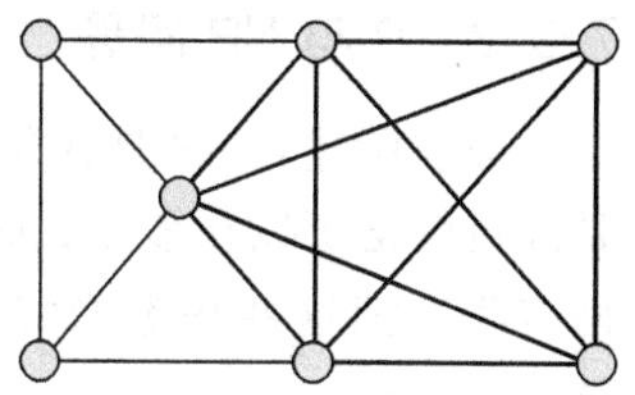

图 7-4 包含 5 团的图

团问题旨在判定一个图是否包含指定大小的团。令

$CLIQUE=\{\langle G,k\rangle \mid G$ 是包含 k 团的无向图$\}$

定理 7.20 $CLIQUE$ 属于 NP。

证明思路 团即是证书。

证明 下面是 $CLIQUE$ 的验证机 V。

V=“对输入 $\langle\langle G,k\rangle,c\rangle$：

1. 检查 c 是否是 G 中 k 个结点的子图。
2. 检查 G 是否包含连接 c 中结点的所有边。
3. 若两项检查都通过，则接受；否则，拒绝。”

另一种证明 如果读者喜欢从非确定型多项式时间图灵机的角度来理解 NP 类，那么可以通过给出判定 $CLIQUE$ 的图灵机来证明本定理。注意这两种证明的相似性。

N=“对输入 $\langle G,k\rangle$，这里 G 是一个图：

1. 非确定地选择 G 中 k 个结点的子集 c。
2. 检查 G 是否包含连接 c 中结点的所有边。
3. 若是，则接受；否则拒绝。” ■

下面考虑与整数算术有关的问题 $SUBSET\text{-}SUM$。给定一个数集 $x_1,\cdots,x_k$ 和一个目标数 t，要判定在这个集合中是否有一个加起来等于 t 的子集。即

$SUBSET\text{-}SUM=\{\langle s,t\rangle \mid s=\{x_1,\cdots,x_k\}$，且存在

$\{y_1,\cdots,y_l\}\subseteq\{x_1,\cdots,x_k\}$ 使得 $\Sigma y_i=t\}$

例如，$\langle\{4,11,16,21,27\},25\rangle\in SUBSET\text{-}SUM$，因为 $4+21=25$。注意 $\{x_1,\cdots,x_k\}$ 和 $\{y_1,\cdots,y_l\}$ 被看作是**多重集**（multiset），因此允许元素重复。

定理 7.21 $SUBSET\text{-}SUM$ 属于 NP。

证明思路 子集就是证书。

证明 下面是 $SUBSET\text{-}SUM$ 的一个验证机 V。

V=“对输入 $\langle\langle S,t\rangle,c\rangle$：

1. 检查 c 是否是加起来等于 t 的数的集合。

2. 检查 S 是否包含 c 中的所有数。

3. 若两项检查都通过，则接受；否则拒绝。”

另一种证明 还可以通过给出判定 *SUBSET-SUM* 的非确定型多项式时间图灵机来证明本定理，如下所示：

N=“对输入 $\langle S,t\rangle$：

1. 非确定地选择 S 中的数的一个子集合 c。

2. 检查 c 是否是加起来等于 t 的数的集合。

3. 若检查通过，则接受；否则拒绝。” ■

注意这些集合的补集（$\overline{CLIQUE}$和$\overline{SUBSET\text{-}SUM}$）不是很明显地属于 NP。验证某种事物不存在好像要比验证它存在更加困难。我们定义另外一个复杂性类，称为 **coNP**，它包括 NP 中的语言的补语言。还不知道 **coNP** 是否与 NP 不同。

7.3.2 P 与 NP 问题

如前所述，NP 是在非确定型图灵机上多项式时间内可解的语言类，或者等价地说，是成员资格可以在多项式时间内验证的语言类。P 是成员资格可以在多项式时间内判定的语言类。把这些内容总结如下，其中，把多项式时间可解的粗略地称为“快速地”可解的。

P＝成员资格可以快速地判定的语言类。

NP＝成员资格可以快速地验证的语言类。

前面已经给出了语言的例子，如 *HAMPATH* 和 *CLIQUE*，它们是 NP 的成员，但不知道是否属于 P。多项式可验证性的能力似乎比多项式可判定性的能力大得多。但难以想象的是，P 和 NP 也有可能是相等的。现在还无法证明在 NP 中存在一个不属于 P 的语言。

P＝NP 是否成立的问题是理论计算机科学和当代数学中最大的悬而未决的问题之一。如果这两个类相等，那么所有多项式可验证的问题都将是多项式可判定的。大多数研究者相信这两个类是不相等的，因为人们已经投入了大量的精力为 NP 中的某些问题寻找多项式时间算法，但没人取得成功。研究者还试图证明这两个类是不相等的，但是这要求证明不存在快速算法来代替蛮力搜索。目前科学研究还无法做到这一步。图 7-5 显示了两种可能性。

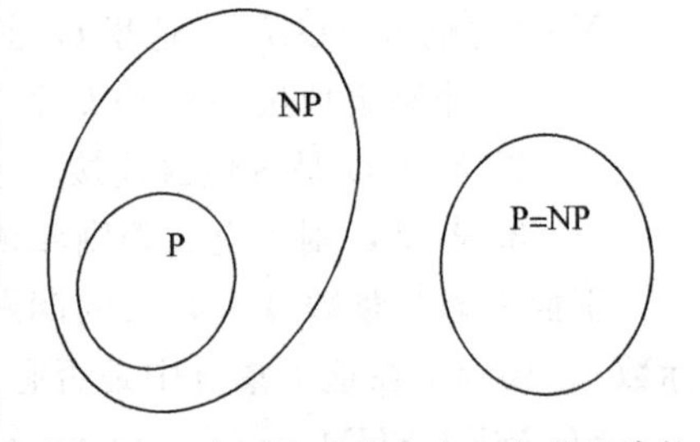

图 7-5 这两个可能中有一个是正确的

已知最好的判定语言是 NP 的确定型方法使用指数时间。换言之，可以证明

$$\mathrm{NP}\subseteq\mathrm{EXPTIME}=\bigcup_k \mathrm{TIME}(2^{n^k})$$

但是，不知道 NP 是否包含在某个更小的确定型时间复杂性类中。

7.4 NP 完全性

在 P 与 NP 问题上的一个重大进展是在 20 世纪 70 年代初由斯蒂芬·库克（Stephen Cook）和列奥尼德·列文（Leonid Levin）完成的。他们发现 NP 中某些问题的复杂性与整个类的复杂性相关联。这些问题中任何一个如果存在多项式时间算法，那么所有 NP 问题都是多项式时间可解的。这些问题称为 NP **完全的**（NP-complete）。NP 完全性现象对于理论与实践都具有重要意义。

在理论方面，试图证明 P 不等于 NP 的研究者可以把注意力集中到一个 NP 完全问题上。如果 NP 中的某个问题需要多于多项式时间，那么 NP 完全问题也一定如此。而且，试图证明 P 等于 NP 的研究者只需为一个 NP 完全问题找到多项式时间算法就可以达到目的了。

在实践方面，NP 完全性现象可以防止为某一具体问题浪费时间去寻找本不存在的多项式时间算法。虽然，可能缺乏足够的数学依据来证明该问题在多项式时间内不可解，但是我们相信 P 不等于 NP，所以，证明一个问题是 NP 完全的就成为它的非多项式性的一个强有力的证据。

给出的第一个 NP 完全问题称为**可满足性问题**（satisfiability problem）。回忆一下，取值为 TRUE 和 FALSE 的变量称为**布尔变量**（Boolean variable）（见 0.2 节）。通常用 1 表示 TRUE，用 0 表示 FALSE。**布尔运算**（Boolean operation）AND，OR，NOT 分别表示为 $\wedge$，$\vee$，$\neg$。这些运算在下表中描述。用上横线作为 $\neg$ 符号的缩写，所以 $\bar{x}$ 的意思是 $\neg x$。

$0\wedge 0=0$	$0\vee 0=0$	$\bar{0}=1$
$0\wedge 1=0$	$0\vee 1=1$	$\bar{1}=0$
$1\wedge 0=0$	$1\vee 0=1$	
$0\wedge 1=1$	$1\vee 1=1$	

布尔公式（Boolean formula）是包含布尔变量和运算的表达式。例如，

$$\phi=(\bar{x}\wedge y)\vee(x\wedge\bar{z})$$

是一个布尔公式。如果对变量的某个 0，1 赋值使得一个公式的值等于 1，则该布尔公式是**可满足的**（satisfiable）。上面的公式是可满足的，因为赋值 $x=0$，$y=1$，$z=0$ 使得 ϕ 的值为 1。称该赋值满足 ϕ。**可满足性问题**（satisfiability problem）就是判定一个布尔公式是否是可满足的。令

$$SAT=\{\langle\phi\rangle \mid \phi \text{ 是可满足的布尔公式}\}$$

现在表述一个把 SAT 问题的复杂性与 NP 中所有问题的复杂性联系起来的定理。

定理 7.22 $SAT\in$ P，当且仅当 P＝NP。

下面叙述该定理证明的核心方法。

7.4.1 多项式时间可归约性

在第 5 章中，定义了把一个问题归约到另一个问题的概念。当问题 A 归约到问题 B 时，B 的解就可以用来求解 A。现在定义一种关于计算效率的可归约性。当问题 A 有效地归约到问题 B 时，B 的有效解就可以用来有效地求解 A。

定义 7.23 若存在多项式时间图灵机 M，使得在任何输入 w 上，M 停机时 $f(w)$ 恰好在带子上，则称函数 $f:\Sigma^*\rightarrow\Sigma^*$ 为**多项式时间可计算函数**（polynomial time computable function）。

定义 7.24　语言 A 称为**多项式时间映射可归约**[㊀] (polynomial time mapping reducible) 到语言 B，或简称为**多项式时间可归约** (polynomial time reducible) 到 B，记为 $A\leqslant_P B$，若存在多项式时间可计算函数 $f:\Sigma^*\to\Sigma^*$，对于每一个 w，有

$$w\in A\Leftrightarrow f(w)\in B$$

函数 f 称为 A 到 B 的**多项式时间归约** (polynomial time reduction)。

多项式时间可归约性是 5.3 节定义的映射可归约性的有效近似。还有其他形式的有效可归约性，但是多项式时间可归约性是一种简单形式，而且就我们的目的而言也已足够，所以不在这里讨论其他形式。图 7-6 展示的是多项式时间可归约性。

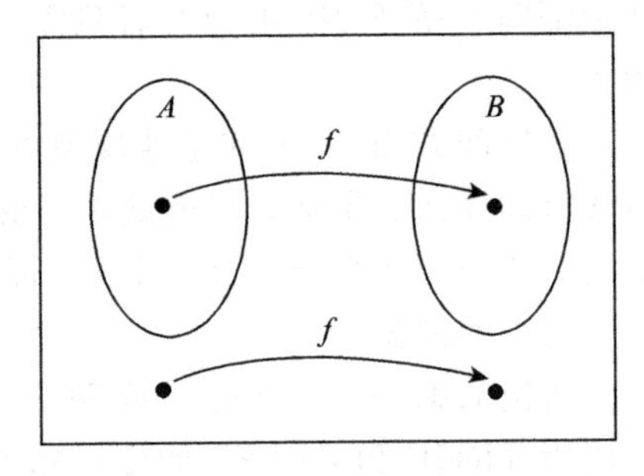

图 7-6　从 A 到 B 的多项式时间归约函数 f

如同一般的映射归约一样，A 到 B 的多项式时间归约提供了一种方法，把 A 的成员资格判定转化为 B 的成员资格判定，只是现在这种转化是有效地完成的。为了判定是否 $w\in A$，用归约 f 把 w 映射为 $f(w)$，然后判定是否 $f(w)\in B$。

如果一个语言能多项式时间可归约到另一个已知有多项式时间算法的语言，就可以获得第一个语言的多项式时间算法，如下面的定理所述。

定理 7.25　若 $A\leqslant_p B$ 且 $B\in P$，则 $A\in P$。

证明　设 M 是判定 B 的多项式时间算法，f 是从 A 到 B 的多项式时间归约。判定 A 的多项式时间算法 N 的描述如下：

N="对输入 w：

1. 计算 $f(w)$。
2. 在输入 $f(w)$ 上运行 M，输出 M 的输出。"

若 $w\in A$，则 $f(w)\in B$，因为 f 是从 A 到 B 的归约。于是，只要 $w\in A$，M 就接受 $f(w)$。另外，因为 N 的两个步骤都在多项式时间内运行，所以 N 在多项式时间内运行。注意，步骤 2 在多项式时间内运行是因为两个多项式的合成还是多项式。■

在进一步说明多项式时间归约之前，先介绍 3SAT，它是可满足性问题的一种特殊情况，因为其中所有公式都具有一种特殊形式。**文字** (literal) 是一个布尔变量或布尔变量的非，如 x 或 $\overline{x}$。**子句** (clause) 是由 $\vee$ 连接起来的若干文字，如 $(x_1\vee\overline{x_2}\vee\overline{x_3}\vee x_4)$。一个布尔公式若是由 $\wedge$ 连接的若干子句组成，则为**合取范式** (conjunctive normal form) 的，称它为 **cnf 公式**，如

$$(x_1\vee\overline{x_2}\vee\overline{x_3}\vee\overline{x_4})\wedge(x_3\vee\overline{x_5}\vee\overline{x_6})\wedge(x_3\vee\overline{x_6})$$

若所有子句都有三个文字，则为 **3cnf 公式**，如

$$(x_1\vee\overline{x_2}\vee\overline{x_3})\wedge(x_3\vee\overline{x_5}\vee x_6)\wedge(x_3\vee\overline{x_6}\vee x_4)\wedge(x_4\vee x_5\vee x_6)$$

令 $3SAT=\{\langle\phi\rangle\mid\phi$ 是可满足的 3cnf 公式$\}$。如果一个赋值满足一个 cnf 公式，那么每一个子句必须至少包含一个值为 1 的文字。

下面的定理给出从 3SAT 问题到 CLIQUE 问题的多项式时间归约。

㊀ 某些其他教科书称它为**多项式时间多一可归约性** (polynomial time many-one reducibility)。

定理 7.26 3SAT 多项式时间可归约到 CLIQUE。

证明思路 给出从 3SAT 到 CLIQUE 的多项式时间归约 f，它把公式转化为图。在构造的图中，指定大小的团对应于公式的满足赋值。图中的结构被设计好用来模拟变量和子句的作用。

证明 设 ϕ 是 k 个子句的公式，如

$$\phi=(a_1 \vee b_1 \vee c_1) \wedge (a_2 \vee b_2 \vee c_2) \wedge \cdots \wedge (a_k \vee b_k \vee c_k)$$

归约 f 生成字符串 $\langle G,k\rangle$，其中 G 是如下定义的无向图。

G 中的结点分成 k 组，每组三个结点，称为**三元组**（triple）$t_1,\cdots,t_k$。每个三元组对应于 ϕ 中的一个子句，三元组中的每个结点对应于相应子句的一个文字。G 的每个结点用它对应的 ϕ 中的文字做标记。

除两种情形以外，G 的边连接了所有的结点对。同一个三元组内的结点无边相连，相反标记的两个结点无边相连，如 x_2 和 $\overline{x_2}$。例如当 $\phi=(x_1 \vee x_1 \vee x_2) \wedge (\overline{x_1} \vee \overline{x_2} \vee \overline{x_2}) \wedge (\overline{x_1} \vee x_2 \vee x_2)$ 时，图 7-7 表示了这种构造。

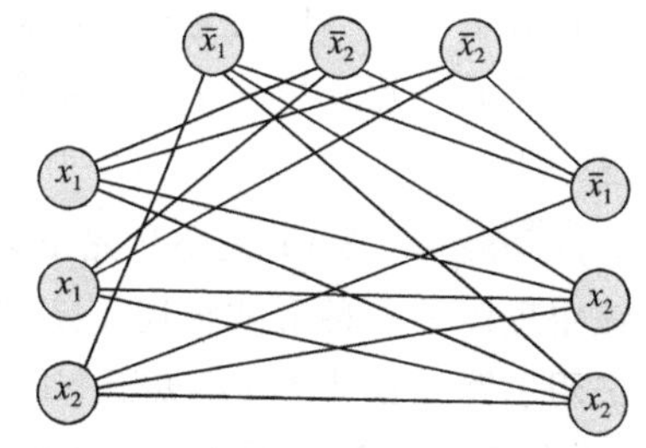

图 7-7 归约从 $\phi=(x_1 \vee x_1 \vee x_2) \wedge (\overline{x_1} \vee \overline{x_2} \vee \overline{x_2}) \wedge (\overline{x_1} \vee x_2 \vee x_2)$ 生成的图

现在说明这种构造为何能发挥作用，证明 ϕ 是可满足的当且仅当 G 有 k-团。

假定 ϕ 有满足赋值。在满足赋值下，每个子句中至少一个文字为真。在 G 的每个三元组中，选择在该满足赋值下为真的文字对应的结点。如果在某一子句中不止一个文字为真，任意选择一个真文字即可。选择出来的结点将恰好形成一个 k-团。因为是从 k 个三元组中的每一个中挑选一个结点，所以选择的结点数为 k。每一对选中的结点都有边相连，它们都不是前面描述的两种例外情形。它们不可能来自同一三元组，因为从每个三元组中只选一个结点。它们也不可能有相反标记，因为它们关联的文字在该满足赋值下都为真。所以 G 包含 k-团。

假定 G 有 k-团。因为在同一个三元组中的结点都无边相连，所以团中的任何两个结点都不在同一个三元组中。因此 k 个三元组中的每一个都恰好包含团的一个结点。给 ϕ 的变量赋真值，使得标记团结点的每个文字都为真。这可以办到，因为具有相反标记的两个结点无边相连，所以不可能两个都在团中。给变量的这种赋值满足 ϕ，因为每个三元组包含一个团结点，所以每个子句包含一个赋值为 TRUE 的文字。ϕ 可满足。 ■

定理 7.25 和定理 7.26 说明，如果 CLIQUE 在多项式时间内可解，那么 3SAT 也如此。乍一看，这两个问题之间的联系显得很不寻常，因为表面上它们是非常不同的。但是多项式时间可归约性允许把它们的复杂性联系起来。现在转向一个定义，它允许用类似的方式把一整类问题的复杂性联系起来。

7.4.2 NP 完全性的定义

定义 7.27 如果语言 B 满足下面两个条件，就称为 **NP 完全的**（NP-complete）：

1. B 属于 NP，并且
2. NP 中的每个 A 都多项式时间可归约到 B。

定理 7.28 若上述的 B 是 NP 完全的，且 $B \in \mathrm{P}$，则 $\mathrm{P}=\mathrm{NP}$。

证明　从多项式时间可归约性的定义直接可得。■

定理 7.29　若上述的 B 是 NP 完全的，且 $B \leqslant_p C$，C 属于 NP，则 C 是 NP 完全的。

证明　已知 C 属于 NP，必须证明 NP 中每一个 A 都多项式时间可归约到 C。因为 B 是 NP 完全的，所以 NP 中的每个语言都多项式时间可归约到 B，而 B 又多项式时间可归约到 C。多项式时间归约是可以复合的，即若 A 多项式时间可归约到 B，且 C 多项式时间可归约到 B，则 A 多项式时间可归约到 C。因此 NP 中的每个语言都多项式时间可归约到 C。■

7.4.3　库克-列文定理

一旦有了一个 NP 完全问题，就可以从它出发，通过多项式时间归约得到其他 NP 完全问题。然而，建立第一个 NP 完全问题更加困难。现在，通过证明 SAT 是 NP 完全的来完成这一步。

定理 7.30　SAT 是 NP 完全的。[⊖]

该定理以另一种形式描述了定理 7.22。

证明思路　证明 SAT 属于 NP 是简单的，下面很快就要证明它。证明的难点是要证 NP 中的任何语言都多项式时间可归约到 SAT。

为此，给 NP 中的每一个语言 A 构造一个到 SAT 的多项式时间归约。A 的归约在字符串 w 上产生布尔公式 ϕ，用它模拟 A 的 NP 机器在输入 w 上的运行。如果机器接受，那么 ϕ 有一个满足赋值对应于接受计算。如果机器不接受，那么没有赋值能满足 ϕ。因此，当且仅当 ϕ 可满足时，w 属于 A。

实际上，虽然必须处理很多细节，但是构造一个以这种方式运算的归约在概念上是简单的。一个布尔公式可以包含布尔操作 AND，OR 和 NOT，这些操作形成了电子计算机中使用的电路的基础。因此，可以设计布尔公式来模拟图灵机这一事实毫不令人奇怪。细节在于这种思想的实现上。

证明　首先，证明 SAT 属于 NP。非确定型多项式时间机器可以猜测给定的公式 ϕ 的一个赋值，当赋值满足 ϕ 时接受。

下面，从 NP 中任取一个语言 A，证明 A 多项式时间可归约到 SAT。设 N 是在时间 n^k 内判定 A 的非确定型图灵机，k 是某个常数。（为了方便，实际上假定 N 在时间 n^k-3 内运行，但只有那些对细节感兴趣的读者可能会担心这个次要的地方。）下面的概念有助于描述该归约。

在 w 上，N 的对应**画面**（tableau）是一张 $n^k \times n^k$ 的表格，其中行代表 N 在输入 w 上的一个计算分支的格局，如图 7-8 所示。

为了方便，以后假定每一个格局都以符号 # 开始和结束，这样画面的第一列和最后一列都是 # 号。画面的第一行是 N 在 w 上的起始格局，每一行都根据 N 的转移函数从上一行得到。如果画面的某一行是接受格局，则称该画面为**接受的**（accepting）。

N 在 w 上的每一接受画面对应 N 在 w 上的一个计算分支。所以判定 N 是否接受 w 的问题等价于判定是否存在 N 在 w 上的接受画面的问题。

⊖　该定理的另一种证明出现在 9.3 节。

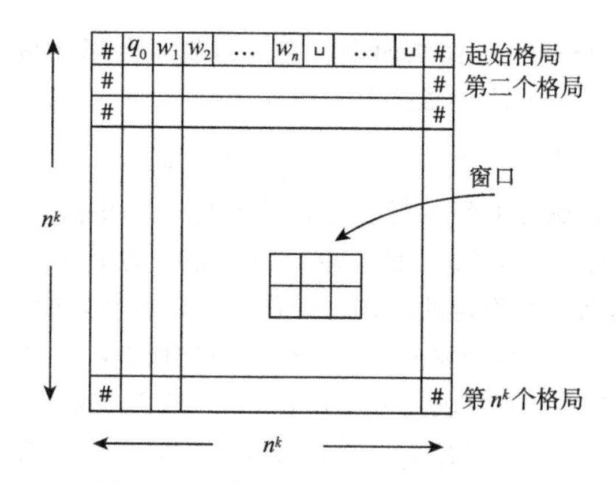

图 7-8　对应画面是 $n^k \times n^k$ 的格局表

现在开始描述从 A 到 SAT 的多项式时间归约 f 。在输入 w 上，该归约产生一个公式 ϕ。从描述 ϕ 的变量开始。设 Q 和 Γ 分别是 N 的状态集和带子字母表。令 $C=Q\cup\Gamma\cup\{\#\}$。对于每个介于 1 到 n^k 之间的 i 和 j 以及 C 中的每个 s，有一个变量 $x_{i,j,s}$。

$(n^k)^2$ 个画面格子中的每一格称为一个**单元**（cell）。第 i 行第 j 列的单元称为 cell$[i,j]$，并且包含 C 中的一个符号。用 ϕ 的变量表示单元中的内容。若 $x_{i,j,s}$取值 1，则意味着 cell$[i,j]$ 包含 s。

现在设计 ϕ，使得变量的一个满足赋值确实对应 N 在 w 上的一个接受画面。公式 ϕ 是四部分的 AND 运算：$\phi_{\text{cell}}\wedge\phi_{\text{start}}\wedge\phi_{\text{move}}\wedge\phi_{\text{accept}}$，依次描述每一部分。

如前面所述，开启变量 $x_{i,j,s}$对应于把符号 s 放进 cell$[i,j]$。为了获得在赋值与画面之间的对应，必须保证的第一件事是赋值为每个单元恰好开启一个变量。公式 ϕ_{cell}确保这一要求，它用布尔运算的语言来表达这一点：

$$\phi_{\text{cell}}=\bigwedge_{1\leqslant i,j\leqslant n^k}\left[\left(\bigvee_{s\in C}x_{i,j,s}\right)\wedge\left(\bigwedge_{\substack{s,t\in C\\ s\neq t}}(\overline{x_{i,j,s}}\vee\overline{x_{i,j,t}})\right)\right]$$

符号 $\wedge$ 和 $\vee$ 代表反复出现的 AND 和 OR。例如，上面公式中的一部分

$$\bigvee_{s\in C}x_{i,j,s}$$

是下式的缩写：

$$x_{i,j,s_1}\vee x_{i,j,s_2}\vee\cdots\vee x_{i,j,s_l}$$

其中 $C=\{s_1,s_2,\cdots,s_l\}$。因此，ϕ_{cell}实际上是一个长的表达式，它为画面中的每个单元包含一个片段，因为 i 和 j 从 1 变到 n^k。每一片段的第 1 部分称在相应单元中至少一个变量被开启。每一片段的第 2 部分称在相应单元中至多一个变量被开启（照字面意思就是说，每一对变量中至少有一个被关闭）。这些片段由 $\wedge$ 运算连接起来。

ϕ_{cell}在方括号中的第 1 部分规定，至少有一个与每个单元相关联的变量开启；而第 2 部分规定，对每个单元只有一个变量开启。满足 ϕ（从而也满足 ϕ_{cell}）的任何变量赋值必定使得对每个单元恰好开启一个变量。于是，任何满足赋值都给表中的每个单元指定了一个符号。ϕ_{start}，ϕ_{move}和 ϕ_{accept}等部分保证该表格确实是一个接受画面，如下。

公式 ϕ_{start}保证表的第一行是 N 在 w 上的起始格局，它明确规定相应的变量是开启的：

$$\phi_{\text{start}}=x_{1,1,\#}\wedge x_{1,2,q_0}\wedge x_{1,3,w_1}\wedge x_{1,4,w_2}\wedge\cdots\wedge x_{1,n+2,w_n}$$
$$\wedge\, x_{1,n+3,\sqcup}\wedge\cdots\wedge x_{1,n^k-1,\sqcup}\wedge x_{1,n^k,\#}$$

公式 ϕ_{accept} 保证接受格局出现在画面中。它通过规定开启相应变量之一来确保 q_{accept}（即表示接受状态的符号）出现在画面的某一单元中：

$$\phi_{\text{accept}}=\bigvee_{1\leqslant i,j\leqslant n^k} x_{i,j,q_{\text{accept}}}$$

最后，公式 ϕ_{move} 保证画面的每一行都对应于从上一行的格局按照 N 的规则合法转移得到的格局。它通过确保每一个 2×3 窗口单元都是合法的来保证这一点。如果一个2×3的窗口不违反由 N 的转移函数指定的动作，则称该窗口是**合法的**（legal）。换言之，如果它可以出现在从一个格局正确地转移到另一个格局的过程中，该窗口就称为合法的。[⊖]

例如，设 a，b，c 是带子字母表的成员，q_1 和 q_2 是 N 的状态。假设在状态 q_1，读写头读取 a 时，N 写一个 b，仍在状态 q_1，并且右移。在状态 q_1，读写头读取 b 时，N 非确定地：

1. 写一个 c，进入状态 q_2 并左移，或者
2. 写一个 a，进入状态 q_2 并右移。

形式地表示为 $\delta(q_1,\text{a})=\{(q_1,\text{b},\text{R})\}$，$\delta(q_1,\text{b})=\{(q_2,\text{c},\text{L}),(q_2,\text{a},\text{R})\}$。该机器的合法窗口的例子如图 7-9 所示。

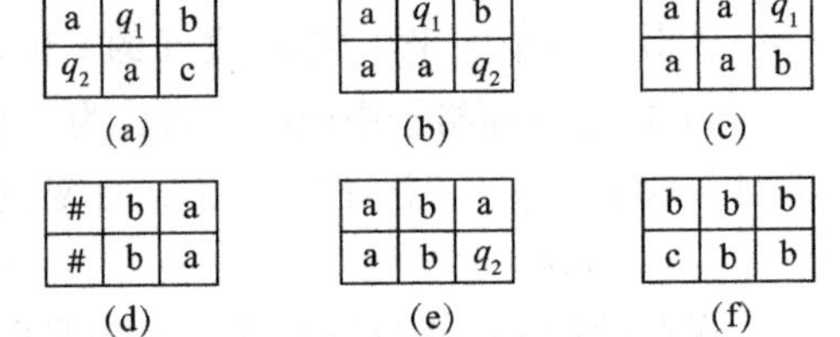

图 7-9 合法窗口示例

在图 7-9 中，窗口（a）、（b）是合法的，因为转移函数允许 N 以指明的方式移动。窗口（c）是合法的，因为 q_1 出现在顶行的右边，我们不知道读写头在什么符号上边。那个符号可能是 a，q_1 可以把它变为 b，并且向右移。这就有可能产生该窗口，所以它不违反 N 的规则。窗口（d）显然是合法的，因为顶行与底行是相同的，当读写头与窗口的位置不相邻时就会出现这种情况。注意在合法窗口中，# 可以出现在顶行和底行的左边或右边。窗口（e）是合法的，因为紧靠顶行的右边可能就是状态 q_1 读取符号 b，然后左移使状态 q_2 出现在底行的右边。最后，窗口（f）是合法的，因为状态 q_1 可能紧挨着顶行的左边，它把 b 变为 c，然后左移。

图 7-10 所示的窗口对于机器 N 不是合法的。

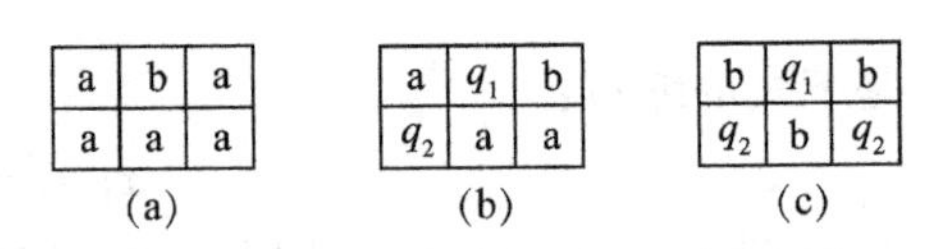

图 7-10 非法窗口示例

在窗口（a）中，顶行中间的符号不会改变，因为没有状态与它相邻。窗口（b）不是合法的，因为转移函数指明 b 应变为 c 而不是 a。窗口（c）不是合法的，因为在底行出现了两个状态。

断言 7.31 如果画面的顶行是起始格局，画面中的每一个窗口都是合法的，那么画面的每一行都是从上一行合法转移得到的格局。

为证明该断言，考虑画面中任何两个相邻格局，称为上格局和下格局。在上格局中，每一个包含带子符号且不与状态符号相邻的单元都是某个窗口顶行的中间单元且窗口顶行不含状态。因此该符号必定保持不变，出现在窗口的底行中间，即出现在底行格局的同一位置。

窗口顶行的中间单元包含着状态符号，这就使相应的三个位置按照转移函数的要求一

⊖ 在这里可以根据转移函数给出**合法窗口**（legal window）的精确定义。但这么做是非常乏味的，而且使人从证明主线上分散精力。想要更精确定义的读者可以参考定理 5.11（即波斯特对应问题）的证明中的有关分析。

致更新。因此，如果上格局是合法格局，那么下格局也是，并且下格局是根据 N 的规则从上格局转移得到。注意，这个证明显然易懂，但它的关键依赖于选择了大小为 2×3 的窗口，如问题 7.26 所说明的。

现在转向 ϕ_{move} 的构造，它规定画面中的所有窗口都是合法的。每个窗口包含 6 个单元，它们可以用固定数目的方式设置为合法窗口。公式 ϕ_{move} 指出，这 6 个单元的设置必须是这几种方式之一，即

$$\phi_{\text{move}}=\bigwedge_{1\leqslant i<n^k,1<j<n^k}((i,j)\text{-窗口是合法的})$$

位于 (i,j)-窗口顶部居中位置的是单元 $[i,j]$。把这个公式中的文字“(i,j)-窗口是合法的”替换为下面的公式，把窗口的 6 个单元的内容写为 $a_1,\cdots,a_6$：

$$\bigvee_{\substack{a_1,\cdots,a_6\\ \text{是一个合法窗口}}}(x_{i,j-1,a_1}\wedge x_{i,j,a_2}\wedge x_{i,j+1,a_3}\wedge x_{i+1,j-1,a_4}\wedge x_{i+1,j,a_5}\wedge x_{i+1,j+1,a_6})$$

下面分析归约的复杂性，证明它在多项式时间内完成。为此考察 ϕ 的大小。首先，估计一下它的变量的数目。回忆一下，画面是一个 $n^k\times n^k$ 表格，所以它包含 n^{2k} 个单元。每个单元有与它相关联的 l 个变量，l 是 C 中符号的数目。因为 l 只依赖于图灵机 N，而不依赖于输入的长度 n，所以变量总数是 $O(n^{2k})$。

估计一下 ϕ 的每个部分的大小。对画面的每个单元，公式 ϕ_{cell} 包含固定长度的公式片段，所以长度为 $O(n^{2k})$。公式 ϕ_{start} 对顶行的每个单元包含一个片段，所以长度为 $O(n^k)$。公式 ϕ_{move} 和 ϕ_{accept} 对画面的每个单元包含固定长度的公式片段，所以它们的长度为 $O(n^{2k})$。于是，ϕ 的总长为 $O(n^{2k})$。该结果完全符合目标，因为它说明 ϕ 的长度是 n 的多项式。如果长度超过了多项式关系，那么该归约将不可能在多项式时间内生成它。（实际上我们少估了一个 $O(\log n)$ 因子，因为每个变量的下标可以达到 n^k，要把它们写进公式可能需要 $O(\log n)$ 个符号。但是这个外加的因子不改变结果的多项式特性。）

为看出能在多项式时间内生成该公式，注意它的高度重复性。公式的每一部分由许多几乎相同的片段组成，只是在下标上有简单的变化。因此可以容易地构造一个归约，在多项式时间内从输入 w 生成 ϕ。 ■

这样就完成了库克-列文定理的证明，证明 SAT 是 NP 完全的。证明其他语言的 NP 完全性通常不需要这样长的证明。NP 完全性还可以通过从一个已知为 NP 完全的语言出发的多项式时间归约来证明。为此可以用 SAT，但是用 $3SAT$（即在定理 7.26 之前定义的 SAT 的特殊情况）通常更加容易。回忆一下，$3SAT$ 的公式是合取范式形式的，每个子句有三个文字。首先，必须证明 $3SAT$ 自己是 NP 完全的。把它作为定理 7.30 的推论来证明。

推论 7.32 $3SAT$ 是 NP 完全的。

证明 显然 $3SAT$ 属于 NP，所以只需证明 NP 中的所有语言都在多项式时间内归约到 $3SAT$。为证明这一点，一种方法是证明 SAT 多项式时间归约到 $3SAT$。这里改用另一种方法，修改定理 7.30 的证明，使得它直接产生每个子句有三个文字的合取范式形式的公式。

定理 7.30 产生的公式已经几乎是合取范式形式的了。公式 ϕ_{cell} 是子公式的大合取，每个子公式包含一个大析取以及析取的大合取。因此 ϕ_{cell} 是子句的合取，已经是 cnf 形式

了。公式 ϕ_{start} 是变量的大合取。把每个变量看作长为 1 的子句，就能看出 ϕ_{start} 是 cnf。公式 ϕ_{accept} 是变量的大析取，因此是单个子句。公式 ϕ_{move} 是唯一一个还不是 cnf 的公式，但是可以容易地把它转化为 cnf 形式的公式，如下所述。

回忆一下，ϕ_{move} 是子公式的大合取，每个子公式是合取的析取，描述了所有可能的合法窗口。第 0 章描述的分配律指出，可以把合取的析取替换为等价的析取的合取。这么做可能会极大地增加每个子公式的长度，但是 ϕ_{move} 的总长只可能增加常数倍，因为每个子公式的长度只依赖于 N。结果是合取范式形式的公式。

现在已经把公式写成 cnf 形式了，再把它转化为每个子句拥有三个文字的形式。在当前拥有一个或两个文字的子句中，复制其中一个文字，使得文字总数达到 3。在拥有超过 3 个文字的子句中，把它分裂为几个子句，额外添加一些变量来保持原公式的可满足性或不可满足性。

例如，把子句 $(a_1 \vee a_2 \vee a_3 \vee a_4)$（其中每个 a_i 是一个文字）替换为两个子句的表达式 $(a_1 \vee a_2 \vee z) \wedge (\bar{z} \vee a_3 \vee a_4)$，其中 z 是新变元。如果 a_i 的某种赋值满足原来的子句，则可以找到 z 的某种赋值，使得这两个新子句被满足，反之亦然。一般地说，如果子句包含 l 个文字，如

$$(a_1 \vee a_2 \vee \cdots \vee a_l)$$

则可以用 $l-2$ 个子句替换它，如

$$(a_1 \vee a_2 \vee z_1) \wedge (\overline{z_1} \vee a_3 \vee z_2) \wedge (\overline{z_2} \vee a_4 \vee z_3) \wedge \cdots \wedge (\overline{z_{l-3}} \vee a_{l-1} \vee a_l)$$

容易验证，新公式是可满足的当且仅当原来的公式是可满足的，证毕。■

7.5　几个 NP 完全问题

NP 完全性现象是很广泛的，众多领域中都有 NP 完全问题。由于某些没有被深入认识的原因，多数自然出现的 NP 问题不是 P 类就是 NP 完全的。如果在为一个新的 NP 问题寻找多项式时间算法，付出部分精力尝试证明它是 NP 完全的是一种明智的做法，因为这样可以防止去寻找一个并不存在的多项式时间算法。

本节再给出几个定理，证明几个不同的语言是 NP 完全的。这些定理为同类问题的证明技巧提供了示例。一般策略是给出从 $3SAT$ 到该语言的多项式时间归约，如果更加方便的话，有时也从其他 NP 完全语言归约。

在构造从 $3SAT$ 到一个语言的多项式时间归约时，我们寻找这个语言中能模拟布尔公式的变量和子句的结构，这种结构有时称为**构件**（gadget）。例如，在定理 7.26 中给出的从 $3SAT$ 到 $CLIQUE$ 的归约中，结点模拟变量，结点的三元组模拟子句。一个具体的结点可以是也可以不是团的成员，这对应于一个变量在满足赋值中可以是真，也可以不是真。每个子句必须包含赋值为真的文字。相应地，每个三元组必须包含团的一个结点（团要达到规定的大小）。下面是定理 7.26 的推论，说明 $CLIQUE$ 是 NP 完全的。

推论 7.33　$CLIQUE$ 是 NP 完全的。

7.5.1　顶点覆盖问题

若 G 是无向图，则 G 的**顶点覆盖**（vertex-cover）是结点的一个子集，使得 G 的每条边都与子集中的结点之一相关联。顶点覆盖问题旨在确定图中是否存在指定规模的顶点覆盖：

$VERTEX\text{-}COVER=\{\langle G,k\rangle \mid G$ 是具有 k 个结点的顶点覆盖的无向图$\}$

定理 7.34　*VERTEX-COVER* 是 NP 完全的。

证明思路　要证明 *VERTEX-COVER* 是 NP 完全的，必须证明它属于 NP 且 NP 中的所有问题都能多项式时间归约到它。第一部分较容易：证书就是一个规模为 k 的顶点覆盖。通过证明 *3SAT* 多项式时间可归约到 *VERTEX-COVER* 来证明第二部分。该归约将一个 3cnf 公式 ϕ 转换为一个图 G 和数值 k，且只要 G 中有 k 个结点的顶点覆盖，ϕ 就能够被满足。转换是在不知道 ϕ 能否被满足的情况下完成的。实际上，G 模拟了 ϕ。该图包含着构件、模拟公式中的变量和子句。设计这些构件需要一点独出心裁的巧思。

对于变量构件，在 G 中寻找一种结构，它以两种可能的方式之一参与到顶点覆盖中，正好对应变量的两种可能的真实赋值。变量构件包含两个被一条边连接的结点。这种结构之所以有效是因为两个结点之一一定会出现在顶点覆盖中。任意地将两个结点分别与 TRUE 和 FALSE 关联起来。

对于子句构件，要寻找这样的结构：它使得顶点覆盖所包含的变量构件结点中，至少有一个结点对应着该子句中至少一个取值为真的文字。这个构件包含三个结点及它们相连的边，这样任何一个顶点覆盖都一定会包含它的至少两个结点，或者是全部三个结点。如果构件结点中的一个只是有助于覆盖仅仅一条边，则顶点覆盖中只需包括另外两个结点，也就是对应的文字满足了该子句的情况。否则，三个结点都必须覆盖。最后，选择 k 值使得找到的顶点覆盖一个结点对应一个变量构件，两个结点对应一个子句构件。

证明　这里给出一个从 *3SAT* 到 *VERTEX-COVER* 的在多项式时间内运算的归约的细节内容，该归约把布尔公式 ϕ 映射为一个图 G 和值 k。对于 ϕ 中的每个变量 x，产生一条连接着两个结点的边。把这个构件中的两个结点标记为 x 和 $\overline{x}$。把 x 赋值为 TRUE 对应于顶点覆盖选择该边的左结点，而赋值为 FALSE 对应于标记为 $\overline{x}$ 的结点。

对应于子句的构件稍有点复杂。每个子句的构件是用该子句的三个文字标记的结点组成的三元组。这三个结点互相连接，并且与变量构件中具有相同标记的结点相连接。因此出现在 G 中的结点总数是 $2m+3l$，其中 ϕ 有 m 个变量和 l 个子句。令 k 等于 $m+2l$。

例如，若 $\phi=(x_1 \vee x_1 \vee x_2)\wedge(\overline{x_1}\vee\overline{x_2}\vee\overline{x_2})\wedge(\overline{x_1}\vee x_2\vee x_2)$，归约从 ϕ 产生 $\langle G,k\rangle$，这里 $k=8$，G 的形状如图 7-11 所示。

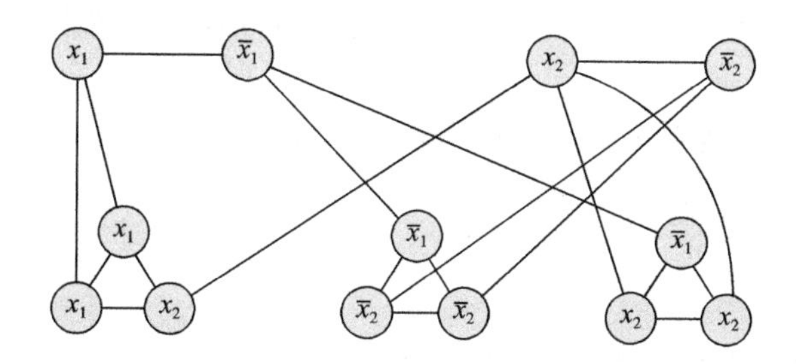

图 7-11　归约从 $\phi=(x_1 \vee x_1 \vee x_2)\wedge(\overline{x_1}\vee\overline{x_2}\vee\overline{x_2})\wedge(\overline{x_1}\vee x_2\vee x_2)$ 产生的图

为证明该归约满足要求，需要证明 ϕ 可满足当且仅当 G 有 k 个结点的顶点覆盖。从一个满足赋值开始，首先把变量构件中对应于赋值中真文字的结点放入顶点覆盖中。然后，在每个子句中挑选一个真文字，把每个子句构件中剩下的两个结点放入顶点覆盖中，现在

共有 k 个结点。它们覆盖所有边，因为显然每个变量构件的边被覆盖了，在每个子句构件中的所有三条边也被覆盖了，所有介于变量构件和子句构件之间的边也被覆盖了。所以 G 有 k 个结点的顶点覆盖。

其次，如果 G 有 k 个结点的顶点覆盖，通过构造满足赋值来证明 ϕ 是可满足的。为了覆盖变量构件的边和子句构件的三条边，顶点覆盖必须包含每个变量构件的一个结点以及每个子句构件的两个结点。这就占用了全部顶点覆盖的结点，没有剩余的份额。选取变量构件中在顶点覆盖中的结点，把相应的文字赋值为真。这个赋值满足 ϕ，因为连接变量构件和每个子句构件的三条边都被覆盖了，而子句构件中只有两个结点在顶点覆盖中，所以其中一条边必定被变量构件中的一个结点覆盖，因此赋值满足相应的子句。■

7.5.2　哈密顿路径问题

回忆一下，哈密顿路径问题是问输入图是否包含从 s 到 t 恰好经过每个结点一次的路径。

定理 7.35　*HAMPATH* 是 NP 完全的。

证明思路　在 7.3 节已经证明了 *HAMPATH* 属于 NP 的。为证每个 NP 问题多项式时间可归约到 *HAMPATH*，我们证明 3SAT 多项式时间可归约到 *HAMPATH*。给出一种方法，把 3cnf 公式转化为图，使得图中的哈密顿路径对应于公式的满足赋值。图中包含模拟变量和子句的构件。变量构件是一个钻石结构，可以两种方式之一经过，对应于两种真值赋值。子句构件是一个结点，保证路径经过每个子句构件对应于保证在满足赋值中每个子句都被满足。

证明　前面已经证明 *HAMPATH* 属于 NP，还需要做的就是证明 $3SAT \leqslant_p HAMPATH$。对于每个 3cnf 公式 ϕ，我们说明怎样构造一个包含两个结点 s 和 t 的有向图 G，使得 s 和 t 之间存在哈密顿路径当且仅当 ϕ 可满足。

从包含 k 个子句的 3cnf 公式 ϕ 开始构造：

$$\phi=(a_1 \vee b_1 \vee c_1) \wedge (a_2 \vee b_2 \vee c_2) \wedge \cdots \wedge (a_k \vee b_k \vee c_k)$$

其中每个 a，b，c 是文字 x_i 或 $\overline{x_i}$。设 $x_1,\cdots,x_l$ 是 ϕ 的 l 个变量。

现在说明怎样把 ϕ 转化为图 G。构造的图 G 使用不同的部分表示出现在 ϕ 中的变量和子句。

把每个变量 x_i 表示为一个包含一行水平结点的钻石形结构，如图 7-12 所示。随后说明水平行包含的结点数。

把 ϕ 的每个子句表示为单个结点，如图 7-13 所示。

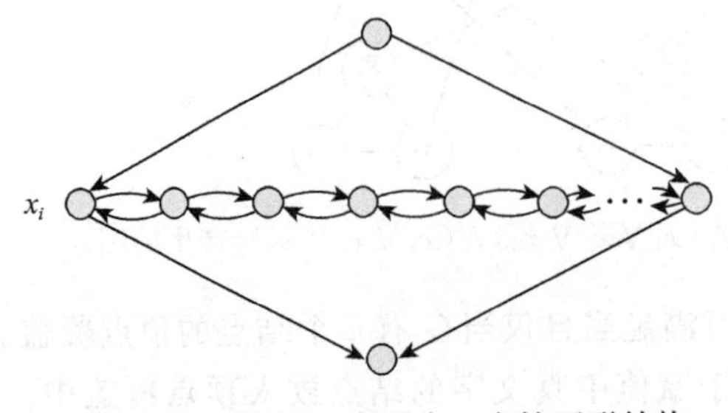

图 7-12　变量 x_i 表示为一个钻石形结构

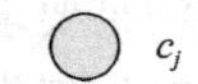

图 7-13　把子句 c_j 表示为结点

图 7-14 描绘了 G 的全局结构。除了表示变量与子句（它包含着这些变量）关系的边没有画出以外，它展示了 G 的所有元素及其相互关系。

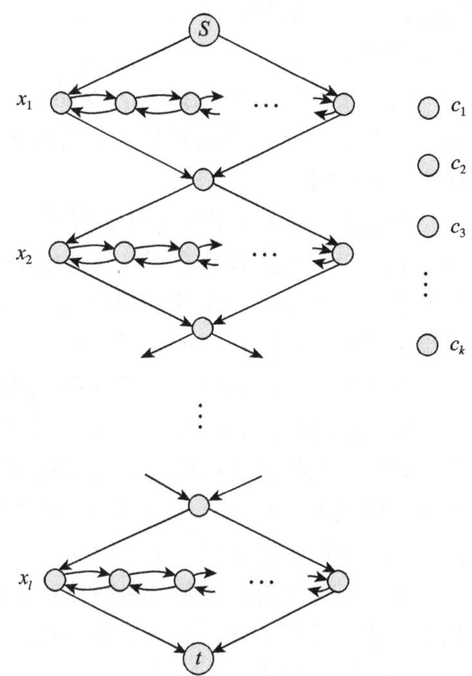

图 7-14　G 的高层结构

下面说明怎样把代表变量的钻石与代表子句的结点连接起来。每个钻石结构都包含一行水平结点，它们由两个方向的边连接起来。在水平行上除了钻石两端的两个结点以外，还包含 $3k+1$ 个结点。这些结点被分成相邻的对，每个子句一对，并且用另外的结点把这些结点对分隔开，如图 7-15 所示。

如果变量 x_i 出现在子句 c_j 中，则把图 7-16 所示两条从第 i 个钻石的第 j 对结点到第 j 个子句结点的边添加进去。

如果 $\overline{x_i}$ 出现在子句 c_j 中，则把图 7-17 所示两条从第 i 个钻石的第 j 对结点到第 j 个子句结点的边添加进去。

把每一子句中出现的每个 x_i 或 $\overline{x_i}$ 所对应的边都添加进去以后，G 的构造就完成了。为了说明这种构造满足要求，我们断言，如果 ϕ 是可满足的，则从 s 到 t 存在哈密顿路径；反之，如果存在这样的路径，则 ϕ 是可满足的。

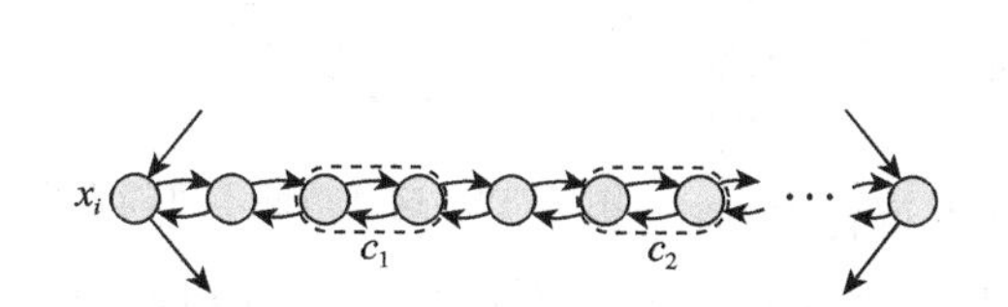

图 7-15　在钻石结构中的水平结点

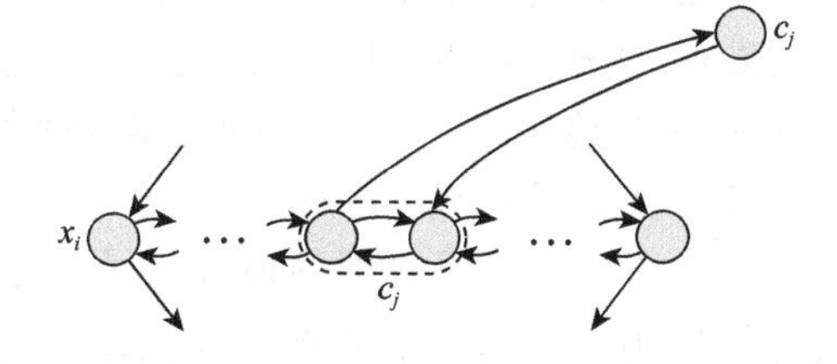

图 7-16　当子句 c_j 包含 x_i 时添加的边

假设 ϕ 是可满足的。为了展示从 s 到 t 的哈密顿路径，首先忽略子句结点。路径从 s 开始，依次经过每个钻石，到 t 终止。为了经过钻石中的水平结点，该路径从左到右（左-右式），或者从右到左（右-左式）曲折前进，由 ϕ 的满足赋值决定是哪一种方式。如果 x_i 赋值为 TRUE，就以左-右式通过相应的钻石。如果 x_i 赋值为 FALSE，就以右-左式。图 7-18 展示了这两种可能。

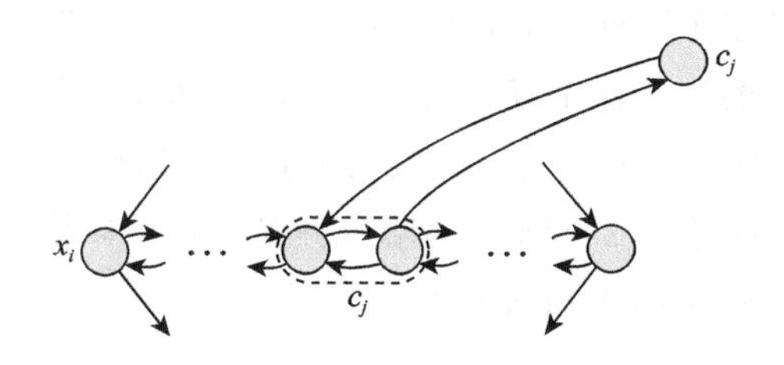

图 7-17　当子句 c_j 包含 $\overline{x_i}$ 时添加的边

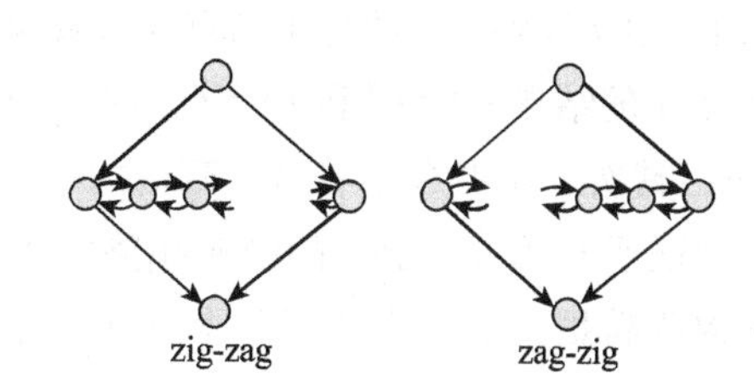

图 7-18　左-右式和右-左式通过钻石，由满足赋值决定

迄今为止，该路径覆盖了 G 中除子句结点以外的所有结点。通过在水平结点上增加迂回路，可以轻易地把子句结点纳入路径中。在每个子句中，选择一个被满足赋值赋为 TRUE 的文字。

如果在子句 c_j 中选择 x_i，就能在第 i 个钻石的第 j 对结点上绕行。可以这样做是因为 x_i 必定是 TRUE，该路径从左到右通过相应的钻石。所以连到结点 c_j 的边的次序正好允许绕行并返回。

类似地，如果在子句 c_j 中选择了 $\overline{x_i}$，就能在第 i 个钻石的第 j 对结点上绕行，因为 x_i 必定是 FALSE，该路径从右到左通过相应的钻石。所以连到结点 c_j 的边的次序正好也允许绕行并返回。(注意，子句中的每个真文字都给经过子句结点的绕行提供了一种选择。结果是，如果子句中有几个文字为真，则只选取一条迂回路。) 这样就构造好了所需的哈密顿路径。

对于相反方向的证明，若 G 有一条从 s 到 t 的哈密顿路径，给出一个 ϕ 的满足赋值。若该哈密顿路径是*正规的*，即除了到子句结点的绕行以外，它从上到下依次通过每个钻石，则容易获得满足赋值。若它以左-右式通过钻石，则把相应变量赋为 TRUE；若是右-左式，则赋为 FALSE。因为每个子句结点都出现在路径上，通过观察经过它的迂回路线的情况，可以确定相应的子句中哪个文字为 TRUE。

现在还需证明的就是哈密顿路径肯定是正规的。违反正规性的唯一途径是路径从一个钻石进入子句结点，却返回到另一个钻石，如图 7-19 所示。

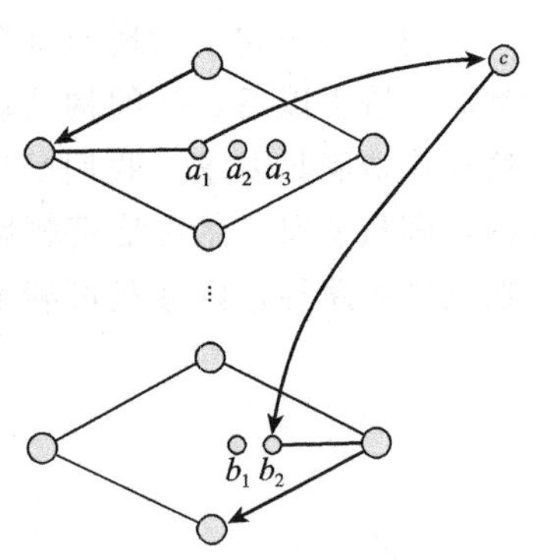

图 7-19　这种情况不可能发生

路径从结点 a_1 到 c，但是没有返回到同一钻石的 a_2，而是返回到不同钻石的 b_2。若是这样，则 a_2 或者 a_3 必定是分隔结点。如果 a_2 是分隔结点，则进入 a_2 的边只能来自 a_1 和 a_3。如果 a_3 是分隔结点，则 a_1 和 a_2 在同一子句对中，因此进入 a_2 的边只能来自 a_1，a_3 和 c。在这两种情况下，该路径都不可能包含结点 a_2。它不可能从 c 或 a_1 进入 a_2，因为它从这两个结点出发通向别的地方去了。它也不可能从 a_3 进入 a_2，因为 a_3 是唯一仅存的 a_2 所瞄向的结点，它退出 a_2 后必须经过 a_3。所以哈密顿路径一定是正规的。该归约显然在多项式时间内运算，证毕。 ■

下面考虑一种无向的哈密顿路径问题，称为 *UHAMPATH*。为了证明 *UHAMPATH* 是 NP 完全的，给出从有向的哈密顿路径问题出发的多项式时间归约。

定理 7.36　*UHAMPATH* 是 NP 完全的。

证明　对于包含结点 s 和 t 的有向图 G，归约构造包含结点 s' 和 t' 的无向图 G'。图 G 有从 s 到 t 的哈密顿路径当且仅当 G' 有从 s' 到 t' 的哈密顿路径。描述 G' 如下。

除了 s 和 t 以外，G 的每个结点 u 被替换为 G' 的三个结点 u^{in}，u^{mid}，u^{out}。G 的结点 s 和 t 被替换为 G' 的结点 $s^{\text{out}}=s'$ 和 $t^{\text{in}}=t'$。G' 有两种类型的边。首先有连接 u^{mid} 与 u^{in} 以及 u^{mid} 与 u^{out} 的边。其次，如果 G 中有从 u 到 v 的边，则 u^{out} 与 v^{in} 有边相连。这就完成了 G' 的构造。

通过证明 G 有从 s 到 t 的哈密顿路径当且仅当 G' 有从 s^{out} 到 t^{in} 的哈密顿路径，可以说明这种构造满足要求。为证明一个方向，注意到 G 中的哈密顿路径 P

$$s, u_1, u_2, \cdots, u_k, t$$

在 G' 中有一条对应的哈密顿路径 P'：

$$s^{\text{out}}, u_1^{\text{in}}, u_1^{\text{mid}}, u_1^{\text{out}}, u_2^{\text{in}}, u_2^{\text{mid}}, u_2^{\text{out}}, \cdots, t^{\text{in}}$$

为证明另一个方向，我们断言 G' 中的任何从 s^{out} 到 t^{in} 的哈密顿路径都如同刚刚描述的路径 P' 那样，必定是从结点的一个三元组通向另一个三元组，起始与结束的地方除外。这就将完成本证明，因为这样的路径在 G 中都有对应的哈密顿路径。通过从结点 s^{out} 出发，跟踪该路径来证明本断言。注意到路径上的下一个结点必定是 u_i^{in}（对某个 i），因为只有那些结点与 s^{out} 相连。再下一个结点必定是 u_i^{mid}，因为在哈密顿路径中，其他方式都不能包括 u_i^{mid}。在 u_i^{mid} 以后是 u_i^{out}，因为这是 u_i^{mid} 连接到的另一个唯一的结点。再下一个结点必定是 u_j^{in}（对某个 j），因为没有别的结点可以连接到 u_i^{out}。重复这种推理直到到达 t^{in} 为止。 ■

7.5.3 子集和问题

回忆定理 7.21 中定义的 *SUBSET-SUM* 问题。在该问题中，有一个数集 $x_1, \cdots, x_k$ 和一个目标数 t，要判定该数集是否包含一个加起来等于 t 的子集。现在证明该问题是 NP 完全的。

定理 7.37 *SUBSET-SUM* 是 NP 完全的。

证明思路 定理 7.21 中已经证明了 *SUBSET-SUM* 属于 NP。通过把 NP 完全语言 $3SAT$ 归约到它来证明 NP 中的所有语言都多项式时间可归约到 *SUBSET-SUM*。给定一个 3cnf 公式 ϕ，构造问题 *SUBSET-SUM* 的一个实例，使其包含加起来等于目标 t 的子集当且仅当 ϕ 可满足。该子集称为 T。

为了获得此归约，寻找 *SUBSET-SUM* 问题的结构来表示变量和子句。我们构造的 *SUBSET-SUM* 问题的实例包含以十进制表示的很大的数。用数对来表示变量，用数的十进制表示的某些位来表示子句。

用两个数 y_i 和 z_i 来表示变量 x_i。证明对于每个 i，y_i 或是 z_i 必定在 T 中，以此建立起在满足赋值中 x_i 的真值的编码。

每个子句位置包含目标 t 中的某一值，这就对子集 T 提出一定的要求。证明这种要求与相应子句中的要求是一致的，即要求该子句的文字之一赋值为 TRUE。

	1	2	3	4	⋯	l	c_1	c_1	⋯	c_k
y_1	1	0	0	0	⋯	0	1	0	⋯	0
z_1	1	0	0	0	⋯	0	0	0	⋯	0
y_2		1	0	0	⋯	0	0	1	⋯	0
z_2		1	0	0	⋯	0	1	0	⋯	0
y_3			1	0	⋯	0	1	1	⋯	0
z_3			1	0	⋯	0	0	0	⋯	1
⋮					⋱	⋮	⋮		⋮	⋮
y_l						1	0	0	⋯	0
z_l						1	0	0	⋯	0
g_1							1	0	⋯	0
h_1							1	0	⋯	0
g_2								1	⋯	0
h_2								1	⋯	0
⋮									⋱	⋮
g_k										1
h_k										1
t	1	1	1	1	⋯	1	3	3	⋯	3

图 7-20 从 $3SAT$ 到 *SUBSET-SUM* 的归约

证明 已知 *SUBSET-SUM* $\in$ NP，所以现在来证明 $3SAT \leqslant_p SUBSET\text{-}SUM$。

设 ϕ 是一个布尔公式，其变量是 $x_1, \cdots, x_l$，子句是 $c_1, \cdots, c_k$。归约把 ϕ 转化为 *SUBSET-SUM* 问题的一个实例 $\langle S, t \rangle$，其中 S 的元素和数 t 是图 7-20 中以通常的十进制记法表示的行。双线上面的行标记为

$$y_1, z_1, y_2, z_2, \cdots, y_l, z_l \text{和} g_1, h_1, g_2, h_2, \cdots, g_k, h_k$$

它们组成 S 的元素。双线下面的行是 t。

于是，对应于 ϕ 的每个变量 x_i，S 包含一对数 y_i 和 z_i。这些数的十进制表示分为两部分，如图 7-20 所示。左边部分由 1 和随后的 $l-i$ 个 0 组成。右边部分对应于每个子句有一位数字，当子句 c_j 包含文字 x_i 时 y_i 在 c_j 列为 1；当子句 c_j 包含文字 $\overline{x_i}$ 时 z_i 在 c_j 列为

1。未指明为 1 的位都是 0。

图 7-20 根据样例子句 c_1，c_2 和 c_k 填写了一部分：

$$(x_1 \vee \overline{x_2} \vee x_3) \wedge (x_2 \vee x_3 \vee \cdots) \wedge \cdots \wedge (\overline{x_3} \vee \cdots \vee \cdots)$$

另外，S 对于每个子句 c_j 包含一对数 g_j，h_j。这两个数相等，由 1 和随后的 $k-j$ 个 0 组成。

最后，目标数 t（即表的底行）由 l 个 1 和随后的 k 个 3 组成。

接下来，说明这种构造为什么能满足要求，证明 ϕ 可满足当且仅当 S 的某个子集加起来等于 t。

假设 ϕ 可满足，如下构造 S 的子集。在满足赋值中，如果 x_i 赋值 TRUE，则选择 y_i；如果 x_i 赋值 FALSE，则选择 z_i。如果把已经选择的数加起来，则头 l 位的每一位都是 1，因为对每个 i 都选择了 y_i 或者 z_i。而且，后 k 位的每一位都介于 1 和 3 之间，因为每个子句都被满足，所以包含 1～3 个真文字。进一步选择足够的 g 和 h，使得后 k 位的每一位都加到 3，从而达到目标值。

设 S 的一个子集加起来等于 t。在注意观察之后，构造一个 ϕ 的满足赋值。首先，S 中的成员的所有位都是 0 或 1。其次，表中描述 S 的每一列最多包含五个 1。因此当 S 的某个子集相加时，不会有到下一列的进位。为了在头 l 列的每一列都得到 1，子集对每个 i 都必须包含 y_i 或者 z_i，但又不能同时包含二者。

现在构造满足赋值。如果子集包含 y_i，就赋 x_i 为 TRUE，否则赋它为 FALSE。该赋值肯定满足 ϕ，因为后 k 列的每一列之和总是 3。在 c_j 列，g_j 和 h_j 最多提供 2，所以子集中的 y_i 或者 z_i 在该列必须至少提供 1。如果是 y_i，那么 x_i 出现在 c_j 中而且赋值为 TRUE，所以 c_j 被满足。如果是 z_i，那么$\overline{x_i}$出现在 c_j 中而且 x_i 赋为 FALSE，所以 c_j 也被满足。因此 ϕ 被满足。

最后，必须保证该归约可以在多项式时间内完成。表的尺寸大约是 $(k+l)^2$，每一格的内容都可以从任何 ϕ 中轻易地计算出来。所以全部时间是 $O(n^2)$ 个简单步骤。■

练习

7.1 下面各项是真是假？

a. $2n=O(n)$　　**b.** $n^2=O(n)$

^{A}**c.** $n^2=O(n\log^2 n)$　　^{A}**d.** $n\log n=O(n^2)$

e. $3^n=2^{O(n)}$　　**f.** $2^{2^n}=O(2^{2^n})$

7.2 下面各项是真是假？

a. $n=o(2n)$　　**b.** $2n=o(n^2)$

^{A}**c.** $2n=o(3^n)$　　^{A}**d.** $1=o(n)$

e. $n=o(\log n)$　　**f.** $1=o(1/n)$

7.3 下面哪一对数是互素的？写出求得结论的演算过程。

a. 1274 和 10 505　　**b.** 7289 和 8029

7.4 对于字符串 w=baba 和下面的文法 CFG G，试填写定理 7.14 中识别上下文无关语言的多项式时间算法中所描绘的表：

$S \to RT$

$R \to TR \mid \mathrm{a}$

$T \to TR \mid \mathrm{b}$

7.5 下面的公式是可满足的吗？

$$(x \vee y) \wedge (x \vee \overline{y}) \wedge (\overline{x} \vee y) \wedge (\overline{x} \vee \overline{y})$$

7.6 证明 P 在并、连接和补运算下封闭。

7.7 证明 NP 在并和连接运算下封闭。

7.8 令 $CONNECTED=\{\langle G\rangle \mid G$ 是连通的无向图$\}$。分析 3.3.2 节给出的算法，证明此语言属于 P。

7.9 无向图中的**三角形**（triangle）是一个 3-团。证明 $TRIANGLE\in$ P，其中 $TRIANGLE=\{\langle G\rangle \mid G$ 包含一个三角形$\}$。

7.10 证明 ALL_{DFA}属于 P。

7.11 分析你的算法的时间复杂度。

a. 证明 $EQ_{\mathrm{DFA}}\in$ P。

b. 对语言 A，如果 $A=A^*$，则称 A 是**星闭的**（star-closed）。给出测试一个 DFA 是否识别一个星闭的语言的多项式时间算法。（注意：EQ_{NFA}属于 P 并未知晓。）

7.12 若图 G 的结点重新排序后，G 可以变得与 H 完全相同，则称 G 与 H 是**同构的**（isomorphic）。令 $ISO=\{\langle G,H\rangle \mid G$ 和 H 是同构的图$\}$。证明 $ISO\in$ NP。

问题

***7.13** 这是个研究**化简**（resolution）的问题。化简是证明 cnf 公式不可满足性的一种方法。令 $\phi=C_1\wedge C_2\wedge\cdots\wedge C_m$ 是一个 cnf 公式，C_i 是其子句。令 $\mathcal{C}=\{C_i \mid C_i$ 是 ϕ 的子句$\}$。每一步化简都在 $\mathcal{C}$ 中取两个子句 C_a 和 C_b，它们有相同的变量 x，在一个子句中为 x，另一个中为 $\overline{x}$。例如 $C_a=(x\vee y_1\vee y_2\vee\cdots\vee y_k)$和 $C_b=(\overline{x}\vee z_1\vee z_2\vee\cdots\vee z_l)$，其中 y_i 和 z_i 都是文字。我们构成一个新的子句 $(y_1\vee y_2\vee\cdots\vee y_k\vee z_1\vee z_2\vee\cdots\vee z_l)$ 并去掉重复的文字。将新的子句添加进 $\mathcal{C}$ 中。重复化简步骤，直到不再有新的子句产生。如果 $\mathcal{C}$ 中有空子句（），则说明 ϕ 是不可满足的。

如果该化简方法不会将可满足的公式误判为不可满足的，则称其为**正确的**（sound）。如果该化简方法一定会将不可满足的公式判为不可满足的，则称其为**完备的**（complete）。

a. 证明该化简方法是正确且完备的。

b. 使用（a）部分证明 $2SAT\in$ P。

***7.14** 证明 P 在同态下封闭当且仅当 P=NP。

***7.15** 设 $A\subseteq 1^*$ 是任意一元语言。证明：若 A 是 NP 完全的，那么 P=NP。（提示：考虑从 SAT 到 A 的多项式时间归约 f。对公式 ϕ，令 ϕ_{0100}为将 ϕ 中变量 x_1，x_2，x_3 和 x_4 分别置为 0，1，0 和 0 后的归约公式。对指数多个归约公式运用 f 会发生怎样的情况？）

7.16 在有向图中，一个结点的**入度**（indegree）为所有射入边的总数，**出度**（outdegree）为所有射出边的总数。证明如下问题是 NP 完全的。给定一个无向图 G 和一个 G 结点的子集 C，是否可以通过给 G 的每条边赋予方向，将 G 转换为一个有向图并且满足属于 C 的结点的入度或出度为 0，不属于 C 的结点的入度至少为 1？

7.17 如果一个正则表达式不含 * 运算，则称为**无 * 的**（star-free）。令 $EQ_{\mathrm{SF\text{-}REX}}=\{\langle R,S\rangle \mid R$ 和 S 是等价的无 * 正则表达式$\}$。证明 $EQ_{\mathrm{SF\text{-}REX}}$在 coNP 中。为何这个证明不能用于通常的正则表达式？

7.18 **差层次**（difference hierarchy）$\mathrm{D}_i\mathrm{P}$ 递归定义如下：

a. $\mathrm{D}_1\mathrm{P}=\mathrm{NP}$。

b. $\mathrm{D}_i\mathrm{P}=\{A \mid A=B\backslash C, B$ 属于 NP$, C$ 属于 $\mathrm{D}_{i-1}\mathrm{P}\}$。（这里 $B\backslash C=B\cap\overline{C}$。）

例如，$\mathrm{D}_2\mathrm{P}$ 中的一个语言是两个 NP 语言的差。有时 $\mathrm{D}_2\mathrm{P}$ 称为 DP（也可以写成 D^{P}）。令

$$Z=\{\langle G_1,k_1,G_2,k_2\rangle \mid G_1 \text{ 有 } k_1\text{-团且 } G_2 \text{ 没有 } k_2\text{-团}\}$$

证明 Z 对 DP 是完全的。换言之，证明 Z 在 DP 中且 DP 中的每个语言多项式时间可归约到 Z。

***7.19** 令 $MAX\text{-}CLIQUE=\{\langle G,k\rangle \mid G$ 中最大团的大小恰好为 $k\}$。利用问题 7.18 的结果证明 $MAX\text{-}CLIQUE$

是 DP 完全的。

*7.20 令 f：$\mathbf{N} \to \mathbf{N}$ 为任意 $f(n)=o(n\log n)$ 的函数。证明 TIME($f(n)$) 中只含有正则语言。

7.21 如果两个布尔公式有相同的变量集且有同样的满足赋值集（就是说它们描述了同样的布尔功能），则称它们**等价**（equivalent）。**最小**布尔公式是指没有比它更短的等价公式。令 *MIN-FORMULA* 是最新布尔公式集。证明：如果 P＝NP，则 *MIN-FORMULA* $\in$ P。

7.22 修改定理 7.14 的证明中识别上下文无关语言的算法，给出一个多项式时间算法，使它在输入一个字符串和一个 CFG 时，若该文法生成该字符串，则它能产生该字符串的语法分析树。

7.23 对于一个含有 m 个变量及 c 个子句的 cnf 公式，证明可在多项式时间内构造一个有 $O(cm)$ 个状态的 NFA，它接受所有用长度为 m 的布尔串表示的不满足赋值。得出结论：最小化 NFA 的问题无法在多项式时间内解决，除非 P＝NP。

*7.24 **2cnf 公式**是子句的 AND，其中每个子句是至多两个文字的 OR。令 $2SAT=\{\langle\phi\rangle \mid \phi$ 是可满足的 2cnf 公式$\}$。证明 $2SAT\in$ P。

*7.25 考虑下面的算法 *MINIMIZE*，以 DFA M 为输入，输出 DFA M'：

MINIMIZE＝ "对输入 $\langle M\rangle$，其中 $M=(Q,\Sigma,\delta,q_0,A)$ 是 DFA：

1. 把 M 的从起始状态出发不可达的状态全部删除。
2. 以 M 的状态为结点，构造下面的无向图 G。
3. 在 G 中的每一个接受状态和每一个非接受状态之间连一条边。另外如下添加补充的边。
4. 反复执行下面的步骤，直到 G 中无新边加入为止：
5. 　对于 M 中每一对不同的状态 q 和 r 以及每一个 $a\in\Sigma$：
6. 　　如果 $(\delta(q,a),\delta(r,a))$ 是 G 的一条边，就把边 (q,r) 加入 G 中。
7. 对于每个状态 q，令 $[q]$ 代表状态的集合：$[q]=\{r\in Q \mid q$ 和 r 在 G 中无边相连$\}$。
8. 形成一个新的 DFA $M'=(Q',\Sigma,\delta',q_0',A')$，其中 $Q'=\{[q] \mid q\in Q\}$，（若 $[q]=[r]$，则 Q' 中只保留其中一个）；对每个 $q\in Q$ 和 $a\in\Sigma$ 有 $\delta'([q],a)=[\delta(q,a)]$；$q_0'=[q_0]$，$A'=\{[q] \mid q\in A\}$。
9. 输出 $\langle M'\rangle$。"

a. 证明 M 与 M' 等价。

b. 证明 M' 极小，即没有更少状态的 DFA 能识别同样的语言。可以无须证明就使用问题 1.48 的结果。

c. 证明 *MINIMIZE* 在多项式时间内运行。

7.26 在库克-列文定理的证明中，定义窗口为单元的 2×3 矩形。说明如果换用 2×2 的窗口，为什么会使证明失效。

7.27 这个问题来源于单人游戏"扫雷"，并归结到图。令 G 是一个无向图，它的每个结点要么有一个隐藏的雷，要么是空的。游戏者一个一个地选择结点。如果游戏者选择了有雷的结点，则失败。如果选择了一个空结点，则可以知道该结点的相邻结点中共有多少雷。（相邻结点即同该结点有边相连接的结点。）如果所有的空结点都被选中了，则游戏者获胜。

　　水（地）雷相连问题是一个图，图中的有些结点上标记了数字。标记了数字 m 的结点 v 表示它的相邻结点中有 m 个有雷，我们可以据此判定其他结点中是否有雷。将此问题形式化为一个语言，并证明它是 NP 完全的。

A7.28 在宝石游戏中，有一个 $m\times m$ 格的棋盘。在它的 m^2 个格子中，每个位置要么放蓝色棋子，要么放红色棋子，要么什么也不放。通过去掉棋子使得每一列都只有一种颜色的棋子，每一行都至少有一个棋子，达到此目标则获胜。是否能够获胜取决于初始布局。令 $SOLITAIRE=\{\langle G\rangle \mid G$ 为可获胜的游戏布局$\}$。证明 *SOLITAIRE* 为 NP 完全的。

7.29 令 $SET\text{-}SPLITTING=\{\langle S,C\rangle \mid S$ 是一个有穷集，$C=\{C_1,\cdots,C_k\}$ 是由 S 的某些子集组成的集合，$k>0$，使得 S 的元素可以被染为红色或蓝色，而且对所有 C_i，C_i 中的元素不会被染成同一种颜色$\}$。证明 *SET-SPLITTING* 是 NP 完全的。

7.30 思考下述计划安排问题。有一份期末考试清单 $F_1,\cdots,F_k$ 需要安排时间，学生清单 $S_1,\cdots,S_l$。每个学生都选择了这些考试的某个子集。必须将这些考试安排到各时段中，使得同一时段中不会有某个学生同时需要参加两门考试。试问，如果只用 h 个时段，是否存在合乎要求的计划。将这个问题形式化为一个语言，并证明它是 NP 完全的。

7.31 回忆一下，在关于丘奇-图灵论题的讨论中，介绍了语言 $D=\{\langle p\rangle \mid p$ 是有一个整数根的多变量多项式$\}$。称 D 是不可判定的，但没有给出证明。在本问题中要证明 D 的另一个性质，即 D 是 **NP 难**（NP-hard）的。一个问题是 NP 难的，如果 NP 中的所有问题都多项式时间可归约到它，虽然它自己可能不在 NP 中。必须证明 NP 中的所有问题都多项式时间可归约到 D。

7.32 如果图 G 中有某个结点子集，其他结点都至少与该子集中的某一结点相邻，则该子集称为**支配集**（dominating set）。令

$$DOMINATING\text{-}SET=\{\langle G,k\rangle \mid G \text{ 有一个包含 } k \text{ 个结点的支配集}\}$$

通过从 *VERTEX-COVER* 问题归约到此问题来证明它是 NP 完全的。

***7.33** 证明下述问题是 *NP* 完全的。设有状态集 $Q=\{q_0,q_1,\cdots,q_l\}$ 以及配对组合集 $\{(s_1,r_1),\cdots,(s_k,r_k)\}$，其中 s_i 是 $\Sigma=\{0,1\}$ 上的不重复的字串，r_i 是 Q 的成员（可以重复）。判定是否存在一个 DFA $M=(Q,\Sigma,\delta,q_0,F)$，对每个 i 都有 $\delta(q_0,s_i)=r_i$。这里 $\delta(q,\ s)$ 是 M 在状态 q 读取字串 s 后进入的状态。（注意 F 在这里是不相关的。）

7.34 令 $U=\{\langle M,x,\#^t\rangle \mid$ 非确定型图灵机 M 在至少一个分支上在 t 步内接受输入 $x\}$。注意并不要求 M 在所有分支上停机。证明 U 是 NP 完全的。

***7.35** 证明：若 P=NP，则任给布尔公式 ϕ，若 ϕ 是可满足的，则存在多项式时间算法给出一个 ϕ 的满足赋值。（注意：要求提供的算法计算一个函数而非若干函数，除非是 NP 包含的语言。P=NP 的假定说明 *SAT* 在 P 中，所以其可满足性的验证是多项式时间可解的。但是这个假设没有说明这项验证如何进行，而且验证不能给出满足赋值。必须证明它们一定能够被找到。提示：重复地使用可满足性验证器一位一位地找出满足赋值。）

***7.36** 证明：若 P=NP，则可以在多项式时间内将整数因子分解。（参见问题 7.35 的提示。）

A*7.37 证明：若 P=NP，则可以在多项式时间内找出无向图中的最大团。（参见问题 7.35 的提示。）

7.38 图的一个**着色**（coloring）是给结点指定颜色，使得相邻的结点不会被指定为同一种颜色。令

$$3COLOR=\{\langle G\rangle \mid G \text{ 的结点被三种颜色着色}\}$$

证明 *3COLOR* 是 NP 完全的。（提示：利用下面三个子图。）

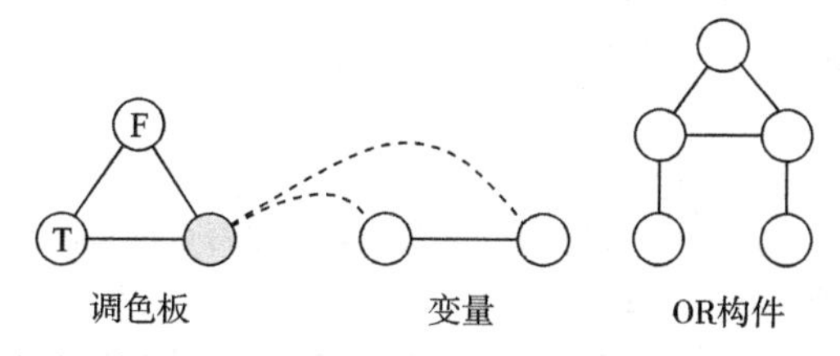

7.39 有一个盒子和一些卡片，如下图所示。盒子里有栓塞，卡片上有凹口，所以每张卡片可以两种方式放入盒子中。每张卡片上有两排孔，有些孔没有打穿。把所有卡片放进盒子，使得盒子的底被完全覆盖（即，每个孔的位置都被至少一张在该位置上无孔的卡片堵住），则谜题就算破解了。令

$$PUZZLE=\{\langle c_1,\cdots,c_k\rangle \mid \text{每个 } c_i \text{ 代表一张卡片，并且这个卡片集有解}\}$$

证明 *PUZZLE* 是 NP 完全的。

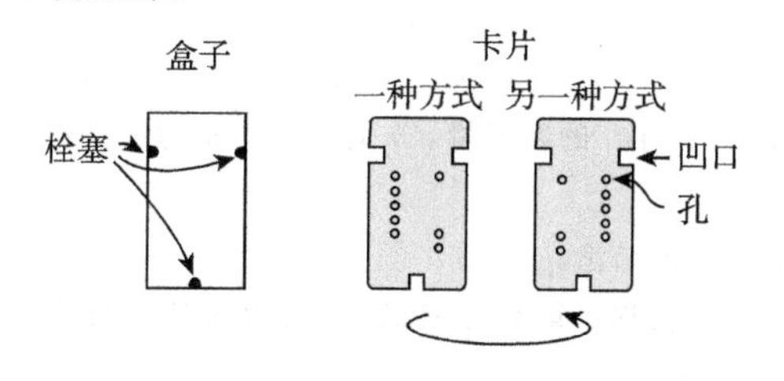

7.40 令

$$MODEXP=\{\langle a,b,c,p\rangle \mid a,b,c,p\text{ 是二进制整数,使得 } a^b\equiv c(\bmod p)\}$$

证明 $MODEXP\in \mathrm{P}$。(注意，最明显的算法不在多项式时间内运行。提示：先试证 b 是 2 的幂的情况。)

7.41 集合 $\{1, \cdots, k\}$ 上的一个**置换**（permutation）是一个在这个集合上的一对一的映射函数。令 p 为一个置换，p^t 表示 p 自身的 t 次复合。令

$$PERM\text{-}POWER=\{\langle p,q,t\rangle \mid p=q^t\text{,其中 } p \text{ 和 } q \text{ 为}\{1,\cdots,k\}\text{上的置换,}t\text{ 是二进制整数}\}$$

证明 $PERM\text{-}POWER\in \mathrm{P}$。(注意，最明显的算法不在多项式时间内运行。提示：先试证 t 是 2 的幂的情况。)

7.42 证明 P 在星号运算下封闭。(提示：使用动态规划。对于任意的 $A\in \mathrm{P}$，对输入 $y=y_1\cdots y_n$，其中 $y_i\in\Sigma$，建一个表，表示对于每个 $i\leqslant j$，是否有子串 $y_i\cdots y_j\in A^*$。)

A**7.43** 证明 NP 在星号运算下封闭。

7.44 令 $UNARY\text{-}SSUM$ 是所有数用一进制表示的子集和问题。为什么 $SUBSET\text{-}SUM$ 的 NP 完全性的证明不能用来证明 $UNARY\text{-}SSUM$ 是 NP 完全的？求证 $UNARY\text{-}SSUM\in \mathrm{P}$。

7.45 证明若 P=NP，则除了语言 $A=\varnothing$ 和 $A=\Sigma^*$ 以外，所有语言 $A\in \mathrm{P}$ 都是 NP 完全的。

***7.46** 证明 $PRIMES=\{m\mid m\text{ 是二进制表示的素数}\}\in \mathrm{NP}$。(提示：对于 $p>1$，乘法群 $Z_p^*=\{x\mid x$ 与 p 互素，且 $1\leqslant x<p\}$ 是 $p-1$ 阶循环群当且仅当 p 是素数。可以利用这一事实，无须证明。现在已知 $PRIMES\in \mathrm{P}$ 为真，但其证明更难。)

7.47 一般认为 $PATH$ 不是 NP 完全的，请说明原因。证明如果 $PATH$ 不是 NP 完全的，则 P≠NP。

7.48 设 G 表示无向图，令

$$SPATH=\{\langle G,a,b,k\rangle \mid G\text{ 包含从 } a \text{ 到 } b\text{、长度至多为 } k \text{ 的简单路径}\}$$

以及

$$LPATH=\{\langle G,a,b,k\rangle \mid G\text{ 包含从 } a \text{ 到 } b\text{、长度至少为 } k \text{ 的简单路径}\}$$

a. 证明 $SPATH\in \mathrm{P}$。

b. 证明 $LPATH$ 是 NP 完全的。

7.49 令 $DOUBLE\text{-}SAT=\{\langle\phi\rangle\mid\phi$ 至少有两个满足赋值$\}$。证明 $DOUBLE\text{-}SAT$ 是 NP 完全的。

A**7.50** 令 $HALF\text{-}CLIQUE=\{\langle G\rangle\mid G$ 是无向图,包含结点数至少为 $m/2$ 的完全子图,m 是 G 的结点数$\}$。证明 $HALF\text{-}CLIQUE$ 是 NP 完全的。

7.51 令 $CNF_k=\{\langle\phi\rangle\mid\phi$ 是一个可满足的 cnf 公式，其中每个变量最多出现在 k 个位置$\}$。

a. 证明 $CNF_2\in \mathrm{P}$。

b. 证明 CNF_3 是 NP 完全的。

7.52 令 $CNF_{\mathrm{H}}=\{\langle\phi\rangle\mid\phi$ 是一个可满足的 cnf 公式，其中每个子句包含任意多个文字，但最多只有一个文字的非$\}$。证明 $CNF_H\in \mathrm{P}$。

7.53 设 ϕ 是 3cnf 公式。变量 ϕ 的**≠一赋值**（assignment）是使每个子句包含两个不同真值的文字的赋值。换言之，**≠一赋值**满足 ϕ，而又不在任何子句中赋值三个真文字。

a. 证明 ϕ 的任何≠一赋值的否定依然是≠一赋值。

b. 令 $\neq SAT$ 是具有≠一赋值的 3cnf 公式的集合。证明：通过把每个子句 c_i

$$(y_1\vee y_2\vee y_3)$$

换成两个子句

$$(y_1\vee y_2\vee z_i)\text{和}(\overline{z_i}\vee y_3\vee b)$$

其中 z_i 是对应于每个子句 c_i 的新变量，b 是一个补充的新变量，可以得到从 $3SAT$ 到 $\neq SAT$ 的多项式时间归纳。

c. 得出 $\neq SAT$ 是 NP 完全的结论。

7.54 无向图的一个**割**（cut）是把顶点集 V 分裂成两个不相交的子集 S 和 T。割的规模是一端在 S 中，

另一端在 T 中的边的数目。令

$$MAX\text{-}CUT=\{\langle G,k\rangle \mid G \text{ 有规模不少于 } k \text{ 的割}\}$$

证明 $MAX\text{-}CUT$ 是 NP 完全的。可以假定问题 7.53 的结论成立。（提示：证明 $\neq SAT \leqslant_p MAX\text{-}CUT$。对应变量 x 的构件是由 $3c$ 个标记为 x 的结点和 $3c$ 个标记为 $\bar{x}$ 的结点组成的集合，这里 c 是子句数。所有标记为 x 的结点都与所有标记为 $\bar{x}$ 的结点相连。子句构件是由三条边组成的三角形，这三条边连接三个由该子句中的文字做标记的结点。不同的子句构件采用不同的结点。证明这种归约满足要求。）

习题选解

7.1 c. 假； d. 真。

7.2 c. 真； d. 真。

7.28 首先，可以在多项式时间内验证一种方案是否有效，所以 $SOLITAIRE \in$ NP。其次，证明 $3SAT \leqslant_P SOLITAIRE$。给定一个 ϕ，有 m 个变量 x_1，x_2，…，x_m 和 k 个子句 c_1，c_2，…，c_k，构造一个 $k \times m$ 的游戏 G。假定 ϕ 中没有子句同时含有 x_i 和 $\overline{x_i}$，因为去掉这种子句不会影响可满足性。

如果 x_i 在子句 c_j 中，就放一枚蓝色棋子在 c_j 行 x_i 列上。如果 $\overline{x_i}$ 在子句 c_j 中，就放一枚红色棋子在 c_j 行 x_i 列上。如有必要，可以通过复制行或添加空列使棋盘保持正方而不影响可解性。可以证明，ϕ 可满足当且仅当 G 可解（获胜）。

（→）若 ϕ 可满足。x_i 为真（假），从相应列中移去红色（蓝色）棋子。现在，棋子对应着取值为真的文字。因为所有子句都有一个取值为真的文字，所以所有行都有棋子。

（←）若游戏可解（获胜）。如果某列中的红色（蓝色）棋子被移去，将相应的变量置为真（假）。每行都有棋子留下，所以每个子句都至少有一个为真的文字。因此 ϕ 被满足。

7.37 假设 P＝NP，则 $CLIQUE \in$ P，且对于任意的 k，可在多项式时间内检测 G 是否有一个 k-团。一一检测 G 中是否有 k 规模的团，k 从 1 取到 G 的结点总数，就可以在多项式时间内找出 G 中最大团的规模 t。一旦知道了 t，就可按下述方法找出一个含有 t 个结点的团。对 G 的每个结点 x，移去 x 并重新计算最大团的规模。如果规模减小了，恢复 x 继续测试下一个结点。所有结点都这样处理一遍后，剩下的结点就是要求的 t-团。

7.43 令 $A \in$ NP。构造非确定型图灵机 M 在非确定的多项式时间内判定 A^*。

M＝“对于输入 w：

1. 非确定地将 w 分割为若干片段 $w=x_1 x_2 \cdots x_k$。
2. 对每一 x_i，非确定地猜测可证明 $x_i \in A$ 的证书。
3. 验证所有可能的证书，然后接受。

   如验证失败，则拒绝。”

7.50 我们给出一个从 CLIQUE 到 $HALF\text{-}CLIQUE$ 的多项式时间映射归约。该归约的输入是 $\langle G, k\rangle$ 对，归约产生图 $\langle H\rangle$ 作为输出，其中 H 描述如下。若 G 有 m 个结点且 $k=m/2$，则 $H=G$。若 $k<m/2$，则向 G 中添加 j 个结点（每个都和原有结点连接且彼此连接）得到 H，其中 $j=m-2k$。这样 H 就含有 $m+j=2m-2k$ 个结点。显然，G 有 k-团当且仅当 H 有规模为 $k+j=m-k$ 的团。所以 $\langle G,k\rangle \in CLIQUE$ 的当且仅当 $\langle H\rangle \in HALF\text{-}CLIQUE$。如果 $k>m/2$，则向 G 中添加 j 个结点但不添加任何边得到 H，其中 $j=2k-m$。这样 H 有 $m+j=2k$ 个结点，因此 G 有 k-团当且仅当 H 有 k-团。所以 $\langle G,k\rangle \in CLIQUE$ 当且仅当 $\langle H\rangle \in HALF\text{-}CLIQUE$。还需要证明 $HALF\text{-}CLIQUE \in$ NP。证书很简单，就是那个团。

空间复杂性

本章从计算问题所需要的空间大小（存储量）出发考察其复杂性。在寻找许多计算问题的可行解时，时间和空间是最重要的两个需要衡量的因素。空间复杂性与时间复杂性有许多相似之处，它为按照计算难度来更深入地研究问题的分类提供了另外一种方法。

与分析时间复杂性类似，首先需要选择一个模型来度量算法所消耗的空间。本章仍采用图灵机模型，因为其数学形式简单，而且近似实际的计算机，足以得出有意义的结果。

定义 8.1 令 M 是一个在所有输入上都停机的确定型图灵机。M 的**空间复杂度**（space complexity）是一个函数 f:**N**→**N**，其中 $f(n)$ 是 M 在任何长为 n 的输入上扫描带子方格的最大数。若 M 的空间复杂度为 $f(n)$，则称 M 在空间 $f(n)$ 内运行。

如果 M 是对所有输入在所有分支上都停机的非确定型图灵机，则将它的空间复杂度 $f(n)$ 定义为 M 对任何长为 n 的输入，在任何计算分支上所扫描的带子方格的最大数。

与时间复杂度类似，通常用渐近记法估计图灵机的空间复杂度。

定义 8.2 令 f:**N**→**R**$^+$ 是一个函数。**空间复杂性类**（space complexity class）SPACE($f(n)$) 和 NSPACE($f(n)$) 定义如下：

SPACE($f(n)$)＝{L|L 是被 $O(f(n))$ 空间的确定型图灵机判定的语言}

NSPACE($f(n)$)＝{L|L 是被 $O(f(n))$ 空间的非确定型图灵机判定的语言}

例 8.3 第7章介绍了 NP 完全问题 SAT，现在证明用线性空间算法能求解 SAT 问题。因为 SAT 是 NP 完全的，所以 SAT 不能用多项式时间算法求解，更不能用线性时间算法求解。因为空间可以重用，而时间不能，所以空间的能力显得比时间强得多。

M_l＝“对输入 $\langle\phi\rangle$，ϕ 是布尔公式：

1. 对于 ϕ 中变量 $x_1,\cdots,x_m$ 的每个真值赋值；
2. 计算 ϕ 在该真值赋值下的值。
3. 若 ϕ 的值为1，则接受；否则拒绝。”

显然机器 M_1 是在线性空间内运行，因为每一次循环都可以复用带子上的同一部分。该机器只需存储当前的真值赋值，这只需要消耗 $O(m)$ 空间。因为变量数 m 最多等于输入长度 n，所以该机器在空间 $O(n)$ 内运行。■

例 8.4 这个例子分析了一个语言的非确定性空间复杂性。在下一节将说明，测定非确定性空间复杂性，对于测定它的确定性空间复杂性是有很大帮助的。下面分析判定一个非确定型有穷自动机是否接受所有字符串的问题。令

$$ALL_{\mathrm{NFA}}=\{\langle A\rangle \mid A\text{ 是一个 NFA 且 }L(A)=\Sigma^*\}$$

首先给出一个非确定型线性空间算法来判定该语言的补 $\overline{ALL_{\mathrm{NFA}}}$。算法的思想是利用非确定性猜测一个被 NFA 拒绝的字符串，然后用线性空间跟踪该 NFA，看它在特定时刻会处在什么状态。需要注意的是，此时还不知道该语言是否在 NP 或 coNP 中。

N＝“对于输入 $\langle M\rangle$，M 是一个 NFA：

1. 置标记于 NFA 的起始状态。
2. 重复执行下面的语句 2^q 次，这里 q 是 M 的状态数：
3. 非确定地选择一个输入符号并移动标记到 M 的相应状态，来模拟读取那个符号。
4. 如果步骤 2 和 3 表明 M 拒绝某些字符串，即如果在某一时刻所有标记都不落在 M 的接受状态上，则接受；否则拒绝。”

如果 M 拒绝某个字符串，则它必定拒绝一个长度不超过 2^q 的字符串，因为在任何被拒绝的更长的字符串中，上面算法中所描述的标记的位置分布必定重复出现。介于两次重复出现之间的那一段字符串可以删去，从而得到更短的被拒绝的字符串。所以 N 可判定 $\overline{ALL_{\text{NFA}}}$。(值得注意的是，$N$ 也接受格式错误的输入。)

该算法仅需要的空间是用来存放标记的位置和重复计数器，这在线性空间就可以得到解决。因此，该算法在非确定的空间 $O(n)$ 内运行。接下来，证明一个关于 ALL_{NFA} 的确定性空间复杂性的定理。 ■

8.1 萨维奇定理

本节介绍有关空间复杂性的最早结论之一——萨维奇定理。该定理表明确定型机器可以用非常少的空间模拟非确定型机器。对于时间复杂性，这种模拟似乎需要指数倍地增加时间。对于空间复杂性，萨维奇定理说明，任何消耗 $f(n)$ 空间的非确定型图灵机都可以转变为仅消耗 $f^2(n)$ 空间的确定型图灵机。

定理 8.5（萨维奇定理） 对于任何[⊖]函数 f：$\mathbf{N}\rightarrow\mathbf{R}^+$，其中 $f(n)\geqslant n$，

$$\text{NSPACE}(f(n))\subseteq\text{SPACE}(f^2(n))$$

证明思路 我们需要确定地模拟一个 $f(n)$ 空间的 NTM（非确定型图灵机）。最简单的方法就是逐个地尝试 NTM 的所有计算分支。这种模拟要求记录当前正在尝试的是哪一个分支，以便能够过渡到下一个分支。但是消耗 $f(n)$ 空间的一个分支可能运行 $2^{O(f(n))}$ 步，每一步都可能是非确定的选择。顺序地考察每一个分支要求记录某个具体分支上所做的所有选择，以便能找到下一个分支。所以该方法可能会用掉 $2^{O(f(n))}$ 空间，超过了 $O(f^2(n))$ 空间。

考虑到更具一般性的问题，这里采用了另一种不同的方法。给定 NTM 的两个格局 c_1 和 c_2 以及一个整数 t，要求判定该 NTM 能否在 t 步内仅用 $f(n)$ 空间从 c_1 变到 c_2，称该问题为**可产生性问题**（yieldability problem）。如果令 c_1 是起始格局，c_2 是接受格局，t 是非确定型机器可以使用的最大步数，那么通过求解可产生性问题，就能够判定机器是否接受输入。

下面给出一个确定的递归算法来求解可产生性问题。它的运算过程为：寻找一个中间格局 c_m，递归地检查 c_1 能否在 $t/2$ 步内到达 c_m，以及 c_m 能否在 $t/2$ 步内到达 c_2。重复使用两次递归检查的空间即可显著地节省空间开销。

该算法需要用来存储递归栈的空间。递归的每一层需要 $O(f(n))$ 空间来存储一个格局。递归的深度是 $\log t$，这里 t 是非确定型机器在所有分支上可能消耗的最大时间。因为 $t=2^{O(f(n))}$，所以 $\log t=O(f(n))$。因此确定的模拟过程需要 $O(f^2(n))$ 空间。

⊖ 在 8.4 节，我们证明只要 $f(n)\geqslant\log n$，萨维奇定理就能成立。

证明　设 N 是在空间 $f(n)$ 内判定语言 A 的 NTM。构造一个判定 A 的确定型图灵机 M。机器 M 使用过程 CANYIELD，该过程检查 N 的一个格局能否在指定的步数内产生另一个格局，它求解了在证明思路中所描述的可产生性问题。

设 w 是输入到 N 的字符串。对于 N 的格局 c_1, c_2 以及整数 t（为方便，假定 t 是 2 的整数次幂），如果从格局 c_1 出发，N 有一系列非确定的选择能使它在 t 步内进入格局 c_2，则 CANYIELD(c_1, c_2, t) 输出接受，否则，CANYIELD 输出拒绝。

CANYIELD＝"对输入 c_1，c_2 和 t：

1. 若 $t=1$，则直接检查是否有 $c_1=c_2$，或者根据 N 的规则检查 c_1 能否在一步内产生 c_2。如果其中之一成立，则接受；如果两种情况都不成立，则拒绝。
2. 若 $t>1$，则对于 N 的每一个消耗空间 $f(n)$ 的格局 c_m：
3. 　运行 CANYIELD$\left(c_1, c_m, \frac{t}{2}\right)$。
4. 　运行 CANYIELD$\left(c_m, c_2, \frac{t}{2}\right)$。
5. 　若第 3 步和第 4 步都接受，则接受。
6. 若此时还没有接受，则拒绝。"

现在定义 M 来模拟 N。首先修改 N，当它接受时，把带子清空并把读写头移到最左边的单元，从而进入称为 c_{accept} 的格局。令 c_{start} 是 N 在 w 上的起始格局。选一个常数 d，使得 N 在 $f(n)$ 带子上的格局数不超过 $2^{df(n)}$，其中 n 是 w 的长度。$2^{df(n)}$ 是 N 在所有分支上的运行时间的上界。

M＝"对输入 w：

1. 输出 GANYIELD$(c_{\text{start}}, c_{\text{accept}}, 2^{df(n)})$ 的结果。"

算法 CANYIELD 显然求解了可产生性问题。因此 M 正确地模拟了 N。下面需要分析 M，确信它在 $O(f^2(n))$ 空间内运行。

CANYIELD 在递归调用自己时，它把所处的步骤号以及 c_1、c_2 和 t 的值都存储在栈中，所以递归调用返回时能够恢复这些值。因此在递归的每一层需要增加 $O(f(n))$ 空间。此外，递归的每一层把 t 的值减小一半。开始时 t 等于 $2^{df(n)}$，所以递归的深度是 $O(\log 2^{df(n)})$ 或 $O(f(n))$。因此总共消耗的空间是 $O(f^2(n))$，正如断言所述。

在这个论证过程中产生了一个技术难点，其原因是算法 M 在调用 CANYIELD 时需要知道 $f(n)$ 的值。修改 M 可以克服这个困难，方法是对 $f(n)$ 不断赋值使 $f(n)=1,2,3,\cdots$。对于每个值 $f(n)=i$，修改后的算法利用 GANYIELD 来确定接受格局是否可达。此外，利用该过程，还可通过检查 N 能否从起始格局出发到达某个长度为 $i+1$ 的格局来确定 N 是否至少需要 $i+1$ 大小空间。如果接受格局可达，则 M 接受；如果没有长为 $i+1$ 的格局可达，M 拒绝；否则 M 继续尝试 $f(n)=i+1$。（也可以用另一种办法来克服这个困难，即假定 M 能在空间 $O(f(n))$ 内计算出 $f(n)$，但是那样就需要把这个假定加入定理的陈述中。）■

8.2 PSPACE 类

与定义 P 类相似，我们为空间复杂性定义 PSPACE 类。

定义 8.6　**PSPACE** 是在确定型图灵机上、在多项式空间内可判定的语言类。换言之，

$$\text{PSPACE} = \bigcup_k \text{SPACE}(n^k)$$

PSPACE类的非确定型版本NPSPACE可以类似地用NSPACE类来定义。然而，任何多项式的平方仍是多项式，根据萨维奇定理，NPSPACE＝PSPACE。

在例8.3和例8.4中，已经说明了*SAT*属于SPACE(n)，ALL_{NFA}属于coNSPACE(n)，而根据萨维奇定理，确定型空间复杂性类对补运算封闭，所以ALL_{NFA}也属于SPACE(n^2)。因此SAT和ALL_{NFA}这两个语言都在PSPACE中。

现在考察PSPACE与P和NP的关系。显而易见，P⊆PSPACE，因为运行快的机器不可能消耗大量的空间。更精确地说，当$t(n)\geqslant n$时，由于在每个计算步上最多能访问一个新单元，因此，任何在时间$t(n)$内运行的机器最多能消耗$t(n)$的空间。与此类似，NP⊆NPSPACE，所以NP⊆PSPACE。

反过来，根据图灵机的空间复杂性也可以界定它的时间复杂性。对于$f(n)\geqslant n$，通过简单推广引理5.7的证明可知，一个消耗$f(n)$空间的图灵机至多有$f(n)2^{O(f(n))}$个不同的格局，图灵机的停机计算不能出现重复格局。因此消耗空间$f(n)$的图灵机[⊖]必定在时间$f(n)2^{O(f(n))}$内运行，得出PSPACE⊆EXPTIME＝$\bigcup_k \text{TIME}(2^{n^k})$。

用下面的一系列包含式总结迄今为止所定义的复杂性类之间的关系：

$$\text{P} \subseteq \text{NP} \subseteq \text{PSPACE} = \text{NPSPACE} \subseteq \text{EXPTIME}$$

在这些包含式中，还不知道是否有某一个为等式。也许有人会发现一个类萨维奇定理的方法，使得这里的某些类能够合并为一个类。但是在第9章将证明P≠EXPTIME，所以上面的包含式中至少有一个是真包含，但还不能确定是哪一个！实际上，大部分研究者相信所有包含式都是真包含。图8-1描绘了这些类之间的关系，假设所有类是不同的。

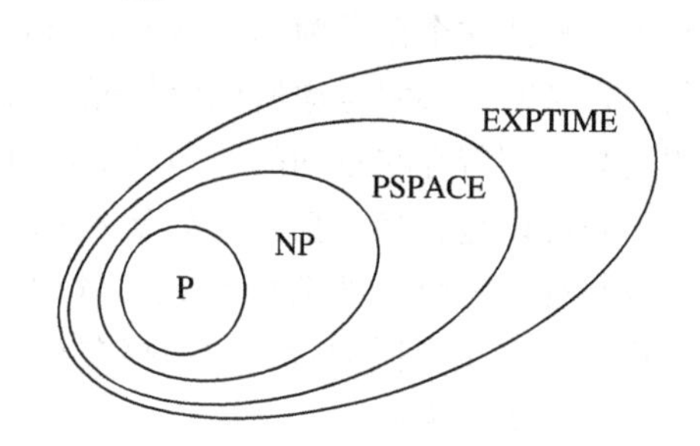

图8-1　P、NP、PSPACE和EXPTIME的推测关系

8.3　PSPACE完全性

7.4节介绍了NP完全语言类，它代表NP中最难的语言类。证明一个语言是NP完全的是说明它不属于P的强有力的证据。若它属于P，则P将和NP相等。本节为PSPACE类引入一个类似概念PSPACE完全性。

定义8.7　*若语言B满足下面两个条件，则它是* **PSPACE完全的**：

1. *B属于PSPACE。*

2. *PSPACE中的每一个语言A多项式时间可归约到B。*

若B只满足条件2，则称它为 **PSPACE难的**。

在定义PSPACE完全性时，利用了定义7.24中给出的多项式时间可归约性。为什么不定义并且采用多项式空间可归约性，而用多项式时间可归约性呢？为了理解这个重要问题的答案，首先考察定义完全问题的动机。

完全问题是重要的，因为它们是复杂性类中最困难问题的样例。完全问题是最难的，

⊖　当8.4节介绍消耗亚线性空间的图灵机时，这里的要求$f(n)\geqslant n$被推广为$f(n)\geqslant \log n$。

因为该类中的其他问题很容易归约到它。如果找到一种简便的方法求解完全问题，就能很容易求解该类中的其他所有问题。为了使这种逻辑能够成立，相对于该类中典型问题的复杂性，归约过程就必须是容易的。如果归约过程本身就很难算，那么针对完全问题的容易解法就不一定能推导出其他归约到它的问题的容易的解法。

所以，必须遵循如下规则：当为一个复杂性类定义完全问题时，归约的模型必须比用来定义类本身的模型更加受限。

8.3.1 TQBF 问题

PSPACE 完全问题的第一个例子是可满足性问题的推广。回忆一下，**布尔公式**是一个包含布尔变量、常数 0 和 1 以及布尔运算符 $\wedge$，$\vee$，$\neg$ 的表达式。现在定义更一般形式的布尔公式。

量词（quantifier）$\forall$（对所有）和 $\exists$（存在）在数学命题中经常出现。语句 $\forall x\phi$ 的含义是，对于变量 x 的每个值，语句 ϕ 都是真。类似地，语句 $\exists x\phi$ 的含义是，对于变量 x 的某个值，语句 ϕ 是真。有时，把 $\forall$ 称为**全称量词**（universal quantifier），把 $\exists$ 称为**存在量词**（existential quantifier），紧跟在量词后面的变量 x 受到该量词**约束**（bound）。

例如，对于自然数，语句 $\forall x[x+1>x]$ 的含义是：每一个自然数 x 的后继 $x+1$ 都比它大。显然这个命题为真。然而，语句 $\exists\ y[y+y=3]$ 显然是假的。当解释包含量词的语句的含义时，必须考虑所取值的**域**（universe）。在这个例子中，域是自然数，但是如果改用实数，则带存在量词的语句就变成真的了。

语句可以包含多个量词，如 $\forall x\exists y[y>x]$。对于自然数域，该语句的语义是每一个自然数都有另一个自然数比它大。量词的次序很重要。若颠倒次序，如语句 $\exists y\forall x[y>x]$，则给出完全不同的含义，即存在某个自然数比所有其他数都大。显然，第一个语句为真，第二个语句为假。

量词可以出现在数学语句中的任何地方。它的作用范围是跟在量化变量后的一对匹配的括弧内出现的语句段。该段称为量词的**辖域**（scope）。通常，要求所有变量都出现在语句的开头会很方便，这时每个量词的辖域就是其后的所有语句成分。这种语句称为**前束范式**（prenex normal form）。很容易把任何语句都写成前束范式。如不特别指明，只考虑这种形式的语句。

带量词的布尔公式称为**量词化布尔公式**（quantified Boolean formula）。对于这种公式，域是 $\{0,1\}$。例如：

$$\phi=\forall x\exists y[(x\vee y)\wedge(\overline{x}\vee\overline{y})]$$

是量词化布尔公式。这里，ϕ 是真。但是如果颠倒量词 $\forall x$ 和 $\exists y$ 的次序，就变成假了。

如果公式的每个变量都出现在某一量词的辖域内，该公式就称为**全量词化的**（fully quantified）。全量词化的布尔公式有时称为**句子**（sentence），它要么是真，要么是假。例如，前面的公式 ϕ 是全量词化的。但是，如果删去 ϕ 的开头部分 $\forall x$，该公式就不再是全量词化的。它既不是真，也不是假。

TQBF 问题就是要判定一个全量词化的布尔公式是真还是假。定义语言

$$TQBF=\{\langle\phi\rangle\mid\phi\text{ 是真的全量词化的布尔公式}\}$$

定理 8.8 *TQBF* 是 PSPACE 完全的。

证明思路 为了证明 $TQBF$ 属于 PSPACE，给出一个简单的算法。该算法首先给变量赋值，然后递归地计算公式在这些值下的真值。从这些信息中，算法就能确定原量词化公式的真值。

为了证明 PSPACE 中的每个语言 A 在多项式时间内可归约到 $TQBF$，从判定 A 的多项式空间界限图灵机开始，然后给出多项式时间归约，它把一个字符串映射为一个量词化的布尔公式 ϕ，ϕ 模拟机器对这个输入的计算。公式为真当且仅当机器接受。

作为这一构造的首次尝试，模仿库克－列文定理的证明思路，即定理 7.22。可以构造公式 ϕ，通过描绘接受画面来模拟 M 在输入 w 上的计算。M 在 w 上的画面宽度是 $O(n^k)$，即 M 消耗的空间。因为 M 可能运行指数长的时间，所以它的高度是 n^k 的指数。因此，如果直接用公式表示画面，就可能导致指数长的公式。然而，多项式归约不能产生指数长的结果，所以这种尝试不能证明 $A \leqslant_P TQBF$。

下面改用一种与萨维奇定理的证明相关的技术来构造公式。该公式把画面分成两半，利用全称量词的功能，用公式的同一部分来代表每一半。结果产生短得多的公式。

证明 首先，给出一个判定 $TQBF$ 的多项式空间算法：

T＝“对输入 $\langle\phi\rangle$，ϕ 是一个全量词化布尔公式：

1. 若 ϕ 不含量词，则它是一个只有常数的表达式。计算 ϕ 的值，若为真，则接受；否则拒绝。
2. 若 ϕ 等于 $\exists x\psi$，在 ψ 上递归地调用 T，首先用 0 替换 x，然后用 1 替换 x。只要有一个结果是接受，则接受；否则拒绝。
3. 若 ϕ 等于 $\forall x\psi$. 在 ψ 上递归地调用 T，首先用 0 替换 x，然后用 1 替换 x。若两个结果都是接受，则接受；否则拒绝。”

算法 T 显然判定 $TQBF$。为了分析它的空间复杂性，我们发现它递归的深度最多等于变量的个数。在每一层只需存储一个变量的值，所以空间总消耗是 $O(m)$，其中 m 是 ϕ 中出现的变量的个数。因此 T 在线性空间内运行。

接下来，证明 $TQBF$ 是 PSPACE 难的。设 A 是一个由图灵机 M 在 n^k 空间内判定的语言，k 是某个常数。下面给出一个从 A 到 $TQBF$ 的多项式时间归约。

该归约把字符串 w 映射为一个量词化的布尔公式 ϕ。ϕ 为真当且仅当 M 接受 w。为了说明怎样构造 ϕ，需解决一个更一般的问题。利用两个代表格局的变量集合 c_1 和 c_2 及一个数 $t>0$，构造一个公式 $\phi_{c_1,c_2,t}$。如果把 c_1 和 c_2 赋为实际的格局，则该公式为真当且仅当 M 能够在最多 t 步内从 c_1 到达 c_2。然后，可以令 ϕ 是公式 $\phi_{c_{\text{start}},c_{\text{accept}},h}$，其中 $h=2^{df(n)}$，d 是一个选取的常数，使得 M 在长为 n 的输入上可能的格局数不超过 $2^{df(n)}$。这里，令 $f(n)=n^k$。为了方便，假设 t 是 2 的幂。

类似库克－列文定理的证明，该公式对格局单元的内容进行了编码。对应于单元的可能设置，每个单元有几个相关的变量，每个带子符号和状态都有一个变量对应。每个格局有 n^k 个单元，所以用 $O(n^k)$个变量编码。

若 $t=1$，则容易构造 $\phi_{c_1,c_2,t}$。设计公式，使之表达要么 c_1 等于 c_2，要么 c_1 能在 M 的一步内变到 c_2。为了表达相等性，使用一个布尔表达式来表示：代表 c_1 的每一个变量与代表 c_2 的相应变量包含同样的布尔值。为表达第二种可能性，利用库克－列文定理的证明技巧，构造布尔表达式表示，代表 c_1 的每个三元组的值能正确地产生相应的 c_2 的三元组的值，从而就能够表达 c_1 在 M 的一步内产生 c_2。

若 $t>1$，递归地构造 $\phi_{c_1,c_2,t}$。作为预演，先尝试一种不太好的想法，然后再修正它。令

$$\phi_{c_1,c_2,t} = \exists m_1 [\phi_{c_1,m_1,\frac{t}{2}} \wedge \phi_{m_1,c_2,\frac{t}{2}}]$$

符号 m_1 表示 M 的一个格局。$\exists m_1$ 是 $\exists x_1,\cdots,x_l$ 的缩写，其中 $l=O(n^k)$，$x_1,\cdots,x_l$ 是对 m_1 编码的变量。所以 $\phi_{c_1,c_2,t}$ 的这个构造的含义是：如果存在某个中间格局 m_1，使得 M 在至多 $\dfrac{t}{2}$ 步内从 c_1 变到 m_1，并且在至多 $\dfrac{t}{2}$ 步内从 m_1 变到 c_2，那么 M 就能在至多 t 步内从 c_1 变到 c_2。然后再递归地构造 $\phi_{c_1,m_1,\frac{t}{2}}$ 和 $\phi_{m_1,c_2,\frac{t}{2}}$ 这两个公式。

公式 $\phi_{c_1,c_2,t}$ 具有正确值。换言之，只要 M 能在 t 步内从 c_1 变到 c_2，它就是 TRUE。然而，它太长了。构造过程中涉及的递归的每一层都把 t 的值减小一半，但却把公式的长度增加了大约一倍，最后导致公式的长度大约是 t。开始时 $t=2^{df(n)}$，所以这种方法给出的公式是指数长的。

为了缩短公式的长度，除了使用 $\exists$ 量词以外，再利用 $\forall$ 量词。令

$$\phi_{c_1,c_2,t} = \exists m_1 \forall (c_3,c_4) \in \{(c_1,m_1),(m_1,c_2)\} [\phi_{c_3,c_4,\frac{t}{2}}]$$

新引入的变量代表格局 c_3 和 c_4，它允许把两个递归的子公式“折叠”为一个子公式，而保持原来的意思。通过写成 $\forall (c_3,c_4) \in \{(c_1,m_1),(m_1,c_2)\}$，就指明了代表格局 c_3 和 c_4 的变量可以分别取 c_1 和 m_1 的变量的值，或者 m_1 和 c_2 的变量的值，结果公式 $\phi_{c_3,c_4,\frac{t}{2}}$ 在两种情况下都为真。可以把结构 $\forall x \in \{y,z\}[\cdots]$ 替换为等价的结构 $\forall x[(x=y \vee x=z) \rightarrow \cdots]$，从而得到语法正确的量词化布尔公式。回忆第 0 章的内容，在 0.2 节中证明了布尔蕴涵（$\rightarrow$）和布尔相等（$=$）可以用 AND 和 NOT 来表达。这里，为了表达的清晰，使用符号 $=$ 表示布尔相等，而没使用等价符号 $\leftrightarrow$。

为了计算公式 $\phi_{c_{\text{start}},c_{\text{accept}},h}$ 的长度，其中 $h=2^{df(n)}$，注意到递归每一层增加的那部分公式的长度与格局的长度呈线性关系，所以长度是 $O(f(n))$。递归的层数是 $\log(2^{df(n)})$ 或 $O(f(n))$。所以所得到的公式的长度是 $O(f^2(n))$。 ■

8.3.2　博弈的必胜策略

本书中，把**博弈**（game）不严格地定义为两个对立方的竞赛，每一方都按照预先确定的规则争取达到某一目标。博弈有多种形式，从国际象棋这一类棋盘博弈，到作为协作或者社会冲突模型的经济和战争博弈等。

博弈和量词紧密相关。一个量化的语句存在一个之对应的博弈；反之，一个博弈也常存在一个对应的量化语句。这种对应关系在以下几个方面是有用的。首先，把一个包含许多量词的数学语句用对应的博弈表达出来，可以洞悉该语句的含义。其次，把一个博弈用量化语句表达出来有助于理解该博弈的复杂性。为了阐明博弈与量词之间的对应关系，本节描述了一种称为**公式博弈**（formula game）的人工博弈。

设 $\phi=\exists x_1 \forall x_2 \exists x_3 \cdots Q x_k[\psi]$ 是一个前束范式的量词化布尔公式，这里 Q 代表量词 $\forall$ 或者 $\exists$。将 ϕ 与下面的博弈相关联。两名选手称为选手 A 和选手 E，轮流为变量 $x_1,\cdots,x_k$ 选值。选手 A 为那些 $\forall$ 量词约束的变量选值，选手 E 为那些 $\exists$ 量词约束的变量选值。进行的顺序与公式开头量词出现的顺序相同。在游戏结束时，利用选手给变量挑选的值宣布结果。如果 ψ（即删去量词后的那部分公式）此时是 TRUE，则选手 E 赢；如果 ψ 此时是

FALSE，则选手 A 赢。

例 8.9 设 ϕ_1 是公式

$$\exists x_1 \forall x_2 \exists x_3 [(x_1 \vee x_2) \wedge (x_2 \vee x_3) \wedge (\overline{x_2} \vee \overline{x_3})]$$

在 ϕ_1 的公式博弈中，选手 E 挑选 x_1 的值，选手 A 挑选 x_2 的值，最后选手 E 挑选 x_3 的值。

举一个该博弈游戏过程的例子。照例，用 1 表示布尔值 TRUE，用 0 表示 FALSE。设选手 E 挑选 $x_1=1$，然后选手 A 挑选 $x_2=0$，最后选手 E 挑选 $x_3=1$。当 x_1，x_2 和 x_3 取这些值时，子公式 $(x_1 \vee x_2) \wedge (x_2 \vee x_3) \wedge (\overline{x_2} \vee \overline{x_3})$ 是 1，所以选手 E 赢。实际上，选手 E 总可以赢得这场博弈，只要它挑选 $x_1=1$，然后不论选手 A 给 x_2 选什么值，E 都给 x_3 选与 x_2 相反的值。我们称选手 E 有这场博弈的**必胜策略**（winning strategy）。如果双方都下出最佳步骤时，某个选手能赢，则该选手有该博弈的必胜策略。

现在稍微修改一下公式，得到一个博弈，使得选手 A 有必胜策略。设 ϕ_2 是公式

$$\exists x_1 \forall x_2 \exists x_3 [(x_1 \vee x_2) \wedge (x_2 \vee x_3) \wedge (x_2 \vee \overline{x_3})]$$

现在选手 A 有必胜策略，因为不论选手 E 为 x_1 选什么值，选手 A 可以选 $x_2=0$，从而使量词后面出现的那部分公式为假，而不论选手 E 在最后一步选什么值。 ■

下面考虑判定在与某个具体的公式相关联的公式博弈中哪一方有必胜策略的问题。令

$$FORMULA\text{-}GAME = \{\langle\phi\rangle \mid \text{在与 } \phi \text{ 相关联的公式博弈中选手 E 有必胜策略}\}$$

定理 8.10 *FORMULA-GAME* 是 PSPACE 完全的。

证明思路 *FORMULA-GAME* 是 PSPACE 完全的，理由很简单，即它和 *TQBF* 是一样的。为了看出 *FORMULA-GAME* = *TQBF*，注意到一个公式恰好当选手 E 在相关联的公式博弈中有必胜策略时为 TRUE，因为两种情况有同样的含义。

证明 公式 $\phi = \exists x_1 \forall x_2 \exists x_3 \cdots [\psi]$ 是 TRUE 的条件是：存在 x_1 的某种赋值，使得对于 x_2 的任意赋值，存在 x_3 的某种赋值，使得……，等等，其中 ψ 在这些变量的赋值下为 TRUE。类似地，选手 E 在与 ϕ 关联的博弈中有必胜策略的条件是：选手 E 可以给 x_1 赋某个值，使得对于 x_2 的任意赋值，选手 E 可以给 x_3 赋一个值，使得……，等等，其中 ψ 在变量的这些赋值下为 TRUE。

当公式不存在量词与全称量词之间交替时，同样的推理也能成立。如果 ϕ 的形式为 $\forall x_1, x_2, x_3 \exists x_4, x_5 \forall x_6 [\psi]$，选手 A 在公式博弈中走头三步，给 x_1, x_2 和 x_3 赋值；然后选手 E 走两次，给 x_4 和 x_5 赋值；最后选手 A 给 x_6 赋一个值。

因此，$\phi \in TQBF$ 恰好当 $\phi \in FORMULA\text{-}GAME$ 时成立，由定理 8.8，本定理成立。 ■

8.3.3 广义地理学

既然知道公式博弈是 PSPACE 完全的，就能更容易地证明某些其他博弈的 PSPACE 完全性或 PSPACE 难解性。本小节从地理学游戏的推广开始，然后讨论如国际象棋、跳棋和 GO 这样的博弈。

地理学是一种儿童游戏，选手们轮流给世界各地的城市命名。每一座选中的城市的首字母必须与前一座城市的尾字母相同，不允许重复。游戏从某个指定的城市开始，以某一方因无法延续而认输为止。例如，如果游戏从 Peoria 开始，那么下面可以跟 Amherst（因为 Peoria 的尾字母是 a，而 Amherst 的首字母也是 a），然后可以是 Tucson，然后是

Nashua，等等，直到一方被难倒并输掉比赛为止。

可以用有向图作为该游戏的模型，图中的结点是世界各地的城市。根据游戏规则，如果一座城市可以导向另一座城市，则从前一座城市到后一座城市画一个箭头。换言之，如果城市 X 的尾字母与城市 Y 的首字母相同，则图中就包含一条从城市 X 到城市 Y 的边。图 8-2 中展示了一部分地理学图。

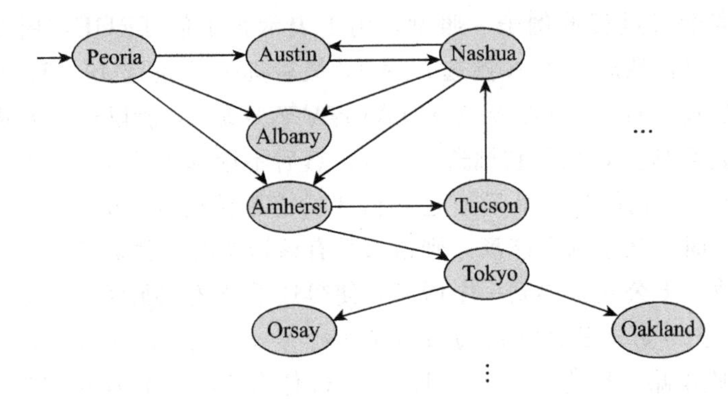

图 8-2　代表地理学游戏的部分图

当地理学规则翻译为这种图表示法时，一名选手从指定的起始结点开始，然后选手们交替地挑选结点，形成图中的一条简单路径（即每个结点只能用一次，对应于要求城市不能重复）。第一个不能扩展路径的选手输掉比赛。

在**广义地理学**（generalized geography）中，用任意的带有指定起始结点的有向图代替了与实际城市相关联的图。例如，图 8-3 是一个广义地理学游戏的例子。

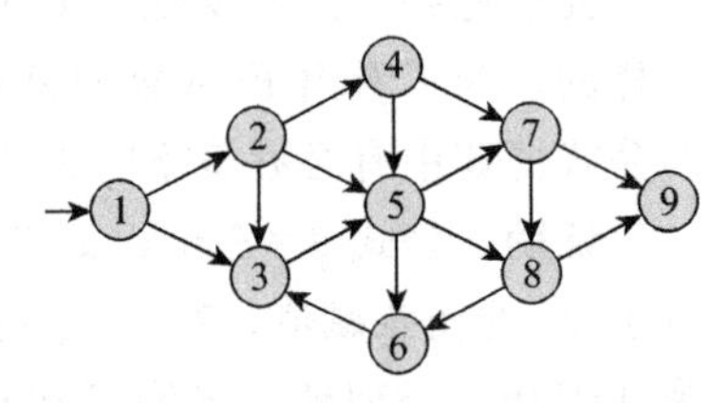

图 8-3　广义地理学游戏样例

设选手Ⅰ先走，选手Ⅱ随后走。在本例中，选手Ⅰ有如下的必胜策略。选手Ⅰ从结点 1，即指定的起始结点开始。结点 1 只能指向结点 2 和 3，所以选手Ⅰ的第一步必须是这两种选择之一。他选 3。现在轮到选手Ⅱ走了，但结点 3 仅指向结点 5，所以她被迫选择结点 5。然后选手Ⅰ从 6、7、8 中选择 6。现在选手Ⅱ必须从结点 6 出发，但是它仅指向结点 3，而 3 在前面已经走过了。选手Ⅱ被困住了，于是选手Ⅰ赢。

如果改变这个例子，颠倒结点 3 和 6 之间边的方向，则选手Ⅱ有必胜策略。你能看出来吗？如果选手Ⅰ像以前一样出发到结点 3，则选手Ⅱ以结点 6 为应手，立即赢得比赛，所以选手Ⅰ唯一的希望是到结点 2。但在这种情况下，选手Ⅱ以 4 为应手。如果选手Ⅰ现在取 5，则选手Ⅱ取 6 就赢。如果选手Ⅰ取 7，则选手Ⅱ取 9 就赢。无论选手Ⅰ怎么走，选手Ⅱ总能赢，所以选手Ⅱ有必胜策略。

判定在广义地理学游戏中哪一方有必胜策略的问题是 PSPACE 完全的。令

$GG=\{\langle G,b\rangle \mid$ 在图 G 上以结点 b 起始的广义地理学游戏中，选手Ⅰ有必胜策略$\}$

定理 8.11　*GG* 是 PSPACE 完全的。

证明思路　用与定理 8.8 中判定 *TQBF* 时所用的算法相似的一个递归算法，就能判定哪方有必胜策略。该算法在多项式空间内运行，所以 $GG\in$ PSPACE。

为了证明 *GG* 是 PSPACE 难的，给出一个从 *FORMULA-GAME* 到 *GG* 的多项式时间

归约。该归约把一个公式博弈转化为一个广义地理学图，使得图上的游戏过程模拟公式博弈的游戏过程。实际上，广义地理学游戏的选手就是在玩一种编码形式的公式博弈。

证明 下面的算法判定在广义地理学实例中，选手Ⅰ是否有必胜策略。换句话说，它判定 GG。现证明它在多项式空间内运行。

M="对输入 $\langle G,b\rangle$，G 是有向图，b 是 G 的结点：

1. 若 b 出度为 0，则拒绝，因为选手Ⅰ立即输。
2. 删去结点 b 以及与它关联的所有箭头，得到一个新图 G'。
3. 对于 b 原先指向的每个结点 $b_1,b_2,\cdots,b_k$，在 $\langle G',b_i\rangle$ 上递归地调用 M。
4. 若所有调用都接受，则选手Ⅱ在原先博弈中有必胜策略，所以拒绝。否则，选手Ⅱ没有必胜策略，而选手Ⅰ有必胜策略，因此接受。"

本算法仅需要用来存储递归栈的空间。递归的每一层给栈中添加一个结点，最多可能有 m 层，m 是 G 的结点数。因此算法在线性空间内运行。

为了证明 GG 的 PSPACE 难解性，证明 *FORMULA-GAME* 多项式时间可归约到 GG。归约把公式

$$\phi = \exists x_1 \forall\ x_2 \exists x_3 \cdots Q\, x_k [\psi]$$ ■

映射为广义地理学的一个实例 $\langle G,b\rangle$。为了简单，这里假定 ϕ 的量词以∃开头，以∃结尾，并且∃和∀严格地交替出现，不符合这个假定的公式可以转化为稍长一些的符合假定的公式，这只需添加一些额外的量词，约束一些在别处不使用的变量（或称"哑"变量）。还假定 ψ 是合取范式的（参见问题 8.28）。

对于归约构造图 G 上的地理学游戏，其中最优走步模拟 ϕ 上的公式博弈的最优走步。地理学游戏中的选手Ⅰ扮演公式博弈中的选手 E 的角色，选手Ⅱ扮演选手 A 的角色。

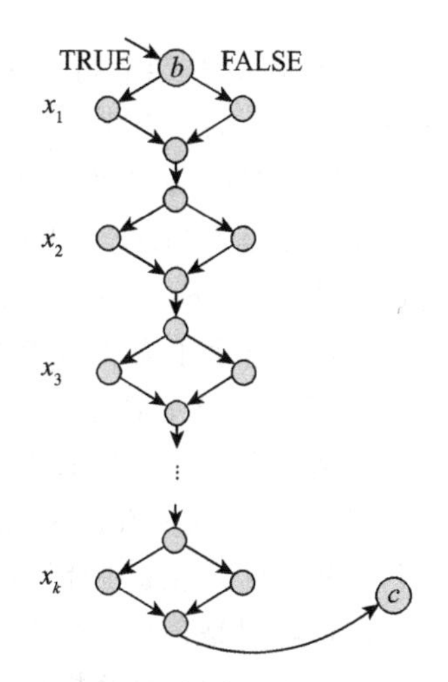

图 8-4 模拟公式博弈的地理学游戏的部分结构

图 G 的结构部分地示于图 8-4 中。游戏从结点 b 开始，它出现在 G 的顶层左边。在 b 下面是一列钻石结构，ϕ 的每一个变量对应一个。在描述 G 的右边之前，先看游戏在左边如何进行。

游戏从 b 开始。选手Ⅰ必须选择从 b 出发的两条边之一，这两条边对应于选手 E 在公式博弈开始时的可能选择。选手Ⅰ选择左边，对应于公式博弈中选手 E 选择 TRUE，选择右边对应于 FALSE。在选手Ⅰ已经选择了一条边之后，假设是左边那条，该选手Ⅱ走步了。因为只有一条出边，所以这一步没有选择。类似地，选手Ⅰ的下一步也没有选择，游戏从第二个钻石的顶部继续进行。现在再次有两条边，但是轮到选手Ⅱ选择了。这次选择对应于在公式博弈中选手 A 的第一步。随着游戏以这种方式继续进行，选手Ⅰ和Ⅱ选择向右或向左的路径通过每个钻石结构。

在游戏经过所有钻石结构以后，路径的末端在最后一个钻石的底部结点，而且轮到选手Ⅰ走步了，因为假定最后一个量词是∃。选手Ⅰ的下一步没有选择。然后他们到达图 8-4 的结点 c，轮到选手Ⅱ走下一步。

地理学游戏走到这一步对应于公式博弈过程的结束。所选择的通过钻石结构的路径对应于给 ϕ 的变量的赋值。在该赋值下，如果 ψ 是 TRUE，则选手 E 赢得公式博弈；如果 ψ 是 FALSE，则选手 A 赢。图 8-5 所示的右边结构保证当选手 E 赢时选手Ⅰ能赢，而且当选手 A 赢时选手Ⅱ能赢，说明如下。

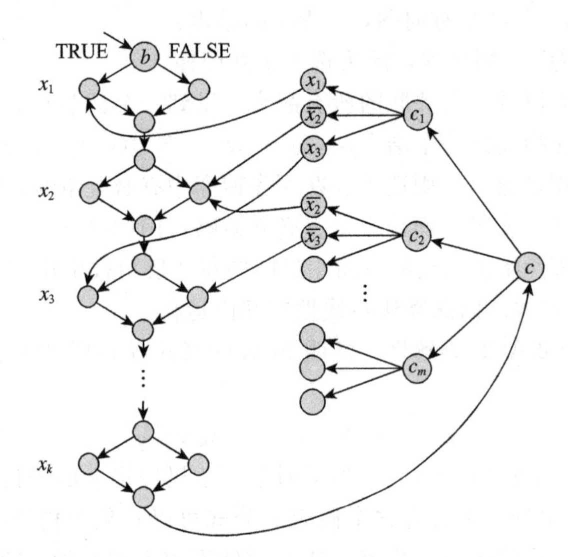

图 8-5　模拟公式博弈的地理学游戏的全部结构，其中 $\phi = \exists x_1 \forall x_2 \cdots \exists x_k[(x_1 \vee \overline{x_2} \vee x_3) \wedge (\overline{x_2} \vee \overline{x_3} \vee \cdots) \wedge \cdots \wedge (\quad)]$

在结点 c，选手Ⅱ可以选择一个对应 ψ 的某个子句的结点，然后选手Ⅰ可以选择一个对应该子句中的一个文字的结点。对应不带非的文字的结点连接到对应有关变量的钻石的左边（TRUE），对于带非的文字和右边（FALSE）情况类似，如图 8-5 所示。

如果 ϕ 是 FALSE，则选手Ⅱ可以选择不满足的子句而取胜。选手Ⅰ此时可以选择的文字都是 FALSE，并被连到钻石中还未走过的那一边。于是选手Ⅱ可以选择钻石中的那个结点，而选手Ⅰ无法走步了，从而输掉。如果 ϕ 是 TRUE，则选手Ⅱ挑选的所有子句都包含 TRUE 文字。选手Ⅰ在选手Ⅱ走步后选择那个文字。因为该文字是 TRUE，所以它被连到钻石中已经走过的那一边，因此选手Ⅱ无法走步，输掉。■

定理 8.11 说明在广义地理学中，不存在计算最佳走步的多项式时间算法，除非P=PSPACE。我们希望在计算如国际象棋这一类棋盘博弈的最佳走步方面能够证明类似的难解性定理，但是存在一个障碍。采用标准的 8×8 国际象棋棋盘只能出现有穷个不同的棋局。理论上，所有这些棋局以及它们的最佳走步可以放在一张表里。这张表会大到整个星系都放不下，但它却是有穷的，可以存放在图灵机的控制单元中（甚至有穷自动机的控制单元中!）。于是机器就可以通过查表在线性时间内走出最佳步。也许在将来会有办法度量有穷问题的复杂性，但是目前的办法是渐近的，因此只能用来度量复杂性随着问题规模的增加而变化的增长率——而不能用于任何固定规模。不过，通过把许多棋盘博弈推广到 $n \times n$ 棋盘上，可以就计算它们的最佳走步的难解性给出某些证据。这种推广的国际象棋、跳棋和 GO 已被证明是 PSPACE 难的，甚至对于更大的复杂性类是难的，这有赖于推广的细节。

8.4　L 类和 NL 类

到目前为止，我们只考虑了时间和空间复杂性界限至少是线性的情况，即界限 $f(n)$ 至少是 n。现在考察更小的亚线性（sublinear）空间界限。在时间复杂性中，亚线性界限还不够读完输入，所以这里不考虑它们。在亚线性空间复杂性中机器可以读完整个输入，但是它没有足够的空间存储输入。为了使对这种情况的考虑有意义，必须修改计算模型。

下面引入一种有两条带子的图灵机：一条只读输入带和一条读写工作带。在只读带上输入头能读取符号，但不能改变它们。这个头必须停留在包含输入的那部分带子上。可以给机器提供一个方法，使它能够检测读写头处于输入的左端和右端的时刻。工作带可以用通常的方式读写。只有工作带上被扫描的单元才构成这种形式的图灵机的空间复杂性。

可以把只读输入带想象成 CD-ROM，即一种在许多个人计算机上用于输入的设备。通常，CD-ROM 包含的数据比计算机能存放在主存中的数据更多。亚线性空间算法允许计算机处理没有全部存放在主存中的数据。

对于至少是线性的空间界限，双带图灵机模型等价于标准的单带模型（参见练习 8.1）。对于亚线性空间界限，只采用双带模型。

定义 8.12　**L** 是确定型图灵机在对数空间内可判定的语言类。换言之，

$$\mathrm{L} = \mathrm{SPACE}(\log n)$$

NL 是非确定型图灵机在对数空间内可判定的语言类。换言之，

$$\mathrm{NL} = \mathrm{NSPACE}(\log n)$$

我们关注 $\log n$ 空间，而不关注如 $\sqrt{n}$ 或 $\log^2 n$ 空间的理由与选择多项式时空界限的理由相似。对数空间足以求解许多有趣的计算问题，而且其数学性质也富有吸引力，比如当机器模型和输入的编码方法改变时仍保持稳健性。指向输入的指针可以在对数空间内表示，所以考虑对数空间算法的计算能力的一种方式是考虑固定数目的输入指针的计算能力。

例 8.13　语言 $A=\{0^k1^k \mid k\geq 0\}$ 是 L 的成员。在 7.1 节中描述了一个判定 A 的图灵机，它左右来回扫描输入，删掉匹配的 0 和 1。该算法用线性空间记录哪些位置已经被删掉了，但可以修改为只使用对数空间。

判定 A 的对数空间图灵机不能删除输入带上已经匹配的 0 和 1，因为该带是只读的。机器在工作带上用二进制分别数 0 和 1 的数目，唯一需要的空间是用来记录这两个计数器的。在二进制形式下，每个计数器只消耗对数空间，因此算法在 $O(\log n)$ 空间内运行。所以 $A\in \mathrm{L}$。■

例 8.14　回忆 7.2 节中定义的语言 $PATH=\{\langle G,s,t\rangle \mid G$ 是包含从 s 到 t 的有向路径的有向图$\}$。定理 7.12 证明 $PATH$ 属于 P，但是给出的算法消耗线性空间。还不清楚 $PATH$ 是否能确定性地在对数空间内解决，但是的确知道一个判定 $PATH$ 的非确定性的对数空间算法。

判定 $PATH$ 的非确定型对数空间图灵机从结点 s 开始运算，非确定地猜测从 s 到 t 的路径的每一步。机器在工作带上只记录每一步当前结点的位置，而不是整条路径（否则将超出对数空间的要求）。机器从当前结点所指向的结点中非确定地选择下一个结点。它反复执行这一操作，直至到达结点 t 而接受，或者执行 m 步以后拒绝，其中 m 是图中的结点

数。因此 $PATH$ 属于 NL。 ■

以前所得出的关于 $f(n)$ 空间界限的图灵机也在 $2^{O(f(n))}$ 时间内运行的断言对于非常小的空间界限就不再成立。例如，消耗 $O(1)$（即常数）空间的图灵机就可能运行 n 步。为了获得适用于所有空间界限 $f(n)$ 的运行时间界限，给出下面的定义。

定义 8.15 若 M 是一个有单独的只读输入带的图灵机，w 是输入，则 **M 在 w 上的格局**包含状态、工作带和两个读写头位置。输入 w 不作为 M 在 w 上的格局的一部分。

如果 M 在 $f(n)$ 空间内运行，w 是长为 n 的输入，则 M 在 w 上的格局数是 $n2^{O(f(n))}$。为了解释这一结果，设 M 有 c 个状态和 g 个带子符号。能够出现在工作带上的字符串的数目是 $g^{f(n)}$。输入头可以处在 n 个位置之一，工作带头可以处在 $f(n)$ 个位置之一。因此 M 在 w 上的格局总数（也就是 M 在 w 上的运行时间的上界）等于 $cnf(n)g^{f(n)}$ 或 $n2^{(O(f(n))}$。

我们几乎只关注不小于 $\log n$ 的空间界限 $f(n)$。对于这样的界限，前面关于机器的时间复杂性最多不超过它的空间复杂性的指数倍的断言依然成立，因为当 $f(n)\geqslant\log n$ 时，$n2^{O(f(n))}$ 等于 $2^{O(f(n))}$。

回忆一下，萨维奇定理表明，非确定型图灵机可以转化为确定型图灵机，而在 $f(n)\geqslant n$ 时，空间复杂性 $f(n)$ 只增加平方。可以推广萨维奇定理，使它对于亚线性空间界限 $f(n)\geqslant\log n$ 也能成立。证明与 7.1 节给出的原始证明基本相同，只是采用有只读输入带的图灵机，在涉及 N 的格局的地方改用 N 在 w 上的格局。存储 N 在 w 上的格局需要 $\log(n2^{O(f(n))})=\log n+O(f(n))$ 空间。如果 $f(n)\geqslant\log n$，则存储消耗是 $O(f(n))$，证明的其余部分都相同。

8.5 NL 完全性

正如在例 8.14 中提到的，已知 $PATH$ 问题属于 NL，但不知道它是否在 L 中。人们相信 $PATH$ 不属于 L，但是不知道怎样证明这一猜想。实际上，还不知道 NL 中有哪一个问题可以被证明不属于 L。类似于 P=NP 是否成立的问题，也有 L=NL 是否成立的问题。

作为解决 L 与 NL 问题的一个步骤，需要先证明某些语言是 NL 完全的。正如其他复杂性类的完全语言一样，NL 完全语言在一定意义上是 NL 中最困难的语言的样例。如果 L 与 NL 不相等，那么所有 NL 完全语言就不属于 L。

如前面完全性的定义一样，NL 完全语言定义为属于 NL，并且 NL 中的所有其他语言都可归约到它。但是这里不用多项式时间可归约性，这是因为所有 NL 中的问题都在多项式时间内可解。除了∅和 Σ^* 以外，NL 中的任何两个问题都是互相多项式时间可归约的（参见 8.3 节 PSPACE 完全性的定义中关于多项式时间可归约性的讨论），所以多项式时间可归约性太强，不能把 NL 中的问题彼此区分开。可以改用一种新型可归约性，称为对数空间可归约性。

定义 8.16 **对数空间转换器**（log space transducer）是有一条只读输入带、一条只写输出带和一条读/写工作带的图灵机。输出带的头部不能向左移动，因此它不能读已写内容。工作带可以包含 $O(\log(n))$ 个符号。对数空间转换器 M 计算一个函数 $f:\Sigma^*\to\Sigma^*$，其中 $f(w)$ 是把 w 放在 M 的输入带上启动 M 运行到 M 停机时输出带上存放的字符串。称 f 为**对数空间可计算函数**（log space computable function）。如果语言 A 通过对数空间

可计算函数 f 映射可归约到语言 B，则称 A **对数空间可归约**（log space reducible）到 B，记为 $A\leqslant_{\mathrm{L}}B$。

现在已经做好定义 NL 完全性的准备。

定义 8.17　语言 B 是 NL 完全的，如果

1. $B\in\mathrm{NL}$，并且
2. NL 中的每个 A 对数空间可归约到 B。

如果一个语言对数空间可归约到另一个已知属于 L 的语言，则这个语言也属于 L，如下述定理所阐明的。

定理 8.18　$A\leqslant_{\mathrm{L}}B$ 且 $B\in\mathrm{L}$，则 $A\in\mathrm{L}$。

证明　本定理的一个诱人的证明思路是仿照定理 7.25 的模式，那里证明了多项式时间可归约性的类似结果。按照这种思路，A 的对数空间算法首先用对数空间归约 f 把输入 w 映射为 $f(w)$，然后应用 B 的对数空间算法。但是存储 $f(w)$ 的空间需求量可能太大，不能放进对数空间界限内，所以需要修改这种方法。

A 的机器 M_A 不再算出整个 $f(w)$，而是当 B 的机器 M_B 需要的时候计算 $f(w)$ 的个别符号。在模拟过程中，M_A 记录 M_B 的输入头在 $f(w)$ 上的位置。每一次 M_B 移动时。M_A 重新开始在 w 上计算 f，除了所需要的 $f(w)$ 上的位置以外，其余输出全部忽略。这么做可能不时地要求重新计算 $f(w)$ 的某些部分，因而在时间复杂性方面是低效的。这种方法的好处是在任何时刻只需存储 $f(w)$ 的一个符号，其结果是用时间来换取空间。■

推论 8.19　若有一个 NL 完全语言属于 L，则 L＝NL。

图中的搜索

定理 8.20　$PATH$ 是 NL 完全的。

证明思路　例 8.14 证明了 $PATH$ 属于 NL，所以只需证明 $PATH$ 是 NL 难的。换言之，必须证明 NL 中的每个语言 A 对数空间可归约到 $PATH$。

从 A 到 $PATH$ 的对数空间归约背后的思想是构造一个图，用来表示判定 A 的非确定型对数空间图灵机的计算过程。归约把字符串 w 映射为一个图，图中结点对应于非确定型图灵机在输入 w 上的格局。一个结点能指向另一个结点的条件是第一个结点对应的格局能在非确定型图灵机的一步内产生第二个结点对应的格局。因此，只要从对应初始格局的结点到对应接受格局的结点之间存在一条路径，则机器接受 w。

证明　这里说明了怎样给出一个从 NL 中的任意语言 A 到 $PATH$ 的对数空间归约。设非确定型图灵机 M 在 $O(\log n)$ 空间内判定 A。给定输入 w，在对数空间内构造 $\langle G,s,t\rangle$，其中 G 为有向图，G 包含从 s 到 t 的路径当且仅当 M 接受 w。

G 的结点是 M 在 w 上的格局。对于 M 在 w 上的格局 c_1 和 c_2，如果 c_2 是 M 从 c_1 出发的下一个可能的格局，则（c_1,c_2）是 G 的一条边。更精确地说，如果 M 的转移函数指出，c_1 的状态和它的输入带头和工作带头下的符号一起能产生下一个状态和带头动作，使 c_1 变成 c_2，那么（c_1,c_2）是 G 的一条边。结点 s 是 M 在 w 上的初始格局。机器 M 被修改为只有唯一的接受格局，把该格局指定为结点 t。

该映射把 A 归约到 $PATH$，原因是只要 M 接受输入，它就有一个计算分支接受，这对应于 G 中一条从起始格局 s 到接受格局 t 的路径。反之，如果 G 中存在从 s 到 t 的路径，

则 M 在输入 w 上运行时，某个计算分支必定接受，从而 M 接受 w。

为了证明该归约在对数空间内运算，给出一个对数空间转换器，它在输入 w 上输出 $\langle G,s,t\rangle$。通过列出 G 的结点和边来描述 G。列出结点很容易，因为每个结点是 M 在 w 上的一个格局，可以在空间 $c\log n$ 内表示出来，c 是某个常数。转换器顺序地走遍所有可能的长为 $c\log n$ 的字符串，检查每一个是否为 M 在 w 上的合法格局，输出那些通过检查的字符串。类似地，转换器也列出边。对数空间足以验证 M 在 w 上的一个格局 c_1 能否产生格局 c_2，因为转换器只需通过考察 c_1 中读写头位置下的带子内容，以此来决定 M 的转移函数是否会产生格局 c_2 作为结果。转换器依次检查所有的（c_1，c_2），探知哪些是 G 的合格的边。那些合格的边被添加到输出带上。■

定理 8.20 的一个直接的副产品是下面的推论，它称 NL 是 P 的子集。

推论 8.21　NL⊆P。

证明　定理 8.20 说明，NL 中的任何语言对数空间可归约到 $PATH$。前边讲过，消耗空间 $f(n)$ 的图灵机在时间 $n2^{O(f(n))}$ 内运行，所以在对数空间内运行的归约器也在多项式时间内运行。因此，NL 中的任何语言多项式时间可归约到 $PATH$，由定理 7.12 知后者属于 P。又知每一个多项式时间可归约到 P 中的语言的语言也在 P 中，所以证毕。■

虽然对数空间可归约性限制更加严格，但是由于计算问题通常是简单的，故对于复杂性理论中的大多数归约来说，它已经够用了。例如在定理 8.8 中，已经证明了每一个 PSPACE 问题在多项式时间内归约到 $TQBF$。在归约过程中产生了重复度高的公式，它们或许可在对数空间内计算，因此或许可以得出结论：利用对数空间，$TQBF$ 是 PSPACE 完全的。这个结论在推论 9.6 中证明 NL⊊PSPACE 时非常有用。这种分离和对数空间可归约性表明 $TQBF\notin$NL。

8.6　NL 等于 coNL

本节包含有关复杂性类之间相互关系的已知结果中最惊人的结果之一。一般认为 NP 与 coNP 是不相等的。乍一看，同样的结果对于 NL 和 coNL 似乎也成立。事实上，正如将要证明的，NL 等于 coNL。这说明我们关于计算的直觉仍有许多空白。

定理 8.22　NL＝coNL。

证明思路　为了证明 coNL 中的每个问题也在 NL 中，先证明$\overline{PATH}$属于 NL，因为 $PATH$ 是 NL 完全的。所给出的判定$\overline{PATH}$的 NL 算法 M 在图 G 不包含从 s 到 t 的路径时，必须有一个接受计算。

首先解决一个容易些的问题。令 c 是 G 中从 s 可达的结点数。假定 c 作为输入提供给 M，先说明怎样利用 c 求解$\overline{PATH}$，然后再说明怎样计算 c。

给定 G,s,t 和 c，机器 M 如下运算。M 逐个地走遍 G 的所有 m 个结点，非确定地猜测每个结点是否从 s 可达。一旦结点 u 被猜测为可达，M 就通过猜测一条从 s 到 u 的路径来验证这一点。如果一个计算分支没能在 m 步内验证这一猜测（m 是 G 的结点数），就拒绝。另外，如果一个分支猜测 t 可达，就拒绝。机器 M 对那些已经被验证为可达的结点计数。当一个分支走遍 G 的所有结点后，它查验从 s 可达的结点数是否等于 c（即实际可达的结点数），如果不等于就拒绝。否则该分支接受。

换言之，如果 M 恰好非确定地挑选了从 s 可达的 c 个结点（不包括 t），并且通过猜测路径证实了每一个都从 s 可达，则 M 就知道剩余的结点（包括 t）都不可达，所以它就可以接受。

接下来说明怎样计算 c，即从 s 可达的结点数。描述一个非确定的对数空间过程至少有一个计算分支具有正确的 c 值，而所有其他分支都拒绝。

对于从 0 到 m 的每个值 i，定义 A_i 为 G 中与 s 的距离不超过 i 的结点的集合（即从 s 出发有一条长度不超过 i 的路径）。于是 $A_0=\{s\}$，每个 $A_i \subseteq A_{i+1}$，A_m 包含从 s 可达的所有结点。令 c_i 是 A_i 中的结点数。下面描述一个过程，从 c_i 中计算出 c_{i+1}。反复应用这一过程，就获得所需的值 $c=c_m$。

从 c_i 中计算出 c_{i+1} 所用的思路与前面给出的思路相似。算法走遍 G 的所有结点，决定每一个结点是否为 A_{i+1} 的成员，然后数成员的个数。

为了判定结点 v 是否在 A_{i+1} 中，用一个内层循环走遍 G 的所有结点，猜测每一个结点是否在 A_i 中。每一次成功的猜测是由猜测一条从 s 出发、长度至多为 i 的路径来证实。对于每个证实了在 A_i 中的结点 u，算法检查 (u,v) 是否是 G 的一条边。如果是其中的一条边，则 v 在 A_{i+1} 中。另外，证实了在 A_i 中的结点的数目也被计算出来。在内层循环结束时，如果证实属于 A_i 的结点总数不等于 c_i，则 A_i 的全部结点还没有被找完，所以该计算分支拒绝。如果总数的确等于 c_i，并且 v 还没有证实属于 A_{i+1}，则可以下结论说它不在 A_{i+1} 中。然后走到下一个 v，开始外层循环。

证明 判定$\overline{PATH}$的算法如下。这里令 m 为 G 的结点数。

M="对输入 $\langle G,s,t\rangle$：

1. 令 $c_0=1$，$d=0$。 [$A_0=\{s\}$有 1 个结点]
2. 对 $i=0$ 到 $m-1$： [从 c_i 计算 c_{i+1}]
3. 　　令 $c_{i+1}=1$。 [c_{i+1}计数在 A_{i+1}中的结点]
4. 　　对 G 中的每个结点 v（$v\neq s$）： [检查是否 $v\in A_{i+1}$]
5. 　　　　令 $d=0$。 [d 计数 A_i 中的结点数]
6. 　　　　对 G 中的每个结点 u： [检查是否 $u\in A_i$]
7. 　　　　　　非确定地执行或者跳过下列步骤：
8. 　　　　　　　　非确定地沿着从 s 出发、长度至多为 i 的路径行进，如果没有碰到结点 u，就拒绝。
9. 　　　　　　　　d 加 1。 [$u\in A_i$]
10. 　　　　　　　　如果 (u,v) 是 G 的一条边，则 c_{i+1} 加 1。v 变为下一个结点，转向步骤 5。 [$v\in A_{i+1}$]
11. 　　　　若 $d\neq c_i$，则拒绝。 [检查是否找到所有 A_i]
12. 令 $d=0$。 [现在已知 c_m，d 计数 A_m 中的结点数]
13. 对 G 中的每个结点 u： [检查是否 $u\in A_m$]
14. 　　非确定地执行或跳过下列步骤：
15. 　　　　非确定地沿着从 s 出发、长度至多为 m 的路径行进，如果没有碰到结点 u 就拒绝。
16. 　　　　若 $u=t$，则拒绝。 [找到从 s 到 t 的路径]
17. 　　　　d 加 1。 [$u\in A_m$]

18. 若 $d \neq c_m$，则拒绝；否则，接受。”　　　[检查是否找到所有属于 A_m 的结点]

在任何时刻，本算法只需存储 $m, u, v, c_i, c_{i+1}, d, i$ 和一个指向路径末端的指针，所以它在对数空间内运行。（注意：M 也接受格式错误的输入。）■

把当前已知的关于几个复杂性类之间相互关系的认识总结如下：

$$\mathrm{L} \subseteq \mathrm{NL} = \mathrm{coNL} \subseteq \mathrm{P} \subseteq \mathrm{NP} \subseteq \mathrm{PSPACE}$$

我们还不知道这些包含关系是否有真包含，虽然在第 9 章推论 9.6 中将证明 $\mathrm{NL} \subsetneq \mathrm{PSPACE}$⊖。所以，$\mathrm{coNL} \subsetneq \mathrm{P}$ 和 $\mathrm{P} \subsetneq \mathrm{PSPACE}$ 中一定至少有一个成立，但是不知道哪一个成立！大多数研究者推想所有这些包含关系都是真包含。

练习

8.1 证明对于任意函数 $f: \mathbf{N} \to \mathbf{R}^+$，其中 $f(n) \geqslant n$，不论用单带图灵机模型还是用双带只读输入图灵机模型，所定义的空间复杂性类 SPACE$(f(n))$ 总是相同的。

8.2 考虑下面标准的儿童游戏的棋局。设下一步轮到×方选手走。请描述该选手的必胜策略。（回忆前边所学内容，必胜策略不仅仅是在当前棋局中的最佳走步，它还包括该选手为了取胜而必须采取的所有应手，不论对手如何走步。）

<table>
<tr><td>×</td><td></td><td></td></tr>
<tr><td></td><td>○</td><td></td></tr>
<tr><td>○</td><td></td><td>×</td></tr>
</table>

8.3 考虑下图所示的广义地理学游戏，其中起始结点就是由无源箭头指向的结点。选手Ⅰ有必胜策略吗？选手Ⅱ呢？给出理由。

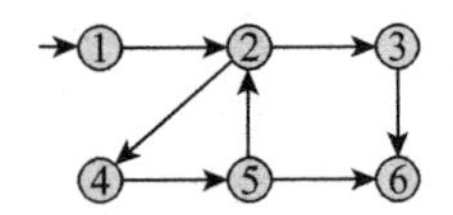

8.4 证明 PSPACE 在并、补和星号运算下封闭。

[A]**8.5** 证明 $A_{\mathrm{DFA}} \in \mathrm{L}$。

8.6 证明 PSPACE 难的语言也是 NP 难的。

[A]**8.7** 证明 NL 在并、连接和星号运算下封闭。

问题

***8.8** **尼姆**游戏的道具是几堆树枝。在一步中，选手从一个堆中拿走至少一根树枝。选手们轮流交替地拿走树枝，拿走最后一根树枝的选手算输。假设在尼姆的一个局势中有 k 堆树枝，每堆分别包含 $s_1, \cdots, s_k$ 根树枝。如果把每个数 s_i 写成二进制形式，并且每个二进制数排成矩阵的一行，低位对齐以后，每一列包含偶数个 1，则称局势是平衡的。证明下面两个事实：

a. 从一个非平衡的局势出发，存在一步使得局势变成平衡的。

b. 从一个平衡的局势出发，每一步都使得局势变成非平衡的。

令

$NIM = \{\langle s_1, \cdots, s_k \rangle \mid$ 每个 s_i 是二进制数，选手 Ⅰ 在尼姆游戏中从该局势出发有必胜策略$\}$

利用前面关于平衡局势的事实证明 NIM 属于 L。

8.9 令 $MULT = \{a\#b\#c \mid a, b, c$ 是二进制自然数且 $a \times b = c\}$。证明 $MULT \in \mathrm{L}$。

⊖　$A \subsetneq B$ 表示 A 是 B 的真子集。——译者注

8.10 对任意正整数 x，令 $x^{\mathcal{R}}$是将 x 的二进制形式颠倒后得到的整数（假设 x 的二进制形式首位不是0）。定义函数$\mathcal{R}^+$：$\mathbf{N}\to\mathbf{N}$，其中$\mathcal{R}^+(x)=x+x^{\mathcal{R}}$。

a. 令 $A_2=\{\langle x,y\rangle|\mathcal{R}^+(x)=y\}$，证明 $A_2\in$ L。

b. 令 $A_3=\{\langle x,y\rangle|\mathcal{R}^+(\mathcal{R}+(x))=y\}$，证明 $A_3\in$ L。

8.11 **a.** 令 $ADD=\{\langle x,y,z\rangle|x,y,z>0$ 且为二进制整数，$x+y=z\}$，证明 $ADD\in$ L。

b. 令 $PAL\text{-}ADD=\{\langle x,y\rangle|x,y>0$ 且为二进制整数，$x+y$ 是整数且其二进制表示是回文$\}$。（假设求和的结果的二进制首位不是 0，顺读和倒读都是一样的字符串称为回文。）证明 $PAL\text{-}ADD\in$ L。

***8.12** 令 $UCYCLE=\{\langle G\rangle|G$ 是包含一个简单回路的无向图$\}$，证明 $UCYCLE\in$ L。（注：G 可能不是连通图。）

***8.13** 证明对每个 n，存在两个长度为 $poly(n)$ 的正则表达式 R 和 S，其中 $L(R)\neq L(S)$，但它们包含的第一个相异的字符串是指数长的。换言之，$L(R)$ 和 $L(S)$ 必须是不同的，然而对某些常量 $\varepsilon>0$，字符串的长度为 $2^{\varepsilon n}$时二者是一样的。

8.14 如果无向图的结点可以分成两个集合，使得所有边都从一个集合的结点连到另一个集合的结点，则该无向图称为**二部的**（bipartite）。证明一个图是二部的当且仅当它不含有奇数个结点的圈。令

$$BIPARTITE=\{\langle G\rangle\mid G\text{是二部图}\}$$

证明 $BIPARTITE\in$ NL。

8.15 令 $UPATH$ 是无向图中 $PATH$ 的对偶，证明$\overline{BIPARTITE}\leqslant_L UPATH$。（注：在文献 O. Reingold[62]中证明了 $UPATH\in$ L，因此 $BIPARTITE\in$ L，但其算法有点复杂。）

8.16 回忆一下，在有向图中，如果每一对结点间都有双向的有向路径连接，则它称为**强连通的**（strongly connected）。令

$$STRONGLY\text{-}CONNECTED=\{\langle G\rangle\mid G\text{是强连通图}\}$$

证明 $STRONGLY\text{-}CONNECTED$ 是 NL 完全的。

8.17 令 $BOTH_{\text{NFA}}=\{\langle M_1,M_2\rangle|M_1$ 和 M_2 是 NFA,$L(M_1)\cap L(M_2)\neq\varnothing\}$。证明 $BOTH_{\text{NFA}}$是 NL 完全的。

8.18 证明 A_{NFA}是 NL 完全的。

8.19 证明 E_{DFA}是 NL 完全的。

***8.20** 证明 $2SAT$ 是 NL 完全的。

8.21 令 $CNF_{\text{H1}}=\{\langle\phi\rangle|\phi$ 是一个可满足的 cnf 公式，其中每个子句包含任意多个肯定的文字，但最多只有一个否定的文字。并且，每个否定的文字在 ϕ 中最多出现一次$\}$。证明 CNF_{H1}是 NL 完全的。

***8.22** 给出一个是 NL 完全的上下无关语言。

A***8.23** 令 $CYCLE=\{\langle G\rangle|G$ 是包含一个有向回路的有向图$\}$。证明 $CYCLE$ 是 NL 完全的。

8.24 令 $EQ_{\text{REX}}=\{\langle R,S\rangle|R$ 和 S 是等价的正则表达式$\}$。证明 $EQ_{\text{REX}}\in$ PSPACE。

8.25 梯子（ladder）是一个字符串的序列 $s_1,s_2,\cdots,s_k$，其中每个字符串与前一个字符串恰好只在一个字母上不同。例如，下面是一个英文单词的梯子：

head，hear，near，fear，bear，beer，deer，deed，feed，feet，fret，free

令 $LADDER_{\text{DFA}}=\{\langle M,s,t\rangle|M$ 是一个 DFA，$L(M)$ 包含一个以字符串 s 开头、以字符串 t 结束的梯子$\}$。证明 $LADDER_{\text{DFA}}$属于 PSPACE。

8.26 五子棋游戏由两名选手“X”和“O”在 19×19 的网格上比赛。选手们轮流放棋子，第一个把自己的 5 个棋子连续地放在一行、一列或者一条对角线上的选手就是赢家。考虑把该游戏推广到 $n\times n$ 棋盘上。令

$$GM=\{\langle B\rangle\mid B\text{是推广的五子棋的棋局，其中选手“}X\text{”有必胜策略}\}$$

这里的棋局是指放有一些棋子的棋盘，它可能在下棋的过程中出现。

证明 $GM \in$ PSPACE。

8.27 证明如果每一个 NP 难的语言也是 PSPACE 难的，则 PSPACF=NP。

8.28 证明当限制跟在量词后面的那部分公式是合取范式时，*TQBF* 仍是 PSPACE 完全的。

8.29 定义 $A_{LBA}=\{\langle M,w\rangle \mid M$ 是一个接受输入 w 的 LBA$\}$，证明 A_{LBA} 是 PSPACE 完全的。

*__8.30__ 猫捉老鼠游戏由两名选手“猫”和“老鼠”在一个任意的无向图上竞赛。在给定时刻，每名选手占据图的一个结点。选手们轮流走到与当前占据的结点相邻的结点上。图中有一个特殊的结点称为“洞”。如果双方同时占据同一个结点，则猫赢。如果老鼠在此之前到达洞，则老鼠赢。如果双方同时到达以前占据的位置，则为平局。令

$$HAPPY\text{-}CAT=\{\langle G,c,m,h\rangle \mid G,c,m,h \text{ 分别为图和猫的位置、老鼠的位置和洞,使得如果猫先走,则猫有必胜策略}\}$$

证明 *HAPPY-CAT* 属于 P。

8.31 考虑问题 7.39 中描述的语言 *PUZZLE* 的双人版。每名选手开始时都有一叠排好序的谜卡。他们轮流地按序把卡片放进盒子，并有权选择哪一面朝上。如果在最终的盒子中所有孔的位置都被堵住了，则选手Ⅰ赢。如果还有孔的位置没被堵住，则选手Ⅱ赢。证明对于给定的卡片的起始格局，判定哪位选手有必胜策略的问题是 PSPACE 完全的。

8.32 理解在问题 7.21 中对 *MIN-FORMULA* 的定义。

a. 证明 $MIN\text{-}FORMULA \in$ PSPACE。

b. 解释下面的论证为何不能证明 $MIN\text{-}FORMULA \in$ coNP：

如果 $\phi \in MIN\text{-}FORMULA$，则 ϕ 有更小的等价公式。一个非确定型图灵机通过猜测这个等价公式能验证 $\phi \in \overline{MIN\text{-}FORMULA}$。

8.33 设 A 是由正确嵌套的圆括号组成的语言。例如，(()) 和 (()(()))() 属于 A. 而)(则不属于 A。证明 A 属于 L。

*__8.34__ 设 B 是由正确嵌套的圆括号和方括号组成的语言。例如，([()()]()[]) 属于 B，而 ([)]不属于 B。证明 B 属于 L。

习题选解

8.5 构造一个图灵机 M 判定 A_{DFA}。对于输入 $\langle A,w\rangle$（其中 A 为 DFA，w 是一个字符串），M 在 w 上模拟 A，方法是通过跟踪 A 的当前状态和输入头的位置，并适时地修改它们。因为只需要存储指向输入的指针，所以完成这个模拟需要的空间是 $O(\log n)$。

8.7 令 A_1，A_2 分别是由 NL 机器 N_1 和 N_2 判定的语言。构造三个图灵机：$N_\cup$ 判定 $A_1 \cup A_2$，$N_\circ$ 判定$A_1 \circ A_2$，N_* 判定 A_1^*，每个图灵机的输入为 w。

图灵机 $N_\cup$ 不确定地分支来模拟 N_1 或 N_2，在两种情况下，如果被模拟的机器接受，则 $N_\cup$ 接受。

图灵机 $N_\circ$ 不确定地在输入串中选择一个位置将它分成两个子串。由于没有足够的空间存储子串，所以在工作带上只存放该位置的指针。首先，$N_\circ$ 在第一个子串上模拟 N_1，$N_\circ$ 不确定地分支模拟 N_1 的不确定性。在其中任何一个分支上达到 N_1 的接受状态后，$N_\circ$ 在第二个子串上模拟 N_2。如果其任何一个分支达到 N_2 的接受状态，则 $N_\circ$ 接受。

机器 N_* 的算法比较复杂，下面描述其步骤。

N_* =“对于输入 w：

1. 初始化两个输入位置指针 p_1 和 p_2，令 $p_1=0, p_2=0$，即 p_1 和 p_2 指向第一个输入字符前面。
2. 若 p_2 之后无输入符号则接受。

3. 向前移动 p_2，非确定地选择一个输入位置。
4. 在 p_1 和 p_2 之间的子串上模拟 N_1，分支不确定地模拟 N_1 的不确定性。
5. 若模拟的这个分支达到了 N_1 的接受状态，则令 $p_1=p_2$，返回步骤 2。如果 N_1 在这个分支上拒绝，则拒绝。”

8.23 将 $PATH$ 归约到 $CYCLE$。归约的思路是通过在图 G 上添加一条从 t 到 s 的边，从而修改 $PATH$ 问题的例子 $\langle G,s,t\rangle$。若在 G 中存在一条从 s 到 t 的路径，那么在修改后的 G 中就存在一个有向回路。因为在修改前的 G 中或许已经存在其他回路，所以在修改后的 G 中除了从 s 到 t 的回路外，有可能存在其他回路。为了解决这个问题，首先要修改 G，使之不包含回路。引入**分级有向图**（leveled directed graph）的概念，分级有向图中的结点被分成多个组：$A_1,A_2,\cdots,A_k$，每个组称为一个级，只有从某级指向比本级高一级的边才是允许的。分级有向图中是没有回路的。对于分级有向图来说，根据下面给出的非受限 $PATH$ 问题的归约，可知 $PATH$ 问题仍是 NL 完全的。给定一个包含 m 个结点的有向图 G 以及结点 s 和 t，产生一个分级有向图 G'，该图中的级是 G 中结点的 m 个拷贝。如果 G 中包含从结点 i 到 j 的边，则从每级的 i 到下一级的 j 画一条边。除此之外，在每级的 i 到下一级的 i 之间画一条边。令 s' 是 s 在第一级的对应结点，t' 是 t 在最后一级的对应结点。图 G 包含从 s 到 t 的路径当且仅当 G' 包含从 s' 到 t' 的路径。如果修改 G'，在其中增加一条从 t' 到 s' 的边，则得到了从 $PATH$ 到 $CYCLE$ 的归约。这个归约计算是很简单的，并且其完成只需要对数空间。更进一步说，一个直观的过程证明了 $CYCLE\in$ NL。综上所述，$CYCLE$ 是 NL 完全的。

难 解 性

某些计算问题在理论上虽然是可解的，但是获得其解需要耗费大量的时间或空间，导致其难以在实践中得到应用，这样的问题称为**难解的**（intractable）。

在第7、8章中，介绍了几个被认为是难解的问题，但是还没有一个得到证明。例如，虽然还不知道怎样证明，但大多数人相信 SAT 问题和其他所有 NP 完全问题都是难解的。本章给出几个能够被证明是难解的问题。

为了给出这些例子，先证明几个定理，将图灵机的能力与计算可获得的时间或空间数量关联起来。在本章的最后，进一步讨论了证明 NP 中的问题是难解的可能性，也就是解决 P 问题与 NP 问题的可能性。首先，介绍相对化技术，利用它来证明采用某些方法并不会达到这一目标。然后，讨论一种被研究者采用并已显示出一定前景的方法——电路复杂性理论。

9.1 层次定理

通常的直觉是，给图灵机更多的时间或空间就能扩大它所能求解的问题类。例如，在时间 n^3 内，图灵机应能比在时间 n^2 内判定更多的语言。**层次定理**（hierarchy theorem）证明了这种直觉在满足某些条件下的正确性。采用术语层次定理，是因为这些定理中的每一个都证明了时间和空间复杂性类不全相同——它们形成一个层次结构，其中时空界限较大的类比时空界限较小的类包含更多的语言。

空间复杂性层次定理比时间复杂性层次定理稍简单一些，故首先介绍它。在实际陈述定理之前，引入下面的定义。

定义 9.1 对于函数 $f:\mathbf{N}\rightarrow\mathbf{N}$，其中 $f(n)$ 至少为 $O(\log n)$，如果函数 f 把 1^n 映射为 $f(n)$ 的二进制表示，并且该函数在空间 $O(f(n))$ 内是可计算的[⊖]，则称该函数为**空间可构造的**（space constructible）。

换言之，如果存在某个图灵机在 $O(f(n))$ 空间内运行，而且在输入 1^n 时总能停机，停机时 $f(n)$ 的二进制表示出现在带子上，则 f 是空间可构造的。为了具备时间和空间可构造性，如 $n\log_2 n$ 和 $\sqrt{n}$ 这一类带小数的函数被向下舍入到紧邻的较小的整数上。

例 9.2 通常出现的复杂度至少为 $O(\log n)$ 的函数都是空间可构造的，包括 $\log_2 n$，$n\log_2 n$ 和 n^2。

例如，n^2 是空间可构造的，因为机器以 1^n 为输入，通过数 1 的数目得到 n 的二进制形式，采用标准的方法将 n 自乘，输出 n^2。全部空间消耗是 $O(n)$，当然也是 $O(n^2)$。

当证明等于 $o(n)$ 的函数 $f(n)$ 是空间可构造的时，如同在 8.4 节定义亚线性空间复杂性那样，有一条单独的只读输入带。例如，这种机器可以如下计算把 1^n 映射为 $\log_2 n$ 的

⊖ 其中，1^n 的意思是 n 个 1 的字符串。

二进制表示的函数。随着只读头沿着输入带移动，它在工作带上以二进制形式计算输入中1的数目。然后，因为 n 以二进制形式放在工作带上，故它通过数 n 的二进制表示中的位数可以计算出 $\log_2 n$。■

从下面的讨论中可以理解空间可构造性在空间层次定理中的作用。若 $f(n)$ 和 $g(n)$ 是两个空间界限，$f(n)$ 渐近地比 $g(n)$ 大，则机器在 $f(n)$ 空间内所能判定的语言比在 $g(n)$ 空间内多。然而，假如 $f(n)$ 超过 $g(n)$ 的那部分数量非常小而且难以计算，那么机器可能无法有效地利用多出来的那部分空间，因为仅是计算多出来的空间数量所需消耗的空间就可能比所获得的空间还要多。在这种情况下，机器在 $f(n)$ 空间内所能计算的语言不会比在 $g(n)$ 空间内更多。规定 $f(n)$ 是空间可构造的就可避免这种情况，这样就可以证明，机器所能计算的语言比它在任何渐近更小的界限内所能计算的语言更多，如下面的定理所示。

定理 9.3 （空间层次定理） *对于任何空间可构造函数 $f: \mathbf{N} \to \mathbf{N}$，存在语言 A，在空间 $O(f(n))$ 内可判定，但不能在空间 $o(f(n))$ 内判定。*

证明思路 必须说明一个语言 A 具有两个性质：第一，A 在 $O(f(n))$ 空间内可判定，第二，A 不能在 $o(f(n))$ 空间内判定。

通过给出判定算法 D 来描述 A。算法 D 将在 $O(f(n)))$ 空间内运行，从而保证了第一个性质。进而，D 将保证 A 不同于任何在 $o(f(n))$ 空间内可判定的语言，从而保证了第二个性质。不要指望语言 A 能够像迄今为止本书中介绍的其他语言那样，有一幅简单明了的图像。语言 A 只能通过算法来描述，没有更简单的、非算法的定义。

为保证 A 不能在 $o(f(n))$ 空间内判定，设计 D 用以实现定理 4.9 中证明接受问题 A_{TM} 不可解时所采用的对角线法。如果 M 是在 $o(f(n))$ 空间内判定一个语言的图灵机，则 D 保证 A 与 M 的语言至少存在一点不同的地方。是哪个地方？就是对应于描述 M 自己的地方。

看一看 D 的运算方式。简单地讲，D 把它的输入看作是图灵机 M 的描述。（如果输入不是任何图灵机的描述，则 D 在该输入上的动作是无意义的，所以武断地让 D 拒绝即可。）然后 D 在同一输入（即 $\langle M \rangle$）上在空间界限 $f(n)$ 内运行 M。如果 M 在这么大空间内停机，则 D 接受当且仅当 M 拒绝。如果 M 不停机，则 D 拒绝。所以如果 M 在空间 $f(n)$ 内运行，则 D 有足够的空间保证它的语言不同于 M 的语言。否则，D 没有足够的空间算出 M 的结果。但幸运的是，并没有要求 D 的行为与不能在 $o(f(n))$ 空间内运行的机器不同，所以 D 在该输入上的动作是无关紧要的。

该描述抓住了证明的本质，但忽略了几个重要的细节。如果 M 在 $o(f(n))$ 空间内运行，则 D 必须保证它的语言不同于 M 的语言。但是即使 M 在 $o(f(n))$ 空间内运行，它也可能对于小的 n 消耗比 $f(n)$ 多的空间，只要这种渐近行为还没有“消亡”，D 就有可能没有足够的空间在输入 $\langle M \rangle$ 上把 M 运行完，从而使 D 失去一次避开 M 的语言的机会。于是，一不小心，D 就可能与 M 判定同一语言，从而定理无法得证。

通过修改 D，给它另外的机会来避开 M 的语言可以弥补这一问题。不是只在 D 收到输入 $\langle M \rangle$ 时才运行 M，而是只要收到形式为 $\langle M \rangle 10^*$ 的输入，即形如 $\langle M \rangle$ 后面跟着一个 1 和一些 0 的输入，就运行 M。那么，如果 M 真的在 $o(f(n))$ 空间内运行，则由于渐近行为最终肯定是要消亡的，所以对于某个大的 k 值，D 将有足够的空间在输入 $\langle M \rangle 10^k$ 上

把 M 运行完。

最后一个技术问题是，当 D 在某个字符串上运行 M 时，M 可能陷入死循环而占用有穷空间。但是 D 应该是一个判定机，所以必须保证 D 在模拟 M 时不会循环。任何在空间 $o(f(n))$ 内运行的机器只消耗 $2^{o(f(n))}$ 时间。修改 D，使它计算在模拟 M 中用掉的步数。如果计数超过 $2^{f(n)}$，则 D 拒绝。

证明 下面的 $O(f(n))$ 空间算法 D 判定的语言 A 不能在 $o(f(n))$ 空间内判定。

D=“对输入 w：

1. 令 n 是 w 的长度。
2. 利用空间可构造性计算 $f(n)$，并划分出这么多带子空间。如果后面的步骤企图使用更多的空间，就拒绝。
3. 如果 w 不是形如 $\langle M\rangle 10^*$，其中 M 是某个图灵机，则拒绝。
4. 在 w 上模拟 M，同时计算模拟过程中使用的步数。如果计数超过 $2^{f(n)}$，则拒绝。
5. 若 M 接受，则拒绝。若 M 拒绝，则接受”。

在步骤 4，为了确定消耗的空间数量，需要给出补充的模拟细节。被模拟的机器 M 有任意的带子字母表，而 D 有固定的带子字母表。所以用 D 的带子上的几个单元来表示 M 的带子上的一个单元。因此模拟过程在消耗的空间上增加了一个常数倍的开销。换言之，如果 M 在 $g(n)$ 空间内运行，那么 D 需要 $dg(n)$ 空间来模拟 M，其中 d 是依赖于 M 的常数。

D 的每一步都在有限时间内运行，所以 D 是一个判定机。设 A 是 D 判定的语言。显然，因为 D 的缘故，A 是在空间 $O(f(n))$ 内可判定的。下面，证明 A 不是在 $o(f(n))$ 空间内可判定的。

假定其反面成立，即某个图灵机 M 在空间 $g(n)$ 内判定 A，其中 $g(n)$ 等于 $o(f(n))$。如前面所提，D 可以在空间 $dg(n)$ 内模拟 M，其中 d 是某个常数。因为 $g(n)$ 等于 $o(f(n))$，所以存在某个常数 n_0，使得 $dg(n)<f(n)$ 对所有 $n\geqslant n_0$ 成立。因此只要输入的长度不小于 n_0，D 对 M 的模拟就能运行完。考虑 D 在输入 $\langle M\rangle 10^{n_0}$ 上运行时的情况。该输入比 n_0 长，所以第 4 步的模拟可以完成。因此 D 与 M 在同一输入上的判定结果相反。于是 M 不判定 A，这与假设矛盾。所以 A 不是在 $o(f(n))$ 空间内可判定的。 ■

推论 9.4 对于任意两个函数 $f_1, f_2: \mathbf{N}\to\mathbf{N}$，其中 $f_1(n)$ 等于 $o(f_2(n))$，f_2 是空间可构造的，有 $\mathrm{SPACE}(f_1(n))\subsetneq\mathrm{SPACE}(f_2(n))$ ⊖。

该推论允许把不同的空间复杂性类彼此分开。例如，容易证明对于任何自然数 c，函数 n^c 是空间可构造的。因此对于任意两个自然数 $c_1<c_2$，可以证明 $\mathrm{SPACE}(n^{c_1})\subsetneq\mathrm{SPACE}(n^{c_2})$。再做一点努力就可以证明对于任何有理数 $c>0$，n^c 是空间可构造的，从而把前面的包含关系推广到对任何有理数 $0\leqslant c_1<c_2$ 都成立。注意到在任何两个实数 $\varepsilon_1<\varepsilon_2$ 之间总存在两个有理数 c_1 和 c_2 使得 $\varepsilon_1<c_1<c_2<\varepsilon_2$。于是得到下面补充的推论，它表明在 PSPACE 类中存在一个良好的层次结构。

推论 9.5 对于任意两个实数 $0\leqslant\varepsilon_1<\varepsilon_2$，有

$$\mathrm{SPACE}(n^{\varepsilon_1})\subsetneq\mathrm{SPACE}(n^{\varepsilon_2})$$

也可以用空间层次定理来分离前面碰到的两个空间复杂性类。

⊖ 回忆一下 $A\subsetneq B$ 表示 A 是 B 的真子集。

推论 9.6 NL $\subsetneq$ PSPACE。

证明 萨维奇定理说明 NL $\subseteq$ SPACE($\log^2 n$)，空间层次定理说明 SPACE($\log^2 n$) $\subsetneq$ SPACE(n)，所以推论成立。 ■

正如在 8.5 节末所说的那样，就对数空间可归约性而言，*TQBF* 是 PSPACE 完全的，所以 *TQBF* $\notin$ NL。

现在建立本章的主要目标：证明存在理论上可判定而实际中不可判定的问题，即可判定而难解的问题。每一个类 SPACE(n^k) 包含在类 SPACE($n^{\log n}$) 中，后者又严格包含在类 SPACE(2^n) 中。所以得到下面补充的推论，把 PSPACE 与 EXPSPACE $= \bigcup_k$ SPACE(2^{n^k})分开。

推论 9.7 PSPACE $\subsetneq$ EXPSPACE。

就判定过程必须消耗多于多项式的空间这一意义而言，该推论证明存在难解的但可判定的问题。语言本身有一些不太自然——它们只是为了分离复杂性类才有意义。在讨论时间层次定理以后，利用这些语言来证明其他更加自然的语言的难解性。

定义 9.8 对于函数 $t:\mathbf{N}\rightarrow\mathbf{N}$，其中 $t(n)$ 至少为 $O(n\log n)$，如果函数把 1^n 映射为 $t(n)$ 的二进制表示，并在时间 $O(t(n))$ 内可计算，则称该函数为**时间可构造的**（time constructible）。

换言之，如果存在某个图灵机，在时间 $O(t(n))$ 内运行，而且在输入 1^n 上启动后总能停机，停机时 $t(n)$ 的二进制表示出现在带子上，则 t 是时间可构造的。

例 9.9 通常出现的不小于 $n\log n$ 的函数都是时间可构造的，包括函数 $n\log n$，$n\sqrt{n}$，n^2 以及 2^n。

例如，为了证明 $n\sqrt{n}$ 是时间可构造的，首先设计一个图灵机，以二进制计算 1 的个数。为此该图灵机沿着带子移动一个二进制计数器，每到一个输入位置就把它加 1，直至输入的末端。因为对于 n 个输入位置的每一个都需要消耗 $O(\log n)$ 步，所以这部分工作消耗 $O(n\log n)$ 步。然后，从 n 的二进制表示中计算出 $\lfloor n\sqrt{n}\rfloor$ 的二进制形式。因为涉及的数的长度是 $O(\log n)$，所以任何合理的计算方法都将消耗 $O(n\log n)$ 时间。 ■

时间层次定理是定理 9.3 相对于时间复杂性的类似定理。因为在证明中出现的技术上的缘故，时间层次定理比已证明的空间层次定理稍弱。任何空间可构造的空间界限的渐近增加都将扩大可判定的语言类。与之不同，对于时间，为了保证获得更多的语言，必须进一步把时间界限扩大一个对数倍才行。可以想象，更紧的时间层次定理也成立，但是目前还不知道怎样证明它。时间层次定理具有这一特点是因为我们用单带图灵机度量时间复杂性。可以对其他计算模型证明更紧的时间层次定理。

定理 9.10（时间层次定理） 对于任何时间可构造函数 $t:\mathbf{N}\rightarrow\mathbf{N}$，存在语言 A，在时间 $O(t(n))$ 内可判定，但在时间 $o(t(n)/\log t(n))$ 内不可判定。

证明思路 本定理的证明类似于定理 9.3 的证明。构造一个图灵机 D 在时间 $O(t(n))$ 内判定语言 A，而 A 不能在时间 $o(t(n)/\log t(n))$ 内被判定。这里，D 读取一个形如 $\langle M\rangle 10^*$ 的输入 w，模拟 M 在输入 w 上的运行，确保时间消耗不超过 $t(n)$。如果 M 停机的时间在这之内，则 D 给出相反的输出。

证明中重要的差别涉及模拟 M 的开销以及计算模拟所使用的步数的开销。机器 D 必须有效地执行这种定时的模拟，以使 D 在时间 $O(t(n))$ 内运行的同时，避开所有在 $o(t(n)/\log t(n))$ 时间内可判定的语言。对于空间复杂性，正如在定理 9.3 的证明中所注意到的，这种模拟增加了一个常数倍的开销。对于时间复杂性，这种模拟增加一个对数倍的开销。时间需要更大的开销是因为在本定理陈述中出现了 $1/\log t(n)$ 因子。假如有一种办法用一台单带图灵机模拟另一台单带图灵机运行预先设定的步数，而在时间上只增加常数倍开销，我们就可以加强本定理，把 $o(t(n)/\log t(n))$ 变为 $o(t(n))$。但是尚不知道如此高效率的模拟。

证明 下面的 $O(t(n))$ 时间算法 D 所判定的语言 A 不是在 $o(t(n)/\log t(n))$ 时间内可判定的。

D=“对输入 w：

1. 令 n 是 w 的长度。
2. 利用时间可构造性计算 $t(n)$，把值 $\lceil t(n)/\log(n)\rceil$ 存放在一个二进制计数器中。在每一次执行步骤 4、5 之前，把该计数器减 1。如果计数器减到 0，就拒绝。
3. 若 w 的形式不是 $\langle M\rangle 10^*$，其中 M 是某个图灵机，则拒绝。
4. 在 w 上模拟 M。
5. 若 M 接受，则拒绝；若 M 拒绝，则接受。”

考察该算法的每一步以确定运行时间。步骤 1、2、3 能够在 $O(t(n))$ 时间内完成。

在步骤 4，每次 D 模拟 M 的一步，它都要读取 M 的当前状态以及 M 读写头下的带子符号，在 M 的转移函数中查找 M 的下一个动作，以使它能够适当地更新 M 的带子内容。所有这三个对象（状态、带子符号和转移函数）都存放在 D 的带子上的某处。如果它们彼此分开很远，则 D 每次模拟 M 的一步都需要走许多步来收集这些信息。所以，D 总是把这些信息放在一起。

可以把 D 的单带组织成轨道。得到两条轨道的一种方法是以奇数位置存储一条轨道，以偶数位置存储另一条轨道。另一种获得两条轨道效果的方法是扩大 D 的带子字母表，使它包括每一对符号：一个符号来自上轨道，另一个符号来自下轨道。更多的轨道效果也可以类似获得。注意，如果只使用固定数目个轨道，多轨道就只增加一个常数倍的时间开销。这里，D 采用三条轨道。

第一条轨道存储 M 的带子内容，第二条轨道包含 M 的当前状态和转移函数的副本。在模拟过程中，D 将信息保持在第二条轨道上，靠近第一条轨道上 M 的读写头的当前位置。每次 M 移动读写头时，D 搬动第二条轨道上的所有内容，使它靠近该读写头。第二条轨道上信息的长度仅依赖于 M，而不依赖于 M 的输入的长度，所以搬动操作只使模拟时间增加常数倍。进一步讲，所需的信息都靠得很近，所以在转移函数中查找 M 的下一个动作并更新带子内容的开销就只是个常数。因此，如果 M 在 $g(n)$ 时间内运行，D 就能在 $O(g(n))$ 时间内模拟它。

在步骤 4 的每一步，D 必须把原先在步骤 2 中设置的步数计数器减 1。这里，D 可以在不显著增加模拟时间的条件下完成这一操作，这只需把二进制计数器存放在第三条轨道上，并使它保持靠近当前读写头的位置。该计数器的量值大约是 $t(n)/\log t(n)$，所以它的长度是 $\log(t(n)/\log t(n))$，即 $O(\log t(n))$。因此在每一步，更新和移动它给模拟时间增加 $t(n)/\log t(n)$ 倍的开销，于是使得全部运行时间达到 $O(t(n))$。所以 A 是 $O(t(n))$ 时间内可判定的。

为了证明 A 不是 $o(t(n)/\log t(n))$ 时间内可判定的，采用类似于定理 9.3 的证明中所使用的推理。假定其反面成立，即存在图灵机 M 在时间 $g(n)$ 内判定 A，即 $g(n)$ 等于 $o(t(n)/\log t(n))$。这里，D 能够在时间 $dg(n)$ 内模拟 M,其中 d 是某个常数。如果全部模拟时间（不包括更新步骤计数器的时间）最多是 $t(n)/\log t(n)$，则模拟过程可以完成。因为 $g(n)$ 等于 $o(t(n)/\log t(n))$，所以存在某个常数 n_0，使得对 $n \geqslant n_0$，$dg(n) < t(n)/\log t(n)$。因此只要输入的长度不小于 n_0，D 对 M 的模拟就可以完成。考虑 D 在输入 $\langle M\rangle 10^{n_0}$ 上运行时发生的情况。该输入比 n_0 长，所以步骤 4 的模拟过程可以完成。因此 D 与 M 在同一输入上的判定结果相反，于是 M 不判定 A，这与假设矛盾。所以 A 不是时间 $o(t(n)/\log t(n))$ 内可判定的。 ■

对时间复杂性建立类似于推论 9.4，9.5 和 9.7 的推论。

推论 9.11 对于任意两个函数 $t_1, t_2: \mathbf{N} \to \mathbf{N}$，其中 $t_1(n)$ 等于 $o(t_2(n)/\log t_2(n))$ 而且 t_2 是时间可构造的，有 $\mathrm{TIME}(t_1(n)) \subsetneq \mathrm{TIME}(t_2(n))$。

推论 9.12 对于任意两个实数 $1 \leqslant \varepsilon_1 < \varepsilon_2$，有 $\mathrm{TIME}(n^{\varepsilon_1}) \subsetneq \mathrm{TIME}(n^{\varepsilon_2})$。

推论 9.13 $\mathrm{P} \subsetneq \mathrm{EXPTIME}$。

指数空间完全性

利用前面的结果，可以证明一个具体的语言事实上是难解的。证明过程分成两步。首先，层次定理说明图灵机在 EXPSPACE 内比在 PSPACE 内判定更多的语言。然后，证明有关广义正则表达式的一个具体的语言是 EXPSPACE 完全的，因此不能在多项式时间内（甚至不能在多项式空间内）判定。

在推广正则表达式之前，先简要回顾一下定义 1.26 中正则表达式的定义。它们是从原子表达式 $\varnothing$，ε 以及字母表中的符号出发，通过运用正则运算构造起来的。这些正则运算包括并、连接和星号，分别用 $\cup$，$\circ$ 和 $*$ 表示。从问题 8.24 可知，可以在多项式空间内判定两个正则表达式的等价性。

下边将证明，如果允许正则表达式采用比通常的正则运算更多的运算，则分析表达式的复杂性将急剧上升。设 $\uparrow$ 是**指数运算**（exponentiation operation），若 R 是一个正则表达式，k 是一个非负整数，则写法 $R \uparrow k$ 等价于 R 自身连接 k 次。也可把 $R \uparrow k$ 缩写为 R^k。换言之，

$$R^k = R \uparrow k = \overbrace{R \circ R \circ \cdots \circ R}^{k}$$

广义正则表达式允许指数运算，也允许通常的正则运算。显然，广义正则表达式仍然产生正则语言，跟标准正则表达式一样。通过重复基本的正则运算表达式，可以除去指数运算。令

$$EQ_{\mathrm{REX}\uparrow} = \{\langle Q, R\rangle \mid Q \text{ 和 } R \text{ 是等价的带指数运算的正则表达式}\}$$

为了证明 $EQ_{\mathrm{REX}\uparrow}$ 是难解的，可以证明它对于类 EXPSPACE 是完全的。任何 EXPSPACE完全问题都不可能在 PSPACE 中，更不用说 P 了。否则 EXPSPACE 将等于 PSPACE，与推论 9.7 矛盾。

定义 9.14 语言 B 是 **EXPSPACE 完全的**，如果

1. $B \in$ EXPSPACE，并且
2. EXPSPACE 中的每个 A 都多项式时间可归约到 B。

定理 9.15　$EQ_{\text{REX}\uparrow}$ 是 EXPSPACE 完全的。

证明思路　在度量 $EQ_{\text{REX}\uparrow}$ 的复杂性时，假定所有指数都写成二进制整数。表达式的长度是它包含的所有符号的总数。

接下来概略地叙述判定 $EQ_{\text{REX}\uparrow}$ 的 EXPSPACE 算法。为了判定两个带指数的表达式是否等价，首先用重复表达式的办法删除指数，然后把得到的表达式转化为 NFA。最后再利用一个类似于例 8.4 中判定 ALL_{NFA} 的算法的 NFA 等价性判定过程。

为了证明 EXPSPACE 中的语言 A 多项式时间可归约到 $EQ_{\text{REX}\uparrow}$，利用 5.1 节介绍的利用计算历史的归约技巧，其构造类似于定理 5.10 的证明中给出的构造。

给定一个判定 A 的图灵机 M，设计一个多项式时间归约，把输入 w 映射为一对表达式 R_1 和 R_2，使得它们等价当且仅当 M 接受 w。表达式 R_1 和 R_2 模拟 M 在 w 上的计算。表达式 R_1 产生计算历史中可能出现的符号组成的所有字符串。表达式 R_2 产生所有不代表拒绝计算历史的字符串。于是，若图灵机接受输入，就不会有拒绝计算历史存在，表达式 R_1 和 R_2 将产生同一个语言。回忆一下，一个拒绝计算历史就是机器在输入上进入拒绝计算的格局序列。参见 5.1 节有关计算历史的介绍。

本证明的难点在于所构造的表达式的长度必须是 n 的多项式（以使归约能够在多项式时间内运算），而模拟计算的长度可能是指数的。这时指数运算就有助于用相对短的表达式表示长的计算。

证明　首先给出一个非确定的算法，判定两个 NFA 是否等价。

N＝“对输入 $\langle N_1, N_2\rangle$，其中 N_1 和 N_2 是 NFA：

1. 给 N_1 和 N_2 的起始状态打上标记。
2. 重复下面的操作 $2^{q_1+q_2}$ 次，其中 q_1 和 q_2 是 N_1 和 N_2 的状态数。
3. 　非确定地选择一个输入符号，改变在 N_1 和 N_2 的状态上标记的位置，以模拟读入这个符号。
4. 若在任何时刻，标记放在一个有穷自动机的接受状态上，而没有放在另一个有穷自动机的接受状态上，则接受；否则拒绝。”

如果自动机 N_1 和 N_2 是等价的，N 显然拒绝，因为它只在确定一台机器接受某个串而另一台机器不接受时才能接受。如果这两个自动机不等价，则存在某个字符串被一台机器接受而不能被另一台接受。这样的字符串中必定有长度不超过 $2^{q_1+q_2}$ 的。若不然，考虑用这样的串中最短的一个作为非确定选择的序列。因为只存在 $2^{q_1+q_2}$ 种不同的方式把标记放在 N_1 和 N_2 的状态上，所以在更长的字符串中标记的位置必定重复。把介于重复之间的那部分字符串删除，就得到更短的字符串。因此算法 N 在它的非确定选择中会猜到这个串并接受。所以 N 运算正确。

算法 N 在非确定线性空间内运行，于是根据萨维奇定理，可以得到判定该问题的确定型 $O(n^2)$ 空间算法。下面用该算法的确定形式设计判定 $EQ_{\text{REX}\uparrow}$ 的算法 E。

E＝“对输入 $\langle R_1, R_2\rangle$，其中 R_1 和 R_2 是带指数的正则表达式：

1. 把 R_1 和 R_2 转化为等价的正则表达式 B_1 和 B_2，其中 B_1 和 B_2 利用重复代替指数。
2. 利用引理 1.29 的证明中给出的转化过程，把 B_1 和 B_2 转化为等价的 NFA N_1 和 N_2。
3. 利用算法 N 的确定版来判定 N_1 和 N_2 是否等价。”

显然算法 E 是正确的。为了分析它的空间复杂性，注意到用重复替换指数的方法可能会把表达式的长度增加 2^l 倍，其中 l 是指数的长度和。于是表达式 B_1 和 B_2 的长度最大为 $n2^n$，其中 n 是输入的长度。引理 1.29 的转化过程使长度线性增加，因此 NFA N_1 和 N_2 最多有 $O(n2^n)$ 个状态。因为输入长度是 $O(n2^n)$，所以算法 N 的确定版消耗空间 $O((n2^n)^2)=O(n^2 2^{2n})$。于是 $EQ_{REX\uparrow}$ 是指数空间可判定的。

下面证明 $EQ_{REX\uparrow}$ 是 EXPSPACE 难的。设图灵机 M 在空间 $2^{(n^k)}$ 内判定语言 A，其中 k 是某个常数。归约把输入 w 映射为一对正则表达式 R_1 和 R_2。表达式 R_1 就是 Δ^*，若用 Γ 和 Q 表示 M 的带子字母表和状态集，则 $\Delta=\Gamma\cup Q\cup\{\#\}$ 是计算历史中可能出现的所有符号组成的字母表。构造表达式 R_2，使它产生不代表 M 在 w 上的拒绝计算历史的所有字符串。当然，M 接受 w 当且仅当 M 在 w 上没有拒绝计算历史。因此这两个表达式等价当且仅当 M 接受 w。构造过程如下。

M 在 w 上的一个拒绝计算历史是由符号 # 分隔的一系列格局。采用标准的格局编码，其中代表当前状态的符号放在当前读写头位置的左边。假定所有格局的长度为 $2^{(n^k)}$，如果长度不够，就用空白符填在右边。拒绝计算历史的第一个格局是 M 在 w 上的初始格局，最末格局是一个拒绝格局。每一个格局都必须根据转移函数中指定的规则从前一个格局转变而来。

一个字符串不代表拒绝计算的情况可能有几种。或者它非正常开始，或者非正常结束，或者在中间某处不正确。表达式 R_2 等于 $R_{\text{bad-start}}\cup R_{\text{bad-window}}\cup R_{\text{bad-reject}}$，其中每个子表达式对应于字符串不代表拒绝计算的上面三种情况之一。

现在构造表达式 $R_{\text{bad-start}}$，使它产生所有不以 M 在 w 上的起始格局 C_1 开头的字符串。格局 C_1 形如 $q_0w_1w_2\cdots w_n\sqcup\sqcup\cdots\sqcup\#$。为处理 C_1 的每一部分，把 $R_{\text{bad-start}}$ 写成几个子表达式的并：

$$R_{\text{bad-start}}=S_0\cup S_1\cup\cdots\cup S_n\cup S_b\cup S_\#$$

表达式 S_0 产生所有不以 q_0 开头的字符串。令 S_0 是表达式 $\Delta_{-q_0}\Delta^*$。记法 Δ_{-q_0} 是 Δ 中除去 q_0 以后，所有符号的并的简写。

表达式 S_1 产生所有第二个位置上不是 w_1 的字符串。令 S_1 是 $\Delta\Delta_{-w_1}\Delta^*$。一般地讲，对于 $1\leqslant i\leqslant n$，表达式 S_i 是 $\Delta^i\Delta_{-w_i}\Delta^*$。于是 S_i 产生所有这样的字符串，它们在前 i 个位置上包含任何字符，在位置 $i+1$ 上包含除 w_i 以外的任何字符，在位置 $i+1$ 以后包含任意字符串。注意，这里已经使用了指数运算。实际上，在这时候指数运算只是为了方便，而不是必需的，因为本来可以把符号 Δ 重复 i 次，而不会过度地增加表达式的长度。但是在下面的子表达式中，指数运算对于把长度保持在多项式内就起决定性作用了。

表达式 S_b 产生所有在 $n+2$ 到 $2^{(n^k)}$ 的某个位置上不包含空白符的字符串。为此本来可以引进子表达式 S_{n+2} 直到 $S_{2^{(n^k)}}$，但是那样做将会使表达式 $R_{\text{bad-start}}$ 的长度为指数。改令

$$S_b=\Delta^{n+1}\ (\Delta\cup\varepsilon)^{2^{(n^k)}-n-2}\Delta_{-\sqcup}\Delta^*$$

于是 S_b 产生的字符串在前 $n+1$ 个位置包含任何字符，在接下来的 t 个位置也包含任何字符，其中 t 也可以从 0 到 $2^{(n^k)}-n-2$，再下一个位置包含除空白符以外的任何字符。

最后，$S_\#$ 产生所有在位置 $2^{(n^k)}+1$ 上不包含符号 # 的字符串。令 $S_\#$ 是 $\Delta^{2^{(n^k)}}\Delta_{-\#}\Delta^*$。

前边已经完成了 $R_{\text{bad-start}}$ 的构造，现在开始下一部分 $R_{\text{bad-reject}}$。它产生所有非正常结束的字符串，即不包含拒绝格局的字符串。任何拒绝格局都包含状态 q_{reject}，所以令

$$R_{\text{bad-reject}} = \Delta^*_{-q_{\text{reject}}}$$

于是 $R_{\text{bad-reject}}$ 产生所有不含 q_{reject} 的字符串。

最后构造表达式 $R_{\text{bad-window}}$，使它产生所有这样的字符串：其中的一个格局不能正确地转变为下一个格局。回忆一下，在库克－列文定理的证明中，只要第一个格局的每三个连续符号都能根据转移函数正确地产生第二个格局的相应的三个符号，就判定第一个格局合法地产生第二个格局。所以，如果一个格局不能产生另一个格局，通过考察适当的六个符号就能使错误显现出来。采用这种思想来构造 $R_{\text{bad-window}}$：

$$R_{\text{bad-window}} = \bigcup_{\text{bad}(abc,def)} \Delta^* abc \Delta^{(2^{(n^k)}-2)} def \Delta^*$$

其中 bad(abc,def) 的意思是根据转移函数 abc 不能生成 def。并运算只是对 Δ 中这样的符号 a,b,c,d,e,f 进行的。图 9-1 显示了在一个计算历史中这些符号的位置。

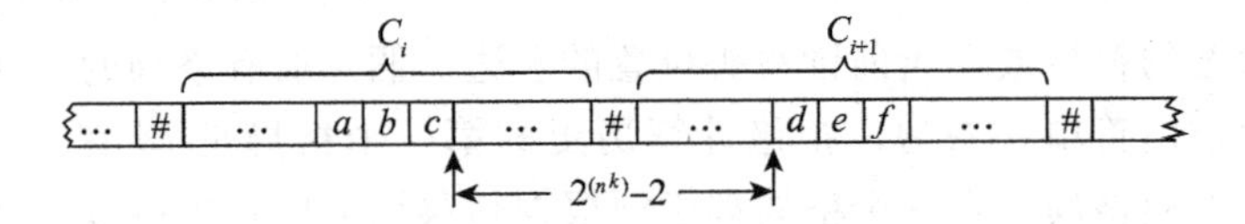

图 9-1　相邻格局的对应位置

为了计算 R_2 的长度，确定出现在其中的指数的长度。其中出现了几个量级大约为 $2^{(n^k)}$ 的指数，它们的二进制总长为 $O(n^k)$。因此 R_2 的长度是 n 的多项式。■

9.2　相对化

$EQ_{\text{REX}\uparrow}$ 难解性的证明依赖于对角化法。为什么不用同样的方法证明 SAT 是难解的呢？或许，可以用对角化法证明一个非确定型多项式时间图灵机能够判定一个不在 P 中的语言。本节介绍**相对化**（relativization）方法，它给出有力的证据排除了用对角化法解决 P 与 NP 问题的可能性。

在相对化方法中，将修改计算模型，给图灵机一些本质上是“免费”的信息。依据实际提供给它的信息，图灵机就可能比以前更轻松地解决某些问题。

例如，假定对任何长度的布尔公式，给图灵机以在一步内解决可满足性问题的能力。不管怎样实现这一奇迹——想象一个附带的“黑匣子”给了机器这种能力。可以把这个黑匣子称为谕示，以强调它没必要对应于任何物理设备。显然，不管 P 是否等于 NP，机器都可以利用谕示在多项式时间内解决任何 NP 问题，因为每一个 NP 问题都可多项式时间归约到可满足性问题。这样的图灵机被称为相对于可满足性问题进行计算，因此才有术语相对化。

一般地讲，谕示可以对应于任何具体的语言，不仅仅是可满足性问题。谕示允许图灵机判定该语言的成员资格，而不必自己计算出答案。下面把这个概念简略地形式化。读者可能会回忆起在 6.3 节曾经碰到过谕示。那时，定义它是为了根据不可解度来给问题分类。这里，利用谕示是为了更好地理解对角化方法的能力。

定义 9.16　针对一个语言 A 的**谕示**是一个能够判断任何串 w 是否在该语言中的设备。**谕示图灵机**（oracle Turing machine）M^A 就是在通常的图灵机基础上增加查询 A 的谕示的能力。每当 M^A 在称为**谕示带**（oracle tape）的特殊带子上写下一个字符串时，它就能在一步内计算得知这个字符串是否属于 A。

令 P^A 是采用谕示 A 的多项式时间谕示图灵机可判定的语言类。类似地可以定义 NP^A 类。

例 9.17 如前面提到的，相对于可满足性问题的多项式时间计算包含了 NP 的全部。换言之，$NP \subseteq P^{SAT}$。进一步，$coNP \subseteq P^{SAT}$，因为 P^{SAT} 是一个确定型复杂性类，在补运算下封闭。 ■

例 9.18 正如 P^{SAT} 包含不属于 P 的语言一样。NP^{SAT} 包含不属于 NP 的语言。问题 7.21中定义的语言 $MIN\text{-}FORMULA$ 的补集给出了这样的一个例子。

$\overline{MIN\text{-}FORMULA}$ 似乎不在 NP 中（虽然它是否属于 NP 还不知道）。然而，$\overline{MIN\text{-}FORMULA}$ 属于 NP^{SAT}，因为以 SAT 为谕示的非确定型多项式时间谕示图灵机可以如下检查 ϕ 是否属于它。首先，因为非确定型机器可以猜测使两个布尔公式的值不相同的赋值，所以两个布尔公式的不等价问题是 NP 内可解的，从而等价问题属于 coNP。然后，判定 $\overline{MIN\text{-}FORMULA}$ 的非确定型谕示机器非确定地猜测一个更小的等价公式，用谕示 SAT 来检查它是否真的是等价的，若是，则接受。 ■

对角化方法的局限

下一个定理表明存在谕示 A 和 B，使得可以证明 P^A 与 NP^A 不同，而 P^B 与 NP^B 相同。这两个谕示很重要，因为它们的存在表明不太可能用对角化方法解决 P 与 NP 问题。

对角化方法的核心是一台图灵机对另一台图灵机的模拟。模拟是这样完成的：模拟机器能够确定另一台机器的行为，从而以不同的方式动作。假定给这两台机器以同样的谕示，那么每当被模拟机器询问谕示时，模拟机也询问，所以模拟过程可以像以前一样进行下去。因此，凡是仅用对角化方法证明的关于图灵机的定理，当给两台机器以相同谕示的时候，将仍然成立。

特别地讲，如果能用对角化方法证明 P 与 NP 不同，就能下结论说它们相对于任何谕示也是不同的。但是 P^B 与 NP^B 相等，所以结论不成立。因此对角化方法不足以分开这两个类。类似地，依据简单模拟的证明不能说明这两个类相等，因为那将证明它们相对于任何谕示都是相等的，但实际上 P^A 与 NP^A 不相等。

定理 9.19

1. *存在谕示 A 使得 $P^A \neq NP^A$。*
2. *存在谕示 B 使得 $P^B = NP^B$。*

证明思路 展示谕示 B 是容易的，只需令 B 是任意的 PSPACE 完全问题（如 $TQBF$）即可。

构造谕示 A。设计 A 使得 NP^A 中的某个语言 L_A 在证明它时需要蛮力搜索，因而 L_A 不可能属于 P^A。因此可以得出 $P^A \neq NP^A$ 的结论。构造过程依次考察每一个多项式时间谕示机器，保证每一个都不能判定语言 L_A。

证明 令 B 是 $TQBF$。有下面一系列包含关系：

$$NP^{TQBF} \overset{1}{\subseteq} NPSPACE \overset{2}{\subseteq} PSPACE \overset{3}{\subseteq} P^{TQBF}$$

包含关系 1 成立，因为可以把非确定型多项式时间谕示机器转变为非确定型多项式空间机器，该机器不使用谕示，而是计算出对 $TQBF$ 的查询的答案。由萨维奇定理可知包含关系

2 成立。包含关系 3 成立是因为 $TQBF$ 是 PSPACE 完全的。因此下结论 $P^{TQBF}=NP^{TQBF}$。

下面说明怎样构造谕示 A。对于任意的谕示 A，令 L_A是所有这样的字符串的集合：A 中有一个长度相同的字符串。于是

$$L_A=\{w \mid \exists x \in A[\mid x \mid = \mid w \mid]\}$$

显然，对于任何 A，语言 L_A属于 NP^A。

为了证明 L_A不属于 P^A，如下设计 A。设 $M_1, M_2, \cdots$，是所有多项式时间谕示图灵机的列表。为了简单，假定 M_i 在时间 n^i 内运行。构造过程分步骤进行。第 i 步构造 A 的一部分，保证 M_i^A 不判定 L_A。通过声明某些字符串在 A 中而另外一些字符串不在 A 中来构造 A。每一步仅确定有穷个字符串的状态（指在或者不在 A 中）。开始，没有关于 A 的任何信息。从步骤 1 开始。

步骤 i　迄今为止，已经声明有穷个字符串在或不在 A 中。选择 n，让它比所有这些串的长度都长，而且 n 充分大使得 2^n 比 n^i 大，n^i 是 M_i 的运行时间。现在说明怎样扩展关于 A 的信息，使得只要 1^n 不在 L_A中，M_i^A 就接受它。

在输入 1^n 上运行 M_i，如下回应它的谕示查询。如果 M_i 查询一个状态已经确定的字符串 y，回应与它的状态一致。如果 y 的状态还未确定，就对查询返回 NO，并声明 y 不在 A 中。继续模拟 M_i，直到它停机。

现在从 M_i 的角度考虑问题。如果 M_i 发现一个长为 n 的字符串在 A 中，它就应该接受，因为它知道 1^n 在 L_A中。如果 M_i 确定所有长为 n 的字符串都不在 A 中，它就应该拒绝，因为它知道 1^n 不在 L_A中。但是，它没有足够的时间来询问所有长为 n 的字符串，而且我们已经对它所做的每一个查询都回答 NO。所以当 M_i 停机时必须决定是接受还是拒绝，而它还没有足够的信息保证它的决定是对的。

现在的目标是确保它的决定是不对的。为此，观察它的决定，然后扩展 A 使其反面成立。于是，如果 M_i 接受 1^n，就声明所有剩下的长为 n 的字符串都不在 A 中，从而确定 1^n 不属于 L_A。如果 M_i 拒绝 1^n，就可以找到一个 M_i 尚未查询过的长为 n 的字符串，并声明该字符串属于 A，从而保证 1^n 属于 L_A。这样的字符串必定存在，因为 M_i 运行 n^i 步，少于长为 n 的字符串总数 2^n。任何情况都能确定 ${M_i}^A$不判定 L_A。

步骤 i 把那些状态还没有确定下来且长度不超过 n 的字符串都声明为不在 A 中，该步完成。从步骤 $i+1$ 继续进行下去。

已经证明没有多项式时间谕示图灵机能够以谕示 A 判定 L_A，因此定理得证。■

总之，相对化方法表明：为了解决 P 与 NP 问题，必须分析计算，而不仅仅是模拟它们。在 9.3 节中，将介绍一种可能会导向这种分析的方法。

9.3　电路复杂性

将按照数字电路设计的电子器件用导线连在一起，就构成了计算机。也可以用对应数字电路的理论模型（称为布尔电路）来模拟如图灵机这样的理论模型。建立图灵机与布尔电路之间的联系有两个目的。第一，研究者相信电路提供了一种方便的计算模型，用以处理 P 与 NP 问题及其相关问题。第二，电路为有关 SAT 是 NP 完全的库克－列文定理提供了另一种证明方法。本节讨论这两个主题。

定义 9.20　一个**布尔电路**（boolean circuit）是由**导线**（wire）连接的**门**（gate）和

输入（input）的集合，其中不允许出现循环。门有三种形式：与门、或门和非门，如图 9-2 所示。

布尔电路中导线传递布尔值 0 和 1。门是计算布尔函数 AND、OR 和 NOT 的处理器。当两个输入都是 1 时，AND 函数输出 1，否则输出 0。当两个输入都是 0 时，OR 函数输出 0，否则输出 1。NOT 函数输出其输入的反面，换言之，若输入是 0，它输出 1，若输入是 1，它输出 0。输入被标记为 $x_1,\cdots,x_n$。其中一个门被指定为**输出门**（output gate）。图 9-3 描绘了一个布尔电路。

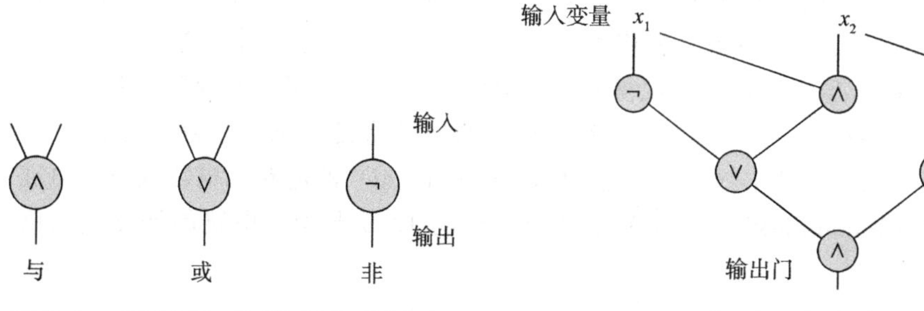

图 9-2 “与”门、“或”门和“非”门

图 9-3 布尔电路的例子

布尔电路从输入的赋值中计算输出值。它沿着导线传播值，计算与相应的门关联的函数，直到输出门被赋予一个值。图 9-4 显示了布尔电路从输入的赋值中计算出值的过程。

用函数来描述布尔电路的输入/输出行为。给带 n 个输入变量的布尔电路 C 关联一个函数 $f_C:\{0,1\}^n \to \{0,1\}$，其中，当输入 $x_1,\cdots,x_n$ 设置为 $a_1,\cdots,a_n$ 时，若 C 的输出为 b，则写 $f_C(a_1,\cdots,a_n)=b$。称 C 计算函数 f_C。有时考虑有多个输出门的布尔电路。带 k 个输出位的函数计算一个值域为$\{0,1\}^k$ 的函数。

例 9.21 n-输入**奇偶函数**（parity function）$parity_n:\{0,1\}^n \to \{0,1\}$ 输出 1，当且仅当输入变量中有奇数个 1。图 9-5 的电路计算有 4 个变量的奇偶函数 $parity_4$。■

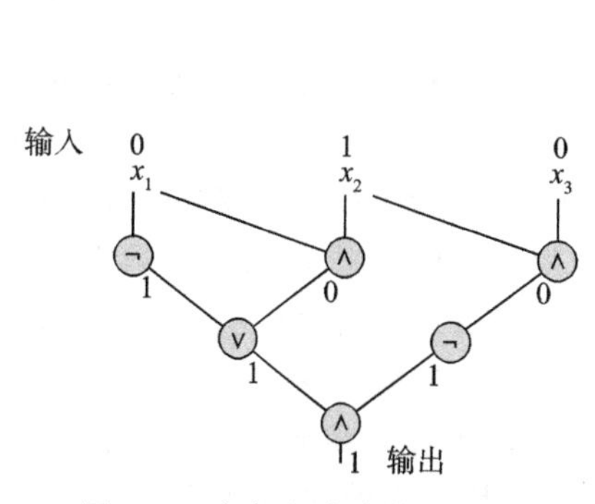

图 9-4 布尔电路计算的例子

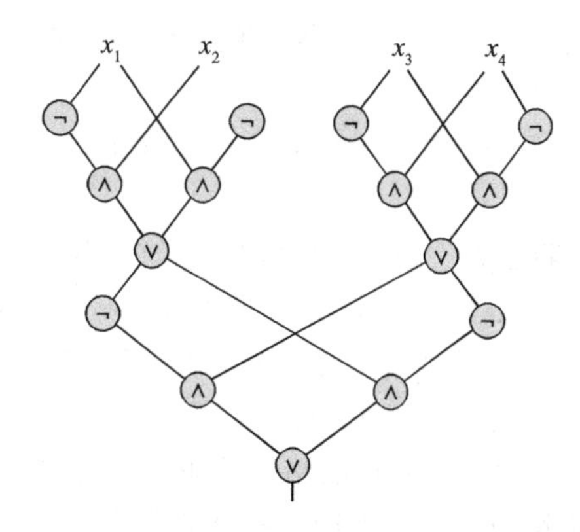

图 9-5 计算 4 个变量的奇偶函数的布尔电路

实际上，可以用电路来检查适当地编码为 $\{0,1\}$ 上的语言的成员资格。存在的问题是，任何具体的电路只能处理某一固定长度的输入，而语言可能包含不同长度的字符串。所以，不是用单一电路来检查语言的成员资格，而是用整个一族电路来完成这一任务，每个输入长度有一个电路。在下面的定义中形式化这一概念。

定义 9.22 一个**电路族**（circuit family）C 是电路的一个无穷列表 $(C_0, C_1, C_2, \cdots)$，其中 C_n 有 n 个输入变量。称 C 在 $\{0,1\}$ 上判定语言 A，如果对于每个字符串 $w(w \in A)$ 当且仅当 $C_n(w)=1$，其中 n 是 w 的长度。

电路的**规模**（size）是它所包含的门的数目。当两个电路有同样的输入变量，并且在每一输入赋值上都输出同样值的时候，称它们是等价的。如果一个电路没有与之等价的更小的电路，则它是**（规模）极小的**（size minimal）。极小化电路问题在工程上有明显的应用，但是一般难以解决。甚至判定一个具体的电路是否是极小的这个问题也不见得是在 P 或 NP 内可解的。一个电路族中的每一个电路 C_i 如果是极小的，则称该族是极小的。一个电路族 $(C_0, C_1, C_2, \cdots)$ 的**规模复杂度**（size complexity）是一个函数 $f: \mathbf{N} \to \mathbf{N}$，其中 $f(n)$ 是 C_n 的规模。当明显在讨论规模时，用电路族的复杂度指代其规模复杂度。

电路的**深度**（depth）是从输入变量到输出门的最长路径的长度（导线的数目）。如同定义电路的规模一样，可以定义**深度极小**（depth minimal）的电路和电路族以及电路族的**深度复杂度**（depth complexity）。在关于并行计算的 10.5 节中，电路的深度复杂度尤为重要。

定义 9.23 语言的**电路复杂度**（circuit complexity）是该语言的极小电路族的规模复杂度。语言的**电路深度复杂度**（circuit depth complexity）类似定义，只是把规模换成深度。

例 9.24 容易推广例 9.21，给出计算 n 个变量的奇偶函数的有 $O(n)$ 个门的电路。一种办法是构造一棵由计算 XOR 函数的门组成的二叉树，这里 XOR 函数就是 2-输入奇偶函数（$parity_2$），然后如前面的例子那样，用 2 个 NOT、2 个 AND 和 1 个 OR 实现每个 XOR 门。

令 A 是包含奇数个 1 的字符串组成的语言，那么 A 的电路复杂度是 $O(n)$。 ■

语言的电路复杂度与它的时间复杂度有关。任何时间复杂度小的语言其电路复杂度也小，如下面的定理所述。

定理 9.25 设 $t: \mathbf{N} \to \mathbf{N}$ 是一个函数，$t(n) \geqslant n$。若 $A \in \mathrm{TIME}(t(n))$，则 A 的电路复杂度为 $O(t^2(n))$。

该定理提供了一条证明 P≠NP 的途径，以此证明 NP 中的某个语言的电路复杂度超过多项式。

证明思路 设 M 是在时间 $t(n)$ 内判定 A 的图灵机。(为了简单，忽略 M 的实际运行时间 $O(t(n))$ 中的常数因子。) 对每一个 n，构造电路 C_n 模拟 M 在长为 n 的输入上的运算。C_n 的门分成行，每一行对应 M 在长为 n 的输入上进行运算的 $t(n)$ 步之一。门的每一行代表 M 在相应步骤上的格局（状态、读写头位置、带子内容）。每一行用导线连到上一行，以使它从上一行的格局能够计算本格局。修改 M 使得输入编码为 $\{0,1\}$。另外，当 M 即将接受时，它把读写头移到最左单元，在进入接受状态之前先在那里写下符号␣。这样一来，就可以指定电路的最后一行的一个门为输出门。

证明 设 $M=(Q, \Sigma, \Gamma, \delta, q_0, q_{\text{accept}}, q_{\text{reject}})$ 在时间 $t(n)$ 内判定 A，设 w 是长为 n 的输入。定义 M 在 w 上的**画面**为一张 $t(n) \times t(n)$ 的表格，其行是 M 的格局。画面的顶行包含 M 在 w 上的起始格局。第 i 行包含计算历史的第 i 步的格局。

为了方便，本证明修改了格局的表示形式。在 3.1.1 节描述的旧的形式中，状态出现在读写头正在读取的符号的左边。与之不同，现在把状态和读写头下的符号表示为一个单一的复合字符。例如，若 M 在状态 q，带子上包含字符串 1011，读写头正读取左起第二个符号，旧形式为 $1q011$，新形式为 1 $\boxed{q0}$ 11，其中复合字符 $\boxed{q0}$ 同时表示状态 q 和读写头下的符号 0。

画面的每一格可以包含一个带子符号（Γ 的成员）或状态和带子符号的组合（$Q\times\Gamma$ 的成员）。称画面的第 i 行、第 j 列的那一格为 $cell[i,j]$。画面的顶行是 $cell[1,1],\cdots,cell[1,t(n)]$，该行包含起始格局。

在定义画面的概念中，关于 M 做了两个假设。第一，正如证明思路中所讲的，仅当读写头在最左带子单元上并且该单元包含符号⊔时，M 才接受。第二，一旦 M 停机，它就永远待在同一格局中。所以，通过查看画面最末一行的最左单元 $cell[t(n),1]$，就能确定 M 是否已经接受。图 9-6 显示了 M 在输入 0010 上的部分画面。

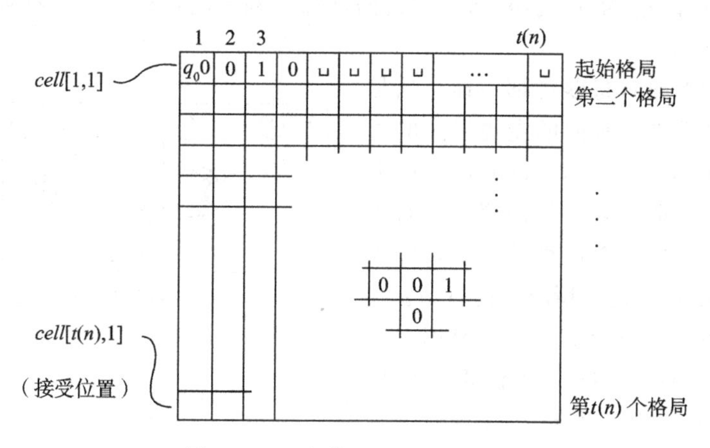

图 9-6 M 在输入 0010 上的画面

每一单元的内容都由上一行的某些单元来决定。如果知道了 $cell[i-1,j-1]$、$cell[i-1,j]$ 和 $cell[i-1,j+1]$ 的值，就能根据 M 的转移函数获得 $cell[i,j]$ 的值。例如，下图放大了图 9-6 的画面的一部分。上一行的三个符号 0、0 和 1 是不含状态的带子符号，所以中间符号在下一行必须保持为 0，如下图所示。

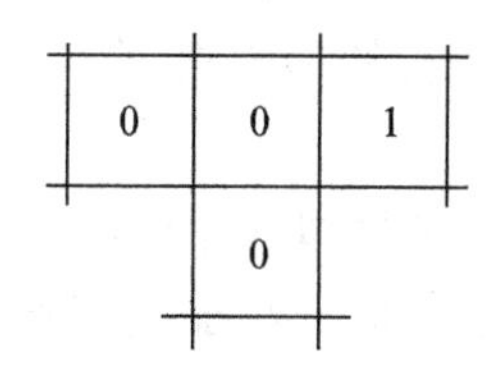

现在开始构造电路 C_n。对应画面的每一个单元有多个门，这些门从影响某一单元的另外三个单元的值中计算出该单元的值。

为了使构造更容易描述，添加一些灯来表示电路中某些门的输出。灯只是用作说明，不影响电路的操作。

设 k 是 $\Gamma\cup(\Gamma\times Q)$ 中元素的数目。对于画面的每一个单元有 k 盏灯，Γ 的每个成员对应一盏灯，$(\Gamma\times Q)$ 的每个成员对应一盏灯，总共 $kt^2(n)$ 盏灯。称这些灯为 $light[i,j,s]$，其中 $1\leqslant i,j\leqslant(t(n),s\in\Gamma\cup(\Gamma\times Q)$。在一个单元中的灯的状况表明了该单元的内容；如果

$light[i,j,s]$ 开着，$cell[i,j]$ 就包含符号 s。当然，如果电路构造正确，一个单元中只能有一盏灯开着。

不妨挑一盏灯来看看，假设就是 $cell[i,j]$ 中的 $light[i,j,s]$。如果该单元包含符号 s，这盏灯应该开着。考虑影响 $cell[i,j]$ 的三个单元，确定哪些赋值会使 $cell[i,j]$ 包含 s。通过考察转移函数 δ，就可以做此决定。

假定，按照 δ，当单元 $cell[i-1,j-1]$，$cell[i-1,j]$，$cell[i-1,j+1]$ 分别包含 a，b，c 时，$cell[i,j]$ 包含 s。用导线连接电路，使得如果 $light[i-1,j-1,a]$，$light[i-1,j,b]$ 和 $light[i-1,j+1,c]$ 都开着，则 $light[i,j,s]$ 也开着。为此把 $i-1$ 行的这三盏灯连到与门，其输出连到 $light[i,j,s]$。

一般来讲，$cell[i-1,j-1]$，$cell[i-1,j]$，$cell[i-1,j+1]$ 有几个不同的赋值（a_1,b_1,c_1），(a_2,b_2,c_2)，…，(a_l,b_l,c_l）都可以使 $cell[i,j]$ 包含 s。在这种情况下，用导线连接电路，使得对应每一组赋值 a_i,b_i,c_i，各自的灯都连到与门，所有与门都连到或门。这个电路如图 9-7 所示。

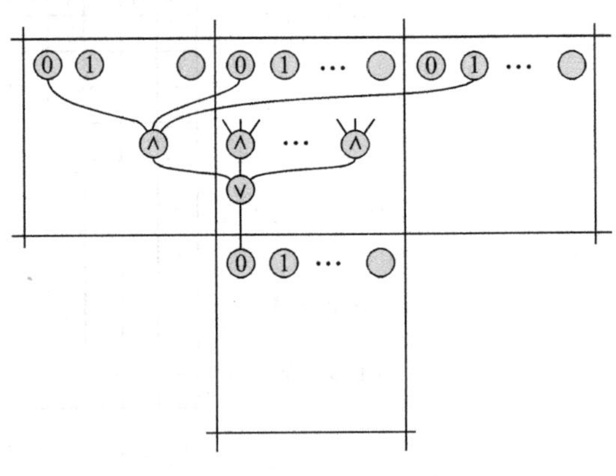

图 9-7　一盏灯的电路

刚才描述的电路对每盏灯都一样，只是在边界上有几处例外。画面的左边界上的每个单元，即 $cell[i,1]$，$1\leqslant i\leqslant t(n)$，只有上一行的两个单元可能影响它的内容。在右边界上的单元也是一样。在这种情况下，修改电路，让它模拟 M 在这种情况下的行为。

第一行的单元都没有前驱，需要用一种特殊方式处理它们。这些单元包含起始格局，它们的灯用导线连到输入变量。于是 $light[1,1,\boxed{q_0 1}]$ 连到输入 w_1，因为起始格局以起始状态符 q_0 开始，读写头在 w_1 上起动。类似地，$light[1,1,\boxed{q_0 0}]$ 通过非门连到输入 w_1。进一步，$light[1,2,1]$，…，$light[1,n,1]$ 连到输入 w_2，…，w_n，而 $light[1,2,0]$，…，$light[1,n,0]$ 通过非门连到输入 w_2，…，w_n，因为输入字符串 w 决定了这些值。另外，$light[1,n+1,\sqcup]$，…，$light[1,t(n),\sqcup]$ 都开着，因为第一行中剩余的单元对应带子上初始为空格（$\sqcup$）的位置。最后，第一行中所有其他灯都关着。

到此为止，已经构造了一个电路来模拟 M 的第 $t(n)$ 步。剩下要做的就是指定一个门为电路的输出门。当 M 在第 $t(n)$ 步在带子左端的一个包含 $\sqcup$ 的单元上进入接受状态 q_{accept} 时，它接受 w。所以指定输出门为与 $light[t(n),1,\boxed{q_{\text{accept}}\sqcup}]$ 相关联的门。这就完成了本定理的证明。 ■

除了把电路复杂性与时间复杂性联系起来以外，定理 9.25 还给出了定理 7.22（即库克 - 列文定理）的另一种证明，如下所述。称布尔电路是**可满足的**，如果输入的某一赋值使电路输出 1。**电路可满足性**（circuit-satisfiability）问题就是判定一个电路是否是可满足的。令

$$CIRCUIT\text{-}SAT=\{\langle C\rangle \mid C\text{ 是可满足的布尔电路}\}$$

前面的定理9.25说明布尔电路能够模拟图灵机。用这个结果来证明*CIRCUIT-SAT*是NP完全的。

定理9.26　*CIRCUIT-SAT*是NP完全的。

证明　为了证明该定理，必须证明*CIRCUIT-SAT*属于NP，并且NP中的任何语言A都可归约到*CIRCUIT-SAT*。第一点是显然的。为了证明第二点，必须给出多项式时间归约f，把字符串映射为电路，其中

$$f(w)=\langle C\rangle$$

蕴涵

$$w\in A \Leftrightarrow \text{布尔电路}C\text{是可满足的}$$

因为A属于NP，所以它有多项式时间验证机器V，其输入的形式为$\langle x,c\rangle$，这里c可以是证明x属于A的证书。为了构造f，用定理9.25的方法得到模拟V的电路。把w的符号填入对应于x的电路的输入。剩下的电路输入都对应证书c。把这个电路称为C，并输出它。

若C是可满足的，则存在一个证书，所以w属于A。反之，若w属于A，则存在一个证书。所以C是可满足的。

为了证明该归约在多项式时间内运算，必须考察定理9.25的证明，注意到电路的构造可以在n的多项式时间内完成。验证机的运行时间是n^k，所以构造的电路的规模是$O(n^{2k})$。电路的结构非常简单（实际上它的重复度很高），所以归约的运行时间是$O(n^{2k})$。■

现在证明3*SAT*是NP完全的，从而完成库克－列文定理的另一种证明方法。

定理9.27　3*SAT*是NP完全的。

证明思路　3*SAT*在NP中是显然的。下边证明所有NP中的语言都在多项式时间内归约到3*SAT*。为此把*CIRCUIT-SAT*在多项式时间内归约到3*SAT*。归约把电路C转化为公式ϕ，其中C可满足当且仅当ϕ可满足。公式为电路中的每个变量和每个门都保留一个变量。

在概念上，公式模拟了电路。ϕ的满足赋值包含C的满足赋值，它也包含C在满足赋值上的计算历史中每一个门的值。实际上，ϕ的满足赋值猜测C在满足赋值上的所有计算，并且最后ϕ的子句检查计算的正确性。另外，ϕ包含一个子句来规定C的输出是1。

证明　给出一个从*CIRCUIT-SAT*到3*SAT*的多项式时间归约f。设C是一个电路，包含输入$x_1,\cdots,x_l$和门$g_1,\cdots,g_m$。归约从C构造包含变量$x_1,\cdots,x_l,g_1,\cdots,g_m$的公式$\phi$。$\phi$的每一个变量对应$C$的一条导线。变量$x_i$对应输入导线，变量$g_i$对应门输出的导线。把$\phi$的变量标记为$w_1,\cdots,w_{l+m}$。

现在描述ϕ的子句。首先使用蕴涵直观地描述ϕ的子句，再将蕴涵$(P\rightarrow Q)$转换成$(\overline{P}\vee Q)$。C中每一个带输入导线w_i和输出导线w_j的非门等价于表达式

$$(\overline{w_i}\rightarrow w_j)\wedge(w_i\rightarrow\overline{w_j})$$

该表达式转换成两个子句

$$(w_i\vee w_j)\wedge(\overline{w_i}\vee\overline{w_j})$$

注意，当且仅当w_i和w_j的赋值正确地反映非门的功能时，这两个子句才同时被满足。

C 中每一个带输入 w_i 和 w_j 以及输出 w_k 的与门等价于表达式

$$((\overline{w_i} \wedge \overline{w_j}) \to \overline{w_k}) \wedge ((\overline{w_i} \wedge w_j) \to \overline{w_k}) \wedge ((w_i \wedge \overline{w_j}) \to \overline{w_k}) \wedge ((w_i \wedge w_j) \to w_k)$$

转换成四个子句为

$$(w_i \vee w_j \vee \overline{w_k}) \wedge (w_i \vee \overline{w_j} \vee \overline{w_k}) \wedge (\overline{w_i} \vee w_j \vee \overline{w_k}) \wedge (\overline{w_i} \vee \overline{w_j} \vee w_k)$$

C 中每一个带输入 w_i 和 w_j 以及输出 w_k 的或门等价于表达式

$$((\overline{w_i} \wedge \overline{w_j}) \to \overline{w_k}) \wedge ((\overline{w_i} \wedge w_j) \to w_k) \wedge ((w_i \wedge \overline{w_j}) \to w_k) \wedge ((w_i \wedge w_j) \to w_k)$$

转换成四个子句为

$$(w_i \vee w_j \vee \overline{w_k}) \wedge (w_i \vee \overline{w_j} \vee w_k) \wedge (\overline{w_i} \vee w_j \vee w_k) \wedge (\overline{w_i} \vee \overline{w_j} \vee w_k)$$

在这两种情况下，只有当变量 w_i、w_j 和 w_k 的赋值正确地反映了门的功能时，所有四个子句才能被满足。另外，把子句 (w_m) 加入 ϕ 中，w_m 是 C 的输出门。

所描述的某些子句包含的文字少于三个。通过重复文字就可以把这些子句扩展到所需要的长度。例如，将子句 (w_m) 扩展为等价的子句 $(w_m \vee w_m \vee w_m)$。这就完成了构造。

下边简要地说明了该构造满足要求。如果存在满足 C 的赋值，那么根据 C 在该赋值上的计算历史来给变量 g_i 赋值，就可以得到满足 ϕ 的赋值。反之，如果存在满足 ϕ 的赋值，它就给出了 C 的赋值，因为它描述了 C 的整个计算历史，其中输出值是 1。归约可以在多项式时间内完成，因为计算历史简单，输出规模是输入规模的多项式（实际上是线性的）。■

练习

[A]**9.1**　证明 $\text{TIME}(2^n)=\text{TIME}(2^{n+1})$。

[A]**9.2**　证明 $\text{TIME}(2^n)\subsetneq\text{TIME}(2^{2n})$。

[A]**9.3**　证明 $\text{NTIME}(n)\subsetneq\text{PSPACE}$。

9.4　如在图 9-4 中所做的那样，标出图 9-5 所描绘的电路中所有门计算出的值，从而说明它在输入 0110 上的计算历史。

9.5　给出三个输入变量上计算奇偶函数的电路，并说明它在输入 011 上的计算历史。

9.6　证明若 $A\in\text{P}$，则 $\text{P}^A=\text{P}$。

9.7　给出带指数的正则表达式，产生如下在字母表 $\{0,1\}$ 上的语言：

[A]**a.** 所有长度为 500 的字符串。

[A]**b.** 所有长度不超过 500 的字符串。

[A]**c.** 所有长度不少于 500 的字符串。

[A]**d.** 所有长度不等于 500 的字符串。

e. 所有恰好包含 500 个 1 的字符串。

f. 所有包含至少 500 个 1 的字符串。

g. 所有包含至多 500 个 1 的字符串。

h. 所有长度不少于 500 并且在第 500 个位置上为一个 0 的字符串。

i. 所合包含两个 0 并且其间至少相隔 500 个符号的字符串。

9.8　若 R 是正则表达式，令 $R^{\{m,n\}}$ 代表表达式

$$R^m \cup R^{m+1} \cup \cdots \cup R^n$$

说明怎样利用通常的指数算子实现算子 $R^{\{m,n\}}$，但不许用“…”。

9.9　证明若 $\text{NP}=\text{P}^{\text{SAT}}$，则 $\text{NP}=\text{coNP}$。

9.10　在问题 8.29 中已经证明，A_{LBA} 是 PSPACE 完全的，

a. 说明 A_{LBA} 是否属于 NL 并给出解释。

b. 说明 A_{LBA} 是否属于 P 并给出解释。

9.11 在问题7.19中给出了语言 *MAX-CLIQUE*，证明 $MAX\text{-}CLIQUE \in \mathrm{P}^{SAT}$。

问题

9.12 回忆一下，指定多个输出门，就可以考虑输出 $\{0,1\}$ 上的字符串的电路了。设 $add_n:\{0,1\}^{2n}\to\{0,1\}^{n+1}$ 计算两个 n 位二进制整数的和并输出 $n+1$ 位结果。证明可以用 $O(n)$ 规模的电路计算函数 add_n。

9.13 定义函数 $majority_n:\{0,1\}^n\to\{0,1\}$ 为：

$$majority_n(x_1,\cdots,x_n)=\begin{cases}0 & \sum x_i<n/2\\1 & \sum x_i\geqslant n/2\end{cases}$$

于是 $majority_n$ 函数返回输入中的多数派。证明 $majority_n$ 可以用下面的电路计算：

a. $O(n^2)$ 规模的电路。

b. $O(n\log n)$ 规模的电路。(提示：递归地把输入数分成两半并利用问题9.12的结果。)

***9.14** 如问题9.13一样定义问题 $majority_n$。证明它可以用 $O(n)$ 规模的电路计算。

9.15 假设 A 和 B 是两个谕示。现只知道其中一个是 *TQBF* 的谕示，但不知道到底是哪一个。请给出一个能访问 A 和 B 的算法，并且该算法能在多项式时间内解决 *TQBF* 问题。

9.16 证明存在谕示 C 使得 $\mathrm{NP}^C\neq\mathrm{coNP}^C$。

9.17 **k-查询谕示图灵机**（k-query oracle Turing machine）是在每个输入上允许至多进行 k 次查询的谕示图灵机。用符号 $M^{A,k}$ 表示对谕示 A 的 k-查询谕示图灵机 M，定义 $P^{A,k}$ 为能在多项式时间内被 $M^{A,k}$ 判定的语言集合。

a. 证明 $\mathrm{NP}\cup\mathrm{coNP}\subseteq\mathrm{P}^{SAT,1}$。

b. 假设 $\mathrm{NP}\neq\mathrm{coNP}$，证明 $\mathrm{P}\cup\mathrm{coNP}\subsetneq\mathrm{P}^{SAT,1}$。

9.18 定义**唯一满足**（unique-sat）问题为：$USAT=\{\langle\phi\rangle\mid\phi$ 是一个只有唯一满足赋值的布尔公式$\}$。证明 $USAT\in\mathrm{P}^{SAT}$。

9.19 令 $E_{\mathrm{REX}\uparrow}=\{\langle R\rangle\mid R$ 是一个具有指数形式的正则表达式，$L(R)=\varnothing\}$，证明 $E_{\mathrm{REX}\uparrow}\in\mathrm{P}$。

9.20 说明下面的关于 $\mathrm{P}\neq\mathrm{NP}$ 的错误"证明"错在哪里。采用反证法。假设 $\mathrm{P}=\mathrm{NP}$，则 $SAT\in\mathrm{P}$。所以，对于某个 k，$SAT\in\mathrm{TIME}(n^k)$。因为 NP 中的每个语言多项式时间可归约到 *SAT*，所以 $\mathrm{NP}\subseteq\mathrm{TIME}(n^k)$。因此 $\mathrm{P}\subseteq\mathrm{TIME}(n^k)$。但是，由时间层次定理，$\mathrm{TIME}(n^{k+1})$ 包含不在 $\mathrm{TIME}(n^k)$ 中的语言，这与 $\mathrm{P}\subseteq\mathrm{TIME}(n^k)$ 矛盾。所以 $\mathrm{P}\neq\mathrm{NP}$。

9.21 考虑函数 $pad:\Sigma^*\times\mathbf{N}\to\Sigma^*\#^*$ 定义如下：令 $pad(s,l)=s\#^j$，其中 $j=\max(0,l-m)$，m 是 s 的长度。于是 $pad(s,l)$ 就是在 s 的末尾添加足够多的新符号 #，使得结果的长度至少是 l。对于任何语言 A 和函数 $f:\mathbf{N}\to\mathbf{N}$，定义语言 $pad(A,f)$ 为：

$$pad(A,f)=\{pad(s,f(m))\mid s\in A,m\text{ 是 }s\text{ 的长度}\}$$

证明：若 $A\in\mathrm{TIME}(n^6)$，则 $pad(A,n^2)\in\mathrm{TIME}(n^3)$。

9.22 证明：若 $\mathrm{NEXPTIME}\neq\mathrm{EXPTIME}$，则 $\mathrm{P}\neq\mathrm{NP}$。你会发现问题9.21中定义的函数 *pad* 对证明本问题是有用的。

A9.23 如问题9.21一样定义 *pad*。

a. 证明：对任何语言 A 和任何自然数 k，$A\in\mathrm{P}$ 当且仅当 $pad(A,n^k)\in\mathrm{P}$。

b. 证明 $\mathrm{P}\neq\mathrm{SPACE(n)}$。

9.24 证明 $TQBF\notin\mathrm{SPACE}(n^{1/3})$。

***9.25** 参考问题5.14中关于2DFA（双头有限自动机）的定义，证明在P中存在一个语言不能被2DFA识别。

习题选解

9.1 大 O 记法定义了时间复杂性类，因此常量因子对分类没有影响。函数 2^{n+1} 的时间复杂性是

$O(2^n)$，所以 $A \in \mathrm{TIME}(2^n)$ 当且仅当 $A \in \mathrm{TIME}(2^{n+1})$。

9.2 由于 $2^n \leqslant 2^{2n}$，故 $\mathrm{TIME}(2^n) \subseteq \mathrm{TIME}(2^{2n})$ 成立。利用时间层次理论，可以证明这个包含关系是真包含的。函数 2^{2n} 是时间可构造的，因为在 $O(2^{2n})$ 时间内，一个图灵机可以先写一个 1 然后紧跟 $2n$ 个 0。因此时间层次理论确保存在这样一个语言 A，它可以在 $O(2^{2n})$ 内判定，但不能在 $o(2^{2n}/\log 2^{2n}) = o(2^{2n}/2n)$ 内判定。所以 $A \in \mathrm{TIME}(2^{2n})$，但 $A \notin \mathrm{TIME}(2^n)$。

9.3 因为任何图灵机在某个计算分支上运行耗费时间 $t(n)$ 时，它在该分支上使用的单元格至多为 $t(n)$ 个，所以 $\mathrm{NTIME}(n) \subseteq \mathrm{NSPACE}(n)$。根据萨维奇定理已知 $\mathrm{NSPACE}(n) \subseteq \mathrm{SPACE}(n^2)$。根据空间层次定理 $\mathrm{SPACE}(n^2) \subsetneq \mathrm{SPACE}(n^3)$。由于 $\mathrm{SPACE}(n^3) \subseteq \mathrm{PSPACE}$，所以 $\mathrm{NTIME}(n) \subsetneq \mathrm{PSPACE}$。

9.7 **a.** Σ^{500}　**b.** $(\Sigma \cup \varepsilon)^{500}$　**c.** $\Sigma^{500}\Sigma^*$　**d.** $(\Sigma \cup \varepsilon)^{499} \cup \Sigma^{501}\Sigma^*$

9.23 **a.** 令 A 是任何语言，$k \in \mathbf{N}$。若 $A \in \mathrm{P}$，则 $pad(A, n^k) \in \mathrm{P}$，这是因为通过以下几个步骤可以得出这个结论。第一步，通过将 w 写成 $s\#^l$ 的形式（其中 s 不包含符号 #）从而判断 $w \in pad(A, n^k)$ 是否成立。第二步，判断 $|w| = |s|^k$ 是否成立。第三步，判断 $s \in A$ 是否成立。在多项式时间内完成第一步是显然的。第二步的运行时间为 $|s|$ 的多项式，因为 $|s| \leqslant |w|$，运行时间为 $|w|$ 的多项式，所以第二步在多项式时间内完成。若 $pad(A, n^k) \in P$，则 $A \in \mathrm{P}$，因为通过用 # 对 w 进行填充直到其长度为 $|w|^k$，这样可判断 $w \in A$ 是否成立，接着判断它是否属于 $pad(A, n^k)$。两个步骤都仅需要多项式时间。

b. 假设 $\mathrm{P} = \mathrm{SPACE}(n)$。令 A 是一个语言，它属于 $\mathrm{SPACE}(n^2)$，但不属于 $\mathrm{SPACE}(n)$。根据空间层次定理，A 是存在的。因为在填充语言里消耗的空间是线性的，存在足够的空间运行 A 的 $O(n^2)$ 空间算法，所以 $pad(A, n^2) \in \mathrm{SPACE}(n)$。根据假设，$pad(A, n^2) \in P$，因此根据（a）中的证明，$A \in \mathrm{P}$，从而 $A \in \mathrm{SPACE}(n)$。推出了矛盾。

复杂性理论高级专题

本章简要地介绍复杂性理论中的几个其他专题。这是一个非常活跃的研究领域，包含着丰富的研究内容。本章涉及很多更为高级的专题内容，但不是对所有问题进行全面综述。需要特别指出的是，其中有两个重要的专题超出了本书的范围，它们分别是：**量子计算**（quantum computation）和**概率可核查证明**（probabilistically checkable proof）。《The Handbook of Theoretical Computer Science》[74] 提供了关于计算理论早期工作的综述。

本章的主要内容包括近似算法、概率算法、交互式证明系统、并行计算以及密码学等。除了交互式证明系统和密码学两节中用到概率算法之外，其他各节都是相互独立的。

10.1 近似算法

在有的问题如**最优化问题**（optimization problem）中，我们试图在所有的可行解中找到最好的解。例如，寻找图中的最大团，最小顶点覆盖，或者两个顶点之间的最短路径等。前两个问题是NP难解问题。当最优化问题是NP难解问题的时候，不存在找到最好解的多项式时间算法，除非P＝NP。

在实践中，找到绝对最好的解通常较为困难，而且可能用户并非一定要找到某个问题的绝对最好的解，即**最优解**。一个接近最优的解可能已经足够好，而且可能更容易找到。顾名思义，**近似算法**（approximation algorithm）是为寻求这种近似最优解而设计的。

例如，考虑7.5节所讨论的顶点覆盖问题。顶点覆盖问题被描述为一个表示**判定问题**（decision problem）的语言 *VERTEX-COVER*。判定问题只有两个答案——是或非。该问题的最优化形式记作 *MIN-VERTEX-COVER*。任意给定一个图，其目标是在所有可能的顶点覆盖中找到一个最小的顶点覆盖。下述多项式时间算法近似地解这个最优化问题。它给出一个顶点覆盖，其规模不超过最小顶点覆盖的2倍。

A＝"对于输入$\langle G\rangle$，这里G是一个无向图：

1. 重复下述操作直至G中所有的边都与有标记的边相邻。
2. 　　在G中找一条不与任何有标记的边相邻的边。
3. 　　给这条边作标记。
4. 输出所有有标记的边的顶点。"

定理 10.1 *上述算法A是一个多项式时间算法，它给出G的一个顶点覆盖，其规模不超过G的最小顶点覆盖的2倍。*

证明 A的运行时间显然是多项式界限的。设X是它输出的顶点集合，H是有标记的边的集合，因为G的每一条边要么属于H，要么与H中的一条边相邻，所以X与G中所有的边关联。因此，X是一个顶点覆盖。

为了证明X的规模不超过最小顶点覆盖Y的2倍，我们要确认两个事实：X中顶点的数目大小是H的2倍和H不大于Y。首先，H中的每一条边为X提供2个顶点，从而

X 中顶点的数目大小是 H 的 2 倍。其次，Y 是一个顶点覆盖，从而 H 中的每一条边与 Y 中的某个顶点关联。由于 H 中的边互不相邻，故 Y 中的顶点不可能同时关联 H 中的两条边。由于 Y 中有不同的顶点关联 H 中的每一条边，所以顶点覆盖 Y 不小于 H。因此，X 中顶点的数目大小不超过 Y 的 2 倍。 ■

MIN-VERTEX-COVER 是一个**最小化问题**（minimization problem），因为我们的目标是求可行解中最小的解。在**最大化问题**（maximization problem）中，我们试图求最大的解。如果一个最小化问题的近似算法总能找到不超过最优解 k 倍的可行解，则称这个算法是 ***k*-优的**（*k*-optimal）。前面关于顶点覆盖问题的算法是 2-优的。对于最大化问题，一个 *k*-优近似算法总能找到不小于最优解大小的 $\frac{1}{k}$ 的可行解。

下面是最大化问题 *MAX-CUT* 的近似算法。把顶点集 V 划分成两个互不相交的子集 S 和 T，称为无向图中的**割**（cut）。一个顶点在 S 中，另一个顶点在 T 中的边对称作**割边**（cut edge）。如果一条边不是割边，则称作**非割边**（uncut edge）。割边的数目称作割的大小。*MAX-CUT* 求输入图 G 中的最大割。正如在问题 7.54 中所说明的，该问题是 NP 完全问题。下述算法因子 2 的范围内在近似 *MAX-CUT*。

B=“对于输入$\langle G\rangle$，这里 G 是顶点集为 V 的无向图：

1. 令 $S=\varnothing$ 和 $T=V$。
2. 如果把一个顶点从 S 移到 T 或从 T 移到 S，使割的大小变大，则做这样的移动，并且重复这一步。
3. 如果不存在这样的顶点，则输出当前的割并且停止。”

该算法从一个（假定是）坏的割开始，然后做局部改进，直到不能进一步做局部改进为止。虽然这个过程一般不能给出最大的割，但是可以证明，它给出的割的大小至少是最大割大小的一半。

定理 10.2 *上述算法 B 是 MAX-CUT 的 2-优的多项式时间近似算法。*

证明 由于每次执行步骤 2 增加割的大小，而割的大小不超过 G 的边数，故 B 在多项式时间内运行。

现在证明 B 输出的割不小于最大割的一半。实际上，要证明更强的结论：B 输出的割至少包含 G 中所有边的一半。观察到，在 G 的每一个顶点，割边不少于非割边，否则 B 要把该顶点移到另一边。把所有顶点的割边数加在一起，这个和是割边总数的 2 倍，因为每一条割边对它的两个端点各计算一次。根据前面的观察，这个和不小于所有顶点非割边数之和。于是，G 中的割边不少于非割边，从而 B 输出的割中至少包含所有边的一半。 ■

10.2 概率算法

概率算法以随机过程为工具。典型算法包含一条“掷硬币”的指令，并且掷硬币的结果可能影响算法后面的执行和输出。对某些类型的问题，相对于确定型算法，用概率算法更容易解决。

对于一个具体的计算任务，用掷硬币做出决定怎么能比通过实际计算或者估计而得到的最好的选择更好呢？有时，计算最好的选择可能需要过多的时间，而估计则可能带有偏好，使得出的结论无效。例如，统计学家用随机抽样确定有关一个大的群体中所有人的信息，如他们的爱好或政治倾向。调查所有的人可能需要太长的时间，调查一部分随机挑选出来的人则可能得出错误的结论。

10.2.1 BPP类

为了更为形式化地讨论概率计算问题，这里首先定义一个新的计算模型——概率图灵机，然后介绍一个与高效的概率计算相关的复杂性类并给出几个例子。

定义 10.3 **概率图灵机**（probabilistic Turing Machine）M 是一种非确定型图灵机，它的每一非确定性步称作**掷硬币步**（coin-flip step），并且有两个合法的下步动作。按照下述方式把概率赋给 M 对输入 w 的每一个计算分支 b。定义分支 b 的概率为

$$\Pr[b] = 2^{-k}$$

其中，k 是在分支 b 中出现的掷硬币步的步数，定义 M 接受 w 的概率为

$$\Pr[M\text{ 接受 }w] = \sum_{b\text{是接受分支}} \Pr[b]$$

换言之，如果模拟 M 对 w 的计算，在每一掷硬币步，用掷硬币决定下一步的动作，则 M 接受 w 的概率等于它到达接受格局的概率。令

$$\Pr[M\text{ 拒绝 }w] = 1 - \Pr[M\text{ 接受 }w]$$

通常，当概率图灵机接受属于某一语言的所有字符串并且拒绝不在这个语言中的所有字符串时，称概率图灵机判定该语言。但是如果允许机器有小的错误概率，如对于某个正数 $\varepsilon\left(0\leqslant\varepsilon<\frac{1}{2}\right)$，如果

1. $w\in A$ 蕴涵 $\Pr[M\text{ 接受 }w]\geqslant 1-\varepsilon$，并且
2. $w\notin A$ 蕴涵 $\Pr[M\text{ 拒绝 }w]\geqslant 1-\varepsilon$，

则称 **M 以错误概率 ε 判定语言 A**。换句话说，模拟 M 得到错误答案的概率至多为 ε。我们接下来考虑错误概率的边界。错误概率的边界依赖于输入串的长度 n。例如，错误概率 $\varepsilon=2^{-n}$ 表示指数地小的错误概率。

我们感兴趣的是在时间和空间上运行高效的概率算法。度量概率图灵机的时间和空间复杂度的方法与度量非确定型图灵机的一样，使用对每一个输入的最坏情况下的计算分支。

定义 10.4 BPP 是多项式时间的概率图灵机以错误概率 $\frac{1}{3}$ 判定的语言类。

我们以错误概率 $\frac{1}{3}$ 定义 BPP。但是根据下述**加强引理**（amplification lemma），任何严格地在 0 和 $\frac{1}{2}$ 之间的常数错误概率都给出等价的定义。这个引理提供了一种简单的方法使错误概率指数地小。注意：错误概率为 2^{-100} 的概率算法，由于运行它的计算机的硬件失灵，给出错误结果的可能性远大于由于掷硬币不走运给出错误结果的可能性。

引理 10.5 设 ε 是一给定的常数，且 $0<\varepsilon<\frac{1}{2}$。又设 M_1 是一台错误概率为 ε 的多项式时间概率图灵机，则对于任意给定的多项式 $p(n)$，存在与 M_1 等价的错误概率为 $2^{-p(n)}$ 的多项式时间概率图灵机 M_2。

证明思路 M_2 用如下方式模拟 M_1：运行 M_1 多项式次，并且取这些运行结果中的多数作为计算结果。错误概率随 M_1 的运行次数指数地下降。

考虑 $\varepsilon=\frac{1}{3}$时的情况。这对应于一只装有许多红球和蓝球的盒子。已知$\frac{2}{3}$的球是一种颜色，其余$\frac{1}{3}$的球是另一种颜色，但是不知道哪一种颜色的球多。随机地抽取若干个球（例如，100个），看哪一种颜色的频率高，以此能够检验哪一种颜色多。几乎可以肯定，盒中数量多的颜色在样本中的频率高。

这些球对应 M_1 的计算分支：红色对应接受分支，蓝色对应拒绝分支。M_2 借助运行 M_1 对颜色取样。计算表明，如果 M_2 运行 M_1 多项式次，并且输出出现频率高的结果，则 M_2 犯错误的概率指数地小。

证明　给定图灵机 M_1 和多项式 $p(n)$，M_1 以错误概率 $\varepsilon<\frac{1}{2}$判定一个语言，要构造下述图灵机 M_2，它以错误概率 $2^{-p(n)}$ 判定同一语言。

M_2= "对输入 x：

1. 计算 k 的值（请注意下面的分析）。
2. 对输入 x 进行 $2k$ 次独立的 M_1 模拟运行。
3. 如果 M_1 接受 x 的次数多，则接受；否则拒绝。"

我们设法限定[⊖] M_2 在输入 x 上运行错误的概率。阶段 2 产生一个由模拟 M_1 得到的 $2k$ 个结果的序列，每个结果要么正确要么错误。如果这些结果大多数都正确，M_2 给出正确的回答。我们限定概率为至少一半的结果都是错误的。

假定 S 表示阶段 2 中 M_2 得到的结果序列。令 P_S 表示 M_2 得到 S 的概率。假定 S 中有 c 个正确的结果，w 个错误的结果，我们有 $c+w=2k$。如果 $c\leqslant w$ 并且 M_2 得到 S，那么 M_2 输出不正确。我们把这样的序列 S 称为*坏的序列*。令 ε_x 是 M_1 在 x 上出错的概率。如果 S 是一个坏的序列，那么 $P_S\leqslant(\varepsilon_x)^w(1-\varepsilon_x)^c$。由于 $\varepsilon_x\leqslant\varepsilon<1/2$，所以 $\varepsilon_x(1-\varepsilon_x)\leqslant\varepsilon(1-\varepsilon)$，再有 $c\leqslant w$，P_S至多是 $\varepsilon^w(1-\varepsilon)^c$。此外，因为 $k\leqslant w$，$\varepsilon<1-\varepsilon$，所以 $\varepsilon^w(1-\varepsilon)^c$ 至多是 $\varepsilon^k(1-\varepsilon)^k$。

对所有 S 为坏序列的情况 P_S 求和，即得到 M_2 输出不正确的概率。坏序列至多有 2^{2k} 个，这是显而易见的，因为所有不同序列的总数为 2^{2k}。因此，得到如下等式：

$$\Pr[M_2 \text{ 在输入 } x \text{ 上输出不正确}]$$
$$=\sum_{\text{坏的}S} P_S \leqslant 2^{2k}\cdot\varepsilon^k(1-\varepsilon)^k=(4\varepsilon(1-\varepsilon))^k$$

由于假定 $\varepsilon<\frac{1}{2}$，我们有 $4\varepsilon(1-\varepsilon)<1$。因此，上述概率将随 k 的增加指数地减少，M_2 的错误概率也将随 k 的增加指数地减少。为得到一个特定的 k 值，使得我们能很好地将 M_2 的错误概率限定在小于 2^{-t}（其中 $t\geqslant1$），我们令 $\alpha=-\log_2(4\varepsilon(1-\varepsilon))$，并选择 $k\geqslant t/\alpha$。于是，我们得到多项式时间内的错误概率 $2^{-p(n)}$。■

10.2.2　素数性

素数是大于 1 并且不能被 1 和自身以外的任何正整数除尽的整数。大于 1 的非素数叫

⊖ 错误概率的分析来自**切诺夫界限**，这是概率论中一个公认的标准结果。这里我们给出一个替代的、自包含的计算，它避免了对该结果的依赖。

作**合数**。判断一个整数是素数还是合数是一个非常古老的问题，有很多相关的研究。现在已经有了解决该问题的多项式时间算法 [4]。但是，由于种种原因，可能不适合在这里讲述过多关于该工作的实现细节。在本节中，我们描述一个简单得多的检验一个数是素数还是合数的多项式时间概率算法。

判定一个数是否是素数，一种最直接的方法是检查所有小于这个数的整数，看是否有能整除这个数的数，即**因子**。由于数的大小是随它的长度呈指数增长的，故这个算法具有指数时间复杂度。我们要描述的测试素数性的概率算法的运行方式完全不同。它不搜索因子。实际上，还没有找到求因子的多项式时间概率算法。

在讨论算法之前，首先回顾一下数论中的某些表示法。在本小节中讨论的所有数都是整数。对于任一大于 1 的数 p，如果两个数仅相差 p 的整数倍，我们说两个数是**模 p 等价的**。如果 x 和 y 是模 p 等价的，则记作 $x \equiv y \pmod p$。令 $x \bmod p$ 等于使 $x \equiv y \pmod p$ 的最小非负数 y。为方便起见，令 $\mathbf{Z}_p^+$ 表示集合 $\{1,\cdots,p-1\}$，$\mathbf{Z}_p$ 表示 $\{0,\cdots,p-1\}$，则每个数都和 $\mathbf{Z}_p$ 中的某个数是模 p 等价的。我们可以用该集合以外的数表示该集合中与之模 p 等价的数。比如，可以用 -1 表示 $p-1$。

算法背后的主要思想源于下述**费马小定理**（Fermat's little thereom）。

定理 10.6 *如果 p 是素数，且 $a \in \mathbf{Z}_p^+$，则 $a^{p-1} \equiv 1 \pmod p$。*

例如，如果 $p=7, a=2$，则定理称因为 7 是素数，所以 $2^{(7-1)} \bmod 7$ 一定等于 1。经过简单几步计算

$$2^{(7-1)} = 2^6 = 64, 64 \bmod 7 = 1$$

可以证实这个结论。假如用 $p=6$ 试试，那么，

$$2^{(6-1)} = 2^5 = 32, 32 \bmod 6 = 2$$

得到的结果不是 1。根据这个定理，6 不是素数。当然，我们早已知道 6 不是素数。但是，这个方法不用找到它的因子，就能证明 6 是合数。问题 10.16 要求给出这个定理的证明。

可以把上述定理看作一种“测试”素数的方法，称为**费马测试**（Fermat test）。当我们说 p 通过在 a 的费马测试，是指 $a^{p-1} \equiv 1 \pmod p$。该定理说明，任意素数 p 都能够通过关于所有 $a \in \mathbf{Z}_p^+$ 的费马测试。观察发现 6 不能通过某些费马测试，因此 6 不是素数。

能不能利用费马测试给出判定素数性的算法？几乎可以。如果一个数能够通过所有关于小于它且与它互素的数的费马测试，则称这个数是**伪素数**（pseudoprime）。除了相对来说少量的**卡米切尔数**（Carmichael number）外，所有的伪素数都是素数。卡米切尔数是合数，但能通过所有比它小且互素的数的费马测试。下面首先给出测试伪素数的多项式时间概率算法，然后给出能够完全测试素数性的多项式时间概率算法。

判定一个数是否具有伪素数性，要对之进行全部的费马测试，因此判定伪素数性的算法需要指数时间。多项式时间概率算法的关键是，如果一个数不是伪素数，则它至少不能通过全部费马测试的一半。（我们暂时接受这个断言。问题 10.14 要求给出它的证明。）算法随机进行若干次测试。如果有一次测试没有通过，则这个数一定是合数。如果测试都通过，则这个数很可能是一个伪素数。算法含有一个用来确定错误概率的参数 k。

PSEUDOPRIME＝“对输入 p：

1. 在 $\mathbf{Z}_p^+$ 中随机地选取 $a_1,\cdots,a_k$。
2. 对于每一个 i，计算 $a_i^{p-1} \bmod p$。

3. 如果所有计算值都等于 1，则接受；否则拒绝。”

如果 p 是伪素数，则它能通过全部测试，从而算法一定会接受。如果 p 不是伪素数，则它至多能通过全部测试的一半。在这种情况下，它通过每一个随机选择的测试的概率不大于 $\frac{1}{2}$。于是，它通过全部 k 个随机选择的测试概率不大于 2^{-k}。因为模指数是多项式时间内可计算的（见问题 7.40），故这个算法在多项式时间内运行。

为了把这个伪素数性算法转换成素数性算法，我们引入更为复杂的测试，以避免卡米切尔数带来的问题。基本原理是，对于任一素数 p，1 恰好有两个模 p 的平方根，即 1 和 -1。对于许多合数，包括所有的卡米切尔数在内，1 有 4 个或更多的平方根。例如，± 1 和 ± 8 是 1 模 21 的 4 个平方根。如果一个数通过在 a 的费马测试，则算法随机地求 1 模这个数的一个平方根，并且看这个平方根是否是 1 或 -1。如果不是，则这个数不是素数。

如果 p 通过在 a 的费马测试，由于 $a^{p-1} \bmod p=1$，从而 $a^{\frac{p-1}{2}} \bmod p$ 是 1 的一个平方根。如果这个值仍是 1，则可以重复用 2 除指数，只要得到的指数仍是整数，然后看第一个不为 1 的值是 -1，还是某个其他的数。下面描述这个算法，并且给出它的正确性的形式证明。取 $k \geqslant 1$ 作为一个参数，它确定最大错误概率为 2^{-k}。

PRIME＝“对输入 p：

1. 若 p 是偶数，则如果 $p=2$，则接受；否则拒绝。
2. 在 $\mathbf{Z}_p^+$ 中随机地选取 $a_1, \cdots, a_k$。
3. 对 $i=1, \cdots, k$：
4. 　　计算 $a_i^{p-1} \bmod p$，并且如果不等于 1，则拒绝。
5. 　　令 $p-1=s \cdot 2^l$，其中 s 是奇数。
6. 　　计算序列 $a_i^{s \cdot 2^0}, a_i^{s \cdot 2^1}, \cdots, a_i^{s \cdot 2^l} \bmod p$。
7. 　　如果该序列中的某个数不等于 1，则找到最后一个不等于 1 的数。如果这个数不等于 -1，则拒绝。
8. 这时已经通过全部测试，故接受。”

下述两个引理证明算法 *PRIME* 是正确的。当 p 是偶数时，算法显然正确。因此我们只需考虑当 p 为奇数时的情况。如果算法 *PRIME* 使用 a_i 在步骤 4 或步骤 7 拒绝，则称 a_i 是一个**（合数性）见证**（(compositeness) witness）。

引理 10.7　如果 p 是一个奇素数，则 $\Pr[\textit{PRIME} \text{ 接受 } p]=1$。

证明　首先要证明如果 p 是素数，则不存在见证，因而不存在算法的拒绝分支。如果 a 是步骤 4 中的见证，即 $a^{p-1} \bmod p \neq 1$，根据费马小定理，p 是合数。如果 a 是步骤 7 中的见证，则存在 $b \in \mathbf{Z}_p^+$ 使得 $b \not\equiv \pm 1 \pmod p$ 和 $b^2 \equiv 1 \pmod p$。于是，$b^2-1 \equiv 0 \pmod p$。因子分解 b^2-1，得到

$$(b-1)(b+1) \equiv 0 \pmod p$$

因而存在正整数 c，使得

$$(b-1)(b+1) = cp$$

因为 $b \not\equiv \pm 1 \pmod p$，所以 $b-1$ 和 $b+1$ 都严格地在 0 和 p 之间。而一个素数的倍数不能表示成小于它的数的乘积，故 p 是合数。■

下述引理显示算法以很高的概率识别合数。首先，我们引用数论中的一个重要的基本

工具。如果两数没有除1以外的公因数，则说两数互素。**中国剩余定理**（Chinese remainder thereom）表明，如果 p 和 q 互素，则在 $\mathbf{Z}_{pq}$ 和 $\mathbf{Z}_p \times \mathbf{Z}_q$ 间存在一一映射。每个数 $r \in \mathbf{Z}_{pq}$ 对应于一个对 (a,b)，其中 $a \in \mathbf{Z}_p, b \in \mathbf{Z}_q$，使得 $r \equiv a(\bmod p)$，且 $r \equiv b(\bmod q)$。

引理 10.8 如果 p 是一个奇合数，则 $\Pr[PRIME$ 接受 $p] \leqslant 2^{-k}$。

证明 如下所示，如果 p 是奇合数，a 是从 $\mathbf{Z}_p^+$ 中随机选取的一个数，则

$$\Pr[a \text{ 是一个见证}] \geqslant \frac{1}{2}$$

这只需要证明在 $\mathbf{Z}_p^+$ 中见证至少和非见证一样多。为此，对每一个非见证我们设法找到一个与它对应的独有的见证。

对于每一个非见证，在步骤6中计算的序列要么都是1，要么含有一个-1，这个-1的后面跟着1。例如，1本身是第一类非见证。由于 s 是奇数，$(-1)^{s \cdot 2^0} \equiv -1$ 且 $(-1)^{s \cdot 2^1} \equiv 1$，故$-1$是第二类非见证。在所有第二类非见证中，找出一个$-1$在序列中的最大位置的非见证。设这个非见证是 h，-1 在它的序列中的位置为 j，这里序列位置从0算起。于是，$h^{s \cdot 2^j} \equiv -1(\bmod p)$。

由于 p 是合数，所以或者 p 是一个素数的幂，或者可以把它写成两个互素的数 q 和 r 的乘积。我们首先考虑后一种情况。根据中国剩余定理，在 $\mathbf{Z}_p$ 中存在一个数 t，使得

$$t \equiv h(\bmod q)$$
$$t \equiv 1(\bmod r)$$

因此，

$$t^{s \cdot 2^j} \equiv -1(\bmod q)$$
$$t^{s \cdot 2^j} \equiv 1(\bmod r)$$

因为 $t^{s \cdot 2^j} \not\equiv \pm 1(\bmod p)$ 但是 $t^{s \cdot 2^{j+1}} \equiv 1(\bmod p)$，所以 t 是一个见证。

现在我们得到了一个见证，还可以得到更多的见证。根据下述两点观察，可以证明对于每一个非见证 d，$dt \bmod p$ 是与它对应的独有的见证。首先，根据选择 j 的方式，$d^{s \cdot 2^j} \equiv \pm 1(\bmod p)$ 且 $d^{s \cdot 2^{j+1}} \equiv 1(\bmod p)$。因此，$dt \bmod p$ 是一个见证，因为 $(dt)^{s \cdot 2^j} \not\equiv \pm 1$ 而且 $(dt)^{s \cdot 2^{j+1}} \equiv 1(\bmod p)$。

其次，如果 d_1 和 d_2 是两个不同的非见证，则 $d_1 t \bmod p \neq d_2 t \bmod p$。这是因为 $t^{s \cdot 2^{j+1}} \bmod p = 1$，从而 $t \cdot t^{s \cdot 2^{j+1}-1} \bmod p = 1$。所以，如果 $td_1 \bmod p = td_2 \bmod p$，则

$$d_1 = t \cdot t^{s \cdot 2^{j+1}-1} d_1 \bmod p = t \cdot t^{s \cdot 2^{j+1}-1} d_2 \bmod p = d_2$$

所以，见证不会比非见证少。这样，我们证明了 p 不是一个素数幂时的情况。

对于 p 是一个素数幂时的情况，我们有 $p = q^e$，其中 q 是一个素数，$e > 1$。令 $t = 1 + q^{e-1}$。使用二项式定理扩展多项式 t^p 可以得到

$$t^p = (1 + q^{e-1})^p = 1 + p \cdot q^{e-1} + q^{e-1} \text{ 更高次幂的倍数}$$

这和 $1 \bmod p$ 是等价的。因此，t 是一个阶段4见证。这是因为：如果 $t^{p-1} \equiv 1(\bmod p)$，则 $t^p \equiv t \not\equiv 1(\bmod p)$。像前一个例子一样，可以用这个见证去获取其他很多见证。如果 d 是一个非见证，则 $d^{p-1} \equiv 1(\bmod p)$，于是，$dt \bmod p$ 是一个见证。更进一步，如果 d_1 和 d_2 是两个不同的非见证，则 $d_1 t \bmod p \neq d_2 t \bmod p$。否则，

$$d_1 = d_1 \cdot t \cdot t^{p-1} \bmod p = d_2 \cdot t \cdot t^{p-1} \bmod p = d_2$$

因此，见证的数目一定和非见证的数目一样多，证毕。■

上述算法及对它的分析给出下述定理。令

$$PRIMES = \{n \mid n \text{ 是二进制的素数}\}$$

定理 10.9　$PRIMES \in$ BPP。

注意，这个素数性概率算法具有**单侧错误**（one-sided error）。当算法输出拒绝时，输入一定是合数，当输出接受时，我们只知道输入可能是素数或合数。因此，只有当输入是合数时，才可能出现错误的回答。单侧错误是许多概率算法的共同特点，因而我们为它指定一个专门的复杂性类 RP。

定义 10.10　RP 是多项式时间概率图灵机识别的语言类，在这里，在语言中的输入以不小于$\frac{1}{2}$的概率被接受，不在语言中的输入以概率 1 被拒绝。

用类似于引理 10.5 中使用的概率加强技术（实际上这里更简单些），可以使错误概率指数地小，并且保持多项式运行时间。前面的算法表明 $COMPOSITES \in$ RP。

10.2.3　只读一次的分支程序

分支程序是复杂性理论和某些实际领域（诸如计算机辅助设计）中使用的一种计算模型。这个模型表示一种判定过程，它询问输入变量的值，并且根据对询问的回答决定如何行进。我们把这样的判定过程表示成一个图，它的顶点对应于判定过程中在该点询问的变量。

本小节考察检验两个分支程序是否等价的复杂性。一般来说，这个问题是 coNP 完全的。如果对分支程序类作某种自然的限制，则能够给出检验等价性的多项式时间概率算法。基于下述两个原因，我们对这个算法特别感兴趣。首先，不知道这个问题的多项式时间算法，因而这是明显扩大了能够有效检验成员资格的语言类的一个概率例子。其次，为了分析布尔函数的性状，算法引入一种技术，把非布尔值赋给正常的布尔变量。在 10.4 节将会看到，这种技术在交互式证明系统中起很大作用。

定义 10.11　**分支程序**（branching program）是一个有向无环图[㊀]。其中，除两个**输出顶点**（output node）被标记为 0 或 1 外，它的所有顶点都被标记为变量。被标记为变量的顶点叫作**查询顶点**（query node）。每一个查询顶点引出两条边，一条标记 0，另一条标记 1。两个输出顶点没有引出的边。在分支程序中指定一个顶点为起始顶点。

分支程序能够确定如下的布尔函数。对查询顶点标记的所有变量，任取一个赋值，从起始顶点开始，沿途在每一个查询顶点按照赋给该顶点标记的变量的值选择一条引出的边，直至到达一个输出顶点为止。分支程序的输出就是该输出顶点的标记。图 10-1 给出了两个分支程序的例子。

分支程序与 L 类的关系类似于布尔电路与 P 类的关系。问题 10.13 要求证明多项式个顶点的分支程序能够检验 $\{0,1\}$ 上任何属于 L 的语言的成员资格。

如果两个分支程序确定的函数相同，则称它们是等价的。问题 10.9 要求证明检验两个分支程序等价的问题是 coNP 完全的。这里考虑分支程序的一种受限制的形式，**只读一**

㊀ 有向图如果没有有向环，则是一个无环图。

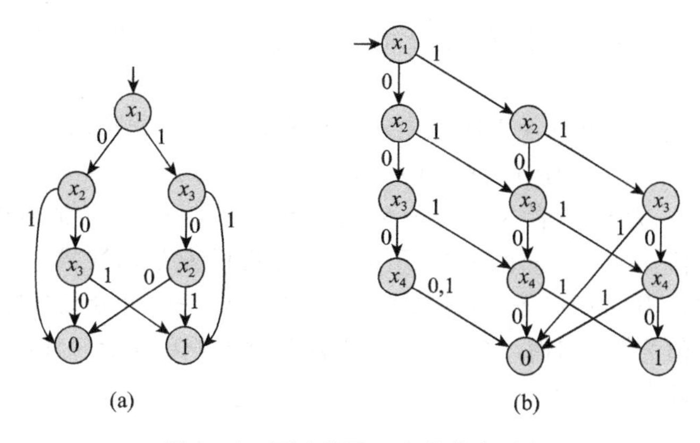

图 10-1 两个只读一次的分支程序

次的分支程序（read-once branching program）是这样一种分支程序，在它的从起始顶点到输出顶点的每一条有向路径上，每一个变量至多能被查询一次。图 10-1 中的两个分支程序都是只读一次的。令

$$EQ_{\text{ROBP}}=\{\langle B_1,B_2\rangle \mid B_1 \text{ 和 } B_2 \text{ 是两个等价的只读一次的分支程序}\}$$

定理 10.12 EQ_{ROBP}在 BPP 中。

证明思路 先试着对B_1 和B_2 中出现的所有变量 $x_1,\cdots,x_m$ 赋给随机的值，并且计算这两个分支程序关于这个赋值的输出结果。如果 B_1 和 B_2 关于这个赋值的输出结果相同，则接受；否则拒绝。但是，这个策略是行不通的。因为两个不等价的只读一次的分支程序可能只对变量的 2^m 个可能赋值中的一个赋值不一致，选取到这个赋值的概率指数地小，从而当 B_1 和 B_2 不等价时，也可能以大概率接受，这是不能令人满意的。

修改这个策略，改成对变量随机地选取一个非布尔赋值，并且以适当规定的方式计算 B_1 和 B_2 的值。能够证明当 B_1 和 B_2 不等价时，这两个随机计算出来的值多半不相等。

证明 把 $x_1,\cdots,x_m$ 的多项式赋给只读一次的分支程序 B 的顶点和边，步骤如下：把常数函数 1 赋给起始顶点，如果标记 x 的顶点已经被赋给多项式 p，则把多项式 xp 赋给从这个顶点引出的标记 1 的边，把多项式 $(1-x)p$ 赋给从这个顶点引出的标记 0 的边。如果进入某个顶点的所有边都已被赋给多项式，则把这些多项式的和赋给这个顶点。把赋给标记 1 的输出顶点的多项式赋给这个分支程序本身。下面给出 EQ_{ROBP}的多项式时间概率算法。设$\mathcal{F}$是一个至少含有 $3m$ 个元素的有限域。

$D=$“对输入 $\langle B_1,B_2\rangle$，B_1 和 B_2 是两个只读一次的分支程序；

1. 在$\mathcal{F}$中随机地选取 m 个元素 $a_1,\cdots,a_m$。
2. 计算赋给 B_1 和 B_2 的多项式 p_1 和 p_2 在 $a_1,\cdots,a_m$ 的值。
3. 如果 $p_1(a_1,\cdots,a_m)=p_2(a_1,\cdots,a_m)$，则接受；否则拒绝。”

由于计算分支程序的多项式的值不必真的构造出这个多项式，这个算法可以在多项式时间内运行。下面证明它以不超过$\frac{1}{3}$的错误概率判定 EQ_{ROBP}。

先考察分支程序 B 与赋给它的多项式 p 之间的关系。注意，对于 B 的变量的任何布尔赋值，赋给顶点的所有多项式的值都为 0 或 1。所有值为 1 的多项式都在对应这个赋值的计算路径上。因此，当变量取布尔值时，B 和 p 的值相同。类似地，由于 B 是只读一次的，可以把 p 写成积项 $y_1y_2\cdots y_m$ 的和，这里每一个 y_i 是 x_i，$(1-x_i)$ 或 1，而且每一个

积项对应于 B 中一条以起始顶点到标记 1 的输出顶点的路径。当一条路径不含变量 x_i 时，$y_i=1$。

取 p 的每一个这种含有 $y_i=1$ 的积项，把它分裂成两个积项的和，其中一项的 $y_i=x_i$，另一项的 $y_i=1-x_i$。由于 $1=x_i+(1-x_i)$，这样得到一个等价的多项式。继续分裂积项，直到每一个 y_i 为 x_i 或者 $(1-x_i)$ 为止。最后得到一个等价的多项式 q，对于使 B 等于 1 的每一个赋值，q 含有一个积项。下面着手分析算法 D 的性状。

首先证明，如果 B_1 和 B_2 等价，则 D 总是接受。如果两个分支程序等价，则它们恰好在同样的赋值取值为 1。因而，多项式 q_1 和 q_2 包含的积项完全一样，两者相等。所以，p_1 和 p_2 在每一个赋值都相等。

其次证明，如果 B_1 和 B_2 不等价，则 D 拒绝的概率不小于 $\frac{2}{3}$，这个结论可由引理 10.14 立即得到。 ■

前面的证明依赖下述引理。它涉及随机地找到多项式的一个根的概率，这个概率与多项式的变量数、变量的次数以及基础域的大小有关。

引理 10.13 对于每一个 $d\geqslant 0$，单变量 x 的 d 次多项式 p 或者最多有 d 个根，或者处处等于 0。

证明 对 d 作归纳。

归纳基础：对 $d=0$ 的证明。0 次多项式是一个常数，如果这个常数不是 0，则多项式显然没有根。

归纳步骤：假设引理对 $d-1$ 成立，要证明对 d 成立。如果 p 是不恒为 0 的 d 次多项式，它有一个根 a，则 $x-a$ 整除 p。于是，$p/(x-a)$ 是不恒为 0 的 $d-1$ 次多项式。根据归纳假设，它最多有 $d-1$ 个根。 ■

引理 10.14 设 $\mathcal{F}$ 是 f 个元素的有限域，p 是 $x_1,\cdots,x_m$ 的不恒为 0 的多项式，每一个变量的次数不超过 d。如果 $a_1,\cdots,a_m$ 随机地选自 $\mathcal{F}$，则 $\Pr[p(a_1,\cdots,a_m)=0]\leqslant\frac{md}{f}$。

证明 对 m 作归纳。

归纳基础：对 $m=1$ 的证明。根据引理 10.13，p 最多有 d 个根，因而 a_1 是一个根的概率不超过 d/f。

归纳步骤：假设引理对 $m-1$ 成立，要证明对 m 成立。设 x_1 是 p 的一个变量。对于每一个 $i\leqslant d$，令 p_i 是由 p 中含 x_1^i 的项组成的多项式，但这里 x_1^i 已被提出来。于是

$$p=p_0+x_1p_1+x_1^2p_2+\cdots+x_1^dp_d$$

如果 $p(a_1,\cdots,a_m)=0$，则可能有两种情况。或者所有 p_i 的值等于 0 或者某个 p_i 的值不等于 0，且 a_1 是把 $a_2,\cdots,a_m$ 代入 $p_0,\cdots,p_d$ 后得到的一元多项式的根。

对于第一种情况，由于 p 不恒为 0，一定有一个 p_j 不恒为 0。于是，所有 p_i 的值等于 0 的概率不大于 p_j 的值等于 0 的概率。根据归纳假设，因为 p_j 最多有 $m-1$ 个变量，故这个概率不大于 $(m-1)d/f$。

对于第二种情况，如果某个 p_i 的值不为 0，则把 $a_2,\cdots,a_m$ 代入后，p 化简成单变量 x_1 的多项式，它不恒为 0。归纳假设已经证明 a_1 是这个多项式的根的概率不大于$\frac{d}{f}$。

因此，$a_1,\cdots,a_m$ 是多项式 p 的根的概率不大于 $(m-1)d/f+d/f=md/f$。 ■

最后，在算法中使用随机性时，有一点是非常重要的。我们对概率算法的分析是基于在计算时有可供使用的真随机源的假设的。但是，真随机源可能是很难（或不可能）获得的，因而通常用**伪随机发生器**（psudorandom generator）模拟它。伪随机发生器是一种确定型算法，它们的输出好像是随机的。虽然任何确定型过程的输出绝不可能是真随机的，但是某些确定型过程的产生结果具有随机产生结果的某些特征。随机性的算法使用这些伪随机发生器时，能够同样好地工作，但是证明一般是非常困难的。实际上，概率算法使用某些伪随机发生器时，有时不能很好地工作。已经设计出非常复杂的伪随机发生器，在存在单向函数的假设下，不可能在多项式时间内检验出它们产生的结果与真随机结果的区别。（见10.6节关于单向函数的讨论。）

10.3 交错式

交错式是非确定性的推广，在解释复杂性类之间的关系和对具体问题按照复杂性进行分类时，交错式已被证明非常有用。利用交错式，我们能够简化复杂性理论中的各种证明和展示时间与空间复杂性度量之间惊人的联系。

与非确定型算法一样，交错式算法可以含有把一个过程分支成多个子过程的指令。两者的区别在于决定接受的方式。如果有一个初始的过程接受，非确定型计算就接受。而当一个交错式计算分成多个过程时，有两种可能：一种可能是，算法规定如果有一个子过程接受，则当前过程接受；另一种可能是，规定如果所有的子过程接受，则当前过程接受。

用树表示产生子过程的分支结构，可以形象地表现交错式计算和非确定型计算之间的区别。每一个顶点表示过程中的一个格局。在非确定型计算中，每一个顶点做它的儿子的OR运算。这对应于通常的非确定型接受方式：只要有一个儿子接受，该过程就接受。在交错式计算中，按照算法的决定，顶点可以做AND运算或OR运算，这对应于交错式计算的接受方式：如果所有的儿子都接受，则该过程接受，或者如果有一个儿子接受，则该过程接受。我们如下定义交错式图灵机。

定义 10.15 **交错式图灵机**（alternating Turing machine）是一种具有特殊功能的非确定型图灵机。除 q_{accept} 和 q_{reject} 外，它的状态分成**全称状态**（universal state）和**存在状态**（existential state）。当对输入串运行交错式图灵机时，根据对应的格局是包含全称状态还是包含存在状态，用 $\wedge$ 或 $\vee$ 标记它的非确定型计算树的每一个顶点。如果一个顶点标记 $\wedge$ 且它的儿子都接受，或者标记 $\vee$ 且它的儿子中有一个接受，则指定这个顶点接受。如果起始顶点被指定为接受，则接受输入。

图10-2给出非确定型计算树和交错式计算树。交错式计算树的顶点标有 $\wedge$ 或 $\vee$，分别表示计算儿子的AND或OR。

10.3.1 交错式时间与交错式空间

交错式图灵机的时间复杂性和空间复杂性的定义与非确定型图灵机的一样，是每个计算分支所用的时间和空间的最大值。交错式时间复杂性类和空间复杂性类定义如下：

定义 10.16

ATIME$(t(n))=\{L \mid L$ 是被一台 $O(t(n))$ 时间的交错式图灵机判定的语言$\}$

ASPACE$(f(n))=\{L \mid L$ 是被一台 $O(f(n))$ 空间的交错式图灵机判定的语言$\}$

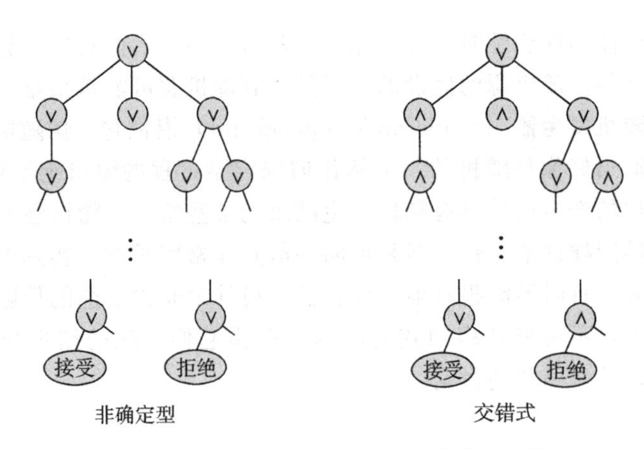

图 10-2　非确定型计算树与交错式计算树

定义 AP、APSPACE 和 AL 分别是多项式时间、多项式空间和对数空间的交错式图灵机判定的语言类。

例 10.17　**永真式**（tautology）是一个布尔公式，对于变量的每一个赋值，它的值都等于 1。令 $TAUT=\{\langle\phi\rangle \mid \phi$ 是一个永真式$\}$。下述交错式算法表明 $TAUT$ 在 AP 中。

"对输入 $\langle\phi\rangle$：

1. 全称地选取对 ϕ 的变量的所有赋值。
2. 对一个具体的赋值，计算 ϕ 的值。
3. 如果 ϕ 的值为 1，则接受；否则拒绝。"

算法的步骤 1 用全称分支非确定性地选取对 ϕ 的变量的每一个赋值。这样，为了使整个计算接受，要求所有的分支都接受。步骤 2 和 3 确定性地检查在一个具体的计算分支中选取的赋值是否满足这个公式。因此，这个算法如果确认所有的赋值都是满足的，则接受它的输入。

注意到 $TAUT$ 是 coNP 的一个成员。事实上，用类似刚才的算法，可以很容易地证明 coNP 中的任何问题都在 AP 中。■

例 10.18　这个例子描绘了 AP 中的语言的特点，但不知道它是在 NP 中还是在 coNP 中。回想一下问题 7.21 中定义的 *MIN-FORMULA* 语言。下述算法表明 *MIN-FORMULA* 在 AP 中。

"对输入 $\langle\phi\rangle$：

1. 全称地选取所有比 ϕ 短的公式 ψ。
2. 存在地选取对 ϕ 的变量的一个赋值。
3. 计算 ϕ 和 ψ 关于这个赋值的值。
4. 如果这两个公式的值不同，则接受；如果这两个公式的值相同，则拒绝。"

算法开始时，在步骤 1 用全称分支选取所有更短的公式，然后，在步骤 2 转到存在分支选取一个赋值。交错式一词源于在全称分支与存在分支之间交错或转换的能力。■

交错式使我们能够给出复杂性的时间度量与空间度量之间显著的联系。粗略地说，下述定理说明，对于多项式相关的界限，交错式时间与确定型空间等价；当时间界限指数地多于空间界限时，交错式空间与确定型时间等价。

定理 10.19　对于 $f(n)\geqslant n$，有

$$\text{ATIME}(f(n)) \subseteq \text{SPACE}(f(n)) \subseteq \text{ATIME}(f^2(n))$$

对于 $f(n) \geq \log n$，有

$$\text{ASPACE}(f(n)) = \text{TIME}(2^{O(f(n))})$$

因此，AL=P，AP=PSPACE 以及 APSPACE=EXPTIME。下面把这个定理的证明分成 4 个引理。

引理 10.20 对于 $f(n) \geq n$，有 $\text{ATIME}(f(n)) \subseteq \text{SPACE}(f(n))$。

证明 把 $O(f(n))$ 时间的交错式图灵机 M 转换成 $O(f(n))$ 空间的确定型图灵机 S，S 如下模拟 M：对于输入 w，S 对 M 的计算树做深度优先搜索，确定哪些顶点接受。如果树根（对应起始格局）接受，则 S 接受。

机器 S 需要空间来存储在深度优先搜索中使用的递归栈。递归的每一层存储一个格局。递归的深度是 M 的时间复杂度。每一个格局使用 $O(f(n))$ 空间，M 的时间复杂度为 $O(f(n))$。因此，S 使用 $O(f^2(n))$ 空间。

注意到 S 在递归的每一层不需要存储整个格局，因而可以改进它的空间复杂度。代替存储整个格局的是，只记录 M 从上一格局到这个格局时所做的非确定型选择。然后，通过多次执行从头开始的计算，并按照记录的“路标”进行，S 可以找到这个格局。这样把在递归的每一层空间的使用减少到常数。于是，整个使用的空间为 $O(f(n))$。 ■

引理 10.21 对于 $f(n) \geq n$，有 $\text{SPACE}(f(n)) \subseteq \text{ATIME}(f^2(n))$。

证明 从一台 $O(f(n))$ 空间的确定型图灵机 M 出发，构造一台交错式图灵机 S，用 $O(f^2(n))$ 时间模拟它。方法类似于在萨维奇定理（定理 8.5）的证明中使用的方法，在那里构造了一个关于可产生性问题的一般过程。

在可产生性问题中，任给 M 的两个格局 c_1、c_2 和一个数 t，要检验 M 是否能在 t 步内从 c_1 得到 c_2。关于这个问题的交错式过程，首先存在地分支去猜想 c_1 和 c_2 之间的格局 c_m。然后全称地分支成两个过程，一个递归地检验在 $t/2$ 步内 c_1 是否能得到 c_m，另一个递归地检验在 $t/2$ 步内 c_m 是否能得到 c_2。

机器 S 用这个交错式递归过程检验起始格局在 $2^{df(n)}$ 步内是否能到达一个接受格局。这里，选取 d 使得 M 在它的空间界限内的格局数不超过 $2^{df(n)}$。

该交错式过程的每一个分支使用的最大时间等于在递归的每一步写一个格局的时间 $O(f(n))$ 乘以递归的深度 $\log 2^{df(n)} = O(f(n))$。因此，算法在交错式时间 $O(f^2(n))$ 内运行。 ■

引理 10.22 对于 $f(n) \geq \log n$，有 $\text{ASPACE}(f(n)) \subseteq \text{TIME}(2^{O(f(n))})$。

证明 构造一台 $2^{O(f(n))}$ 时间的确定型图灵机 S，模拟 $O(f(n))$ 空间的交错式图灵机 M。对于输入 w，S 构造 M 对 w 的计算图如下。顶点集是 M 关于 w 的所有格局，每一顶点最多使用 $d(f(n))$ 空间，这里，d 是某个适合于 M 的常数因子。从每一个格局到 M 移动一步所得到的格局连一条边。构造图之后，S 反复扫描这个图，给某些顶点作接受的记号。一开始，仅给 M 真正的接受格局作记号。如果一个执行全称分支的格局的所有儿子都有记号，则给它作记号；如果一个执行存在分支的格局有一个儿子有记号，则给它作记号。机器 S 连续扫描和作记号，直到在一次扫描中没有给顶点作记号为止。最后，如果 M 关于 w 的起始格局作了记号，则 S 接受。

由于 $f(n) \geq \log n$，M 关于 w 的格局数为 $2^{O(f(n))}$。因此计算图的大小为 $2^{O(f(n))}$，可

在 $2^{O(f(n))}$ 时间内构造它。扫描一次差不多也用同样的时间。因为除最后一次外，每扫描一次至少给一个顶点作记号，故扫描的总次数不超过顶点数。因此，使用的总时间为 $2^{O(f(n))}$。■

引理 10.23 对于 $f(n)\geq\log n$，有 $\text{ASPACE}(f(n))\supseteq\text{TIME}(2^{O(f(n))})$。

证明 要说明交错式图灵机 S 如何用 $O(f(n))$ 空间模拟 $2^{O(f(n))}$ 时间的确定型图灵机 M。这个模拟是有点难办的，因为 S 可使用的空间比 M 的计算长度要小很多。这里，S 只有足够的空间存储进入 M 在 w 上运行的画面的指针，如图 10-3 所示。

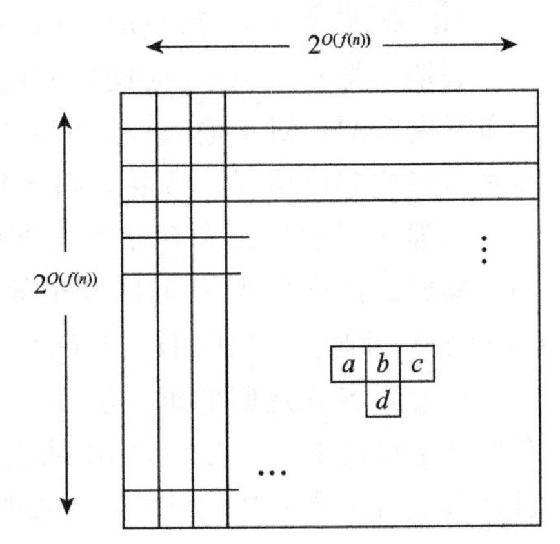

图 10-3　表示 M 在 w 上运行的画面

采用定理 9.25 证明中给出的格局表示法，一个符号可以既表示机器的状态，又表示读写头下的带单元的内容。在图 10-3 中，单元 d 的内容取决于它的父辈 a、b 和 c 的内容（左、右边界上的单元只有两个父辈）。

S 递归地进行，猜想并验证画面中各个单元的内容。如果单元 d 不在第一行，为了验证单元 d 的内容，S 存在地猜想它的父辈的内容。按照 M 的转移函数，验证这些内容是否能产生 d 的内容。然后，S 全称地分支去递归地验证这些猜想的内容。如果 d 在第一行，因为知道 M 的起始格局，S 直接地验证 d 的内容。可以假设 M 在接受时把它的读写头移到带的左端，因此，S 通过验证画面左下方单元的内容，能够确定 M 是否接受 w。从而，S 只需要存储一个指向画面中一个单元的指针，故使用的空间为 $\log 2^{O(f(n))}=O(f(n))$。■

10.3.2　多项式时间层次

交错式图灵机提供了一种手段，在 PSPACE 类中定义一个类的自然层次。

定义 10.24 设 i 是一个自然数，**Σ_i 交错式图灵机**是以存在步骤开始，在每一个输入和每一个计算分支上最多含有 i 次全称步骤与存在步骤轮换的交错式图灵机。**Π_i 交错式图灵机**与此类似，只是它以全称步骤开始。

令 $\Sigma_i\text{TIME}(f(n))$ 为 Σ_i 交错式图灵机在 $O(f(n))$ 时间内可判定的语言类。类似地，对于 Π_i 交错式图灵机定义 $\Pi_i\text{TIME}(f(n))$ 类。对于空间界限的交错式图灵机定义 $\Sigma_i\text{SPACE}(f(n))$ 类和 $\Pi_i\text{SPACE}(f(n))$。下述语言类集合称作**多项式时间层次**（polynomial time hierarchy）：

$$\Sigma_i P=\bigcup_k \Sigma_i\text{TIME}(n^k)$$

$$\Pi_i P=\bigcup_k \Pi_i\text{TIME}(n^k)$$

我们定义类 $\text{PH}=\bigcup_i\Sigma_i P=\bigcup_i\Pi_i P$。显然，$\text{NP}=\Sigma_1\text{P}$，而且 $\text{coNP}=\Pi_1\text{P}$。此外，$MIN\text{-}FORMULA\in\Pi_2\text{P}$。

10.4　交互式证明系统

交互式证明系统提供了一种定义类似 NP 的概率语言类的手段，这很像多项式时间概率算法给出类似 P 的概率语言类。交互式证明系统的开发对复杂性理论产生了深刻的影响，给密码学和近似算法这两个领域带来了重大进展。为了体会一下这个新概念，我们重新对 NP 作点直观的分析。

NP 中的语言是这样的一些语言：它们的成员都有容易验证的短的资格证书。如果需要的话，请回到 7.3 节，重温一下对 NP 的系统阐述。现在重新简洁地描写这个系统阐述，这次增添两个新东西：一个证明者和一个检验者，前者寻找成员资格的证明，后者验证证明。设想证明者好像正在设法使检验者相信 w 是 A 的成员。要求检验者是一台多项式时间界限的图灵机，否则，它自己就能够给出答案。对证明者不加任何计算界限，因为寻找证明是相当耗时的。

以 SAT 问题为例。证明者可以提供一个满足的赋值，使多项式时间的检验者相信公式 ϕ 是不可满足的。证明者能够类似地使计算有限制的检验者相信一个公式是不可满足的吗？由于不知道 $\overline{SAT}$ 在 NP 中的补，因此不能依赖上述证明思想。然而，假如给证明者和检验者添加两个额外的特性，令人惊奇地发现答案是肯定的。首先，允许它们进行双向对话。其次，检验者可以是一台多项式时间的概率图灵机，它以很大的把握（但不是绝对的把握）做出正确的回答。这样一对证明者和检验者构成一个交互式证明系统。

10.4.1 图的非同构

我们用一个漂亮的例子——图同构问题来阐明交互式证明概念。如果能够重新安排 G 的顶点的顺序，使得它与 H 一样，则称图 G 与 H **同构**（isomorphic）。令

$$ISO = \{\langle G,H\rangle \mid G \text{ 和 } H \text{ 是两个同构的图}\}$$

虽然 ISO 显然在 NP 中，但是至今没有找到这个问题的多项式时间算法，也没有证明它是 NP 完全的。它是 NP 中尚未确定位置的、为数不多的自然问题中的一个。

这次考虑 ISO 的补，即语言

$$NONISO = \{\langle G,H\rangle \mid G \text{ 和 } H \text{ 是两个不同构的图}\}$$

由于不知道如何提供两个图不同构的短的证书，故不知道 $NONISO$ 在 NP 中。然而，当两个图不同构时，正如将要证明的那样，证明者能够使检验者相信这个事实。

假设有两个图 G_1 和 G_2。如果它们同构，证明者提供它们的同构映射，即顶点的重新排列，能够使检验者相信这个事实。但是，如果它们不同构，证明者怎么使检验者相信呢？不要忘记：检验者不一定相信证明者，因此对于证明者来说，仅仅说它们不同构是不够的。证明者必须使检验者信服才行。考虑下述简短的协议。

检验者随机地选择 G_1 或 G_2，随机地重新排列它的顶点，得到图 H。检验者把 H 送给证明者，证明者必须回答 H 是由 G_1 还是由 G_2 得到的。这就是整个协议。

如果 G_1 和 G_2 确实不同构，证明者总能够执行协议，因为它能够区分 H 是来自 G_1 还是来自 G_2。但是，如果两个图同构，则 H 可能来自 G_1，也可能来自 G_2。因而即使不限制计算能力，证明者给出正确回答的机会也不会好于一半对一半。于是，如果证明者能够始终如一地正确回答（例如，重复 100 次协议），则检验者获得两个图确实不同构的令人信服的证据。

10.4.2 模型的定义

为了形式地定义交互式证明系统模型，描述检验者、证明者以及它们的相互作用。我们会发现，记住图的非同构这个例子是有用的。定义**检验者**（Verifier）是一个函数 V，

它根据至今传递的信息历史，计算下一次传送给证明者的信息。函数 V 有 3 个输入：

1. **输入串**。我们的目标是确定这个字符串是否是某个语言的成员。在 *NONISO* 例子中，输入串是两个图的编码。

2. **随机输入**。为了便于给出定义，给检验者提供一个随机选取的输入串，用来代替在计算中做概率动作的能力。两者是等价的。

3. **部分信息历史**。函数不能存储已进行过的对话。因此，通过用一个字符串表示到现在为止交换的信息来提供额外的存储能力。用记号 $m_1 \# m_2 \# \cdots \# m_i$ 表示交换信息 $m_1 \cdots m_i$。

检验者的输出或者是序列中的下一个信息 m_{i+1}，或者是指明交互作用的结果：接受或拒绝。于是 V 的函数形式为 $V:\Sigma^* \times \Sigma^* \times \Sigma^* \longrightarrow \Sigma^* \cup \{$接受,拒绝$\}$。

$V(w,r,m_1 \# \cdots \# m_i)=m_{i+1}$ 表示输入串为 w，随机输入为 r，当前的信息历史为 m_1 到 m_i，以及检验者给证明者的下一个信息为 m_{i+1}。

证明者（Prover）的计算能力是无限的。定义它为一个函数 P，有两个输入：

1. **输入串**。

2. **部分信息历史**。

证明者的输出是给检验者的下一个信息。形式地，P 的形式为 $P:\Sigma^* \times \Sigma^* \longrightarrow \Sigma^*$。

$P(w,m_1 \# \cdots \# m_i)=m_{i+1}$ 表示在交换信息 $m_1,\cdots,m_i$ 之后，证明者把 m_{i+1} 送给检验者。

现在定义证明者和检验者之间的交互作用。对于给定的字符串 w 和 r，如果存在信息序列 $m_1,\cdots,m_k$，使得

1. 当 $0 \leqslant i < k$ 且 i 为偶数时，$V(w,r,m_1 \# \cdots \# m_i)=m_{i+1}$；

2. 当 $0 < i < k$ 且 i 为奇数时，$P(w,m_1 \# \cdots \# m_i)=m_{i+1}$；

3. 该信息历史中的最后一个信息 m_k 是接受。

则记作 $(V \leftrightarrow P)(w,r)=$接受。

为了简化 IP 类的定义，假设检验者的随机输入和检验者与证明者之间交换的每一个信息的长度都是 $p(n)$，这里 p 是仅与检验者有关的多项式。此外，还假设交换的信息总数不超过 $p(n)$。下述定义给出交互式证明系统接受输入串 w 的概率。对于任意长度为 n 的字符串 w，定义

$$\Pr[V \leftrightarrow P \text{ 接受 } w] = \Pr[(V \leftrightarrow P)(w,r) = \text{接受}]$$

其中 r 是随机选取的长度为 $p(n)$ 的字符串。

定义 10.25　如果存在一个多项式时间可计算函数 V，使得对任意函数 P、函数 $\widetilde{P}$ 和字符串 w，

1. $w \in A$ 蕴涵 $\Pr[V \leftrightarrow P \text{ 接受 } w] \geqslant \frac{2}{3}$。

2. $w \notin A$ 蕴涵 $\Pr[V \leftrightarrow \widetilde{P} \text{ 接受 } w] \leqslant \frac{1}{3}$。

则说语言 A 在 IP 中。

换句话说，如果 $w \in A$，则某个证明者 P（一个“诚实的”证明者）能使检验者以高概率接受；但如果 $w \notin A$，则没有证明者（一个“不诚实的”证明者 $\widetilde{P}$）能够使检验者以高概率接受。

可以像在引理10.5中使错误概率指数地小那样，通过反复运行，放大交互式证明系统的成功概率。显然，IP包含NP类和BPP类，我们还证明了它包括语言*NONISO*，但不知道*NONISO*在NP还是BPP中。下面将要证明，IP类出人意料地大，它等于PSPACE类。

10.4.3 IP＝PSPACE

本节证明复杂性理论中一个著名的定理：IP类与PSPACE类相等。于是，对于PSPACE中的任一语言，证明者能够使多项式时间的概率检验者相信该语言中字符串的成员资格，而这种成员资格的常规证明可能是指数长的。

定理 10.26 IP＝PSPACE。

把这个定理分解成两个引理，分别给出一个方向的包含关系。第一个引理证明 IP⊆PSPACE。虽然有一点技巧，但是这个引理的证明是用多项式空间的机器对交互式证明系统的一般模拟。

引理 10.27 IP⊆PSPACE。

证明 设A是IP中的一个语言。假设当输入w的长度为n时，A的检验者V恰好交换$p=p(n)$个信息。构造一台模拟V的PSPACE机器M。首先，对任意的字符串w定义

$$\Pr[V \text{ 接受 } w] = \max_P \Pr[V\leftrightarrow P \text{ 接受 } w]$$

当w在A中时，这个值至少等于$\frac{2}{3}$；当w不在A中时，至多等于$\frac{1}{3}$。下面说明如何在多项式空间内计算这个值。用M_j表示信息历史$m_1\#\cdots\#m_j$。把V与P交互作用的定义推广到从任意信息流M_j开始。如果能够用信息$m_{j+1},\cdots,m_p$扩充M_j，使得

1. 当$0\leqslant i<p$且i为偶数时，$V(w,r,m_1\#\cdots\#m_i)=m_{i+1}$；
2. 当$j\leqslant i<p$且i为奇数时，$P(w,m_1\#\cdots\#m_i)=m_{i+1}$；
3. 该信息历史中最后一个信息m_p是接受。

则记作 $(V\leftrightarrow P)(W,r,M_j)=$接受。

注意，这些条件要求V的信息和M_j中已经存在的信息保持一致。进一步推广早先给出的几个定义。对于长度为p的随机串r，定义

$$\Pr[\text{从 } M_j \text{ 开始 } V\leftrightarrow P \text{ 接受 } w] = \Pr_r[(V\leftrightarrow P)(w,r,M_j) = \text{接受}]$$

这里，为了以后证明的需要，我们引入符号$\Pr_r$，它表示概率是考虑所有和M_j上信息一致的串r上的概率。如果不存在这样的r，则定义概率为0。然后定义

$$\Pr[\text{从 } M_j \text{ 开始 } V \text{ 接受 } w] = \max_P \Pr[\text{从 } M_j \text{ 开始 } V\leftrightarrow P \text{ 接受 } w]$$

对每一个$0\leqslant j\leqslant p$和每一个信息流M_j，从$j=p$开始递减j，对N_{M_j}进行归纳定义。对包含p个信息的信息流M_p，如果对一些串r，M_p和V的信息一致并且$m_p=$接受，则令$N_{M_p}=1$。否则，令$N_{M_p}=0$。

对$j<p$和一个信息流M_j，如下定义N_{M_j}。

$$N_{M_j} = \begin{cases} \max_{m_{j+1}} N_{M_{j+1}} & \text{若 } j<p \text{ 且为奇数} \\ \text{wt-avg}_{m_{j+1}} N_{M_{j+1}} & \text{若 } j<p \text{ 且为偶数} \end{cases}$$

这里$\text{wt-avg}_{m_{j+1}} N_{M_{j+1}}$表示$\sum_{m_{j+1}}(\Pr_r[V(w,r,M_j)=m_{j+1}]\cdot N_{M_{j+1}})$，其中$\Pr_r$表示在长度为$p$的随机串$r$上取到的概率。这是$N_{M_{j+1}}$以检验者传送信息$m_{j+1}$的概率为权重的平

均值。

令 M_0 是空信息流。下面给出关于 N_{M_0} 的两个断言。首先，能够在多项式空间内计算 N_{M_0}。对于每一个 j 和 M_j，算法递归地计算 N_{M_j} 的值。计算 $\max_{m_{j+1}}$ 是很直接的。为计算 $\text{wt-avg}_{m_{j+1}}$，我们需要遍历所有长度为 p 的串 r，删除那些使得检验者产生与 M_j 中的信息不一致输出的串。如果所有的串 r 都被删除了，那么 $\text{wt-avg}_{m_{j+1}}=0$。如果有些串保留下来，我们确定使检验者输出 m_{j+1} 的那部分串，然后通过计算该部分的均值来确定 $N_{M_{j+1}}$ 的权重。递归的深度为 p，故只需要多项式空间。

其次，N_{M_0} 等于 $\Pr[V$ 接受 $w]$。为了确定 w 是否在 A 中需要这个值，下面用归纳法证明第二个断言。 ■

断言 10.28 对于每一个 $0\leqslant j\leqslant p$ 和 M_j，

$$N_{M_j}=\Pr[\text{从 } M_j \text{ 开始 } V \text{ 接受 } w]$$

对 j 作归纳证明。归纳基础是 $j=p$，归纳从 p 到 0 逐步进行。

归纳基础：首先证明 $j=p$ 时断言成立。m_p 是接受或者拒绝。如果 m_p 是接受，则 N_{M_p} 定义为 1。此时，由于信息流已经表明接受，故 $\Pr[$从 M_j 开始 V 接受 $w]=1$。因此，断言为真。当 m_p 是拒绝时，与此类似。

归纳步骤：假设对于 $j+1\leqslant p$ 和任意的信息流 M_{j+1} 断言为真。要证明断言对 j 和任意的信息流 M_j 也为真。如果 j 是偶数，则 m_{j+1} 是 V 传给 P 的信息。于是有

$$\begin{aligned}N_{M_i} &\overset{1}{=}\sum_{m_{j+1}}(\Pr_r[V(w,r,M_j)=m_{j+1}]\cdot N_{M_{j+1}})\\ &\overset{2}{=}\sum_{m_{j+1}}(\Pr_r[V(w,r,M_j)=m_{j+1}]\cdot \Pr[\text{从 } M_{j+1} \text{ 开始 } V \text{ 接受 } w])\\ &\overset{3}{=}\Pr[\text{从 } M_j \text{ 开始 } V \text{ 接受 } w]\end{aligned}$$

等式 1 是 N_{M_j} 的定义。根据归纳假设有等式 2。等式 3 由 $\Pr[$从 M_j 开始 V 接受 $w]$ 的定义得到。因而，当 j 是偶数时，断言成立。如果 j 是奇数，则 m_{j+1} 是 P 传给 V 的信息。于是有

$$\begin{aligned}N_{M_j} &\overset{1}{=}\max_{m_{j+1}} N_{M_{j+1}}\\ &\overset{2}{=}\max_{m_{j+1}} \Pr[\text{从 } M_{j+1} \text{ 开始 } V \text{ 接受 } w]\\ &\overset{3}{=}\Pr[\text{从 } M_j \text{ 开始 } V \text{ 接受 } w]\end{aligned}$$

等式 1 是 N_{M_j} 的定义。等式 2 使用归纳假设。我们把等式 3 分成两个不等式。由于使下限最大的证明者能够送出使上限最大的信息 m_{j+1}，故有 $\leqslant$。又由于这个证明者不可能送出比这个 m_{j+1} 更好的信息，故有 $\geqslant$。送出任何不使上限最大的信息都会使最后得到的值变小。这就证明当 j 为奇数时断言也成立，从而完成定理 10.26 的一个方向的证明。 ■

现在证明该定理的另一个方向。这个引理的证明引入一个新的分析计算的代数方法。

引理 10.29 PSPACE$\subseteq$IP。

在证明这个引理之前，我们先证明一个较弱的结果，用来说明这个新技术。可满足性的计数问题定义为语言

$$\#SAT = \{\langle \phi, k\rangle \mid \phi \text{ 是恰好有 } k \text{ 个满足赋值的合取范式}\}$$

定理 10.30 $\#SAT \in \mathrm{IP}$。

证明思路 该证明描述一个协议，按照这个协议，证明者使检验者相信：k 确实是给定的合取范式 ϕ 的满足赋值的个数。在给出这个协议之前，先考虑另一个协议。它具有一般协议的某种风格，但由于需要指数时间的检验者，因而是不能令人满意的。设 ϕ 有变量 $x_1, \cdots, x_m$。

对于 $0 \leqslant i \leqslant m$，定义函数 f_i 如下：对于 $a_1, \cdots, a_i \in \{0,1\}$，令 $f_i(a_1, \cdots, a_i)$ 等于 ϕ 的满足条件 $x_j = a_j (j \leqslant i)$ 的满足赋值的个数。常数函数 $f_0()$ 是 ϕ 的满足赋值的个数。如果 $a_1, \cdots, a_i$ 满足 ϕ，则 $f_m(a_1, \cdots, a_m)$ 等于 1；否则等于 0。显然，对每一个 $i < m$ 和 $a_1, \cdots, a_i$，有

$$f_i(a_1, \cdots, a_i) = f_{i+1}(a_1, \cdots, a_i, 0) + f_{i+1}(a_1, \cdots, a_i, 1)$$

关于 $\#SAT$ 的协议，从阶段 0 开始到阶段 $m+1$ 结束。输入是有序对 $\langle \phi, k\rangle$。

阶段 0 P 把 $f_0()$ 传给 V。

V 检查 $k = f_0()$。如果不相等，则 V 拒绝。

阶段 1 P 把 $f_1(0)$ 和 $f_1(1)$ 传送给 V。

V 检查 $f_0() = f_1(0) + f_1(1)$，如果不相等，则 V 拒绝。

阶段 2 P 把 $f_2(0,0)$，$f_2(0,1)$，$f_2(1,0)$ 和 $f_2(1,1)$ 传送给 V。

V 检查 $f_1(0) = f_2(0,0) + f_2(0,1)$ 和 $f_1(1) = f_2(1,0) + f_2(1,1)$。

如果有一个不相等，则 V 拒绝。

⋮

阶段 m 对于 a_i 的每一个赋值，P 把 $f_m(a_1, \cdots, a_m)$ 传送给 V。

V 检查 2^{m-1} 个联系 f_{m-1} 与 f_m 的等式。如果有一个不相等，则 V 拒绝。

阶段 $m+1$ 对于 a_i 的每一个赋值，V 通过计算 ϕ 关于这个赋值的值来检查 $f_m(a_1, \cdots, a_m)$ 的值是否正确。如果对于所有的赋值都正确，则 V 接受；否则拒绝。协议的描述完毕。

由于检验者必须花指数时间读证明者传送给它的指数长的信息，该协议没有提供 $\#SAT$ 在 IP 中的证明。尽管如此，现在我们来检查它的正确性，因为这可以帮助我们理解下面的更有效的协议。

凭直觉，如果证明者能够使检验者相信 A 中字符串的成员资格，则协议判定语言 A。换句话说，如果字符串是 A 的成员，则有一个证明者能够使检验者以大概率接受。如果该字符串不是 A 的成员，则没有证明者——即使是不诚实的或狡猾的——能够使检验者接受的概率大于一个较小的数值。用符号 P 表示正确地执行协议的证明者。当输入在 A 中时，它使 V 以大概率接受。用 $\widetilde{P}$ 表示当输入不在 A 中时任何与检验者相互作用的证明者。把 $\widetilde{P}$ 看成一个对手，当 V 应该拒绝时，$\widetilde{P}$ 好像正在企图让 V 接受。记号 $\widetilde{P}$ 暗示这是一个“不诚实的”证明者。

在刚刚描述的 $\#SAT$ 协议中，检验者不考虑它的随机输入。只要选定了证明者，它的运行就是完全确定的。因而，为了证明协议正确，我们证明如下两点事实。首先，如果在输入 $\langle \phi, k\rangle$ 中 k 正好是 ϕ 的满足赋值的个数，则有某个证明者 P 能使 V 接受；在每一阶段中，给予正确响应的证明者都是这么做的。第二，如果 k 不正确，则每一个证明者 $\widetilde{P}$

都会使 V 拒绝。下面证明第二种情况。

如果 k 不对，并且 $\widetilde{P}$ 给出了准确的响应，则由于 $f_0()$ 是 ϕ 的满足赋值的个数并且 $f_0()\neq k$，因而 V 在阶段 0 就马上拒绝。为了阻止 V 在阶段 0 拒绝，$\widetilde{P}$ 必须违背协议传送一个错误的 $f_0()$ 值，记作 $\widetilde{f}_0()$。形象地说，$\widetilde{f}_0()$ 是关于 $f_0()$ 值的一个谎言。和现实生活中一样，谎言引出谎言。为了在后面的阶段不被戳穿，$\widetilde{P}$ 不得不继续对其他的 f_i 值说谎。这些谎言和 $\widetilde{P}$ 一道最终将在阶段 $m+1$ 被戳穿，在那里 V 直接验证 f_m 的值。

更精确地说，因为 $\widetilde{f}_0()\neq f_0()$，$\widetilde{P}$ 在阶段 1 送出的值 $f_1(0)$ 和 $f_1(1)$ 中至少有一个是不正确的；否则，V 在检查是否 $f_0()=f_1(0)+f_1(1)$ 时拒绝。例如 $f_1(0)$ 的值不正确，记送出的值为 $\widetilde{f}_1(0)$。如此继续下去，可以发现在每一个阶段，$\widetilde{P}$ 一定要送出某个不正确的值 $\widetilde{f}_i(a_1,\cdots,a_i)$，否则 V 就会拒绝。但是，当 V 在阶段 $m+1$ 检查那个不正确的值 $\widetilde{f}_m(a_1,\cdots,a_m)$ 时，无论怎样它都会拒绝。于是，我们得出结论，如果 k 是不正确的，则不论 $\widetilde{P}$ 怎么做，V 都拒绝。因此，该协议是正确的。

这个协议的问题是信息的数目在每个阶段加倍地增长。加倍的原因是检验者为了确认一个值 $f_i(\cdots)$ 需要两个值 $f_{i+1}(\cdots,0)$ 和 $f_{i+1}(\cdots,1)$。如果能找到一种方法，使得检验者在确认一个 f_i 值时只使用一个 f_{i+1} 值，那么信息的数目就一点也不会增加。采用下述办法能够做到这一点：把函数 f_i 的输入扩大到非布尔值，并且对从一个有限域中随机选取的 z 确认一个值 $f_{i+1}(\cdots,z)$。

证明　设 ϕ 是变量 x_1 到 x_m 的合取范式。采用**算术化**（arithmetization）技术，把 ϕ 关联到一个多项式 $p(x_1,\cdots,x_m)$，p 模仿 ϕ，用算术运算＋和×模拟布尔运算∧、∨和¬。如下所示，设 α 和 β 是两个子公式，把表达式

$$\alpha\wedge\beta\quad\text{替换成}\quad\alpha\beta$$
$$\neg\alpha\quad\text{替换成}\quad 1-\alpha$$
$$\alpha\vee\beta\quad\text{替换成}\quad\alpha*\beta=1-(1-\alpha)(1-\beta)$$

观察发现，p 的变量的次数都不大，这一点在后面是重要的。运算 $\alpha\beta$ 和 $\alpha*\beta$ 生成的多项式的次数不超过关于 α 和 β 的多项式的次数之和。因而，任何变量的次数不超过 n，这里 n 是 ϕ 的长度。

如果给 p 的变量赋布尔值，则 p 和 ϕ 在该赋值上得到的结果一样。当变量取非布尔值时，不能用 ϕ 对计算 p 做出明显的解释。然而，不管怎样，在这个证明中要使用这样的赋值来分析 ϕ，这很像在定理 10.12 的证明中用非布尔赋值分析只读一次的分支程序。变量在 q 个元素的有限域 $\mathcal{F}$ 上取值，这里 q 不小于 2^n。

用 p 重新定义函数 f_i，在证明思路中曾定义过它们。对于 $0\leqslant i\leqslant m$ 和 $a_1,\cdots,a_i\in\mathcal{F}$，令

$$f_i(a_1,\cdots,a_i)=\sum_{a_{i+1},\cdots,a_m\in\{0,1\}}p(a_1,\cdots,a_m)$$

注意到这个新定义是原有定义的推广，当所有 a_i 取布尔值时，两者一样。于是，$f_0()$ 仍是 ϕ 的满足赋值的个数。每一个函数 $f_i(x_1,\cdots,x_i)$ 可表示 x_1 到 x_i 的多项式。这些多项式的次数不超过 p 的次数。

下面给出关于 $\#SAT$ 的协议。一开始 V 接收输入 $\langle\phi,k\rangle$ 并且算术化 ϕ，得到多项式

p。所有的算术运算在域$\mathcal{F}$上进行，参与算术运算的至多有q个不同的元素。其中，q是大于2^n的素数。（找到这样一个满足条件的q需要一个附加的步骤。我们暂时忽略这一点，因为马上将要给出的证明是一个更强的结果，即IP＝PSPACE，它不需要这一点。）双层方括号内的注释放在描述每一个阶段的开始。

阶段0 〖P传送$f_0()$。〗

$P \to V$：P把$f_0()$传送给V。

V检查$k=f_0()$。如果为假，则V拒绝。

阶段1 〖P使V相信：如果$f_1(r_1)$是正确的，则$f_0()$是正确的。〗

$P \to V$：P传送$f_1(z)$作为z的多项式的全部系数。

V利用这些系数计算$f_1(0)$和$f_1(1)$。

V检查$f_0()=f_1(0)+f_1(1)$是否成立。若不成立，则拒绝。（记住：所有计算都在域$\mathcal{F}$上进行。）

$V \to P$：V从$\mathcal{F}$中随机地选取一个数r_1，并且把它传送给P。

阶段2 〖P使V相信：如果$f_2(r_1,r_2)$是正确的，则$f_1(r_1)$是正确的。〗

$P \to V$：P传送$f_2(r_1,z)$作为z的多项式的全部系数。

V利用这些系数计算$f_2(r_1,0)$和$f_2(r_1,1)$。

V检查$f_1(r_1)=f_2(r_1,0)+f_2(r_1,1)$是否成立。若不成立，则拒绝。

$V \to P$：V从$\mathcal{F}$中随机地选取一个元素r_2并且把它传送给P。

⋮

阶段i 〖P使V相信：如果$f_i(r_1,\cdots,r_i)$是正确的，则$f_{i-1}(r_1,\cdots,r_{i-1})$是正确的。〗

$P \to V$：P传送$f_i(r_1,\cdots,r_{i-1},z)$作为$z$的多项式的全部系数。

V使用这些系数计算$f_i(r_1,\cdots,r_{i-1},0)$和$f_i(r_1,\cdots,r_{i-1},1)$。

V检查$f_{i-1}(r_1,\cdots,r_{i-1})=f_i(r_1,\cdots,r_{i-1},0)+f_i(r_1,\cdots,r_{i-1},1)$是否成立。若不成立，则拒绝。

$V \to P$：V从$\mathcal{F}$中随机地选取一个数r_i，并且把它传送给P。

⋮

阶段$m+1$ 〖V直接验证$f_m(r_1,\cdots,r_m)$是正确的。〗

V计算$p(r_1,\cdots,r_m)$并且与$f_m(r_1,\cdots,r_m)$比较。如果两者相等，则V接受；否则拒绝。协议的描述完毕。

下面证明这个协议识别$\#SAT$。首先，当ϕ有k个满足赋值时，如果证明者P按照协议办事，则V显然一定接受。其次，要证明当ϕ的满足赋值的个数不是k时，没有证明者能够使V接受的概率大于一个很小的值。令$\widetilde{P}$是任意的证明者。

为了阻止V马上拒绝，$\widetilde{P}$在阶段0必须为$f_0()$传送一个不正确的值$\widetilde{f}_0()$。因此，在阶段1，V计算的$f_1(0)$和$f_1(1)$中一定有一个是不正确的，从而$\widetilde{P}$传送的$f_1(z)$作为z的多项式系数一定是错的。把这些系数表示的函数记作$\widetilde{f}_1(z)$。下面是证明中的关键步骤。

当V在$\mathcal{F}$中取一个随机数r_1时，可以断言$\widetilde{f}_1(r_1)$不大可能等于$f_1(r_1)$。当$n \geqslant 10$时，我们可以证明

$$\Pr[\widetilde{f}_1(r_1) = f_1(r_1)] < n^{-2}$$

这个概率的上界来自引理10.13：次数不大于d的一元多项式最多有d个根，除非它恒等于0。因此任何两个次数不大于d的一元多项式最多在d个地方相等，除非它们处处相等。

回忆一下关于f_1的多项式的次数不大于n，并且如果$\widetilde{P}$传送的关于$\widetilde{f}_1$的多项式的次数大于n，则V拒绝。已经肯定这两个多项式不处处相等。因而根据引理10.13，它们最多在n个地方相等。$\mathcal{F}$的大小大于2^n。r_1正好使它们相等的机会不超过$n/2^n$。当$n \geqslant 10$时，这个值不大于n^{-2}。

再扼要地重述一下至此所证明的东西。如果$\widetilde{f}_0()$是错的，则$\widetilde{f}_1$的多项式一定是错的，从而根据前面的断言，$\widetilde{f}_1(r_1)$大概也是错的。如果出现可能性很小的事件$\widetilde{f}_1(r_1)$等于$f_1(r_1)$，$\widetilde{P}$在阶段1"很走运"，那么它在协议的剩余部分按照关于P的指令执行，能够使V接受（虽然V应该拒绝）。

继续证明。如果$\widetilde{f}_1(r_1)$是错的，V在阶段2计算的$f_2(r_1,0)$和$f_2(r_1,1)$中，至少有一个是错的，因而$\widetilde{P}$传送的$f_2(r_1,z)$作为z的多项式系数一定是错的。把这些系数表示的函数记作$\widetilde{f}_2(r_1,z)$。多项式$f_2(r_1,z)$和$\widetilde{f}_2(r_1,z)$的次数不大于n，从而和前面一样，它们在$\mathcal{F}$中随机数r_2处相等的概率小于n^{-2}。于是，当V随机地选取r_2时，$\widetilde{f}_2(r_1,r_2)$多半是错的。

一般来讲，如此进行可以证明对于每一个$1 \leqslant i \leqslant m$，如果

$$\widetilde{f}_{i-1}(r_1,\cdots,r_{i-1}) \neq f_{i-1}(r_1,\cdots,r_{i-1})$$

则当$n \geqslant 10$时，对于在$\mathcal{F}$中随机选取的r_i，

$$\Pr[\widetilde{f}_i(r_1,\cdots,r_i) = f_i(r_1,\cdots,r_i)] \leqslant n^{-2}$$

于是，由于对$f_0()$给出不正确的值，$\widetilde{P}$大概要被迫对$f_1(r_1), f_2(r_1,r_2),\cdots, f_m(r_1,\cdots,r_m)$给出不正确的值。碰巧可能在某个阶段$i$，虽然$f_i$和$\widetilde{f}_i$不同，但是$V$选取的$r_i$使$\widetilde{f}_i(r_1,\cdots,r_i)=f_i(r_1,\cdots,r_i)$。$\widetilde{P}$碰上这种好运的概率为阶段数$m$乘以$n^{-2}$，不超过$1/n$。如果$\widetilde{P}$一直不走运，它最后要传送一个不正确的$f_m(r_1,\cdots,r_m)$值。而$V$在阶段$m+1$直接验证$f_m$的这个值，这时任何错误都将会被发现。因此，如果$k$不等于$\phi$的满足赋值的个数，则任何证明者都不能使检验者接受的概率大于$1/n$。

为了完成定理的证明，还需证明检验者在概率多项式时间内运行。根据对它的描述，这是显然的。■

下面回到引理10.29 PSPACE⊆IP的证明。类似上述定理10.30的证明，只是在这里要使用一个新的思想，用来降低协议中出现的多项式的次数。

证明思路　先试一下在上述证明中采用的思想，从而找到困难在什么地方。为了证明PSPACE中的每一个语言都在IP中，只需证明PSPACE完全语言*TQBF*在IP中。设ψ是一个带量词的布尔公式

$$\psi = Q_1 x_1 Q_2 x_2 \cdots Q_m x_m [\phi]$$

其中ϕ是一个合取范式，每一个Q_i是∃或∀。函数f_i的定义和前面一样，只是这次要把

量词考虑进来。对于 $0 \leqslant i \leqslant m$ 和 $a_1, \cdots, a_m \in \{0,1\}$，令

$$f_i(a_1,\cdots,a_i) = \begin{cases} 1, & \text{若 } Q_{i+1}x_{i+1}\cdots Q_m x_m[\phi(a_1,\cdots,a_i)] \text{ 为真} \\ 0, & \text{否则} \end{cases}$$

其中，$\phi(a_1,\cdots,a_i)$ 是在 ϕ 中把 $a_1,\cdots,a_i$ 代入 $x_1,\cdots,x_i$。于是，$f_0()$ 是 ψ 的真假值。下述算术恒等式成立：

$$\text{当 } Q_{i+1} = \forall \text{ 时}, f_i(a_1,\cdots,a_i) = f_{i+1}(a_1,\cdots,a_i,0) \cdot f_{i+1}(a_1,\cdots,a_i,1)$$

$$\text{当 } Q_{i+1} = \exists \text{ 时}, f_i(a_1,\cdots,a_i) = f_{i+1}(a_1,\cdots,a_i,0) * f_{i+1}(a_1,\cdots,a_i,1)$$

回忆一下定义 $x*y=1-(1-x)(1-y)$。

模仿 $\#SAT$ 协议的做法，把所有 f_i 扩张到一个有限域上，并且对量词使用这些等式，而不是对加法运算使用等式。这个想法的问题出在算术化时每一个量词可能使产生的多项式的次数加倍，从而这些多项式的次数可能指数地增长。这样一来，证明者为了描述这些多项式，必须传送指数多个系数，进而检验者必须运行指数时间来处理这么多系数。

为了保持多项式的系数较少，引入化简运算 R，它能降低多项式的次数而不改变它们对布尔输入的性状。

证明 设 $\psi = Qx_1 \cdots Qx_m[\phi]$ 是带量词的布尔公式，其中 ϕ 是一个合取范式。为了算术化 ψ，引入下述表达式

$$\psi' = Qx_1Rx_1Qx_2Rx_1Rx_2Qx_3Rx_1Rx_2Rx_3\cdots Qx_mRx_1\cdots Rx_m[\phi]$$

暂且不管 Rx_i 的含义，它只在定义函数 f_i 时有用。把 ψ' 重新写成

$$\psi' = S_1y_1S_2y_2\cdots S_ky_k[\phi]$$

其中每一个 $S_i \in \{\forall, \exists, R\}$，$y_i \in \{x_1,\cdots,x_m\}$。

对于每一个 $i \leqslant k$，定义函数 f_i 如下。$f_k(x_1,\cdots,x_m)$ 为算术化 ϕ 得到的多项式 $p(x_1,\cdots,x_m)$。对于 $i<k$，用 f_{i+1} 定义 f_i：

$$\text{当 } S_{i+1} = \forall \text{ 时}, f_i(\cdots) = f_{i+1}(\cdots,0) \cdot f_{i+1}(\cdots,1);$$

$$\text{当 } S_{i+1} = \exists \text{ 时}, f_i(\cdots) = f_{i+1}(\cdots,0) * f_{i+1}(\cdots,1);$$

$$\text{当 } S_{i+1} = R \text{ 时}, f_i(\cdots,a) = (1-a)f_{i+1}(\cdots,0) + af_{i+1}(\cdots,1)。$$

如果 S_{i+1} 是 $\forall$ 或 $\exists$，则 f_i 比 f_{i+1} 少一个输入变量。如果 S_{i+1} 是 R，则这两个函数的输入变量的个数相同。因此，一般来讲，函数 f_i 将不依赖于 i 个变量。为避免书写麻烦，用“$\cdots$”代替 $a_1,\cdots,a_j$，其中 j 是一个适当的值。此外，重新排列这些函数的输入顺序，使得 y_{i+1} 是最后一个输入变量。

注意，当输入是布尔值时，对多项式作 Rx 运算不改变它们的值。因此，$f_0()$ 仍是 ψ 的真假值。但是，注意到 Rx 运算产生的结果关于 x 是线性的。在 ψ' 中，把 $Rx_1\cdots Rx_i$ 添加在 Q_ix_i 的后面，是为了在算术化 Q_i 导致变量次数加倍之前把每一个变量的次数都减少为 1。

现在已为描述协议做好了准备。本协议中的所有算术运算都在一个元素个数不少于 n^4 的有限域 $\mathcal{F}$ 上进行，其中 n 是 ψ 的长度。V 自己能够找到一个这么大的素数，因而不需要 P 提供。

阶段 0 〖P 传送 $f_0()$。〗

$P \rightarrow V$：P 把 $f_0()$ 传送给 V。

V 验证 $f_0()=1$。如果 $f_0() \neq 1$，则 V 拒绝。

⋮

阶段 i　〖P 使 V 相信：如果 $f_i(r_1,\cdots,r)$ 是正确的，则 $f_{i-1}(r_1,\cdots)$ 是正确的。〗

$P \to V$：P 传送 $f_i(r_1,\cdots,z)$ 作为 z 的多项式的所有系数。（这里 $r_1\cdots$表示令这些变量等于前面随机选取的值 $r_1,r_2,\cdots$。）

V 使用这些系数计算 $f_i(r_1\cdots,0)$ 和 $f_i(r_1\cdots,1)$。

V 检查下述等式

$$f_{i-1}(r_1\cdots)=\begin{cases} f_i(r_1\cdots,0)\cdot f_i(r_1\cdots,1) & \text{若 } S_i=\forall \\ f_i(r_1\cdots,0) * f_i(r_1\cdots,1) & \text{若 } S_i=\exists \end{cases}$$

和

$$f_{i-1}(r_1\cdots,r)=(1-r)f_i(r_1\cdots,0)+rf_i(r_1\cdots,1) \quad \text{若 } S_i=R$$

若不成立，则 V 拒绝。

$V \to P$：V 从 $\mathcal{F}$ 中取一个随机数 r，并且把它传送给 P。（当 $S_i=R$ 时，用这个 r 代替前面的 r。）

转到阶段 $i+1$，P 必须使 V 相信 $f_i(r_1\cdots,r)$ 是正确的。

阶段 $k+1$　〖V 直接验证 $f_k(r_1,\cdots,r_m)$ 是正确的。〗

V 计算 $p(r_1,\cdots,r_m)$，并且与它知道的 $f_k(r_1,\cdots,r_m)$ 值比较。如果两者相等，则 V 接受；否则拒绝。整个协议的描述完毕。

这个协议的正确性证明类似于 #SAT 协议的正确性证明。显然，如果 ψ 为真，则 P 能够执行协议，并且 V 将会接受。如果 ψ 为假，则 $\widetilde{P}$ 在阶段 0 必须说谎，传送一个不正确的 $f_0()$ 的值。在阶段 i，如果 V 有不正确的 $f_{i-1}(r_1\cdots)$ 的值，则 $f_i(r_1\cdots,0)$ 和 $f_i(r_1\cdots,1)$ 中一定有一个值不正确，从而关于 f_i 的多项式一定不正确。因此，在阶段 i，如果 $\widetilde{P}$ 走运，$f_i(r_1\cdots,r)$ 正确的概率不超过这个多项式的次数除以有限域 $\mathcal{F}$ 的大小，即 n/n^4。协议进行 $O(n^2)$ 个阶段，故 $\widetilde{P}$ 在某个阶段走运的概率不超过 $1/n$。如果 $\widetilde{P}$ 永远不走运，则 V 将在阶段 $k+1$ 拒绝。■

10.5 并行计算

并行计算机（parallel computer）是能够同时执行多个操作的计算机。用并行计算机求解某些问题可能会比用**顺序计算机**（sequential computer）快得多，后者每次只能做一个操作。在实践中，两者之间的差别有点模糊不清，因为多数真实的计算机（包括“顺序”计算机）被设计成在执行各条指令时使用某种并行性。我们在这里关注的是大规模并行性，即在一个计算中有数量巨大（比如数百万或更多）的处理单元一起积极参与工作。

本节简洁地介绍并行计算理论，描述一个并行计算机的模型，然后利用这个模型给出几个能够很好并行化的问题。此外，还要讨论并行化不适合某些问题的可能性。

10.5.1 一致布尔电路

在并行算法的理论研究中，用得最多的模型之一叫作**并行随机存取机**（Parallel Random Access Machine，PRAM）。在 PRAM 模型中，理想化的处理器具有一个简单的模仿实际计算机的指令集，它们通过共享存储相互作用。在这一小节中，不可能详细地描述 PRAM。我们使用在第 9 章为别的目的引入的另一个并行计算机模型——布尔电路。

作为并行计算模型，布尔电路有自己的优点和缺点。从好的方面讲，这个模型的描述简单，使证明比较容易。电路还明显地像现实中的硬件设计，在这个意义上模型是现实的。从不好的方面讲，由于各个处理器是很弱的，电路不便于用来“编程”。此外，在布尔电路的定义中不允许有回路，而现实中构造的电路可能有这样的回路。

在并行计算机的布尔电路模型中，把每一个门作为一个独立的处理器，因此把布尔电路的**处理器复杂度**（processor complexity）定义为它的规模。认为每一个处理器在一个单位时间内计算它的函数，因此把布尔电路的**并行时间复杂度**（parallel time complexity）定义为它的深度，即从一个输入变量到输出门的最长距离。

任何一个具体的电路都有固定的输入变量数，故像定义 9.22 中定义的那样，我们用电路族判定语言。必须对电路族强加一个技术性要求，使它们对应于 PRAM 之类的并行计算模型。在这类模型中，一台机器能够处理各种长度的输入。这个要求使你能够容易地得到电路族中的所有成员。这个**一致性**（uniformity）要求是合理的，因为只知道存在小的电路判定一个语言的某些成员并不是很有用，这个电路本身可能很难找到。因而给出下述定义。

定义 10.31 设 $(C_0, C_1, C_2, \cdots)$ 是一族电路，如果存在对数空间的转换器 T，当 T 的输入为 1^n 时，T 输出 $\langle C_n \rangle$，则称该电路族是**一致的**。

回忆一下，定义 9.23 分别用最小规模和最小深度的电路族定义语言的规模复杂度和深度复杂度。为了明确要实现一个具体的并行时间复杂度需要多少处理器，或者反过来要实现一个具体的处理器复杂度需要多少并行时间，我们在这里同时考虑一个电路族的规模和深度。如果存在规模复杂度为 $f(n)$ 和深度复杂度为 $g(n)$ 的一致电路族识别某个语言，则称这个语言的**规模－深度联合**电路复杂度不超过 $(f(n), g(n))$。

例 10.32 令 A 是 $\{0,1\}$ 上由所有含奇数个 1 的字符串组成的语言。通过计算奇偶函数可以检查 A 的成员资格。可以用标准的 AND、OR 和 NOT 运算实现两个输入的奇偶门 $x \oplus y = (x \land \neg y) \lor (\neg x \land y)$。设电路的输入为 $x_1, \cdots, x_n$。获取奇偶函数的电路的一个办法是构造 g_i 门，这里 $g_1 = x_1, g_i = x_i \oplus g_{i-1} (i \leqslant n)$。这个构造使用 $O(n)$ 规模和 $O(n)$ 深度。

例 9.24 通过构造⊕门的二元树，描述了奇偶函数的另一个具有 $O(n)$ 规模和 $O(\log n)$ 深度的电路。这个构造有重大的改进，它使用的并行时间比前者指数地少。因此，A 的规模－深度复杂度为 $(O(n), O(\log n))$。 ■

例 10.33 回忆一下，可以用电路计算输出字符串的函数。考虑**布尔矩阵乘法函数**。输入是 $2m^2 = n$ 个变量，表示两个 $m \times m$ 矩阵 $A = \{a_{ik}\}$ 和 $B = \{b_{ik}\}$。输出是 m^2 个值，表示 $m \times m$ 矩阵 $C = \{c_{ik}\}$，其中

$$c_{ik} = \bigvee_j (a_{ij} \land b_{jk})$$

对于每一个 i，j 和 k，这个函数的电路有计算 $a_{ij} \land b_{jk}$ 的门 g_{ijk}。另外，对于每一个 i 和 k，电路包含一棵计算 $\lor_j g_{ijk}$ 的或门的二元树。每一棵这样的树有 $m-1$ 个或门和 $\log m$ 的深度。因此，这些布尔矩阵乘法电路的规模为 $O(m^3) = O(n^{3/2})$，深度为 $O(\log n)$。 ■

例 10.34 设 $A = \{a_{ij}\}$ 是一个 $m \times m$ 布尔矩阵，A 的**传递闭包**（transitive closure）是矩阵

$$A \lor A^2 \lor \cdots \lor A^m$$

其中 A^i 是 i 个 A 的矩阵乘积，$\vee$ 是矩阵元素的按位 OR。传递闭包运算与 $PATH$ 问题关系密切，因而与 NL 类的关系密切。设 A 是有向图 G 的邻接矩阵，A^i 是顶点与 G 相同、边表示 G 中存在长度为 i 的路径的图的邻接矩阵。A 的传递闭包是图的邻接矩阵，图中的边表示 G 中存在一条路径。

可以用规模为 i 和深度为 $\log i$ 的二元树表示 A^i 的计算，其中每个顶点计算它下面的两个矩阵的乘积。每个顶点是一个 $O(n^{3/2})$ 规模和对数深度的电路。因此，计算 A^m 的电路的规模为 $O(n^2)$，深度为 $O(\log^2 n)$。对每一个 A^i 构造一个电路，共要添加 $O(nm)=O(n^{3/2})$ 规模和 $O(\log n)$ 深度。因此，传递闭包的规模 - 深度复杂度为 $(O(n^{5/2}), O(\log^2 n))$。■

10.5.2 NC 类

许多感兴趣的问题具有规模 - 深度复杂度 $(O(n^k), O(\log^k n))$，其中 k 是常数。可以认为，这样的问题是能够用适当数量的处理机高度并行化的。这促使我们定义 NC 类。

定义 10.35 对于 $i\geqslant 1$，令 NC^i 是能够用多项式规模和 $O(\log^i n)$ 深度的一致[㊀] 电路族识别的语言类。NC 是所有在某个 NC^i 中的语言组成的语言类。用这种电路族计算的函数分别叫作 **NC^i 可计算的**和 **NC 可计算的**[㊁]。

下面考察这些复杂类与我们见过的其他语言类的关系。首先给出图灵机空间与电路深度之间的联系。在对数深度内可解的问题在对数空间内也是可解的。反过来，在对数空间内甚至在非确定型对数空间内可解的问题都是在对数平方深度内可解的。

定理 10.36 $NC^1 \subseteq L$。

证明 我们扼要地描述识别 NC^1 中的语言 A 的对数空间算法。对于长度为 n 的输入 w，算法构造关于 A 的一致电路族中的第 n 个电路，然后通过从输出门开始的深度优先搜索计算这个电路的值。（为了掌握搜索的进展）只需记录到当前正在考察的门的路径以及沿这条路径所获得的部分结果。电路具有对数深度，因此模拟只需要对数空间。■

定理 10.37 $NL \subseteq NC^2$。

证明思路 计算一台 NL 机格局图的传递闭包。输出表示是否存在从起始格局到接受格局的路径的状态。

证明 设 A 是被一台 NL 机 M 识别的语言，这里 A 已被编码到 $\{0,1\}$ 上。要构造 A 的一致电路族 $(C_0, C_1, \cdots)$。为了得到 C_n，要构造一个图 G，它很像 M 对长度为 n 的输入 w 的计算图。在构造电路时，我们不知道输入 w，只知道 w 的长度 n。电路的输入是变量 w_1 到 w_n，每一个 w_i 对应输入中的一个位置。

回忆一下，M 关于 w 的格局描述了 M 的状态、工作带的内容以及输入头和工作读写头的位置，但不包括 w 本身。因此，M 关于 w 的格局集合实际上不依赖于 w，而仅与 w 的长度 n 有关。这些多项式个格局构成 G 的顶点集。

在 G 的边上标记输入变量 w_i。设 c_1 和 c_2 是 G 的两个顶点，c_1 指明输入头的位置是

㊀ 对 NC^i 来说，用对数空间转换器定义一致性是标准的（$i\geqslant 2$ 时），但对于 NC^1 来讲，它给出一种不标准的结果（NC^1 包含子集标准化类 NC^1）。尽管如此，我们还是给出该定义，因为它更简单，而且能满足我们的需要。

㊁ Steven Cook 用"Nick 类"来命名 NC，因为 Nick Pippenger 是最早认识到 NC 重要性的人。

i。当输入头在读1（或0）时，按照M的转移函数，c_1能够一步产生c_2，则给G中的边(c_1, c_2)标记w_i（或$\overline{w_i}$）。如果不管输入头在读什么，c_1都能够一步产生c_2，则不给G中的这条边作标记。

如果根据长度为n的字符串w安置好G的边，则存在从起始格局到接受格局的路径当且仅当M接受w。因此，构造一个电路计算G的传递闭包，并且输出表示是否存在这种路径的状态，它恰好接受A中长度为n的字符串。这个电路具有多项式的规模和$O(\log^2 n)$深度。

使用一台对数空间转换器，能够对输入1^n构造G和C_n。请参见定理8.20中关于一个类似的对数空间转换器的详细描述。 ■

多项式时间可解的问题类包括NC中的所有问题。下述定理叙述这一关系。

定理 10.38 NC⊆P。

证明 能够用一个多项式时间算法运行对数空间转换器，生成电路C_n，然后模拟C_n对长度为n的输入的计算。 ■

10.5.3 P完全性

现在考虑P中所有问题也在NC中的可能性。如果这两个语言类相等，那是完全出人意料的，因为这意味着所有多项式时间可解的问题都能够高度并行化。下面介绍P完全性，它提供了P中某些问题是固有可串行化的理论根据。

定义 10.39 如果

1. $B \in \mathrm{P}$，
2. P中每一个A对数空间可归约到B，

则称语言B是**P完全的**。

下述定理仿效定理8.18，并且由于NC电路族能够计算对数空间归约，故可以类似地证明它。我们把它的证明留作练习10.3。

定理 10.40 如果$A \leqslant_{\mathrm{L}} B$且$B$在NC中，则$A$在NC中。

我们证明电路计算问题是P完全的。对于电路C和输入x，记$C(x)$为C关于x的值。令$CIRCUIT\text{-}VALUE = \{\langle C, x\rangle \mid C\text{是布尔电路且}C(x)=1\}$。

定理 10.41 *CIRCUIT-VALUE*是P完全的。

证明 定理9.25中给出的构造说明了如何把P中任意的语言A归约到*CIRCUIT-VALUE*。对于输入w，归约生成一个模拟A的多项式时间图灵机的电路。该电路的输入是w本身。由于生成的电路具有简单和重复的结构，归约能够在对数空间内实现。 ■

10.6 密码学

在通信领域中使用密码的加密技术可追溯到几千年前。在古罗马时期，儒略·恺撒把给他的将军们的命令译成密码，以防止被敌人截取。在第二次世界大战中，图灵机的发明人阿伦·图灵领导一个英国数学家小组破译德国人的密码，德国人用这些密码给正在大西洋上巡逻的潜艇发送命令。现在各国政府十分重视密码技术，投入很大的力量研究很难破译的密码和寻找别人使用的密码的弱点。如今，公司和个人也使用加密增加信息的安全。不久的将来，几乎所有的电子通信将会受到密码保护。

近年来，计算复杂性理论给密码设计带来一场革命。人们都知道，密码学研究的领域目前超出了传统的通信范围，而要面对众多涉及信息安全的问题。例如，现在有一种技术，经过数字“签名”后的报文可以鉴定发送人的身份；可以进行电子选举，选民在网上投票和公开统计选举结果，不会泄露任何人的投票情况，能防止重复投票和其他违法行为；构造不要求通信双方预先约定加密和解密算法的新型密码。

密码学是复杂性理论的重要实践领域。数字蜂窝电话、卫星电视直播以及网上电子商务等全都依赖加密措施保护信息。这些系统已进入大多数人的日常生活。密码学已经促进了复杂性理论和其他数学领域内的许多研究。

10.6.1 密钥

在传统解密技术中，当发信人打算给报文加密，使得只有某个接收人能够对它解密时，发信人和收信人共有一个**密钥**（secret key）。密钥是加密算法和解密算法使用的一段信息。因为任何得到密钥的人都能够加密和解密报文，故保守密钥的秘密对密码的安全是至关重要的。

如果密钥太短，可以通过蛮力搜索整个密钥空间发现它。甚至长一些的密钥也可能容易受到某些攻击——等会儿还要谈这个问题。使密码绝对安全的唯一办法是使用与发送的全部报文一样长的密钥。

与报文一样长的密钥叫作**一次性衬垫**（one-time pad）。本质上，一次性衬垫密钥的每一位只使用一次，用来加密报文的一位，以后不再使用密钥的这一位。一次性衬垫的主要问题是，如果通信量很大则密钥可能相当大。因此，就大多数的目的而言，一次性衬垫由于非常不便通常被认为是不实际的。

使用中等长度的密钥，可以进行不限量安全通信的密码是更可取的。有趣的是，理论上不可能有这样的密码，但矛盾的是，在实践中却使用着它们。在理论上不可能有这种类型的密码，是因为能够对可能的密钥空间进行蛮力搜索，找到比报文短很多的密钥。因此，以这种密钥为基础的密码在原则上是可破译的。对这种自相矛盾的怪事有一种解释。因为当密钥有中等长度时，比如100位，蛮力搜索太慢，所以密码在实践中无论如何是能够保证足够的安全的。当然，如果密码能用其他的快速方式破译，那么它也是不安全和不应该使用的。最重要的是，要确认密码不可能被快速破译。

现在还没有办法保证使用中等长度密钥的密码实际上是安全的。为保证密码不能被快速破译，至少需要在数学上证明不能快速地找到密钥。然而，这样的证明似乎超出当代数学的发展水平！理由如下，一旦发现密钥，验证它的正确性是容易做到的，只需检查用它解密后的报文。因此，密钥验证问题可以公式化为P中的一个问题。如果能够证明不能在多项式时间内找到密钥，就证明了P不等于NP，从而取得重大的数学进展。

由于不能从数学上证明密码是不可破译的，因此改成依靠实践证据。在过去，密码的质量靠雇用专家来评价。请他们破译密码，如果他们不能破译，就会增加对密码安全性的可信度。这种方法有明显的不足。如果别人有比我们更好的专家，或者我们对自己的专家缺乏信任，那么密码的完整性可能受到损害。尽管如此，直到最近这还是唯一可供使用的方法，像美国国家标准与技术局正式批准的数据加密标准（DES）这样一些广泛使用的密码的可靠性也有赖于它。

计算复杂性理论提供了另一种获得密码安全性证据的方法。我们可以给出破译这个密码的复杂度与另外某个问题的复杂度之间的联系，而后者已经有使人相信的难解性证据。回忆一下，我们已经用 NP 完全性作为某些问题难解的证据。把一个 NP 完全问题归约到密码破译问题，可以证明这个密码破译问题本身是 NP 完全的。但是，这没有提供安全的充分证据，因为 NP 完全性涉及最坏情况的复杂性。一个问题虽然是 NP 完全的，但是有可能在大多数时候它是容易解的。密码则必须总是很难破译的，因而需要考虑平均复杂度，而不是最坏情况的复杂度。

整数因子分解问题是公认的在平均情况下非常难解的问题。几个世纪以来，一些顶尖数学家一直对因子分解感兴趣，但是还没有人发现它的快速算法。围绕因子分解问题已经建立了某些现代密码，破译这种密码对应因子分解一个数，这就构成这些密码是安全的、令人信服的证据。因为破译这种密码的有效方法能够导出快速的因子分解算法，这可是计算数论中的重大进展！

10.6.2　公钥密码系统

在传统的密码学中，甚至当密钥适当地短时，密码的管理仍是普遍使用密码的一个障碍。一个问题是每一对希望进行专门通信的双方需要为此建立一个联合密钥。另一个问题是每一个人需要保存一个秘密的数据库存放所有这样建立起来的密钥。

新近开发的公钥密码很好地解决了这两个问题。在传统的**私钥密码系统**（private-key cryptosystem）中，加密和解密使用相同的密钥。与此不同，在**公钥密码系统**（public-key cryptosystem）中，解密密钥不同于加密密钥，并且不容易从加密密钥中计算出来。

虽然可能有人认为这是一个简单想法，但是将两种密钥分开产生了意义深远的结果。现在每一个人只需要建立一对密钥：一个加密密钥 E 和一个解密密钥 D。各人保守自己的 D 的秘密而公开 E。如果乙想给甲发一条报文，乙要在公共的密钥簿上找到甲的 E，用它加密报文，然后发送给甲。甲是唯一知道自己的 D 的人，所以只有他能够解密这段报文。

某些公钥密码系统还可以用于**数字签名**（digital signature）。如果一个人在发送报文之前对它运用他的保密的解密算法，则任何人能够运用他的公开的加密算法验证报文确实是他发的。于是，他有效地“签署”了那段报文。这种应用要求可以以任何顺序运用加密算法和解密算法，RSA 密码系统就是这样的。

10.6.3　单向函数

单向函数和天窗函数是现代密码学理论的基础。用复杂性理论作为密码学基础的一个优点是，它有助于在我们辩论安全性时提供一个共同的假设平台。在存在单向函数的假设下，能够构造出安全的私钥密码系统。在存在天窗函数的假设下，能够构造出公钥密码系统。这两个假设还有一些其他的理论和应用的结果。在做一些准备后我们将定义这两种函数。

如果对每一个 w，w 和 $f(w)$ 的长度相等，则称函数 $f:\Sigma^*\to\Sigma^*$ 是**保长的**（length-preserving）。如果保长函数不会把两个不同的字符串映射到同一个字符串，即当 $x\neq y$ 时，$f(x)\neq f(y)$，则称它是一个**置换**（permutation）。

回忆一下 10.2 节给出的概率图灵机的定义。假定概率图灵机 M 计算**概率函数** $M:\Sigma^*\to\Sigma^*$，这里对每一个输入 w 和输出 x，令

$$\Pr[M(w)=x]$$

为 M 从输入 w 开始停机在接受状态且停机时带的内容为 x 的概率。注意，M 对输入 w 有时可能不接受，故

$$\sum_{x\in\Sigma^*}\Pr[M(w)=x]\leqslant 1$$

下面定义单向函数。粗略地说，一个函数是单向的是指它是单向容易计算的，但反过来几乎总是困难的。在下面的定义中，f 表示容易计算的单向函数，M 表示企图反演 f 的多项式时间概率算法。单向置换是一种较简单的单向函数。因此下面先定义单向置换，再定义单向函数。

定义 10.42　**单向置换**（one-way permutation）是具有下述两条性质的置换 f：

1. f 是多项式时间可计算的。

2. 对于每一台多项式时间概率图灵机 M、每一个 k 和充分大的 n，如果取长度为 n 的随机串 w 并且对输入 $f(w)$ 运行 M，则

$$\Pr_{M,w}[M(f(w))=w]\leqslant n^{-k}$$

这里$\Pr_{M,w}$表示概率是在 M 所做的随机选择和 w 的随机选取上取到的。

单向函数（one-way function）是具有下述两条性质的保长函数 f：

1. f 是多项式时间可计算的。

2. 对于每一台多项式时间概率图灵机 M、每一个 k 和充分大的 n，如果取长度为 n 的随机串 w 并且对输入 $f(w)$ 运行 M，则

$$\Pr_{M,w}[M(f(w))=y,\text{其中 } f(y)=f(w)]\leqslant n^{-k}$$

对于单向置换，任何多项式时间概率算法只能以很小的概率反演 f，即不大可能从 $f(w)$计算出 w。对于单向函数，任何多项式时间概率算法不大可能找到一个映射到 $f(w)$ 的 y。

例 10.43　乘法函数 $mult$ 可能是一个单向函数。设 $\Sigma=\{0,1\}$。对于任意的 $w\in\Sigma^*$，令 $mult(w)$ 是表示 w 的前一半与后一半乘积的字符串。形式地表示为：

$$mult(w)=w_1\cdot w_2$$

其中 $w=w_1w_2$，且当$|w|$为偶数时，$|w_1|=|w_2|$；当$|w|$为奇数时，$|w_1|=|w_2|+1$。w_1 和 w_2 作为二进制数处理。在 $mult(w)$ 的前面添加 0 使得它与 w 一样长。尽管人们对整数因子分解问题做了大量研究，但还不知道有多项式时间概率算法能够反演 $mult$，即使对于输入的多项式分之一也不知道这样的算法。■

如果假设存在单向函数，则可以构造出安全性可证明的私钥密码系统。在这里给出这个构造太复杂了。作为一种替代，我们说明如何使用单向函数实现密码的另一种应用。

安全性可证明的口令系统是单向函数的一个简单应用。在典型的口令系统中，用户必须键入一个口令才能访问某个资源。系统用加密方式保存用户口令数据库。给口令加密是为了当数据库偶然地或故意地不加保护时保护它们。口令数据库经常是不加保护的，使得各种应用程序能够读它们和验证口令。当用户键入一条口令后，系统先对它加密，然后判断它是否与数据库中存储的形式相匹配，这样就能验证它的有效性。显然，我们希望加密方案是很难反演的，使得很难从口令的加密形式得到不加密的口令。人们自然会选择单向函数作为口令加密函数。

10.6.4　天窗函数

我们不知道如果存在单向函数，是否一定能够构造公钥密码系统。为了得到这样的系统，要使用天窗函数，对于专门的信息它能够有效地反演。

首先，需要讨论给函数族做索引的函数。设有函数族 $\{f_i\}$，其中 $i\in\Sigma^*$，可以用一个函数 $f:\Sigma^*\times\Sigma^*\to\Sigma^*$ 表示它们，这里对于每一个 i 和 w，$f(i,w)=f_i(w)$。称 f 是一个索引函数。如果每一个被索引函数 f_i 是保长的，则说 f 是保长的。

定义 10.44　**天窗函数**（trapdoor function）是带有一台辅助的多项式时间概率图灵机 G 和一个辅助函数 $h:\Sigma^*\times\Sigma^*\to\Sigma^*$ 的保长索引函数 $f:\Sigma^*\times\Sigma^*\to\Sigma^*$。三件套 f、G 和 h 满足下述 3 个条件：

1. 函数 f 和 h 是多项式时间可计算的。

2. 对于每一个多项式时间概率图灵机 E、每一个 k 和充分大的 n，如果取 G 对 1^n 的随机输出 $\langle i,t\rangle$ 和随机串 $w\in\Sigma^n$，则

$$\Pr_{E,w}[E(i,f_i(w))=y,\text{其中 } f_i(y)=f_i(w)]\leqslant n^{-k}$$

3. 对于每一个 n、每一个长度为 n 的 w 和 G 对任一输入以非零概率输出的每一个 $\langle i,t\rangle$，有 $h(t,f_i(w))=y$，这里 $f_i(y)=f_i(w)$。

概率图灵机 G 生成索引族中一个函数的索引，同时生成一个值 t，它使 f_i 成为能快速反演的函数。条件 2 说当缺少 t 时 f_i 是难反演的。条件 3 说当已知 t 时 f_i 是容易反演的。

例 10.45　这里描述一个天窗函数，它为众所周知的 RSA 密码系统奠定了基础。给出它的联合三件套 f、G 和 h。生成机器 G 按如下方式运作。在输入 1^n 上，它随机地选取两个大小为 n 的数，测试它们是否为素数。如果它们不是素数，则重新选取，直到成功地选取两个素数，或者达到预先规定的暂定界限，并且宣布失效。找到 p 和 q 以后，它计算 $N=pq$ 和 $\phi(n)=(p-1)(q-1)$。选取 $1\sim\phi(n)$ 之间的一个随机数 e，检查 e 是否与 $\phi(n)$ 互素。如果不是，则另取一个数并且重复检查。然后，计算 e 模 $\phi(n)$ 的乘法逆元 d。这是可以做到的。因为 $\{1,\cdots,\phi(n)\}$ 中与 $\phi(n)$ 互素的数在模 $\phi(n)$ 乘法运算下构成一个群。最后，G 输出 $((N,e),d)$。函数 f 的索引由两个数 N 和 e 组成。令

$$f_{N,e}(w)=w^e \bmod N$$

反演函数 h 为

$$h(d,x)=x^d \bmod N$$

因为 $h(d,f_{N,e}(w))=w^{ed}\bmod N=w$，故函数 h 正好反演 f。■

可以使用天窗函数，如上述 RSA 天窗函数，构造公钥密码系统如下。公开的密钥是概率图灵机 G 产生的索引 i。保密的密钥是对应的值 t。加密算法把报文 m 分成若干大小不超过 $\log N$ 的块。对于每一块 w，发送人计算 f_i。所得到的字符串序列将是加密的报文。接收人用函数 h 从加密的报文获得原始报文。

练习

10.1　证明：深度为 $O(\log n)$ 的电路族是多项式规模的电路族。

10.2　证明：12 不能通过费马测试，从而不是伪素数。

10.3　证明：如果 $A\leqslant_{\mathrm{L}}B$ 且 B 在 NC 中，则 A 也在 NC 中。

10.4　证明：有 n 个输入的奇偶函数能用 $O(n)$ 个顶点的分支程序计算。

10.5 证明：有 n 个输入的多数函数能用 $O(n^2)$ 个顶点的分支程序计算。

10.6 证明：任何有 n 个输入的函数都能用 $O(2^n)$ 个顶点的分支程序计算。

A**10.7** 证明：BPP⊆PSPACE。

问题

10.8 如果 BPL 是概率对数空间图灵机以错误概率 $\frac{1}{3}$ 判定的语言集合，证明 BPL⊆P。

10.9 如果 $EQ_{BP}=\{\langle B_1,B_2\rangle \mid B_1$ 和 B_2 是两个等价的分支程序$\}$，证明：EQ_{BP} 是 coNP 完全的。

10.10 假定 **ZPP-机器** M 是一台概率图灵机。它的每个分支有三种输出：接受、拒绝和?。如果 M 对每个输入串 w 都输出正确答案（如果 $w\in A$ 则接受，如果 $w\notin A$ 则拒绝）的概率大于等于 2/3 而且 M 从不回答错误，则 M 判定语言 A。对每个输入，M 输出"?"的概率至多为 1/3。更进一步，对输入 w，M 所有分支上的平均运行时间一定限定在输入串 w 长度的多项式时间。令 ZPP 是 ZPP-机器识别语言的集合。证明 RP∩coRP=ZPP。

10.11 证明：如果 NP⊆BPP，则 NP=RP。

10.12 证明：如果 A 是一个正则语言，则存在分支程序族 $(B_1,B_2,\cdots)$，使得每一个 B_n 恰好接受 A 中长度为 n 的所有字符串，且规模不超过 n 的常数倍。

10.13 证明：如果 A 是 L 中的一个语言，则存在分支程序族 $(B_1,B_2,\cdots)$，使得每一个 B_n 恰好接受 A 中长度为 n 的所有字符串，且规模不超过 n 的多项式。

A***10.14** 证明：对于任意的整数 $p>1$，如果 p 不是伪素数，则 p 至少对 $\mathbf{Z}_p^+$ 中的一半的数不能通过费马测试。

10.15 回忆一下，NP^{SAT} 是以可满足性问题作谕示的非确定型多项式时间图灵机识别的语言类。证明：$NP^{SAT}=\Sigma_2 P$。

10.16 证明费马小定理，即定理 10.6。（提示：考虑序列 $a^1,a^2,\cdots$。一定发生什么？如何发生?）

10.17 证明：如果 PH=PSPACE，则多项式时间层次只有有限个不同的层次。

10.18 证明：如果 P=NP，则 P=PH。

10.19 设 M 是一台多项式时间概率图灵机，语言 C 满足下述条件：对于某个固定的 $0<\epsilon_1<\epsilon_2<1$，

a. $w\notin C$ 蕴涵 $\Pr[M$ 接受 $w]\leqslant\epsilon_1$。

b. $w\in C$ 蕴涵 $\Pr[M$ 接受 $w]\geqslant\epsilon_2$。

证明：$C\in$ BPP。（提示：利用引理 10.5。）

10.20 令 $CNF_H=\{\langle\phi\rangle \mid \phi$ 是一个可满足的 cnf 公式，其中每个子句包含任意多个文字，但最多只有一个非的文字$\}$。问题 7.52 要求证明 $CNF_H\in$ P。请给出从 *CIRCUIT-VALUE* 到 CNF_H 的对数空间归约，从而得到 CNF_H 是 P-完全的结论。

***10.21** ***k* 头下推自动机**（k-PDA）是具有 k 个双向只读输入头和一个读写栈的确定型下推自动机。定义语言类

$$\mathrm{PDA}_k=\{A \mid A \text{ 被一台 } k\text{-PDA 识别}\}$$

证明：$P=\bigcup_k \mathrm{PDA}_k$。（提示：回忆一下，P 等于交错式对数空间可识别的语言类。）

***10.22** **布尔公式**是一个布尔电路，其中每一个门只有一条输出线，同一个输入变量可以在布尔公式的多处出现。证明：一个语言具有多项式规模的公式族当且仅当它在 NC^1 中。这里不考虑一致性。

10.23 设 A 是 $\{0,1\}$ 上的正则语言。证明 A 的规模-深度复杂度为 $(O(n),O(\log n))$。

习题选解

10.7 如果 M 是一个运行于多项式时间的概率图灵机，对某个常数 r 我们对 M 进行修改，使得它只能在每一计算分支上恰好进行 n^r 次抛硬币试验。于是，判定 M 接受输入串的概率的问题转化

为计算有多少个接受分支，并把计算结果与$\frac{2}{3}2^{(n^r)}$进行比较。这种计算消耗多项式空间。

10.14 如果一个数 a 对 p 不能通过费马测试，即 $a^{p-1}\not\equiv 1(\bmod p)$，则称 a 为一个见证。令 $\mathbf{Z}_p^*$ 表示 $\{1,\cdots,p-1\}$ 中所有与 p 互素的数。如果 p 不是伪素数，它在 $\mathbf{Z}_p^*$ 中有一个见证 a。

使用 a 可以得到很多的见证。对每一个非见证，在 $\mathbf{Z}_p^*$ 中找到一个独特的见证。如果 $d\in\mathbf{Z}_p^*$ 是一个非见证，能够得到 $d_{p-1}\equiv 1(\bmod p)$。因此，$(da \bmod p)^{p-1}\not\equiv 1(\bmod p)$，因此，$da \bmod p$ 是一个见证。如果 d_1 和 d_2 是 $\mathbf{Z}_p^*$ 中两个不同的非见证，则 $d_1a \bmod p\neq d_2a \bmod p$。否则，$(d_1-d_2)a\equiv 0(\bmod p)$，故而对有些整数 c，$(d_1-d_2)a=cp$。但是因为 d_1 和 d_2 在 $\mathbf{Z}_p^*$ 中，所以 $(d_1-d_2)<p$，因此 $a=cp/(d_1-d_2)$ 且 p 有大于 1 的公因子。这导出了矛盾，因为 a 和 p 是互素数。因此，$\mathbf{Z}_p^*$ 中的见证个数一定和 $\mathbf{Z}_p^*$ 中的非见证个数一样多，故而至少 $\mathbf{Z}_p^*$ 中一半的成员是见证。

下面证明 $\mathbf{Z}_p$ 中每个不与 p 互素的成员 b 都是见证。如果 b 和 p 有公因子，那么，对任意的 $e>0$，有 b^e 和 p 都含有该公因子。因此，$b^{p-1}\not\equiv 1(\bmod p)$。所以，我们得出结论，至少 $\mathbf{Z}_p$ 中一半的成员是见证。

参考文献

1. Adleman, L. Two theorems on random polynomial time. In *Proceedings of the Nineteenth IEEE Symposium on Foundations of Computer Science* (1978), 75–83.
2. Adleman, L. M., and Huang, M. A. Recognizing primes in random polynomial time. In *Proceedings of the Nineteenth Annual ACM Symposium on the Theory of Computing* (1987), 462–469.
3. Adleman, L. M., Pomerance, C., and Rumely, R. S. On distinguishing prime numbers from composite numbers. *Annals of Mathematics 117* (1983), 173–206.
4. Agrawal, M., Kayal, N., and Saxena, N. PRIMES is in P. *The Annals of Mathematics*, Second Series, vol. 160, no. 2 (2004), 781–793.
5. Aho, A. V., Hopcroft, J. E., and Ullman, J. D. *Data Structures and Algorithms*. Addison-Wesley, 1982.
6. Aho, A. V., Sethi, R., and Ullman, J. D. *Compilers: Principles, Techniques, Tools*. Addison-Wesley, 1986.
7. Akl, S. G. *The Design and Analysis of Parallel Algorithms*. Prentice-Hall International, 1989.
8. Alon, N., Erdös, P., and Spencer, J. H. *The Probabilistic Method*. John Wiley & Sons, 1992.
9. Angluin, D., and Valiant, L. G. Fast probabilistic algorithms for Hamiltonian circuits and matchings. *Journal of Computer and System Sciences 18* (1979), 155–193.
10. Arora, S., Lund, C., Motwani, R., Sudan, M., and Szegedy, M. Proof verification and hardness of approximation problems. In *Proceedings of the Thirty-third IEEE Symposium on Foundations of Computer Science* (1992), 14–23.
11. Baase, S. *Computer Algorithms: Introduction to Design and Analysis*. Addison-Wesley, 1978.
12. Babai, L. E-mail and the unexpected power of interaction. In *Proceedings of the Fifth Annual Conference on Structure in Complexity Theory* (1990), 30–44.
13. Bach, E., and Shallit, J. *Algorithmic Number Theory, Vol. 1*. MIT Press, 1996.
14. Balcázar, J. L., Díaz, J., and Gabarró, J. *Structural Complexity I, II*. EATCS Monographs on Theoretical Computer Science. Springer Verlag, 1988 (I) and 1990 (II).
15. Beame, P. W., Cook, S. A., and Hoover, H. J. Log depth circuits for division and related problems. *SIAM Journal on Computing 15*, 4 (1986), 994–1003.
16. Blum, M., Chandra, A., and Wegman, M. Equivalence of free boolean graphs can be decided probabilistically in polynomial time. *Information Processing Letters 10* (1980), 80–82.
17. Brassard, G., and Bratley, P. *Algorithmics: Theory and Practice*. Prentice-Hall, 1988.
18. Carmichael, R. D. On composite numbers p which satisfy the Fermat congruence $a^{P-1} \equiv P \mod P$. *American Mathematical Monthly 19* (1912), 22–27.

19. CHOMSKY, N. Three models for the description of language. *IRE Trans. on Information Theory 2* (1956), 113–124.

20. COBHAM, A. The intrinsic computational difficulty of functions. In *Proceedings of the International Congress for Logic, Methodology, and Philosophy of Science*, Y. Bar-Hillel, Ed., North-Holland, 1964, 24–30.

21. COOK, S. A. The complexity of theorem-proving procedures. In *Proceedings of the Third Annual ACM Symposium on the Theory of Computing* (1971), 151–158.

22. CORMEN, T., LEISERSON, C., AND RIVEST, R. *Introduction to Algorithms.* MIT Press, 1989.

23. EDMONDS, J. Paths, trees, and flowers. *Canadian Journal of Mathematics 17* (1965), 449–467.

24. ENDERTON, H. B. *A Mathematical Introduction to Logic.* Academic Press, 1972.

25. EVEN, S. *Graph Algorithms.* Pitman, 1979.

26. FELLER, W. *An Introduction to Probability Theory and Its Applications, Vol. 1.* John Wiley & Sons, 1970.

27. FEYNMAN, R. P., HEY, A. J. G., AND ALLEN, R. W. *Feynman lectures on computation.* Addison-Wesley, 1996.

28. GAREY, M. R., AND JOHNSON, D. S. *Computers and Intractability—A Guide to the Theory of NP-completeness.* W. H. Freeman, 1979.

29. GILL, J. T. Computational complexity of probabilistic Turing machines. *SIAM Journal on Computing 6*, 4 (1977), 675–695.

30. GÖDEL, K. On formally undecidable propositions in *Principia Mathematica* and related systems I. In *The Undecidable*, M. Davis, Ed., Raven Press, 1965, 4–38.

31. GOEMANS, M. X., AND WILLIAMSON, D. P. .878-approximation algorithms for MAX CUT and MAX 2SAT. In *Proceedings of the Twenty-sixth Annual ACM Symposium on the Theory of Computing* (1994), 422–431.

32. GOLDWASSER, S., AND MICALI, S. Probabilistic encryption. *Journal of Computer and System Sciences* (1984), 270–299.

33. GOLDWASSER, S., MICALI, S., AND RACKOFF, C. The knowledge complexity of interactive proof-systems. *SIAM Journal on Computing* (1989), 186–208.

34. GREENLAW, R., HOOVER, H. J., AND RUZZO, W. L. *Limits to Parallel Computation: P-completeness Theory.* Oxford University Press, 1995.

35. HARARY, F. *Graph Theory*, 2d ed. Addison-Wesley, 1971.

36. HARTMANIS, J., AND STEARNS, R. E. On the computational complexity of algorithms. *Transactions of the American Mathematical Society 117* (1965), 285–306.

37. HILBERT, D. Mathematical problems. Lecture delivered before the International Congress of Mathematicians at Paris in 1900. In *Mathematical Developments Arising from Hilbert Problems*, vol. 28. American Mathematical Society, 1976, 1–34.

38. HOFSTADTER, D. R. *Goedel, Escher, Bach: An Eternal Golden Braid.* Basic Books, 1979.

39. HOPCROFT, J. E., AND ULLMAN, J. D. *Introduction to Automata Theory, Languages and Computation.* Addison-Wesley, 1979.

40. IMMERMAN, N. Nondeterminstic space is closed under complement. *SIAM Journal on Computing 17* (1988), 935–938.

41. JOHNSON, D. S. The NP-completeness column: Interactive proof systems for fun and profit. *Journal of Algorithms 9*, 3 (1988), 426–444.

42. KARP, R. M. Reducibility among combinatorial problems. In *Complexity of Computer Computations* (1972), R. E. Miller and J. W. Thatcher, Eds., Plenum Press, 85–103.

43. KARP, R. M., AND LIPTON, R. J. Turing machines that take advice. *EN-SEIGN: L'Enseignement Mathematique Revue Internationale 28* (1982).

44. KNUTH, D. E. On the translation of languages from left to right. *Information and Control* (1965), 607–639.

45. LAWLER, E. L. *Combinatorial Optimization: Networks and Matroids.* Holt, Rinehart and Winston, 1991.

46. LAWLER, E. L., LENSTRA, J. K., RINOOY KAN, A. H. G., AND SHMOYS, D. B. *The Traveling Salesman Problem.* John Wiley & Sons, 1985.

47. LEIGHTON, F. T. *Introduction to Parallel Algorithms and Architectures: Array, Trees, Hypercubes.* Morgan Kaufmann, 1991.

48. LEVIN, L. Universal search problems (in Russian). *Problemy Peredachi Informatsii 9*, 3 (1973), 115–116.

49. LEWIS, H., AND PAPADIMITRIOU, C. *Elements of the Theory of Computation.* Prentice-Hall, 1981.

50. LI, M., AND VITANYI, P. *Introduction to Kolmogorov Complexity and its Applications.* Springer-Verlag, 1993.

51. LICHTENSTEIN, D., AND SIPSER, M. GO is PSPACE hard. *Journal of the ACM* (1980), 393–401.

52. LUBY, M. *Pseudorandomness and Cryptographic Applications.* Princeton University Press, 1996.

53. LUND, C., FORTNOW, L., KARLOFF, H., AND NISAN, N. Algebraic methods for interactive proof systems. *Journal of the ACM 39*, 4 (1992), 859–868.

54. MILLER, G. L. Riemann's hypothesis and tests for primality. *Journal of Computer and System Sciences 13* (1976), 300–317.

55. NIVEN, I., AND ZUCKERMAN, H. S. *An Introduction to the Theory of Numbers*, 4th ed. John Wiley & Sons, 1980.

56. PAPADIMITRIOU, C. H. *Computational Complexity.* Addison-Wesley, 1994.

57. PAPADIMITRIOU, C. H., AND STEIGLITZ, K. *Combinatorial Optimization (Algorithms and Complexity).* Prentice-Hall, 1982.

58. PAPADIMITRIOU, C. H., AND YANNAKAKIS, M. Optimization, approximation, and complexity classes. *Journal of Computer and System Sciences 43*, 3 (1991), 425–440.

59. POMERANCE, C. On the distribution of pseudoprimes. *Mathematics of Computation 37*, 156 (1981), 587–593.

60. PRATT, V. R. Every prime has a succinct certificate. *SIAM Journal on Computing 4*, 3 (1975), 214–220.

61. RABIN, M. O. Probabilistic algorithms. In *Algorithms and Complexity: New Directions and Recent Results*, J. F. Traub, Ed., Academic Press (1976) 21–39.

62. REINGOLD, O. Undirected st-connectivity in log-space. *Journal of the ACM 55*, 4 (2008), 1–24.

63. RIVEST, R. L., SHAMIR, A., AND ADLEMAN, L. A method for obtaining digital signatures and public key cryptosystems. *Communications of the ACM 21*, 2 (1978), 120–126.

64. ROCHE, E., AND SCHABES, Y. *Finite-State Language Processing.* MIT Press, 1997.

65. SCHAEFER, T. J. On the complexity of some two-person perfect-information games. *Journal of Computer and System Sciences 16*, 2 (1978), 185–225.

66. SEDGEWICK, R. *Algorithms*, 2d ed. Addison-Wesley, 1989.

67. SHAMIR, A. IP = PSPACE. *Journal of the ACM 39*, 4 (1992), 869–877.

68. SHEN, A. IP = PSPACE: Simplified proof. *Journal of the ACM 39*, 4 (1992), 878–880.

69. SHOR, P. W. Polynomial-time algorithms for prime factorization and discrete logarithms on a quantum computer. *SIAM Journal on Computing 26*, (1997), 1484–1509.

70. SIPSER, M. Lower bounds on the size of sweeping automata. *Journal of Computer and System Sciences 21*, 2 (1980), 195–202.

71. SIPSER, M. The history and status of the P versus NP question. In *Proceedings of the Twenty-fourth Annual ACM Symposium on the Theory of Computing* (1992), 603–618.

72. STINSON, D. R. *Cryptography: Theory and Practice*. CRC Press, 1995.

73. SZELEPCZÉNYI, R. The method of forced enumeration for nondeterministic automata, *Acta Informatica 26*, (1988), 279–284.

74. TARJAN, R. E. *Data structures and network algorithms*, vol. 44 of *CBMS-NSF Regional Conference Series in Applied Mathematics*, SIAM, 1983.

75. TURING, A. M. On computable numbers, with an application to the Entscheidungsproblem. In *Proceedings, London Mathematical Society*, (1936), 230–265.

76. ULLMAN, J. D., AHO, A. V., AND HOPCROFT, J. E. *The Design and Analysis of Computer Algorithms*. Addison-Wesley, 1974.

77. VAN LEEUWEN, J., Ed. *Handbook of Theoretical Computer Science A: Algorithms and Complexity*. Elsevier, 1990.

索　引

D

T